INSTRUMENTS ET MÉTHODES

DE

MESURES ÉLECTRIQUES

INDUSTRIELLES

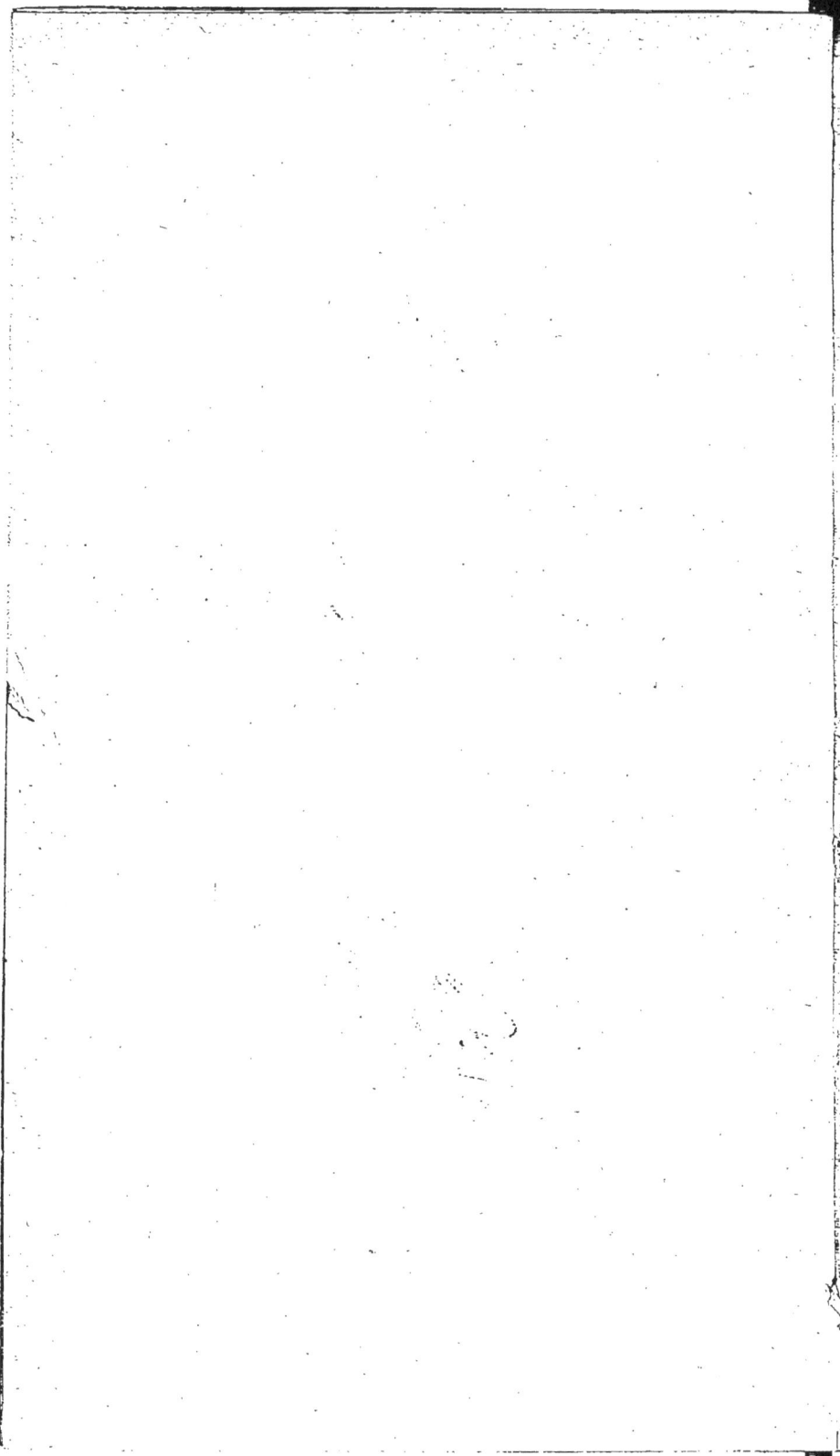

INSTRUMENTS ET MÉTHODES

DE

MESURES ÉLECTRIQUES INDUSTRIELLES

PAR

H. ARMAGNAT

CHEF DU BUREAU DES MESURES ÉLECTRIQUES
DES ATELIERS CARPENTIER

Deuxième édition, revue et complétée.

PARIS

ANC.ne LIB.rie G. CARRÉ ET C. NAUD

C. NAUD, ÉDITEUR

3, RUE RACINE, 3

1902

PRÉFACE

L'électricien qui a, aujourd'hui, à mesurer une grandeur électrique quelconque, n'a que l'embarras du choix parmi les nombreuses méthodes indiquées. Presque toutes ont donné, dans les mains de leurs auteurs, des résultats excellents ; elles peuvent en donner d'aussi bons lorsqu'elles sont employées par des expérimentateurs exercés et connaissant bien les instruments dont ils se servent. Or, ce qui manque le plus souvent aux débutants, et malheureusement aussi à ceux qui font couramment des mesures, c'est surtout la connaissance des instruments, de leurs qualités et *des limites de leur emploi.*

La tendance actuelle, dans l'industrie, est de créer, pour chaque mesure, des appareils complets en remplacement des méthodes classiques qui groupent un certain nombre d'instruments. Avec ces nouveaux appareils la mesure est peut-être plus *mécanique* qu'autrefois, mais il est encore plus nécessaire de connaître exactement les limites dans lesquelles ils peuvent être employés.

Nous nous sommes efforcé, dans la première partie de cet ouvrage, de donner des indications sur les appareils généraux de mesures, en faisant connaître

ce qui est utile pour bien comprendre leur fonctionnement et leur emploi. Dans la seconde partie, nous
avons rassemblé, sous le nom d'appareils industriels,
tout ce qui est relatif aux instruments d'usage journalier, qui sont destinés à être mis dans toutes les
mains. Enfin, dans la troisième partie, on trouvera,
en outre des méthodes de mesures qui emploient des
combinaisons plus ou moins complexes des instruments décrits dans les deux autres parties, les principaux appareils spéciaux créés pour remplacer ces
méthodes.

Si, dans beaucoup de cas, on peut trouver une
tendance à signaler de préférence certains instruments
ou certaines méthodes, *cela n'implique nullement une
supériorité quelconque*, cela tient uniquement à ce
fait que, pour donner aux explications une forme plus
concrète, nous avons naturellement décrit les appareils
et les méthodes dont nous avons l'habitude ; on devra
donc toujours se rappeler que *d'autres instruments*
ou *d'autres méthodes*, basés sur les mêmes principes,
sont susceptibles de rendre les mêmes services.

Bien que les nécessités des démonstrations nous
aient conduit à décrire avec assez de détails certains
instruments, on ne devra pas chercher ici les modes
opératoires relatifs à tous les instruments décrits :
c'est là l'affaire des constructeurs. Nous avons cherché, au contraire, à dégager, pour chaque appareil,
les principes généraux communs à tous ceux de la
même espèce.

Un certain nombre de chapitres ont été beaucoup
plus développés que dans la première édition. C'est
ainsi que l'on trouvera, répartis dans les chapitres

correspondants, de nombreux renseignements sur les appareils à courants alternatifs, dont les progrès ont été si rapides pendant ces dernières années. Les méthodes spéciales à ces mêmes courants ont été aussi beaucoup développées : fréquence, phase, forme de courant, etc.

Le chapitre des propriétés magnétiques du fer a été remanié entièrement et augmenté de tous les appareils nouveaux relatifs à ces mesures si importantes et si mal connues.

Les étalons de force électromotrice, les potentiomètres, les compteurs, ont été revus et mis au courant des perfectionnements actuels. Enfin, une table analytique a été ajoutée pour rendre les recherches plus faciles.

Comme dans la première édition, nous avons laissé de côté toutes les méthodes relatives aux dynamos, aux moteurs et aux canalisations, méthodes que l'on trouvera exposées en détail dans les ouvrages spéciaux et qui, d'ailleurs, n'offrent aucune difficulté réelle aux expérimentateurs qui connaissent bien leurs instruments et qui sont habitués déjà aux méthodes générales.

Mai 1901.

H. ARMAGNAT.

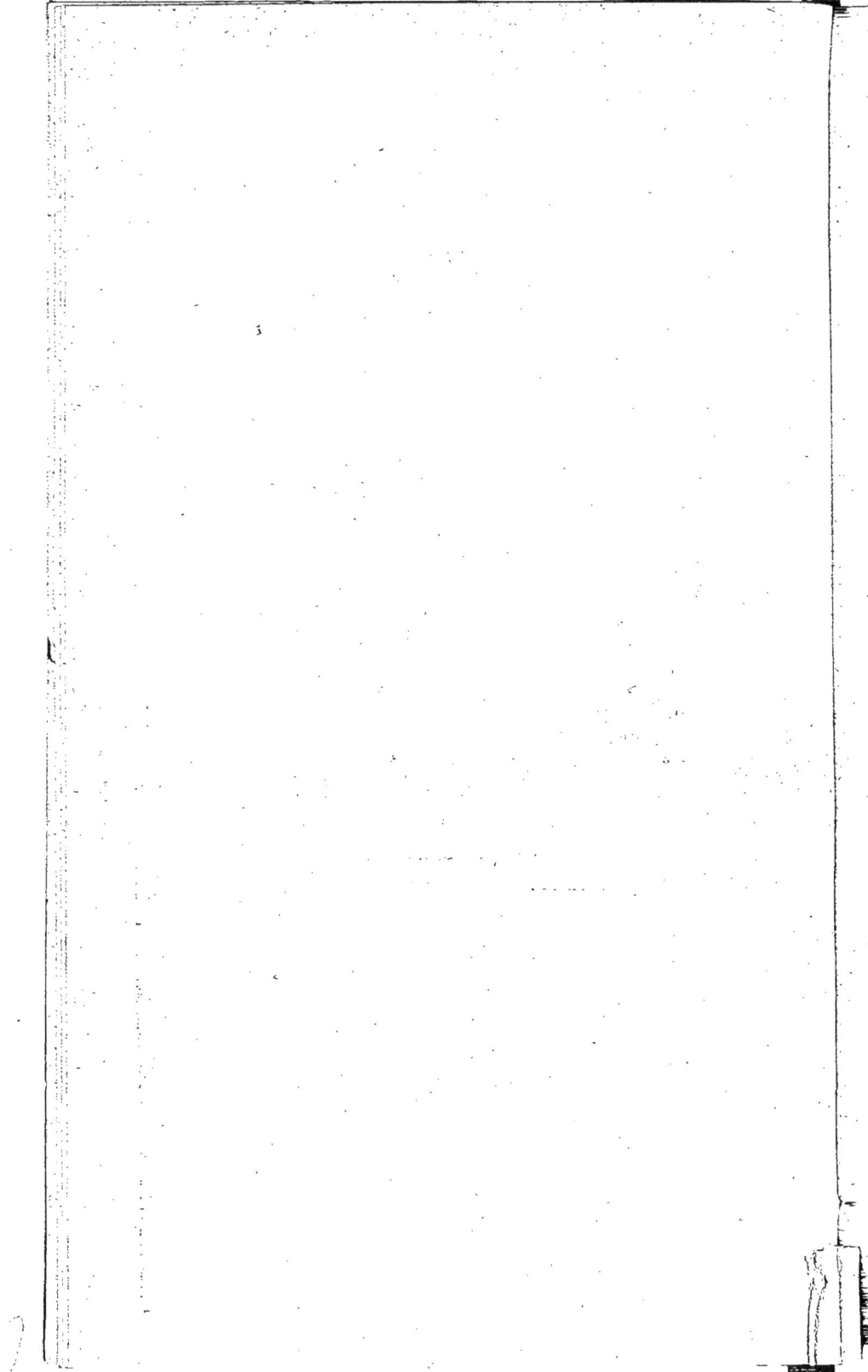

INSTRUMENTS DE MESURES

PREMIÈRE PARTIE

INSTRUMENTS DE MESURES

CHAPITRE PREMIER

NOTIONS ÉLÉMENTAIRES SUR LES SYSTÈMES OSCILLANTS

§ 1. — Notions générales.

Les instruments employés industriellement pour déceler ou mesurer les phénomènes électriques, bien que nombreux par leurs dispositions et leurs formes, peuvent se ramener à un petit nombre de types.

On appelle galvanomètres ceux dans lesquels un courant traverse un circuit et agit sur un aimant permanent; le circuit ou l'aimant est mobilé, c'est le mouvement de cette partie mobile qui donne la mesure du courant.

Dans les électrodynamomètres, le courant traverse deux circuits dont l'un est mobile; l'action électrodynamique, qui s'exerce entre les deux circuits, détermine le mouvement de la partie mobile.

Les électromètres, enfin, sont basés sur les actions électrostatiques ; ils ne sont pas traversés par le courant et l'effet observé ne dépend que des différences de potentiel entre les diverses parties de l'instrument.

D'une façon générale, l'observation, dans les mesures électriques, est toujours ramenée à la constatation du déplacement d'un organe mobile; celui-ci étant soumis, d'une part, aux forces électriques, d'autre part, à des forces mécaniques opposées, se trouve dans les conditions ordinaires des systèmes oscillants et, pour bien se rendre compte des phénomènes en jeu, il est bon d'avoir toujours présentes à l'esprit les lois principales du mouvement oscillatoire.

Le système mobile soumis à l'action des forces électriques et mécaniques, qui n'est autre chose qu'un pendule composé, possède une certaine inertie, de telle sorte qu'une fois écarté de sa position d'équilibre il devrait osciller indéfiniment, puisqu'en l'écartant de cette position on a emmagasiné une certaine quantité d'énergie ; mais, en oscillant, il doit vaincre des forces qui, nulles au repos, augmentent avec la vitesse : la résistance de l'air, les réactions des courants induits, etc.; ces forces dépensent peu à peu l'énergie emmagasinée et le mobile finit par revenir au repos dans sa position d'équilibre.

Dans tous les instruments de mesures, nous avons à considérer :

1° Les forces électriques dues aux phénomènes à mesurer ; celles-ci sont, pour un appareil donné, proportionnelles à une certaine fonction du phénomène.

2° Les forces mécaniques qui s'opposent au déplacement ; dans la plupart des cas, ces forces se ramènent à un couple

$$W\alpha \qquad \text{ou} \qquad W \sin \alpha.$$

Dans les appareils que nous aurons à étudier, le couple sera presque toujours proportionnel à α, ou la déviation assez petite pour que $\sin \alpha$ se confonde avec α.

3° Les forces qui produisent l'amortissement et qui sont fonction de la vitesse :

$$A \left(\frac{d\alpha}{dt} \right)^m.$$

Lorsque ces forces sont dues aux courants induits, $m = 1$; on peut aussi prendre $m = 1$, dans le cas de l'amortissement par l'air, quand les mouvements observés sont petits et la vitesse $\frac{d\alpha}{dt}$ faible, mais ce n'est qu'une approximation.

Nous pouvons, en négligeant les forces électriques, considérer simplement ce qui se passe lorsque, dévié d'une façon quelconque, le mobile abandonné à lui-même revient au zéro sous l'action du couple W. L'observation de ce mouvement permet de déterminer un certain nombre de constantes de l'appareil.

On sait qu'à chaque instant le moment des forces agissant sur le mobile est égal au produit du moment d'inertie par l'accélération angulaire :

$$K \frac{d^2\alpha}{dt^2} + A \frac{d\alpha}{dt} + W\alpha = 0. \qquad (1)$$

L'intégration de cette équation différentielle donne toutes les constantes qu'il est intéressant de connaître ; nous ne prendrons que les résultats.

Observons un pendule qui se déplace devant une règle divisée, et notons, à chaque instant, le temps t et la position α du mobile sur l'échelle, nous pouvons tracer une courbe en portant en ordonnées les déviations et en abscisses les temps. Selon la grandeur relative des coefficients K, A et W, la courbe obtenue prendra l'aspect d'une de celles de la figure 1.

On appelle mouvement *périodique*, celui dans lequel le mobile dépasse la position d'équilibre après en avoir été écarté. Le mouvement périodique peut être sans *amortissement*, comme dans la courbe I (fig. 1) où l'on voit le mobile atteindre toujours la même déviation maximum à chaque oscillation ; c'est le cas où le coefficient A est nul. Dès que A n'est pas nul, le mouvement est *périodique et amorti*, courbes II et III ; la grandeur des oscillations décroît régulièrement.

A partir d'une certaine valeur de A, le mouvement est *apériodique*, courbe IV, le mobile revient à sa position d'équilibre *sans la dépasser*, quelle que soit la grandeur

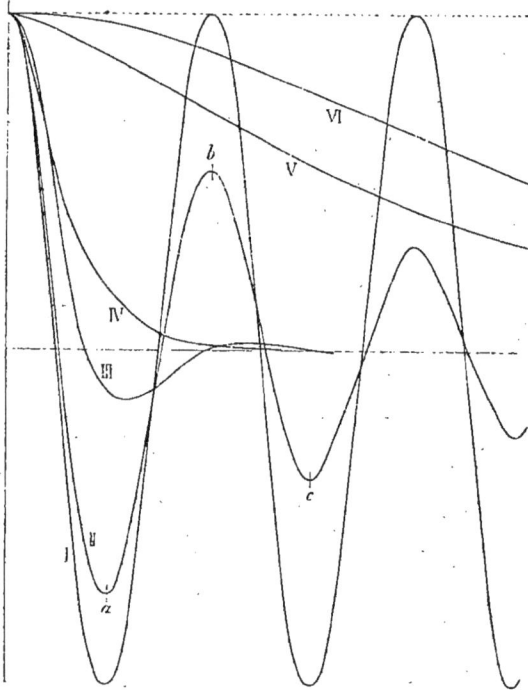

Fig. 1. — Mouvement oscillatoire. Influence de l'amortissement.

de la déviation initiale Dans le mouvement apériodique, l'amortissement peut être plus ou moins grand, courbes V et VI ; plus il augmente et plus le mobile est long à revenir au zéro.

On appelle *déviation* la distance lue sur l'échelle, entre la position actuelle du mobile et sa position de repos déterminée par $W\alpha = 0$. Quand la déviation est produite par un phénomène constant, on l'appelle *dévia-tion permanente ;* on appelle *élongation* la déviation maximum du mobile en mouvement, exemple : les points *a, b* et *c* de la courbe II. Les élongations correspondent au temps où la vitesse du mobile $\frac{d\,\alpha}{d\,t}$ est nulle ; elles sont en général d'une observation facile. L'*amplitude* d'une oscillation est la distance entre deux maxima d'oscillation, autrement dit la somme de deux élongations consécutives ; comme les amplitudes sont plus faciles à mesurer que les élongations, dans les cas où le zéro n'est pas exactement connu, on les substitue souvent à ces dernières dans les calculs, elles jouissent d'ailleurs des mêmes propriétés.

La *durée* d'une oscillation est le temps qui s'écoule entre deux passages consécutifs à la position d'équilibre.

La résolution de l'équation (1) donne la déviation α en fonction du temps *t* de l'observation.

Appelons *b* le terme $\frac{A}{2\,K}$ et T_o le terme $\pi\sqrt{\frac{K}{W}}$, l'équation devient

$$\frac{d^2\alpha}{dt^2} + 2b\,\frac{d\alpha}{dt} + \frac{\pi^2}{T_0{}^2}\,\alpha = 0 \qquad (2)$$

et les solutions diffèrent selon que :

$$b \gtrless \frac{\pi}{T_0} \;.$$

Quand *b* est plus petit que $\frac{\pi}{T_o}$, le mouvement est périodique, avec un amortissement d'autant plus grand que *b* est lui-même plus grand. Dans ce mouvement périodique, le calcul démontre que les oscillations sont isochrones et leur durée T est :

$$T = T_0\sqrt{1 + \frac{\lambda^2}{\pi^2}} \qquad (3)$$

Les amplitudes successives des oscillations décroissent

suivant une progression géométrique ; appellons a_n et a_{n+1} deux amplitudes consécutives, nous aurons

$$\frac{a_{n\,1}}{a_n} = e^{-bT}. \tag{4}$$

le terme e^{-bT} est donc le rapport de deux élongations consécutives. On donne à l'exposant bT le nom de *décrément logarithmique* des oscillations et on le représente d'ordinaire par la lettre λ ; ce facteur se déduit directement de l'observation des oscillations ; en effet, connaissant deux amplitudes a_1 et a_n, par exemple, on tire de (4)

$$\lambda = \frac{1}{n-1} \log_n \frac{a_1}{a_n}. \tag{5}$$

Le décrément logarithmique est proportionnel à l'amortissement de telle sorte que, pour $\lambda = 0$, nous trouvons $T = T_0$; le facteur T_0 est donc simplement la durée d'oscillation du système quand l'amortissement est nul.

La courbe I (fig. 1) qui correspond à $b = 0$, est une sinusoïde ; à mesure que b augmente, cette forme disparaît ; les oscillations augmentent de durée tout en restant isochrones ; les élongations ne se produisent plus au milieu de deux passages au zéro, bien que le temps entre deux élongations soit toujours égal à T.

Lorsque b devient égal à $\frac{\pi}{T_0}$, le mouvement est apériodique ; cette valeur est intéressante car elle donne, dans beaucoup de cas, des solutions simples, comme nous le verrons en parlant des galvanomètres. Nous appellerons *critiques* toutes les valeurs qui correspondent à ce point : amortissement critique, résistance critique, etc.

Le mouvement critique est représenté par la courbe IV (fig. 1). Quand b augmente encore, courbes V et VI, le mouvement du mobile est de plus en plus ralenti ; la valeur critique de b, jouit donc de cette propriété d'être celle qui permet le retour au zéro le plus rapide, quand le mouvement est apériodique.

Les courbes de la figure 1 sont tracées pour une même valeur α de la déviation initiale, ainsi que pour un couple

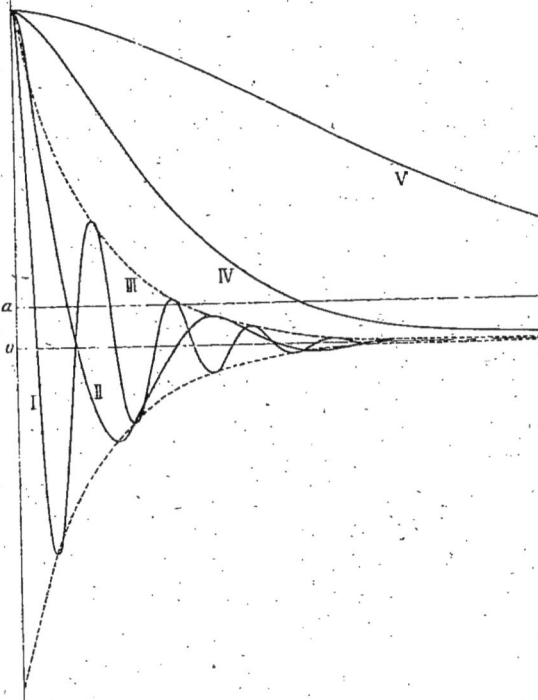

Fig. 2. — Mouvement oscillatoire. Influence du couple.

et un moment d'inertie constants. Nous trouverons un exemple de cette variation de b seul, dans les galvano-mètres à cadre mobile.

Nous pouvons aussi considérer ce qui se produit quand on fait varier seulement le facteur W en laissant A et K constants. La figure 2 nous montre que, pour une très grande valeur de W, le mouvement est périodique ; la durée d'oscillation, infiniment courte d'abord, augmente quand W diminue, jusqu'à ce qu'on atteigne la valeur critique ; dès ce moment, le mouvement est apériodique.

Remarquons que toutes les courbes périodiques I et II (fig. 2), ont leurs élongations situées sur une seule courbe III,

$$\alpha' = \alpha_0\, e^{-bt} \qquad (6)$$

quand α_0 est pris comme unité.

Dans aucun cas, théoriquement, le mobile ne doit revenir au zéro pour y rester en repos ; cette condition ne peut être remplie qu'au bout d'un temps t infini, mais, en pratique, les oscillations décroissent assez vite pour qu'au bout d'un temps limité, leur amplitude soit imperceptible ; le problème intéressant consiste donc à déterminer au bout de combien de temps ce résultat est atteint.

Soit $\dfrac{1}{n} = \dfrac{\alpha}{\alpha_0}$ la fraction à laquelle il faut réduire l'amplitude pour considérer le mobile comme en repos ; l'équation (6) nous montre que ce résultat est atteint au bout d'un temps t_1

$$t_1 = \frac{1}{b}\log_n n . \qquad (7)$$

Ce calcul n'est absolument exact que si $\dfrac{\alpha_0}{n}$ est la grandeur de la n^e élongation ; en effet, la courbe $\alpha = f(t)$, dans le mouvement périodique, dépasse un peu la courbe III dans le retour au zéro, mais cette erreur qui est de 5 p. 100 pour $\lambda = 1$ et de 18 p. 100 pour $\lambda = 2$, est négligeable en pratique, et on peut dire que le coefficient b est caractéristique de l'amortissement du système ; c'est pour cette raison que nous l'appellerons *coefficient d'amortissement*. Enfin, remarque importante, surtout pour les galvanomètres à aimant mobile, la durée t_1 du retour au zéro est, abstraction faite de la réserve ci-dessus, indépendante de la valeur de l'oscillation T.

Il est intéressant de se rendre compte de l'influence des trois facteurs Λ, K et W, sur le rapport $\frac{1}{n}$, c'est ce que montre la figure 3. Les trois courbes sont tracées en

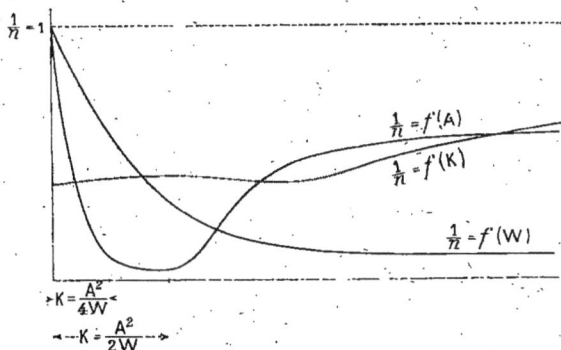

Fig. 3. — Influence des trois facteurs sur la rapidité de retour au zéro. L'échelle des abscisses doit être doublée.

prenant pour abscisses A, K et W, rapportés chacun à sa valeur critique comme unité ; le temps t_1 est le même pour toutes.

Quand le couple W est nul, le système n'est pas rappelé au zéro, donc $\frac{1}{n}$ est toujours égal à 1. Jusqu'à la valeur critique, $\frac{1}{n}$ décroît ; au delà, il diminue plus lentement et finit par atteindre la valeur limite indiquée par l'équation (7).

Pour l'amortissement nul, A = 0, les oscillations ont indéfiniment la même amplitude, donc $n = 1$. Quand A augmente, $\frac{1}{n}$ diminue, passe par un minimum pour la valeur critique, puis augmente de nouveau au delà.

Pour K = 0, le rapport

$$\frac{1}{n} = e^{-\frac{W}{A} t_1}$$

il repasse par la même valeur quand K égale deux fois K critique ; au delà $\frac{1}{n}$ augmente et tend vers 1. Entre les deux points $\dot{K} = 0$ et $2\,K_c$, le rapport $\frac{1}{n}$ passe par un maximum ou un minimum selon la valeur de t_1, choisie.

Ces courbes montrent que, pour obtenir un appareil à *indications rapides*, il faut, autant que possible, agir

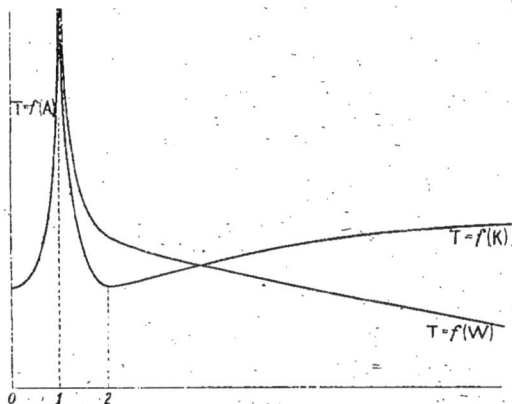

Fig. 4. — Influence des trois facteurs sur la durée d'oscillation.

sur les facteurs A et K, de façon à obtenir l'amortissement critique.

La durée d'oscillation T est soumise aux variations des mêmes facteurs ; c'est ce que montre la figure 4, où les durées d'oscillation sont portées en ordonnées et les facteurs A, K et W en abscisses ; chacun de ceux-ci a été rapporté à sa valeur critique prise comme unité. En fonction de A, T part de T_o, oscillation non amortie, pour augmenter lentement d'abord, puis plus rapidement, de façon à être égal à l'infini pour A_c. Tant que K est inférieur à K_c, T est infini, mais décroît rapidement ensuite pour atteindre un minimum pour $2\,K_c$ et augmenter ensuite vers l'infini. En fonction de W, la durée d'oscillation T décroît constamment à partir de la valeur critique.

L'augmentation du rapport $\frac{T}{T_0}$ en fonction du décrément λ est donnée par l'équation (3). Sur le tableau suivant, on voit que pour $\lambda < 0,5$, on peut calculer T_0 par la formule simplifiée :

$$T_0 = T\left(1 - \frac{\lambda^2}{2\pi^2}\right). \tag{8}$$

qui est exacte à 0,01 p. 100 environ.

$\lambda = 0,5$	$\frac{T}{T_0} = 1,012$
1	1,049
1,5	1,106
2	1,183
2,5	1,274
3	1,379

Nous pouvons résoudre l'équation (1) en partant d'une vitesse initiale ω_0 finie, à l'instant où le mobile passe au zéro, c'est-à-dire quand $\alpha_0 = 0$. Dans les courbes précédentes, nous avions pris au contraire α_0 fini et $\omega_0 = 0$.

Passant au zéro avec cette vitesse ω_0, le mobile va continuer son chemin jusqu'au moment où le couple W et l'amortissement A le forceront à revenir ; dès ce moment tout va se passer comme précédemment, nous n'avons pas à nous y arrêter, mais il est intéressant pour nous de connaître la valeur de la première élongation ε du mobile en fonction de la vitesse initiale.

De même que précédemment, les solutions sont différentes selon la grandeur de b.

Pour $b < \frac{\pi}{T_0}$, on a

$$\varepsilon = \omega_0 \frac{T}{\sqrt{\pi^2 + \lambda^2}} e^{-\frac{\lambda}{\pi} \operatorname{arc\,tg} \frac{\pi}{\lambda}} \tag{9}$$

Cette élongation est obtenue au bout d'un temps

$$t_i = \frac{T}{\pi} \text{ arc tg} \frac{\pi}{\lambda} \; ; \qquad (10)$$

t_i est donc égal à la demi-oscillation quand l'amortissement est nul, il diminue quand b augmente et passe par un minimum

$$t_i = \frac{T_0}{\pi} \qquad (11)$$

lorsque b atteint la valeur critique ; dans ce cas l'élongation est donnée par l'équation très simple :

$$\varepsilon = \omega_0 \frac{T_0}{\pi e} \cdot \qquad (12)$$

Enfin, pour $b > \frac{\pi}{T_0}$, le temps t_i et l'élongation ε sont donnés par des fonctions trop complexes, pour être employées couramment ; il suffit de savoir que l'on a toujours

$$\varepsilon = \omega_0 M \qquad (13)$$

M représentant une fonction de b et T_0. Comme M est constant quand b et T_0 sont donnés, on voit que la *première élongation est toujours proportionnelle à la vitesse initiale*. Les équations (9) (12) et (13) sont très importantes pour l'étude des galvanomètres balistiques.

Nous avons réuni dans la figure 5 des courbes montrant l'effet de la variation de A sur l'élongation. A augmente suivant l'ordre des courbes ; celles-ci sont calculées pour les mêmes valeurs de ω_0, W et K. On voit que ε diminue à chaque augmentation de A, pendant que le temps t_i se rapproche de $\frac{T}{\pi}$ jusqu'à la valeur critique, pour s'en éloigner ensuite jusqu'à l'infini.

La figure 6 montre les mêmes courbes calculées pour ω_0, A et K constants, W seul variant ; là, l'élongation et le temps t_i décroissent ensemble quand W augmente.

En pratique, un système oscillant est bien déterminé

dès qu'on connaît sa durée d'oscillation T et son décrément logarithmique λ ; de ces deux valeurs, on peut, en
effet, tirer T_o et b. Dans certains cas, par exemple lors-

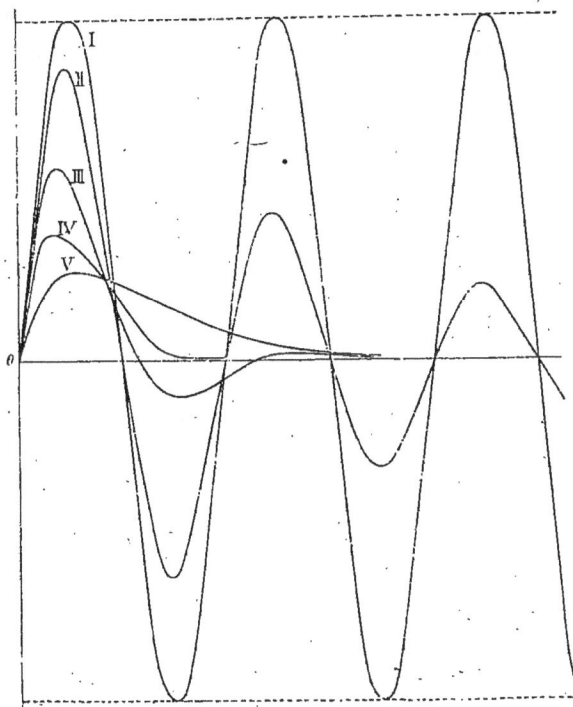

Fig. 5. — Elongations obtenues avec une vitesse initiale constante et
un amortissement croissant.

qu'on veut modifier un appareil existant, il est nécessaire
de connaître les valeurs absolues de A, K et W ; les deux
dernières se mesurent directement, la première se déduit
de b et K.

§ 2. — Suspensions diverses des systèmes oscillants.

Le système pendulaire théorique dont nous avons
parlé jusqu'ici, doit, pour être réalisé matériellement,

reposer sur une *suspension* qui lui permet de tourner
autour de l'axe de rotation. Les suspensions les plus
employées sont les suivantes :

1° *Le plan d'oscillation est vertical.* — C'est le cas le
plus général des appareils employés dans l'industrie ; le

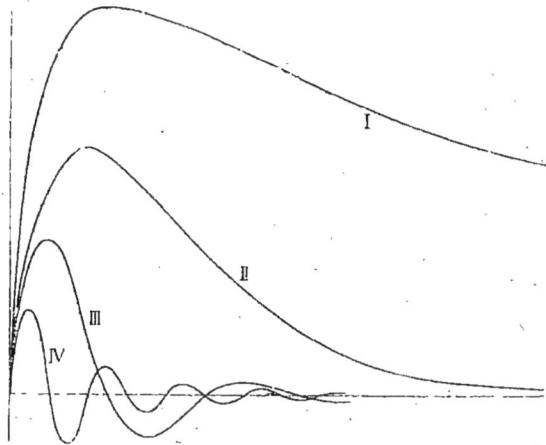

Fig. 6. — Élongations obtenues avec une vitesse initiale constante
et un couple croissant.

mobile est quelquefois muni de deux couteaux dont les
arêtes sont situées exactement sur l'axe de rotation,
celles-ci reposent sur des plans ou dans des angles très
ouverts en forme de V, en agate ou en acier (fig. 7, 1) ;
c'est, mais avec plus de légèreté, la suspension des
balances de précision. Ces couteaux et leurs supports
exigent de grands soins de fabrication et doivent être
maniés avec précaution ; on ne les emploie guère que
pour les appareils très sensibles et à faible force directrice.

Plus souvent le mobile porte deux pivots cylindriques
qui passent dans des chapes en agate ou en acier (fig. 7, II),
ou bien encore deux pivots en acier, très aigus et très

durs qui reposent dans des chapes coniques en cuivre rouge (fig. 7, III).

Dans toutes ces suspensions, si le centre de gravité ne se trouve pas exactement situé sur l'axe de rotation,

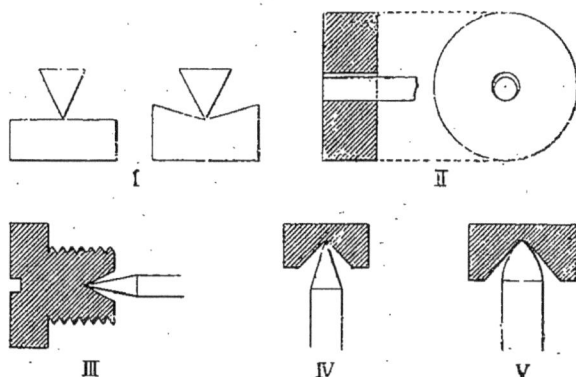

Fig. 7. — Diverses formes de pivotages.

la pesanteur agit sur le mobile en déterminant un couple

$$W_1 \sin \alpha = M\delta \sin \alpha, \qquad (14)$$

W_1, couple correspondant à l'angle $\alpha = \dfrac{\pi}{2}$,

α, angle que fait avec la verticale, la ligne qui joint le centre de gravité et l'axe de rotation,

M, masse du mobile,

δ, distance entre le centre de gravité et l'axe de rotation.

Au cas où $\delta = 0$, le système est en équilibre indifférent, pour le diriger, il faut employer des ressorts ; nous verrons, dans les galvanomètres et les appareils industriels, que cette dernière solution est très employée. On emploie aussi des forces électriques ou électromagnétiques.

On donne aux galvanomètres dans lesquels l'équilibre est indifférent, par suite de l'annulation des attractions magnétiques, le nom de galvanomètres *astatiques*, par extension, nous appellerons astatiques toutes les suspensions ayant un couple nul.

2° *Le plan d'oscillation est horizontal*, ce qui a lieu dans le plus grand nombre des appareils de laboratoires. Comme dans le cas précédent, le système de suspension peut être astatique ou concourir lui-même à la formation du couple directeur.

Il n'y a de rigoureusement astatique que la suspension sur pivot, soit que le mobile porte une chape en agate qui repose sur la pointe d'un pivot, comme dans les boussoles ordinaires (fig. 7, IV), ou bien que le mobile, muni de deux pivots dont les pointes déterminent exactement l'axe de rotation, repose entre deux chapes fixes; on se sert aussi de la disposition avec pivots cylindriques semblables à celle de la figure 7, II. Ces dispositions sont susceptibles d'un certain nombre de variantes. De la bonne exécution du pivotage, résulte souvent la qualité d'un instrument.

Les pivots doivent être évidemment proportionnés au poids du mobile à porter. Un pivotage bien fait doit permettre un retour très exact au zéro; les indications répétées doivent être concordantes. Ces résultats peuvent êtres obtenus à l'aide de pivots à angles très aigus ou très obtus; la première disposition est plus facile à réaliser, mais les pivots usent rapidement les chapes ou s'écrasent eux-mêmes, de telle sorte que l'appareil arrive bientôt à être sinon hors d'usage; du moins très médiocre. Avec des pivots à angle très ouvert, si on a soin de faire la pointe très dure, en osmiure d'iridium par exemple, et si, d'autre part, la chape a une forme appropriée comme le montre la figure 7, V, la *sensibilité* du pivotage (qu'il ne faut pas confondre avec la *sensibilité* de l'instrument) peut être moindre qu'avec un angle aigu, mais cette qualité se conserve beaucoup mieux et, en résumé, il est préférable d'avoir toujours des indications de précision suffisante, que des indications rigoureuses au début et mauvaises à la fin.

Dans certains appareils on pousse même les choses à l'extrême : les pivots sont cylindro-sphériques, ils passent dans des agates percées et reposent sur des plans d'agate.

Parmi les suspensions astatiques, on range encore les fils de cocon et de quartz ; en réalité le couple de torsion de ces fils est extrêmement faible, mais, quand il s'agit d'appareils très sensibles, il n'est pas négligeable.

Dans beaucoup de cas enfin, on fait usage de fils métalliques qui agissent, à la fois, pour suspendre le mobile et, comme ressorts, pour le diriger.

§ 3. — Fils de cocon et de quartz.

Le fil de cocon, tel qu'il est donné par le ver à soie, est composé de 2 brins agglutinés ; si on ne prend pas soin de le dédoubler, l'ensemble forme un système bifilaire. Les deux brins, qui ne sont pas parallèles, mais enroulés en hélice plus ou moins régulière, à pas très allongé, peuvent être influencés différemment par l'état hygrométrique de l'air ambiant; par suite ils donnent un couple qui, dans les appareils très sensibles, amène un déplacement continuel du zéro ; si, au contraire, on a eu soin de dédoubler le fil, la suspension est à peu près insensible à l'humidité ; nous n'avons jamais observé de faits dans lesquels les déplacements de zéro pouvaient être attribués sans discussion au fil de cocon simple. Quand, néanmoins, ces déplacements se produisent, ils sont dus à la torsion du fil et on les évite en le détordant. Pour que le couple de torsion soit aussi faible que possible, il y a intérêt à donner au fil la plus grande longueur compatible avec la construction de l'appareil.

Le couple de torsion d'un fil de cocon a, en moyenne, pour valeur

$$W_1 = \frac{0,005 \text{ à } 0,008}{l} \text{ ergs},$$

pour un angle de 1 radiant, l étant exprimé en centimètres.

Les fils d'araignée sont plus fins que ceux des cocons, aussi, pour des équipages très légers et des sensibilités extrêmes, a-t-on quelquefois recours à leur emploi. Les fils d'araignée sont simples, mais leur ténuité les rend d'un usage très délicat.

Le mode d'attache le plus général des fils de cocon, consiste à les passer dans un petit trou, ou dans un crochet ménagé à cet effet, et à nouer le fil en s'aidant de presselles fines. Pour cette opération, afin de faciliter la vue du fil, on peut le placer sur une surface noire, ébonite, papier à aiguilles ou, mieux encore, sur une glace étamée, en s'orientant de façon à voir celle-ci absolument noire, le fil seul étant éclairé se détache assez vivement.

On peut également fixer les fils de cocon au moyen d'une goutte de vernis épais que l'on fait sécher immédiatement en plaçant au-dessus, *sans contact immédiat*, un morceau de cuivre fortement chauffé ; par le seul rayonnement, le vernis doit être porté à l'ébullition. On peut remplacer le vernis par une goutte d'arcanson chaud que l'on fait tomber au point voulu. On facilite beaucoup ce collage en fixant le fil de cocon sur la glace au moyen de deux petites boules de cire à modeler ; le fil peut être bien tendu, et en faisant le collage au milieu de la longueur, on obtient un centrage plus parfait. Il faut avoir bien soin, quel que soit le mode d'attache employé, de couper la portion inutile du fil, au ras de l'attache, faute de quoi le brin restant peut venir s'accrocher dans l'instrument et causer des perturbations dont l'origine est très difficile à trouver.

Les fils de quartz ont été étudiés et propagés par V. Boys; ils ont l'avantage indiscutable de n'être pas hygroscopiques, mais, en revanche, leur couple de torsion est *souvent* plus élevé que celui des fils de cocon; il faut, pour les expériences délicates, bien choisir le fil à employer, les diamètres et par conséquent les couples étant assez différents.

La fabrication des fils de quartz se fait en étirant une petite baguette de ce corps, dans la flamme d'un bec de gaz; elle exige un tour de main assez difficile à obtenir; aussi il est plus simple de se les procurer chez les préparateurs de Boys qui en font couramment. La fixation se fait au moyen d'une goutte de vernis, comme nous venons de le voir pour les fils de cocon. Très précieux pour les expériences délicates, ces fils exigent des expérimentateurs une très grande habileté et sont, à ce point de vue, bien inférieurs aux fils de cocon pour les expériences courantes.

§ 4. — Fils métalliques et ressorts.

Dans tous les cas où la suspension est formée d'un ou de deux fils placés dans le prolongement l'un de l'autre et *travaillant seulement à la torsion*, le système est considéré comme *unifilaire*, et on lui applique les lois de Coulomb.

Le couple de torsion d'un fil métallique est indépendant de la tension suivant son axe, tout au moins, tant que cette tension est assez faible pour ne pas modifier l'état du fil par l'allongement; il est exprimé par :

$$W_1 = k \frac{d^4}{l},$$

k, coefficient de Coulomb;
d, diamètre du fil;

l, longueur du fil ;

W_1, couple correspondant à l'angle unité.

Le coefficient de Coulomb k peut être remplacé par le deuxième module de Young φ :

$$k = \frac{\pi}{32}\,\varphi.$$

Pour un système de deux fils placés dans le prolongement l'un de l'autre, le couple est évidemment la somme des couples de chacun des fils :

$$W_1 = k\left(\frac{d^4}{l} + \frac{d'^4}{l'}\right).$$

Un fil, soumis à une tension parallèle à son axe, subit un allongement ; si la tension augmente, il se rompt. Cette rupture est obtenue, pour chaque échantillon de métal, avec un poids proportionnel à la section du fil ; le métal le plus avantageux à employer, sera celui pour lequel, à section égale, on aura le couple de torsion le plus petit et la charge de rupture la plus grande, car il est évident que, pour une tension donnée, ce fil sera le plus loin possible de sa rupture et, par conséquent, dans les meilleures conditions. C'est l'argent qui semble donner le plus petit rapport, aussi son emploi pour les fils de torsion est très répandu. Cependant, comme dans la plupart des cas, on ne charge les fils qu'à une tension beaucoup inférieure à leur limite de rupture, on remplace souvent l'argent par des alliages tels que le bronze d'aluminium, ou le bronze phosphoreux, quelquefois l'acier, qui ont une *viscosité* moindre.

C'est également pour réduire le rapport du couple de torsion à la charge de rupture, que l'on emploie beaucoup, aujourd'hui, des fils de suspension de section *rectangulaire*. Si on appelle b et h les deux côtés du rectangle, l étant toujours la longueur, le couple, pour l'angle unité, a pour valeur ;

$$W_1 = \varphi \, \frac{bh(b^2 + h^2)}{12} \cdot$$

Si, partant de cette formule et de celle de Coulomb, on calcule le rapport de la section S_r, d'un fil rectangulaire, à la section S_c, d'un fil cylindrique qui donne le même couple de torsion pour une même longueur, on trouve :

$$\frac{S_r}{S_c} = 1,38\sqrt{\frac{a}{a^2 + 1}} \, ,$$

en appelant a le rapport :

$$a = \frac{b}{h} \cdot$$

On a donc avantage à employer un fil, ou plutôt un ruban très plat, au lieu d'un fil cylindrique.

Un fil métallique qui est resté tordu pendant un certain temps et qui est abandonné à lui-même, ne reprend pas exactement sa position d'équilibre ; il a gardé une *torsion résiduelle*. D'autre part, si on fait osciller un corps ayant un certain moment d'inertie, suspendu à un fil métallique, les oscillations décroissent plus rapidement que la résistance du milieu ne permet de le prévoir. Ces deux effets sont dus à des modifications internes du métal, à la *viscosité* du fil. L'inconvénient le plus sensible de cette propriété, c'est qu'un appareil muni de fils de suspension métalliques, ne revient pas exactement au zéro, lorsqu'il a subi une torsion un peu grande et prolongée.

La viscosité d'un fil varie, pour un même échantillon, avec le travail qu'on lui a fait subir ; ainsi, un fil d'argent qui a été trop chauffé, en le soudant après son crochet d'attache, peut avoir une torsion résiduelle très considérable, susceptible de troubler complètement les mesures. En général, il faut toujours prendre un fil écroui de préférence à un fil recuit, bien que, dans ce cas, le coefficient de torsion soit un peu plus élevé.

Les coefficients k et φ varient avec la température, ils diminuent quand la température s'élève ; en même temps la dilatation linéaire augmente toutes les dimensions des fils ; il en résulte une variation du couple total, qui peut être représentée par la formule :

$$W_1 = W_0 (1 - \alpha t);$$

pour les métaux usuels, α varie entre 0,0004 et 0,0005 par degré.

Le tableau suivant renferme les valeurs des coefficients k, φ et E, pour quelques métaux et alliages, ainsi que la charge de rupture T. Le coefficient E, appelé coefficient d'allongement ou premier module de Young, entre dans la plupart des formules de ressorts, comme nous le verrons plus loin.

Les valeurs de ce tableau ne peuvent être prises que comme première approximation ; elles diffèrent totalement d'un échantillon à l'autre ; aussi, lorsqu'on a besoin de connaître le couple de torsion d'un fil donné, vaut-il mieux recourir a une détermination directe ; l'observation montre que le même échantillon de métal donne, étiré à des diamètres différents, c'est-à-dire pour des écrouissages divers, des coefficients très différents.

Tous les chiffres de ce tableau, sauf ceux marqués de (*) ou (**) sont empruntés à M. Mascart et traduits en unités c. g. s. Les autres résultent d'expériences personnelles.

k	φ	E	T	$\dfrac{E}{\varphi}$	ρ microhms-cm
Aluminium					
$25,5 \times 10^9$	260×10^9	660×10^9	?	2,54	
(*) Argent					
26 à 42	280 à 428	728 à x ?	$2,9 \times 10^9$	2,72	

T	φ	E	T	$\frac{E}{\rho}$ microhms-cm
Or				
27	276	798	2,65	2,89
Laiton ?				
33,7	344	969	3,36	2,78
2 Argent + 1 Platine				
35,6	363	1 030	?	2,83
Cuivre				
42,5	433	1 177	4,14	2,72
Maillechort ?				
47,4	484	1 275	?	2,63
Platine				
66,6	680	1 460	3,43	2,14
Fer				
74,4	758	1 860	6,27	2,45
(*) Acier				
53 à 55	540 à 560	?	?	12,4 à 13,6
(**) Bronze d'aluminium ?				
41 à 53	420 à 540	1 400	?	3,32 4,15 à 4,67

(*) Echantillons de provenances différentes ; pour l'acier l'écart très faible est dû au petit nombre d'échantillons essayés.

(**) Même échantillon étiré à des diamètres différents.

Fixation des fils métalliques. — L'un des moyens les plus sûrs, qui ne demande qu'un petit tour de main, con-

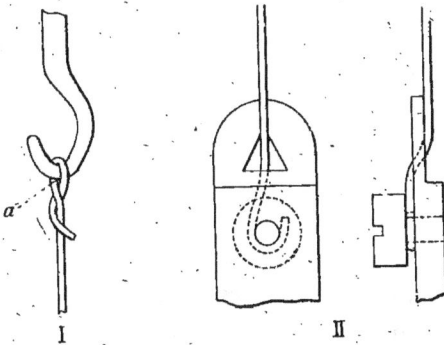

Fig. 8. — Attaches des fils métalliques.

siste à munir les points d'attache de petits crochets en laiton, convenablement fixés eux-mêmes ; on enroule le

fil autour de ces crochets en lui faisant faire un tour
(fig. 8, I), et le repliant sur lui-même, on soude le tout à
l'aide de _soudure à l'étain_ ordinaire, en chauffant le point
_a_ au moyen d'un petit fer à souder et après avoir mis
sur le point de jonction une goutte de résine dissoute
dans l'éther; il ne faut, sous aucun prétexte, employer
de sel ammoniac, ou de chlorure de zinc, pour décaper les
parties à souder, ces sels laissent toujours des traces qui,
en quelques jours, peuvent attaquer et mettre hors d'état
la soudure.

Dans certains cas on fixe les fils au moyen d'attaches
à vis, les systèmes employés sont très divers, la figure 8, II
représente l'un des meilleurs. Ce qu'il faut toujours
obtenir c'est que le prolongement du fil passe bien par
le centre de gravité du mobile; lorsqu'il n'y a qu'un seul
fil on reconnaît que cette condition est remplie au centrage parfait du mobile. Lorsqu'il y a deux fils, il suffit
d'incliner très légèrement l'appareil dans tous les sens, le
mobile se déplace _parallèlement_ à lui-même, mais ne
tourne pas, quelle que soit l'inclinaison donnée à l'appareil.
Dans des attaches de ce genre, il faut aussi que le point
de fixation soit près du bord de la pièce, de façon à ce que
le fil de suspension ne vienne pas frotter sur cette pièce;
le frottement pourrait arrêter le mobile dans une position différente de celle d'équilibre.

Dans les appareils à deux fils, § 13, il faut avoir soin
que ceux-ci soient sans torsion préalable. Si le premier a
été posé avec une certaine torsion, le second peut évidemment rétablir l'équilibre par une torsion inverse,
mais alors, comme la viscosité des deux fils n'est jamais
la même, l'appareil a des _déplacements de zéro_ continuels.
Dans ce cas, si l'un des fils est fixé à un support invariable,
il faut le monter d'abord, laisser prendre au système sa
position d'équilibre, en l'amenant aussi près que possible
de la position définitive, et, finalement, placer l'autre fil.

Il est évident que si ce dernier a subi une torsion, pendant la pose, il suffira de tourner son support pour ramener le système à la position normale. Cette opération est d'autant plus simple que les appareils de ce genre ont toujours un des points d'attache susceptible de tourner.

Suspension bifilaire. — Une masse M, suspendue par deux fils de longueur l, dont la distance supérieure est a, la distance inférieure b, et dont la bissectrice AB passe par le centre de gravité, est soumise à un couple proportionnel au sinus de l'angle de déviation :

$$W_1 \sin \alpha = \frac{ab}{l} \, Mg \sin \alpha \, ;$$

cette équation suppose que la rigidité des fils est nulle, en réalité elle est très petite et comme on n'emploie jamais la suspension bifilaire pour les mesures absolues très précises, on peut se contenter de cette approximation.

La suspension bifilaire a l'avantage d'être assez peu sensible aux variations de la température et d'être réglable à volonté ; en effet, on peut, sans changer la longueur l, ni l'écartement b des points d'attache sur la masse M, grandeurs qui

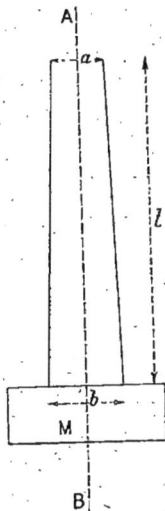

Fig. 9. — Schéma de la suspension bifilaire.

sont réglées par construction, faire varier la distance a. C'est ainsi qu'on procède ordinairement dans les appareils munis de suspensions bifilaires ; l'écart a peut être réglé au moyen d'une vis micrométrique ou d'un rappel quelconque à mouvement lent.

Bien que nous ayons placé ici la suspension bifilaire parmi les suspensions métalliques, il faut se rappeler que l'on emploie tout aussi fréquemment les fils de cocon pour la réaliser.

Un point très important, en pratique, doit être noté ici, il faut, avant de monter une suspension bifilaire, avoir bien soin de laisser le fil se *détordre* complètement, faute de quoi la torsion résiduelle amène des déplacements de zéro très importants. Le moyen à employer est des plus simples, il consiste à suspendre après le fil une petite masse non magnétique. Ce n'est qu'après avoir constaté que le fil est complètement détordu, qu'on peut procéder au montage, en prenant toutes les précautions nécessaires pour éviter une nouvelle torsion.

D'un emploi peu fréquent dans les appareils industriels, la suspension bifilaire est en usage surtout dans les appareils qui servent à l'étude du magnétisme terrestre.

Ressorts. — Dans un grand nombre d'instruments, plus particulièrement dans les appareils industriels, on emploie des ressorts pour produire le couple de torsion. Le mobile est alors porté, soit sur des pivots, soit suspendu par un fil de cocon, ou par un fil composé de plusieurs brins, mais dont le couple de torsion est négligeable devant celui du ressort ; enfin, dans quelques instruments, les ressorts eux-mêmes portent le mobile, ces ressorts travaillent alors à l'allongement et à la torsion.

Ressorts spiraux. — Les ressorts spiraux et hélicoïdaux donnent, tant qu'on ne dépasse par leur limite d'élasticité, des couples proportionnels aux angles de torsion.

Pour les ressorts spiraux, le couple W, pour l'angle unité est :

$$W_1 = \frac{E}{12} \frac{bh^3}{l}$$

E, coefficient d'allongement ;

b, largeur de la lame, mesurée *parallèlement à l'axe de rotation ;*

h, épaisseur de la lame, mesurée *suivant le rayon ;*

l, longueur développée de la lame.

Ces ressorts font l'objet d'une fabrication spéciale, il est rare qu'on ait à faire usage de la formule, on a plus vite fait de choisir, chez les fabricants, le modèle qui convient et de l'essayer.

Ressorts hélicoïdaux. — Il n'en est pas de même pour les ressorts hélicoïdaux; ceux-ci sont presque toujours faits spécialement pour les appareils et il est bon de calculer, au moins approximativement, les dimensions à leur donner pour s'éviter de trop longs tâtonnements.

Le fil ou la lame d'un ressort hélicoïdal, soumis à l'action d'un couple, travaille à la *flexion*; si sa section est rectangulaire, le couple W_1 a la même valeur que précédemment :

$$W_1 = \frac{E}{12} \frac{bh^3}{l};$$

si la section du fil est circulaire et de diamètre d

$$W_1 = \frac{\pi}{64} E \frac{d^4}{l};$$

le même fil redressé, travaillant directement à la *torsion*, dans une suspension unifilaire, aurait donné un couple :

$$W'_1 = \frac{\pi}{32} \varphi \frac{d^4}{l},$$

c'est-à-dire, en tenant compte de la relation *approximative* entre E et φ :

$$W'_1 = \frac{\pi}{80} E \frac{d^4}{l}.$$

Le couple W_1 est donc un peu plus fort que W'_1, mais il faut remarquer, à l'avantage des ressorts, que ceux-ci permettent d'employer une longueur de fil beaucoup plus grande ; en effet, pour réaliser la transformation ci-dessus, il aurait fallu employer la même longueur de fil l, ce qui aurait conduit à une suspension d'une longueur démesurée.

On remarquera, en outre, que, dans ces équations, n'entre pas le rayon R d'enroulement de l'hélice ; on peut donc augmenter celui-ci de façon à obtenir, pour une hauteur totale de ressort donnée, la plus grande longueur possible ; il n'y a là que des limites pratiques, il faut que les spires soient assez rigides pour ne pas tomber les unes sur les autres.

Enfin, un grand avantage à revendiquer en faveur des ressorts, c'est que ceux-ci permettent d'employer des longueurs beaucoup plus grandes de fil, ce dernier travaille d'autant plus loin de sa charge de rupture et, par suite, les déformations permanentes sont moindres ; en choisissant bien les dimensions des ressorts, on arrive à n'avoir plus de torsion résiduelle sensible.

Quand le ressort sert en même temps à la torsion et à suspendre le mobile, il faut l'enrouler sur un diamètre tel que son allongement ne soit pas trop grand. Le déplacement de l'extrémité libre d'un ressort, fixé par un bout et portant à l'autre un poids P, est :

$$f = \frac{32}{\pi} \cdot \frac{PR^2}{\varphi} \cdot \frac{l}{d^4} ;$$

cet allongement est indépendant de la longueur du ressort au repos, pourvu qu'à ce moment les spires ne soient pas au contact, c'est-à-dire qu'il n'y ait pas de tension initiale. Pour déterminer un ressort de ce genre, il faut procéder par tâtonnement et ne se servir de la formule que pour modifier le diamètre d'enroulement, car il est à peu près impossible de prévoir la longueur *réduite* du ressort au repos, cette longueur variant avec la tension pendant l'enroulement et avec l'angle que fait le fil avec le mandrin ; d'autre part, on a intérêt à garder la tension initiale du ressort, qui permet, à longueur développée égale, de porter un plus grand poids.

Comme première approximation, on peut supposer la longueur réduite égale à :

$$l_1 = nd,$$

n nombre de spires du fil de diamètre d.

Etant donnée la hauteur h_1 dont on dispose pour placer le ressort, on devra avoir :

$$h_1 = l_1 + f.$$

Les ressorts servant à la fois à la torsion et à la suspension sont généralement enroulés sur un diamètre assez petit et fixés à leurs attaches par une soudure à l'étain ; il faut avoir soin, en faisant cette soudure, de ne pas chauffer trop les spires voisines, ce qui les déformerait.

Les ressorts qui ne servent qu'à la torsion peuvent avoir un diamètre d'enroulement beaucoup plus grand, on les fixe généralement par des vis ; la suspension se fait au moyen de fils de cocon placés suivant l'axe de l'hélice.

Il ne faut pas oublier que les ressorts, surtout lorsqu'ils sont appelés à subir des torsions de 180 ou 360°, doivent être parfaitement centrés, faute de quoi, ils impriment au mobile, à la fois un mouvement de rotation et un de translation ; le résultat est d'augmenter ou de diminuer l'angle de déplacement apparent du mobile et de faire que les couples ne sont plus proportionnels aux angles de torsion mesurés. On produit ce centrage en déformant les extrémités à l'aide de presselles.

Lorsqu'on fait usage de deux ressorts égaux, il faut toujours les placer de façon à ce que la dilatation produise des mouvements opposés ; on évite ainsi les *déplacements de zéro*.

§ 5. — Mesure de T.

La mesure des oscillations d'amplitudes moyennes, faiblement amorties, ne présente aucune difficulté, il suffit d'en compter un nombre suffisant pour que la mesure du temps soit faite avec une erreur inférieure à celle qu'on s'est fixée comme limite ; mais, lorsque l'amortissement est grand, la durée courte ou le zéro instable, il y a lieu de prendre certaines précautions.

La durée d'une oscillation peut se mesurer entre deux élongations successives, ou entre deux passages consécutifs au zéro ; le second moyen est le plus précis, car, à ce moment, le mobile est animé d'une certaine vitesse et l'on peut saisir assez nettement l'instant du passage. Au contraire, en observant l'instant de l'élongation, la vitesse est minimum et le temps que le mobile met à se déplacer d'une quantité appréciable à l'œil est assez long pour amener une indécision notable dans la détermination du moment de l'élongation ; il vaut donc mieux observer le passage au zéro. Toutefois, lorsque les oscillations sont rapides et l'amortissement faible, la vitesse de passage au zéro est trop grande et l'observateur a une perception moins nette de l'instant ; dans ce cas, il faut observer les élongations et compter un nombre d'oscillations n supérieur à m si l'on s'est imposé une erreur $< \dfrac{1}{m}$.

Le moyen le plus simple est le suivant : après avoir imprimé une oscillation au mobile, on place l'œil en face du point qui sera atteint à l'élongation suivante ; au moment de celle-ci, on déclenche brusquement un compteur de secondes en comptant o ; puis, sans se déplacer autrement que pour suivre le décroissement des élongations, on observe successivement les élongations qui se produisent aux temps $2T$, $4T$ et nT, il faut donc compter

$0, 2, 4, \ldots, n$; à la n^e élongation on arrête le compteur et le quotient du temps t, lu sur le compteur, par le nombre d'oscillations donne la durée d'oscillation :

$$T = \frac{t}{n} .$$

Cette méthode est la seule applicable lorsque le mobile n'a pas son zéro fixe.

On pourrait être tenté, pour augmenter la vitesse du mobile et, par suite, la précision des mesures, quand l'amortissement est grand, de donner une première élongation très grande ; il faut se garder de dépasser les limites où l'instrument cesse d'être proportionnel, car, autrement, on introduit des erreurs dues aux variations du couple et des forces amortissantes ; pratiquement, avec les appareils à miroir, la première élongation ne doit pas être supérieure à 250 divisions d'une échelle placée à 1 000 divisions du miroir.

Quelle que soit la durée T de l'oscillation mesurée, il faut, si l'on veut atteindre une précision de 1 p. 100, que la durée nT observée soit supérieure à 30 secondes, pour éliminer l'erreur personnelle dont la grandeur varie en raison inverse de l'habitude qu'a l'observateur de ce genre de mesures.

On ne peut guère observer par ce moyen des valeurs de T inférieures à 0,2 seconde ; dans ce cas, en effet, il est très difficile de compter à haute voix, ou mentalement, le nombre d'oscillations, il faut alors compter *mécaniquement*, en pointant avec un crayon sur une feuille de papier, ou en actionnant un compteur totaliseur, il est nécessaire d'avoir un aide pour débrayer le compteur de secondes ; enfin le mieux est encore de disposer d'un chronographe, qui inscrit à la fois l'époque et le nombre des oscillations. Un simple dérouleur Morse, avec son manipulateur, peut, avec une mesure simultanée du temps, rendre de bons services comme chronographe.

Enfin, quelle que soit la durée T, il ne faut considérer le résultat comme certain qu'après avoir obtenu plusieurs séries de mesures dans lesquelles nT ne diffère pas de plus de 1 fois T, cela pour éviter les erreurs de numération.

§ 6. — Mesure de λ.

Lorsque la durée d'oscillation est longue, la mesure de λ n'offre aucune difficulté. Il suffit d'observer, aussi exactement que possible, les élongations maxima du mobile, préalablement dévié de sa position d'équilibre et abandonné à lui-même ; on note les élongations successives $\varepsilon_1, \varepsilon_2, \varepsilon_3, \ldots, \varepsilon_m$, à droite et à gauche du zéro, les différences $\varepsilon_1 - \varepsilon_2, \varepsilon_2 - \varepsilon_3$, etc., donnent les amplitudes a_1, $a_2, a_3, \ldots, a_n$, et λ est donné par l'équation (5).

Les différences $\varepsilon_1 - \varepsilon_2, \varepsilon_2 - \varepsilon_3$, s'obtiennent en donnant aux élongations paires le signe négatif lorsque, la division étant marquée o au point d'équilibre, les chiffres vont en croissant de chaque côté.

Quand les oscillations diminuent rapidement, on ne peut en observer qu'un très petit nombre ; dans le cas contraire, il faut compter un assez grand nombre d'élongations pour que a_n soit environ :

$$ a_n = \frac{a_1}{3,6} . $$

On peut évidemment vérifier l'exactitude des observations en calculant λ pour plusieurs valeurs de a, par exemple :

$$ \lambda = \log^n a_1 - \log_n a_2 = \log_n a_n - \log_n a_{n+1} , \text{etc.} $$

Il est très important, dans cette mesure, de ne modifier en rien les forces amortissantes ; par exemple, si la résistance du circuit a une influence sur l'amortissement d'un galvanomètre, il faut la noter et la laisser constante pendant toute la durée de l'expérience.

Dans le cas d'oscillations de courte période, il est assez difficile de suivre le mouvement rapide du mobile ; il est préférable, lorsqu'on a affaire à un appareil dont l'amortissement est très régulier, comme, par exemple, un galvanomètre à cadre mobile, de procéder par répétition. Au moyen d'un courant constant, on fait dévier le mobile d'une quantité toujours la même et assez grande, puis on l'abandonne ; une première observation indique alors la valeur approximative de la première élongation ; on répète l'expérience, en ayant bien soin de ne rompre le courant qu'au moment où le mobile est bien arrêté ; en général, après deux ou trois observations, on connaît la position exacte de ε_1 ; on procède de même pour ε_2, etc. Afin de faciliter l'observation lorsque T est très petit, on place l'œil en face de la position présumée de ε_1, et on ne rompt le courant qu'au moment où on se trouve bien placé ; on peut aussi cacher avec un écran la plus grande partie de la course du mobile et déplacer cet écran peu à peu jusqu'à ce que son bord arrive à masquer le point où l'élongation se produit ; il est très facile, avec cette disposition, de noter exactement le point ε, car on voit bien le moment où, dans la course, le mobile apparaît au delà de l'écran. Nous avons pu, de cette manière, noter assez exactement des décréments élevés pour des oscillations de o,2 à o,3 seconde. Comme cette méthode ne s'applique qu'aux instruments à zéro très fixe, on peut se contenter de prendre le rapport $\frac{\varepsilon_0}{\varepsilon_1}$ des élongations, au lieu de celui des amplitudes, on a alors ε_0 égal à la déviation permanente imprimée par le courant, ε_1 étant la première élongation à partir de zéro.

De la connaissance de λ et T, on déduit $b = \frac{\lambda}{T}$.

§ 7. — Mesure de K et W.

Les valeurs de K et W s'obtiennent par l'addition, au mobile, d'une masse, de forme convenable, dont le moment d'inertie K_1 a été déterminé par le calcul, en partant du poids et des dimensions géométriques.

Appelons T la durée d'oscillation du mobile seul et λ le décrément logarithmique des oscillations, T_1 et λ_1 les mêmes facteurs lorsque le moment d'inertie est devenu $K + K_1$, l'équation (3) nous donne, en remplaçant T_0 par sa valeur :

$$T_0 = \pi \sqrt{\frac{K}{W}}.$$

$$K = \frac{T^2}{\pi^2 + \lambda^2} W,$$

$$K + K_1 = \frac{T_1^2}{\pi^2 + \lambda_1^2} W.$$

et

$$K = K_1 \frac{1}{\dfrac{T_1^2(\pi^2 + \lambda^2)}{T^2(\pi^2 + \lambda_1^2)} - 1}.$$

En pratique $\pi^2 = 10$, donc, pour une mesure à 1 p. 100 près, on peut négliger les valeurs de $\lambda^2 < 0,1$, c'est-à-dire $\lambda < 0,3$, dans ce cas on écrit plus simplement

$$K = K_1 \frac{T^2}{T_1^2 - T^2},$$

De la même expérience, nous pouvons déduire, selon que λ est ou n'est pas négligeable

$$W = K_1 \frac{(\pi^2 + \lambda^2)(\pi^2 + \lambda_1^2)}{T_1^2(\pi^2 + \lambda_1^2) - T^2(\pi^2 + \lambda^2)}$$

ou

$$K_1 \frac{\pi^2}{T_1^2 - T^2}.$$

Il faut remarquer que l'erreur commise sur W et sur K ne peut pas être moindre que celle qui affecte K_1, mais cependant il est très important de faire les mesures de T et T_1 avec le plus grand soin, car c'est la *différence* des carrés de ces deux termes qui se trouve au dénominateur; pour rendre les erreurs dues à ces valeurs aussi petites que possible, il faut choisir un moment d'inertie tel que T_1 soit au moins égal à 2 T.

Dans ce qui précède, nous avons supposé que l'addition de la masse K_1 n'amenait aucune variation de W; pour cela, il faut que *la masse additionnelle soit aussi faible que possible*, tout en ayant un moment d'inertie très grand, et d'une forme telle que l'amortissement ne soit pas trop augmenté, car, ainsi que nous l'avons vu, la mesure de T_1 devient alors peu précise.

La meilleure forme à donner à la masse additionnelle est celle d'un disque mince, c'est celle qui augmente le moins l'amortissement par l'air; mais, à égalité de masse, si l'on veut obtenir un moment K_1 plus grand, il vaut mieux prendre deux sphères légères et égales que l'on réunit par un balancier fixé sur le mobile. La fixation du disque est un peu plus délicate lorsqu'il s'agit d'un mobile suspendu par un fil; il faut alors ouvrir dans le disque une fente, en forme de *secteur étroit*, afin de simplifier le calcul du moment d'inertie.

La masse additionnelle peut se faire avec toutes les matières peu denses et homogènes; en général, on se sert d'aluminium, de carton et même de papier. Dans certains cas, par exemple, pour mesurer le moment d'inertie de l'équipage très léger d'un galvanomètre Thomson, nous avons employé un petit rectangle de papier ou de mica, de dimensions bien mesurées et de poids connu, que nous collions légèrement derrière l'équipage, au moyen d'une petite goutte de vernis; nous mesurions d'abord l'oscillation T, puis T_1 avec le rectangle additionnel, ayant son grand côté vertical et enfin T_2, avec le même rectangle, le grand côté étant horizontal ; cette disposition donne deux valeurs K_1 et K_2 qui facilitent le contrôle des résultats, en indiquant la précision sur laquelle on peut compter.

Il faut toujours avoir soin de fixer la masse additionnelle de façon à ce que son centre de gravité soit sur l'axe de rotation du mobile et que son orientation soit bien celle qui a été prévue dans le calcul de K_1 ; un disque, par exemple, devra avoir son centre sur l'axe de rotation et son plan perpendiculaire à cet axe.

Rappelons ici les formules donnant les moments d'inertie des solides les plus employés :

Disque de rayon r tournant autour d'un axe perpendiculaire à son plan. . . . . $K_1 = M \dfrac{r^2}{2}$

Le même, très mince, tournant autour d'un de ses diamètres . . . . $K_1 = M \dfrac{r^2}{4}$

Tige mince, rectiligne, de longueur l, axe de rotation perpendiculaire au milieu. . . . $K_1 = M \dfrac{l^2}{12}$

Feuille mince, rectangulaire, tournant autour d'un axe situé dans son plan, passant par le centre de gravité et perpendiculaire au côté de longueur l . . . . $K_1 = M \dfrac{l^2}{12}$

Parallélipipède, axe de rotation parallèle au côté c et passant par le centre de gravité. $K_1 = M \left(\dfrac{b^2 + a^2}{12} \right)$

Sphère de rayon r tournant autour d'un de ses diamètres . . . . $K_1 = M \dfrac{2r^2}{5}$

Lorsqu'on veut mesurer le moment d'inertie d'un mobile suspendu à un bifilaire, il faut tenir compte de la variation du couple W due à l'augmentation de poids ; on sait, que toutes choses égales d'ailleurs, les couples sont proportionnels aux masses ; donc, si l'on connaît le poids P du mobile et le poids P_1 de la masse additionnelle, on a :

$$\frac{W}{W_1} = \frac{P}{P_1},$$

et.

$$K + K_1 = \frac{T^2_1}{\pi^2 + \lambda^2_1} W \frac{P_1}{P},$$

par conséquent, en tenant compte ou en négligeant λ :

$$K = K_1 \frac{1}{\dfrac{T^2_1 (\pi^2 + \lambda^2) P_1}{T^2 (\pi^2 + \lambda^2_1) P} - 1} = K_1 \frac{T^2 P}{T^2_1 P_1 - T^2 P}.$$

La mesure des coefficients k et φ se réduit à la mesure d'un couple ; lorsqu'on possède un échantillon du fil à essayer, il suffit d'y suspendre une masse M_1 de forme et de dimensions connues. Il faut que cette masse n'offre pas de résistance appréciable à l'air, pour pouvoir négliger λ ; il faut, en outre, que sa forme se prête facilement au calcul du moment d'inertie, que son poids soit assez faible pour ne pas produire sur le fil essayé un allongement sensible ; enfin, son moment d'inertie doit être approprié au diamètre, à la longueur et à la rigidité du fil pour donner une valeur de T facile à mesurer, c'est-à-dire comprise entre 1 et 20 secondes ; on voit qu'il y a de la marge de ce côté.

La meilleure forme à donner à la masse M_1 est celle d'un disque ; un repère, tracé sur une face, facilite l'observation des oscillations.

La fixation du fil dans cette mesure est un point capital, qui ne manque pas d'embarrasser les personnes ayant à faire ces mesures pour la première fois. Le moyen suivant est très facile à employer et permet la mesure exacte de la longueur du fil essayé ; il consiste à faire passer, au

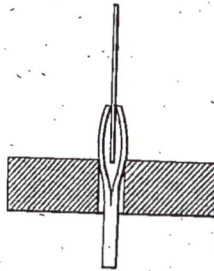

Fig. 10. — Dispositif pour la mesure des couples des fils de suspension.

centre du disque et perpendiculairement à son plan (fig. 10), une tige mince, 2 mm environ pour les fils fins ;

cette tige, de longueur appropriée à la hauteur du disque, est fendue sur 1 à 2 cm, les deux parties légèrement cintrées servant à pincer le fil, il suffit de faire entrer la partie convexe dans le trou du disque, en forçant légèrement, pour obtenir une fixation très suffisante ; il faut que les bords de la pince soient émoussés pour ne pas couper le fil. Il va sans dire que le moment d'inertie de cette partie peut être calculé à part, mais, en général, on peut le négliger devant celui de la masse.

Le crochet supérieur doit être fait de la même manière, c'est le meilleur moyen d'obtenir la longueur exacte ; il faut bien pincer le fil pour éviter la torsion dans la pince elle-même.

CHAPITRE II

OBSERVATION DES APPAREILS DE MESURES ÉLECTRIQUES

§ 8. — Index et cadran divisé.

Dans la plupart des galvanomètres et électromètres, l'action électrique produit un déplacement angulaire de l'équipage ; la mesure du phénomène étant donnée par ce déplacement, il faut le mesurer lui-même. Dans ce but, le moyen le plus simple consiste à munir la partie mobile d'un index, plus ou moins long, qui se déplace au-dessus d'un cadran divisé.

On conçoit que, pour un angle de déviation déterminé, la précision de la mesure sera d'autant plus grande que le chemin parcouru par l'extrémité de l'index sera lui-même plus grand, aussi a-t-on été conduit à mettre des index de plus en plus longs ; mais, pratiquement, plusieurs causes s'opposent à l'accroissement de longueur de l'index : d'abord les dimensions de l'appareil, qu'il est matériellement impossible d'augmenter indéfiniment, et, ensuite, pour les équipages très légers, un index, si léger qu'il soit, a toujours un moment d'inertie beaucoup trop grand ; cette disposition a été réservée aux instruments peu sensibles, en particulier aux instruments industriels étalonnés.

L'observation d'un appareil muni d'un index exige quelques précautions ; en effet, si l'observateur ne place pas son œil dans le plan, perpendiculaire au cadran, qui passe par l'index, l'image de celui-ci est projetée sur le cadran à droite ou à gauche de sa position exacte, il en résulte une *erreur de parallaxe*, qui est assez importante lorsque l'index est éloigné du cadran. Pour éviter cette erreur, lord Kelvin trace ses cadrans sur un miroir plan argenté ; il suffit alors de se placer de telle sorte que l'extrémité de l'index et son image dans le miroir se superposent pour obtenir la plus grande précision que l'on puisse espérer par cette méthode.

Lorsqu'on veut observer, aussi exactement que possible, un appareil non muni de ce miroir, M. Drouin conseille d'employer un parallélipipède épais, en verre, que l'on pose sur la glace, ordinairement parallèle au cadran, qui ferme l'appareil, et à regarder l'index ; celui-ci semble coupé par le bloc de verre, à moins que l'œil ne se trouve, comme précédemment, dans le plan normal au cadran et passant par l'index ; dans toutes les autres positions, la partie vue au travers du bloc de verre semble déviée, ce qui fait paraître l'index brisé.

§ 9. — Miroirs.

Dans les laboratoires, on se sert plus généralement d'une disposition indiquée par Poggendorff, qui consiste à munir l'équipage mobile d'un petit miroir plan m, en face duquel on place, à une distance D, une échelle divisée et une lunette perpendiculaire à cette échelle (fig. 11) ; dans ces conditions, si l'équipage vient à se déplacer d'un angle α, le rayon réfléchi dans la lunette restant fixe, le rayon incident se déplacera d'un angle double 2α et viendra donner, dans la lunette, l'image d'un point de l'échelle situé à une distance d du premier :

$$d = D \operatorname{tg} 2\alpha.$$

Cette disposition ne s'applique évidemment qu'à de

très petits angles de déplacement, de telle sorte que tg 2α est très peu différent de 2 tg α, ce qui revient à dire que le système représente un index de longueur 2 D ; or, on peut donner à D une très grande longueur, on augmente ainsi la sensibilité dans de très grandes limites, sans changer le moment d'inertie du système mobile.

La disposition avec lunette et échelle, très employée en Allemagne, exige de la part de l'observateur une attention constante et fatigante ; aussi, en France et en Angleterre, a-t-on recours, de préférence, à la méthode de projection : la lunette est remplacée par une petite fenêtre percée dans un écran et munie d'un réticule vertical ; une source de lumière L (fig. 12), placée derrière cette fenêtre, envoie ses rayons sur le miroir m qui est *concave* et de foyer.

$$f = \frac{D}{2};$$

le rayon réfléchi vient former, sur la règle divisée, une image lumineuse ou *spot* de la fenêtre et c'est le déplacement d, de ce spot, que l'on observe ; il est encore égal à

$$d = D \ \text{tg} \ 2\alpha.$$

L'échelle, dans ce cas, peut être tracée sur papier opaque et observée en se plaçant entre elle et le miroir, ou encore, et c'est le procédé le plus général aujourd'hui, l'échelle, dessinée sur *verre dépoli, celluloïd* ou *papier huilé*, est observée par transparence ; on obtient ainsi une position plus commode de l'observateur et un éclairage plus facile. Avec l'échelle opaque, il faut toujours se placer dans une chambre presque obscure, en ayant une lampe assez puissante ; avec l'échelle transparente, une chambre assez éclairée peut être employée et dans bien des cas même, on remplace la lumière émise par la lampe L, par celle du ciel et des nuées.

Miroirs. — Les miroirs employés sont *plans*, lorsqu'on

se sert d'une lunette, *concaves*, ou équivalents, lorsqu'on emploie l'échelle à projection.

Le miroir *plan* doit toujours avoir le plus grand diamètre possible, car le *champ* de la lunette, qui sert de viseur, est limité par un cône ayant son sommet sur

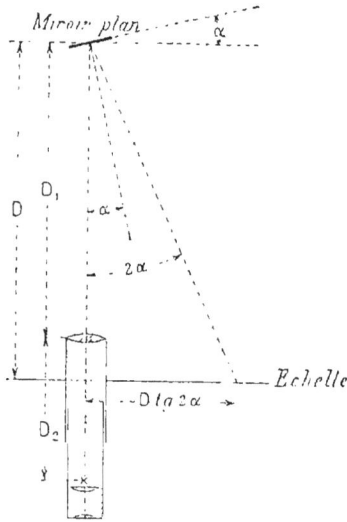

Fig. 11. — Disposition de Poggendorff.

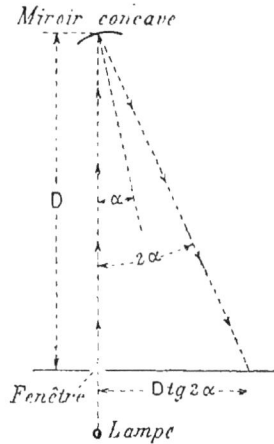

Fig. 12. — Schéma de la méthode de projection.

l'objectif et le miroir comme base ; il n'y a pas intérêt à augmenter le diamètre du miroir au délà de la grandeur correspondant au champ propre de la lunette, lequel est déterminé par la distance entre l'objectif et l'oculaire, ainsi que par l'ouverture utile de celui-ci, c'est-à-dire que si D_1 (fig. 11) est la distance de l'objectif au miroir, D_2 celle de l'objectif au plan du réticule et δ l'ouverture du diaphragme ou du verre de champ de l'oculaire, il faudra que le diamètre δ_m du miroir soit au plus

$$\delta_m = \delta \, \frac{D_1}{D_2}.$$

En général, le diamètre du miroir est plus petit que cette valeur et limite le champ d'autant plus que la distance D_1 est plus grande. Avec les échelles ordinaires, divisées en millimètres et chiffrées de 10 en 10 divisions, il est bon, pour la commodité des lectures, d'avoir toujours dans le champ au moins un chiffre (fig. 13), c'est-à-dire que l'on doit voir environ 10 divisions ou 10 mm, de telle sorte que si l'on suppose la lunette à la même distance que l'échelle, $D_1 = D$, il faudra employer un miroir dont le diamètre séra au moins égal à $\frac{D}{200}$.

Il y a avantage à donner le plus grand champ possible, ce qui facilite beaucoup les lectures ; avec un champ étroit et un mouvement un peu rapide du miroir, les divisions passent trop vite dans la lunette et on ne peut rien lire.

Dans certains cas, et surtout dans les lunettes à fort grossissement, il est préférable de prendre un miroir rectangulaire, dont le grand côté est perpendiculaire aux traits de l'échelle ; par cette disposition, on obtient des images plus nettes, mais on augmente le moment d'inertie.

Fig. 13. — Images d'échelles vues dans la lunette.

Avec l'échelle à projection, on emploie quelquefois aussi un miroir *plan* devant lequel on place une lentille convergente, *biconvexe* si on veut éviter une réflexion sur la face plane ; *plan-convexe*, avec la face plane tournée vers le miroir, lorsqu'on cherche à obtenir une seconde image *fixe*, destinée à servir de repère (fig. 14). Avec cette disposition, le foyer de la lentille doit être calculé comme si la distance D était diminuée de l'espace compris entre son centre optique et le miroir ; comme les rayons lumineux traversent deux fois la lentille, son foyer, dans cet emploi, est moitié de ce qu'il est dans

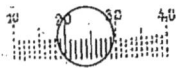

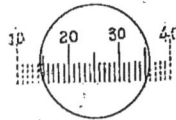

les conditions ordinaires, on doit donc avoir $f = D_1$.

Les miroirs concaves employés sont de diverses natures. Les uns sont simplement découpés dans des sphères à grand rayon, de la manière habituelle dont on fait les verres de montre, ils donnent, grâce à un choix convenable, d'assez bonnes images ; mais, formés de deux

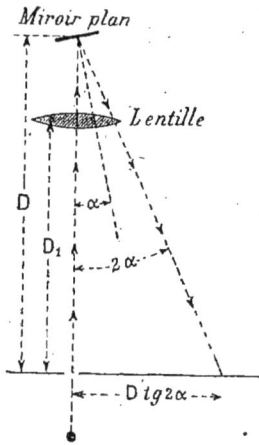

Fig. 14. — Disposition avec miroir plan et lentille.

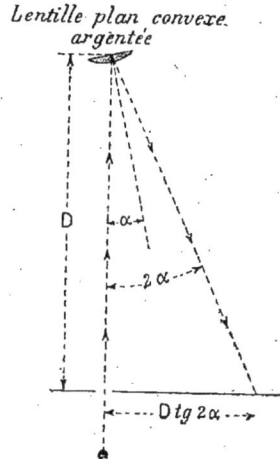

Fig. 15. — Disposition avec lentille argentée.

faces presque rigoureusement parallèles, ils ont, comme les miroirs plans, l'inconvénient de donner plusieurs images très voisines et d'éclat décroissant. Il en est de même pour les miroirs concaves travaillés optiquement. Pour obvier à cet inconvénient, on emploie, de plus en plus, au lieu des miroirs concaves, des petites *lentilles plan-convexes*, très minces, dont la face plane est argentée ; c'est, en résumé, la disposition miroir plan et lentille ci-dessus, dont les éléments ont été juxtaposés (fig. 15).

Il y a presque toujours intérêt à employer un miroir de grand diamètre, pour que l'*éclairement* du spot soit, à égalité de source lumineuse, aussi grand que possible.

Il n'est pas nécessaire que l'échelle et la fenêtre éclairée, ou la lunette, soient à la même distance du miroir ; avec la lunette on a même intérêt lorsqu'il est possible de le faire, à mettre celle-ci aussi près que possible du miroir ; on augmente ainsi le champ de l'instrument et, à grossissement égal, on voit mieux les divisions ; il faut bien se rappeler d'ailleurs que la déviation observée est simplement fonction de la distance D de l'échelle au miroir.

Dans la méthode de projection, il faut et il suffit que la distance l de la fenêtre éclairée au centre optique du miroir, ou du système équivalent, soit le foyer conjugué de la distance D_1 de l'échelle au même point :

$$\frac{1}{D_1} + \frac{1}{l} = \frac{1}{f},$$

Rappelons encore ici que f, dans le cas d'une lentille (fig. 14), doit être pris égal à la *moitié* du foyer réel de cette lentille et que le centre optique peut être pris comme étant au centre de la lentille alors qu'avec le miroir concave, ou la lentille plan-convexe argentée, il est au centre du miroir.

Le collage des miroirs est un point très important. Il faut, autant que possible, fixer les miroirs sur leurs supports au moyen de colle de caoutchouc ; cette colle, que l'on peut facilement remplacer par du caoutchouc fondu dans une flamme, a l'avantage de laisser le miroir libre de se dilater ; les colles rigides, comme, par exemple, les vernis, ont l'inconvénient de déformer le miroir et de troubler les images. Il est également bon, pour la même cause, de ne coller les miroirs que sur une petite surface ; enfin, l'usage des crochets retenant les miroirs par leurs bords, doit être réservé aux miroirs épais et aux appareils soumis à des chocs susceptibles d'amener le décollage du miroir.

L'inconvénient du collage au caoutchouc réside dans
la lenteur du séchage, de telle sorte que, pendant longtemps, le miroir se déplace sur son support et est susceptible de se décoller ; toutefois cet inconvénient est
largement compensé, dans la suite, par la netteté des
images obtenues.

§ 10. — Échelles et Lunettes.

Il existe un très grand nombre de types d'échelles et
de lunettes. Dans certains cas les deux appareils sont

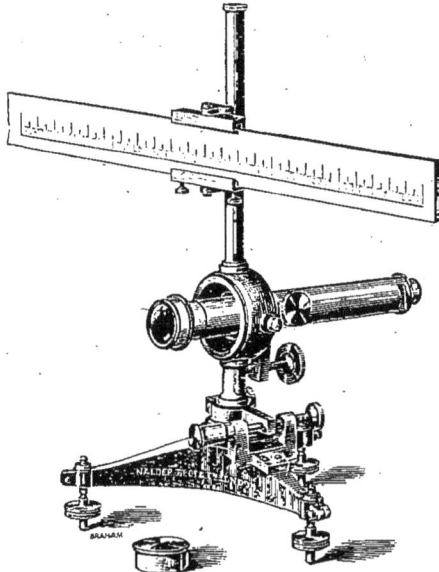

Fig. 16. — Lunette avec échelle.

indépendants et permettent de prendre des distances
différentes entre le miroir et chacune des deux pièces,
mais la disposition la plus commode consiste à les réunir
sur un même pied, muni d'un réglage en hauteur et, quelquefois, de vis calantes (fig. 16). L'échelle de 5o cm de

longueur, divisée en millimètres, est tracée sur papier, quelquefois sur métal et, plus rarement, sur ivoire ; elle porte des chiffres renversés qui sont redressés par la lunette et le miroir. La lunette doit être placée *au-dessous* de l'échelle, pour éviter que son corps fasse ombre sur les divisions ; c'est ordinairement une simple lunette astronomique dont l'objectif achromatique a, au moins, 2,5 à 3 cm de diamètre ; elle est munie d'un oculaire *positif* ayant un champ aussi grand que possible ; un réticule, placé devant l'oculaire, sert de point de repère.

Le grossissement de la lunette doit être tel que l'image des divisions soit, autant que possible, de même grandeur que sur l'échelle vue directement ; en effet, on a avantage à observer des divisions assez larges, car il est plus facile, par exemple, d'apprécier, avec un peu d'habitude, le $\frac{1}{10}$ entre deux traits à 1 mm l'un de l'autre, que le quart entre deux traits distants de 0,5 mm ; ce fait, dont il serait difficile de donner une explication simple, résulte de l'expérience. Toutefois, on ne doit pas oublier qu'à mesure que le grossissement augmente, le champ diminue ; or, on a intérêt à avoir le champ le plus large possible. Par suite, en pratique, on doit chercher, au moins pour les faibles distances entre l'échelle et le miroir (fig. 11), à avoir le grossissement de l'oculaire supérieur à

$$\frac{D_1 + D}{f},$$

f étant la distance focale de l'objectif.

Dans quelques instruments portatifs, pour conserver la sensibilité de la méthode, la lunette de la figure 11 est remplacée par un microscope, l'échelle, placée beaucoup plus près du miroir, a des divisions plus étroites ; l'ensemble donne, sous une forme plus compacte, les mêmes résultats que l'échelle ordinaire, mais est d'un emploi moins commode.

Pour la méthode de projection, on emploie, soit des échelles opaques, soit des échelles transparentes. Les premières, dont l'usage est de plus en plus abandonné, ont été surtout employées pour la télégraphie sous-

Fig. 17. — Échelle opaque.

marine ; elles se composent (fig. 17), d'une règle divisée sur papier, collée sur une planchette, le tout monté sur un support en bois, muni d'un volet articulé horizontalement, qui permet de projeter sur l'échelle une ombre suffisante ; une fenêtre rectangulaire, percée au centre du support et traversée par un fil fin vertical, formant réticule, est éclairée, par derrière, par une forte lampe à pétrole.

Le réglage et la mise en expérience se font de la façon suivante : l'échelle étant placée en face du miroir à la distance convenable, c'est-à-dire double du foyer du miroir, et de telle sorte que le plan horizontal passant par le miroir soit à la hauteur moyenne entre la fenêtre et l'échelle, on envoie la lumière de la lampe sur le miroir et on cherche la position du rayon réfléchi en déplaçant dans l'espace une feuille de papier blanc ; cette opération est grandement facilitée par l'obscurité presque complète qu'il est nécessaire d'avoir dans la salle pour se servir de cette méthode d'observation.

L'image réfléchie une fois trouvée, il ne reste plus qu'à l'amener sur l'échelle, soit en déplaçant le miroir mobile de l'appareil observé, si cela est possible, soit en déplaçant l'échelle et la lampe par une série de petits mouvements permettant de suivre, à chaque instant, la position du rayon réfléchi. Quand l'image se forme bien sur l'échelle, à l'endroit voulu, il ne reste plus qu'à la mettre au point en déplaçant le tout, échelle et lampe, dans la direction du rayon réfléchi. Comme la distance est à peu près connue par avance, le réglage ne porte que sur une faible longueur ; il est d'ailleurs facilité par ce fait que l'ouverture du miroir étant petite, par rapport à la distance, la profondeur du foyer est assez grande et une petite erreur dans la mise au point est inappréciable.

Il y a lieu de noter ici un inconvénient des miroirs à grand diamètre. Lorsqu'on observe de grandes déviations, telles que 250 à 300 mm, sur une échelle placée à 1 m du miroir, la mise au point étant faite pour le zéro, c'est-à-dire pour la position où D est minima, l'image obtenue à l'extrémité de l'échelle est à une distance plus grande de 3 p. 100 ; il faut donc que la profondeur du foyer soit dans ce cas au moins égale à 3 p. 100. En pratique, un miroir de 20 mm de diamètre cesse de donner de bonnes images dans ces conditions ; il est préférable de s'arrêter à 15 mm. On peut aussi se contenter d'une netteté moyenne et mettre exactement au point pour le *milieu* de la course, c'est-à-dire vers 150 mm.

Aux échelles opaques, on a substitué, depuis une vingtaine d'années déjà, les échelles transparentes composées d'une règle divisée, en celluloïd, en verre dépoli ou en papier huilé, montée sur un support convenable.

Dans le modèle très répandu de la figure 18, la règle est en celluloïd ; elle coulisse horizontalement à la partie supérieure et permet d'amener une division quelconque en face du *spot*, sans déranger toute l'échelle ; un écran noirci, placé immédiatement au-dessous de la règle, est percé d'une fenêtre rectangulaire, traversée par un fil vertical ; un miroir plan, mobile en tous sens derrière

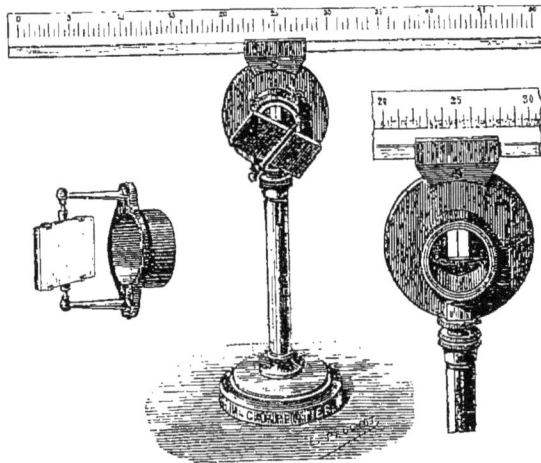

Fig. 18. — Échelle transparente.

cette fenêtre, sert à l'éclairer en prenant la lumière d'une source quelconque, lampe, bec de gaz, bougie, ou encore, ce qui dans bien des cas est plus commode, la seule lumière des nuées. Tout l'ensemble est monté sur un pied à coulisse qui facilite le réglage en hauteur.

La mise en expérience d'une échelle transparente est analogue à celle d'une échelle opaque. L'observateur, qui est placé *en face* de l'appareil étudié, a devant lui l'échelle, à une distance convenable pour lui permettre la lecture facile des divisions. Il va sans dire que le galvanomètre, ou l'appareil à miroir observé, a été placé à la distance voulue de l'échelle, distance généralement indi-

quée par le constructeur. L'*orientation* d'une échelle transparente n'est pas indifférente ; le grand avantage de cette
disposition est de pouvoir être employée dans un milieu
éclairé, mais il faut que la lumière arrive, autant que
possible, parallèlement au plan de la règle divisée, de
façon à laisser celle-ci dans une obscurité relative. Par
exemple, dans une chambre éclairée par une fenêtre
latérale, il faut toujours placer la règle perpendiculaire
à la fenêtre et orienter le galvanomètre en conséquence ;
dans ces conditions, on peut, généralement, se contenter
d'éclairer le *spot* au moyen de la lumière envoyée par la
fenêtre et réfléchie par le miroir d'éclairement. Dans le
cas où cette lumière serait insuffisante, il faudrait avoir
recours aux procédés indiqués plus loin, mais en tenant
bien compte qu'avec ce dispositif, il faut moins de différence entre *l'éclairement du spot* et *l'éclairement moyen
de la salle* qu'avec la disposition des échelles opaques.

La position de l'appareil une fois déterminée par cette
considération, et par d'autres que nous verrons plus loin,
l'observateur tourne la règle dans la direction du miroir,
c'est-à-dire à 90° de sa position normale, vise le long de
la partie inférieure de cette règle et l'élève ou l'abaisse
jusqu'à voir le miroir de l'appareil dans le prolongement
de la ligne de visée ; à ce moment, si le miroir est bien
vertical, le réglage en hauteur est à peu près obtenu.
Ceci fait, l'observateur ramène l'échelle à sa position
normale et, au moyen du miroir d'éclairage, il envoie la
lumière sur le miroir mobile. En regardant celui-ci par-
dessus l'échelle, il est facile de voir si ce résultat est
obtenu ; l'image réfléchie doit se trouver sur la règle
ou dans le voisinage immédiat ; on l'aperçoit bien vite
avec un peu d'habitude, en déplaçant l'œil derrière la
règle. Par un dernier réglage en hauteur, on amène la
règle à la position convenable et la mise au point se fait
comme pour les échelles opaques.

Il ne faut pas être étonné de voir la mise au point parfaite un jour, être assez mauvaise le lendemain ; il arrive très souvent, surtout avec les miroirs minces, des variations de courbure dues, dans certains cas, à la différence de dilatation linéaire entre le verre et le vernis qui protège l'argenture, dans d'autres cas, à l'hygrométricité de ce vernis.

Influence de l'inclinaison de la règle divisée. — Dans l'emploi du miroir, il est absolument nécessaire de régler l'échelle de telle sorte que le mobile étant au repos, le *rayon réfléchi*, qui forme le spot lumineux, dans la méthode de projection, ou le *rayon incident*, qui part de la division observée par la lunette, soit perpendiculaire au plan de l'échelle ; *l'angle β du rayon incident ou du rayon réfléchi peut être quelconque* (fig. 19) ; il faut et il suffit que le rayon qui rencontre l'échelle, fasse, au repos, un angle de 90° avec celle-ci ; en effet, dans ce cas, seulement, la déviation est représentée par

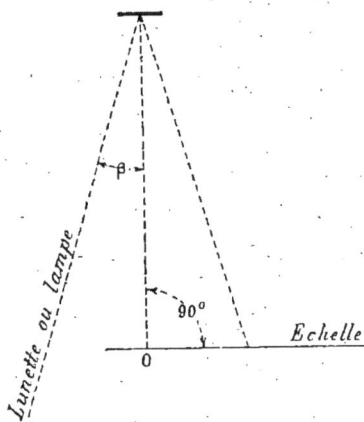

Fig. 19. — Disposition correcte de l'échelle et du rayon réfléchi.

$$d = D \, tg \, 2\alpha.$$

Il faut également, si l'on veut mesurer un angle en valeur absolue, prendre la longueur D sur ce rayon, entre le miroir et l'échelle.

Ce que l'on cherche généralement, dans les appareils à miroir, en dehors d'une sensibilité plus grande, c'est à obtenir des déviations angulaires à peu près proportionnelles aux phénomènes à mesurer. L'angle de déviation du miroir mobile, étant lui-même très petit, peut être considéré comme proportionnel à ce phénomène. Il faut donc que la déviation soit assez petite pour qu'on puisse écrire

$$D \, \text{tg} \, 2\alpha = K\alpha,$$

Ce résultat ne peut être obtenu que pour des angles α inférieurs à 3 ou 4 degrés.

La plupart des échelles en usage ont une longueur de 5o cm et sont placées à une distance $D = 1$ mètre ; si le zéro est au milieu, la déviation maximum est : $\text{tg} \, 2\alpha = 0,25$, c'est-à-dire $\alpha = 7°$ environ ; dans ces conditions, la proportionnalité comporte une erreur d'environ 2 p. 100. En limitant la déviation à 10 cm, l'erreur n'est plus que de 0,33 p. 100, et l'angle $\alpha = 3°$. On peut néanmoins prendre une déviation un peu plus grande, car il faut observer que les petites déviations sont entachées d'une erreur de lecture assez élevée ; en outre, l'erreur provenant du défaut de proportionnalité peut être atténuée en prenant pour unité une déviation moyenne : les déviations plus petites indiqueront un chiffre trop faible, les plus grandes un chiffre fort et la plus grande erreur commise de ce chef sera ainsi réduite de moitié.

Si, par exemple, nous posons comme limite une erreur inférieure à 0,5 p. 100, il suffira de ne pas dépasser une déviation de 15 ou 17 cm à la distance $D = 1$ mètre.

Il est évident que si l'angle de l'échelle et du rayon réfléchi est différent de 90°, $\text{tg} \, 2\alpha$ varie d'une façon différente et les erreurs de proportionnalité peuvent devenir très grandes sans que l'on en soit averti.

Les échelles avec lunettes, comme celle de la figure 16, ont, par construction, deux plans perpendiculaires entre eux, l'un passant par l'axe optique de la lunette, l'autre parallèle ; il suffit donc de prendre pour zéro la division de l'échelle située dans le plan vertical de l'axe optique.

Lorsque l'échelle est séparée de la lunette, ou avec les échelles à projection, le moyen le plus simple et le plus pratique à recommander consiste, une fois les réglages de hauteur et de foyer terminés, à placer l'angle droit d'une équerre contre la division servant de zéro actuel à l'appareil ; l'un des côtés de l'équerre étant bien appliqué contre le plan de la règle on vise le miroir le long de l'autre côté ; en faisant tourner l'échelle autour de son zéro, on amène la coïncidence entre le prolongement de l'arête de l'équerre et le miroir. Cette méthode de réglage ne laisse guère, avec un peu d'habitude, d'erreurs supérieures à 1°, ce qui est pratiquement négligeable.

§ 11. — Eclairage.

Avec l'échelle à lunette il faut, autant que possible, placer le plan de l'échelle à 45° environ avec la direction de la lumière, de façon à éclairer aussi bien que possible la division, et à éviter en même temps l'introduction directe de la lumière dans la lunette ou dans l'œil de l'observateur ; il est bon, également, de protéger par des écrans, ou de noircir, les parties visibles de l'appareil observé, pour que des réflexions parasites ne viennent pas troubler l'image en la noyant dans la lumière diffuse.

On construit des échelles, pour l'observation à la lunette, dans lesquelles l'éclairement des divisions est obtenu à l'aide de lampes à incandescence et de miroirs.

Avec les échelles à projection, il est souvent nécessaire d'employer une source de lumière artificielle pour éclairer la fenêtre ; dans ce cas, on peut placer simplement la lumière, lampe ou bougie, derrière et très près de la fenêtre de l'échelle et diriger ses rayons sur le miroir mobile. C'est ce que l'on fait avec les échelles opaques, mais avec les échelles transparentes, il est plus simple de prendre la lumière où elle est, et de la réfléchir sur le miroir mobile, au travers de la fenêtre, par le moyen de la glace articulée placée en arrière.

Si la source lumineuse a une grande surface et est suffisamment éloignée de la fenêtre de l'échelle, on obtient un spot à peu près uniformément éclairé ; au contraire, quand la lampe est placée très près de la fenêtre et que sa surface est petite, son image est donnée par le miroir mobile sur l'échelle, le spot n'est pas uniformément éclairé et il peut en résulter, par exemple dans l'emploi des lampes à incandescence, une certaine gêne pour l'observateur ; dans ce cas, il est utile d'interposer une lentille, entre *la fenêtre et la lampe*. Dans certains cas également, il est nécessaire d'obtenir un spot très vivement éclairé, pour montrer à un auditoire par exemple ; là encore, il est nécessaire d'employer une lentille pour condenser la lumière.

D'une manière générale, quelle que soit la position de la lentille, entre *la lampe et la fenêtre*, la seule condition nécessaire, pour obtenir un éclairement maximum et uniforme du spot, est de choisir le foyer de la lentille, ou de la placer, de telle sorte que *la lampe et le miroir mobile* soient des *foyers conjugués* par rapport à la lentille ; en d'autres termes, l'image de la source lumineuse, donnée par la lentille, doit venir se former sur le *miroir mobile* et non pas sur la fenêtre, comme on est tenté de le faire souvent ; il est facile de s'assurer que cette condition est remplie en mettant, très près du miroir, une feuille de papier sur laquelle vient se former l'image de la lampe, que l'on peut ainsi mettre au point.

Le moyen le plus commode, avec les échelles transparentes, consiste à employer une lampe, d'un système quelconque, placée sur la table, à droite ou à gauche de l'observateur et, autant que possible, dans le plan de la règle ; cette lampe sert en même temps à éclairer les différents appareils dont on se sert. Sur la table également, on place une lentille montée sur pied à coulisse, comme celles dont on se sert en optique pour les expériences de cours, de 20 à 50 cm de foyer ; en déplaçant cette lentille entre la lampe et l'échelle, on arrive facilement à mettre au point l'image de la flamme dans le plan du miroir.

Une solution très générale, et plus pratique, con-

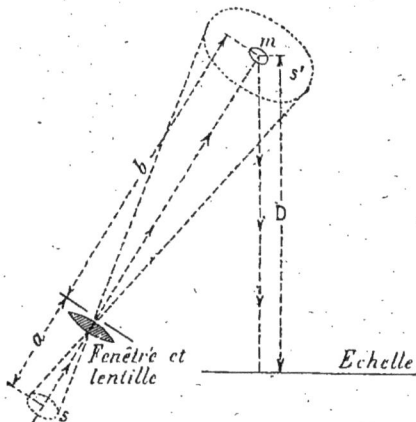

Fig. 20. — Schéma de l'éclairement.

siste à placer, dans le barillet qui porte la glace d'éclairage, devant la fenêtre, une lentille, biconvexe ou plan-convexe, d'un foyer égal, environ, à la moitié de la distance entre l'échelle et le miroir ; avec cette disposition, il suffit de placer la lumière à une distance de la lentille égale à 2 f au moins, pour que, quelle que soit cette distance, l'image de la lampe ne se forme pas sur l'échelle. Cette solution est très générale comme nous le disions, car elle permet d'employer les échelles qui en sont munies, sans aucun réglage spécial et dans tous les cas de la pratique, *mais elle ne donne pas le maximum d'éclairement.*

Pour obtenir un *éclairement* aussi intense que possible du spot, il faut disposer la lentille le plus près possible de la fenêtre, et employer une source lumineuse dont l'*éclat* soit aussi élevé que possible ; les distances a et b (fig. 20) de la lampe à la fenêtre, et de celle-ci au miroir, n'ont aucune influence, de même que la grandeur de la fenêtre, à moins, toutefois, que l'image de la lampe, projetée sur le miroir, ne soit plus petite que celui-ci ; dans ce cas, on a intérêt à diminuer le foyer de la lentille L, de façon à grossir plus l'image de la lampe.

Soit s (fig. 20) une surface lumineuse d'éclat E, projetant dans la direction du miroir un flux de lumière

$$sE,$$

la fenêtre, dont la surface est S, en recueille une fraction seulement égale à

$$\frac{sES}{a^2},$$

(en supposant que la lentille L se confonde avec la fenêtre).

Cette lumière va former l'image de la lampe dont la surface apparente est s'

$$s' = s\,\frac{b^2}{a^2},$$

l'*éclairement* de cette image est donc :

$$\frac{sES}{s'a^2} = \frac{ES}{b^2}.$$

La portion du flux lumineux recueillie par le miroir, et qui doit produire l'*éclairement du spot*, est proportionnelle à la surface m du miroir ; d'autre part, la surface du spot est égale à celle de la fenêtre, multipliée par le grossissement donné par le rapport $\frac{D}{b}$; il vient finalement, pour l'éclairement du spot :

$$\frac{mE}{D^2}.$$

Dans cette équation n'entrent ni les distances a et b, ni la *puissance lumineuse* de la lampe employée ; pour obtenir le plus grand éclairement possible, il faut et il suffit que le rapport $\dfrac{b}{a}$ soit assez grand pour que la surface entière m du miroir soit couverte ; autrement il faudrait remplacer m par la surface s occupée par l'image sur le miroir ; celle-ci étant évidemment plus petite que m, l'éclairement du spot est bien maximum lorsque l'image couvre entièrement le miroir.

Ces considérations expliquent bien pourquoi, à la seule condition d'avoir une lentille L de foyer assez court, pas trop épaisse pour ne pas absorber trop de lumière, on obtient un spot plus éclairé avec une simple lampe à incandescence de deux bougies qu'avec un brûleur intensif, au gaz, ou une grosse lampe à pétrole : c'est que l'*éclat* de la lampe à incandescence est supérieur à celui des lampes ordinaires ; le résultat est encore meilleur, pour la même raison, avec l'arc électrique ou la lumière solaire.

CHAPITRE III

GALVANOMÈTRES

§ 12. — Galvanomètres à aimant mobile.

Dans les galvanomètres proprements dits, on mesure l'intensité du courant par la grandeur de l'action qu'il exerce sur un aimant permanent. On peut diviser ces instruments en deux classes distinctes : ceux dans lesquels l'aimant est mobile et ceux dans lesquels l'aimant est fixe et le circuit mobile.

Les galvanomètres du premier type dérivent tous du *multiplicateur de Schweigger* : un cadre vertical, sur lequel est enroulé un fil de cuivre, est orienté dans le plan du méridien magnétique, une aiguille aimantée, placée au centre du cadre, est maintenue, par l'action du champ terrestre, dans un plan parallèle aux spires. Dès qu'un courant continu traverse le fil, le champ créé par la bobine donne, avec le champ terrestre, une résultante variable en grandeur et en direction ; l'aiguille aimantée vient alors se placer suivant cette résultante, indiquant ainsi la grandeur et le sens du courant.

Parmi les galvanomètres construits sur ce principe, en dehors des appareils très peu sensibles, comme les galvanomètres-boussoles employés surtout comme galvanoscopes, on ne trouve plus guère, aujourd'hui, que les boussoles des tangentes et des sinus.

La *boussole des tangentes* (fig. 21), très employée autrefois, n'est plus en usage que dans les administrations

télégraphiques, où elle commence même à disparaître.
Construite avec beaucoup de soin, sur des données parfaitement établies, elle sert aux mesures *absolues* les plus
précises, mais son emploi dans l'industrie est complètement abandonné ; on peut en dire autant de la boussole
des sinus.

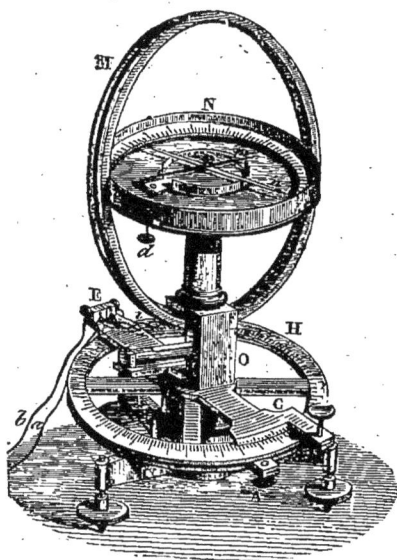

Fig. 21. — Boussole des tangentes et des sinus, de Pouillet.

La théorie élémentaire de la boussole des tangentes est
cependant utile à rappeler, car elle peut servir de base
à l'étude de tous les galvanomètres à aimant mobile

Le champ magnétique créé par un courant circulaire
de rayon a a pour valeur, au centre :

$$\frac{\mathrm{I}\,dl}{a^2},$$

dl étant la longueur de l'élément de courant considéré ;
pour un rayon a la circonférence est $2\pi a$, et pour n tours,

nous avons : $l = 2\pi na$, donc

$$\mathcal{H}_B = \frac{2\pi nI}{a}.$$

La direction du champ $\mathcal{H}_B$ est perpendiculaire au plan du cercle. Si celui-ci se confond avec le plan du méridien magnétique, l'intensité du champ terrestre étant $\mathcal{H}$, un aimant, de moment magnétique $\mathcal{M}$ placé au centre du cercle prend une position telle que :

$$\mathcal{M} \frac{2\pi nI}{a} \cos \alpha = \mathcal{M}\mathcal{H} \sin \alpha,$$

α étant l'angle que fait la ligne des pôles de l'aimant avec le plan du cercle.

On en tire

$$\operatorname{tg} \alpha = \frac{2\pi n}{a\mathcal{H}} I, \qquad (1)$$

c'est-à-dire que l'intensité est proportionnelle à la tangente de l'angle de déviation de l'aiguille, proportionnelle aussi au champ terrestre $\mathcal{H}$, mais *indépendante* du moment magnétique $\mathcal{M}$ de l'aiguille ; cette dernière s'oriente simplement suivant la résultante des deux champs.

Quand l'aiguille est longue, par rapport au rayon a des spires, (en pratique, il faut avoir, au plus, une longueur $l_1 = \frac{a}{10}$), le rapport $\frac{\operatorname{tg}\alpha}{I}$ n'est plus égal à $\frac{2\pi n}{a\mathcal{H}}$, *pour les grandes déviations.*

Dans les galvanomètres à miroir, la déviation est toujours très petite, de telle sorte qu'on peut, dans la plupart des cas, écrire :

$$\alpha = \frac{G}{\mathcal{H}} I, \qquad (2)$$

où G est un facteur qui dépend du nombre de tours et des dimensions de la bobine.

La *sensibilité* d'un tel système, c'est-à-dire le rapport $\frac{\alpha}{I}$, est égale à $\frac{G}{\mathcal{H}}$; elle varie en raison inverse de l'intensité du champ terrestre. Pour une bobine donnée, on ne peut donc augmenter la sensibilité qu'en augmentant G ou en diminuant $\mathcal{H}$, mais on est vite arrêté dans cette voie ; pour augmenter dans de grandes proportions la sensibilité des galvanomètres, il a fallu avoir recours à un autre artifice.

Équipages astatiques. — Prenons deux barreaux aimantés dont les moments magnétiques sont égaux (fig. 22) ; fixons-les, parallèlement entre eux et à une certaine distance l'un de l'autre, par une liaison rigide, leurs pôles de noms contraires en regard ; ce système,

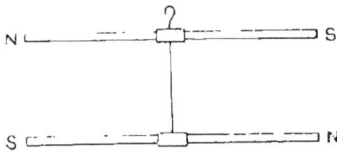

Fig. 22. — Équipage astatique de galvanomètre Nobili.

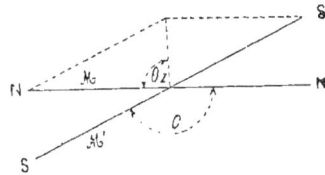

Fig. 23. — Défaut de parallelisme des équipages astatiques. (Inverser les lettres N et S des extrémités droites des aiguilles.)

suspendu par un fil de cocon, ou porté par une chape sur un pivot, est en équilibre dans toutes les positions, lorsque le champ magnétique dans lequel il est placé est uniforme : nous avons réalisé un système *astatique*. Pratiquement, cette astaticité complète n'est jamais atteinte, les deux aimants ont toujours une différence de moments, $\mathcal{M} - \mathcal{M}'$ et, en outre, leurs projections sur un plan perpendiculaire à l'axe de rotation ne sont jamais parallèles entre elles, elles font un angle θ qui peut être très voisin, mais n'atteint jamais 180° (fig. 23) ; l'ensemble a un moment magnétique résultant :

$$\mathcal{M}_1 = \sqrt{\mathcal{M}^2 + \mathcal{M}'^2 + 2\mathcal{M}\mathcal{M}' \cos\theta},$$

et la résultante fait avec $\mathfrak{M}$ un angle θ_1 tel que :

$$\cos \theta_1 = \frac{\mathfrak{M} + \mathfrak{M}' \cos \theta}{\mathfrak{M}_1}.$$

Il est plus facile d'obtenir l'égalité des moments $\mathfrak{M}$ et $\mathfrak{M}'$ que le parallélisme absolu des aimants ; on peut écrire, à très peu près :

$$\mathfrak{M}_1 = \mathfrak{M}\sqrt{2\,(1 + \cos\theta)} \qquad \text{et} \qquad \theta_1 = \frac{\theta}{2}.$$

Ceci montre le fait, très important pour le réglage des galvanomètres, qu'un équipage *astatique* a généralement sa résultante *perpendiculaire* au plan moyen des aimants composants ; donc un système semblable *n'est pas sans direction, mais il s'oriente, presque toujours, perpendiculairement au méridien magnétique.* Cette direction fixe l'orientation de la bobine ; il en résulte, quand l'action du courant n'est pas semblable sur les deux aiguilles, un *défaut de proportionnalité et de symétrie* dans les indications du galvanomètre. Ceci est surtout important dans les galvanomètres Nobili très sensibles.

Galvanomètre Nobili. — Le premier en date des galvanomètres sensibles n'a plus aujourd'hui qu'un intérêt historique ; sa sensibilité est très grande et n'a pas été beaucoup dépassée dans ces dernières années, pour les appareils à faible résistance.

Le *Nobili* (fig. 24) se compose d'une bobine plate, ayant au centre un passage suffisant pour laisser l'aiguille tourner librement ; l'équipage mobile est astatique et composé de deux aiguilles en acier, longues et minces. Un écartement des fils, ménagé au milieu de la longueur de la bobine, permet d'introduire l'aiguille inférieure au centre ; celle-ci est soumise à l'action du champ magné-

tique maximum, tandis que l'aiguille supérieure, placée
en dehors de la bobine, est dans un champ beaucoup
plus faible ; mais les deux actions tendent néanmoins à
faire tourner l'équipage dans le même
sens, elles s'ajoutent. Le champ
terrestre, lui, n'agit que sur la *différence*, ou sur la résultante $\mathfrak{M}_1$ qui
est très faible ; on peut de la sorte
augmenter indéfiniment la sensibilité.

L'aiguille supérieure porte un
léger index qui se déplace devant un
cadran divisé, celui-ci est porté par
une plaque de cuivre rouge ; les oscillations de l'aiguille, devant cette
plaque, développent des courants
induits, qui tendent à amortir le
mouvement. Le plus grand reproche que l'on puisse faire
à ce galvanomètre, c'est que, grâce à la forme de son
équipage, le moment d'inertie est considérable, par
suite, l'oscillation très longue, et l'amortissement presque
nul.

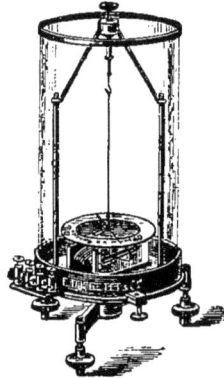

Fig. 24. — Galvanomètre
Nobili.

Dubois-Reymond a donné son nom à un galvanomètre
du genre Nobili dans lequel la bobine, très volumineuse,
contient un très grand nombre de tours de fil fin ; cet
instrument est encore en usage chez les physiolo-
gistes.

Ces appareils peuvent être employés avec miroir et
échelle, leur sensibilité augmente dans le rapport habituel.

Galvanomètre Thomson [1]. — Dès le début de la télégraphie sous-marine, les mesures électriques prirent une

_____

[1] Bien que l'usage ait prévalu de donner aujourd'hui à tous les appa-

importance capitale, il fallut créer, presque de toutes pièces, le matériel nécessaire; le galvanomètre Nobili,

Fig. 25. — Galvanomètre Thomson.

qui était alors le seul appareil sensible existant, ne suffisait pas, la lenteur de ses indications en prohibait l'em-

reils imaginés par *W. Thomson* le nouveau nom de leur auteur : *lord Kelvin*, nous croyons devoir conserver au galvanomètre si connu son appellation familière.

ploi ; ce fut alors que W. Thomson, dont le nom est
indissolublement attaché au développement de l'industrie
électrique, imagina le galvanomètre (fig. 25 et 26) qui
porte son nom, dont l'emploi a été presque exclusif pendant trente ans.

Le principe du galvanomètre Thomson est le même

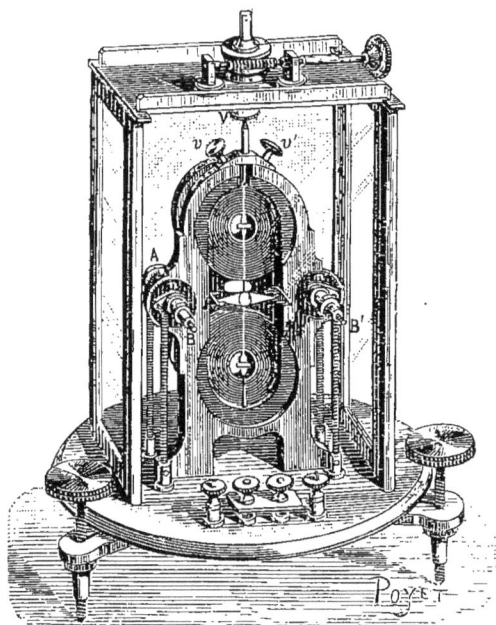

Fig. 26. — Galvanomètre Thomson, ouvert.

que celui de tous les galvanomètres à aimants mobiles ;
l'originalité du système repose dans l'étude raisonnée des
conditions à remplir et dans la façon dont elles ont été
réalisées. Il fallait obtenir, à la fois, un galvanomètre
dont les indications soient rapides, un amortissement
énergique et une résistance électrique aussi faible que
possible, ce qui conduisait à étudier :

1° Un équipage astatique à très faible moment d'inertie et à moment magnétique élevé;

2° Un système amortisseur énergique;

3° La forme des bobines donnant le maximum d'action sur l'équipage, avec la plus faible résistance électrique;

4° Un système de réglage de la sensibilité.

Équipage. — La première condition a été réalisée par l'emploi de petits aimants, fins et courts, attachés sur un fil d'aluminium (fig. 27). Pour obtenir le moment magnétique le plus élevé possible, à égalité de moment d'inertie, W. Thomson a disposé plusieurs petits barreaux, séparés les uns des autres de façon que leur influence réciproque fût assez faible.

L'emploi de très petits aimants abaisse évidemment le moment magnétique total, mais il permet l'emploi de bobines créant un champ plus puissant, à égalité de résistance, de telle sorte qu'il y a encore avantage de ce côté.

L'amortissement, qui est capital au point de vue de la rapidité des mesures, a été obtenu en munissant l'équipage d'une petite ailette très légère, en aluminium ou en mica, sur laquelle l'air exerce une résistance assez puissante pour arrêter rapidement les oscillations. La vitesse de cette palette étant toujours très faible, l'expérience montre que tout se passe, approximativement, comme si la résistance de l'air était simplement proportionnelle à la vitesse.

Fig. 27. — Équipage de galvanomètre Thomson.

Bobine du galvanomètre. — Pour obtenir une bobine dont l'action soit maximum avec une résistance minimum, W. Thomson a simplement cherché quelle était la *section génératrice* à donner à une bobine circulaire pour obtenir $\dfrac{\mathfrak{K}}{R}$ maximum.

Prenons une bobine de révolution autour de l'axe
des x ; une spire quelconque de cette bobine, dont le

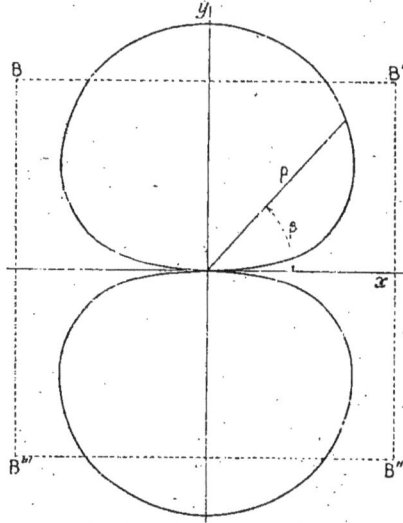

Fig. 28. — Section théorique des bobines de galvanomètres.

rayon vecteur est ρ, produit en O suivant la direction
Ox (fig. 28), un champ magnétique :

$$\mathcal{H}_B = I \; \frac{2\pi}{\rho} \sin \beta \cos \beta,$$

D'autre part, la résistance électrique est :

$$R = r_1 2 \pi \rho \cos \beta,$$

en appelant r_1 la résistance de l'unité de longueur du fil
employé.

Le rapport

$$\frac{\mathcal{H}}{R} = \frac{\sin \beta}{\rho^2},$$

est constant pour tous les points d'une courbe telle que :

$$\rho^2 = \sin \beta \times \text{constante},$$

par conséquent tous les points de cette courbe sont équivalents comme action spécifique ; pour des valeurs plus
élevées de ρ, l'action spécifique diminue, elle augmente
quand ρ diminue. Pour un volume déterminé de fil, nous
avons avantage à faire l'enroulement sur une section
terminée par une courbe de la forme ci-dessus, car il
est évident que, si nous adoptons une autre section B
B' B" B"', donnant à la bobine un *volume équivalent*,
nous pouvons, en portant tout le fil situé en dehors de la
courbe dans l'intérieur de celle-ci, augmenter l'action des
spires ainsi déplacées et, par suite, celle de la bobine
entière, sans changer en rien sa résistance.

En pratique, on ne peut pas s'astreindre à cette forme
d'enroulement, les bobines de galvanomètres sont généralement cylindriques, avec, au centre, un vide cylindrique, d'un diamètre tel que *la circonférence enveloppe
l'aimant ou le groupe d'aimants* sur lesquels la bobine doit
agir ; en outre, un intervalle est ménagé au centre, parallèlement aux spires, pour permettre le passage de l'équipage, la bobine est, en réalité, double. La seule condition que l'on cherche à réaliser, c'est que la section
génératrice, qui est rectangulaire, s'approche autant que
possible de la courbe la plus voisine. Dans les premiers
galvanomètres de Thomson, on enroulait non seulement
les bobines suivant un gabarit voisin de la courbe théorique, mais encore on la composait de couches successives, toutes terminées de la même façon, dans lesquelles
le diamètre du fil allait en augmentant à mesure qu'on
s'éloignait du centre. Cette disposition, très compliquée,
est aujourd'hui presque totalement abandonnée, on ne
l'emploie plus que très rarement, dans les galvanomètres
extra sensibles destinés aux recherches délicates.

Pour une bobine de *forme* et de *dimensions déterminées*, la constante G est proportionnelle au nombre de
tours que cette bobine renferme ; soient :

S., la section génératrice de la bobine,

d, le diamètre du fil enroulé,

e, l'épaisseur de l'isolant,

ρ, la résistivité du fil employé,

σ, le rayon de la spire située au centre de gravité de la section S.

Le nombre de tours enroulés, est, en tenant compte que l'enroulement est fait, d'ordinaire, par couches, dans lesquelles chaque fil vient se loger dans l'intervalle laissé libre par les deux spires voisines de la couche précédente :

$$n = S \frac{1,118}{(d+2e)^2} \tag{3}$$

et la résistance de la bobine est n fois la résistance de la spire moyenne

$$g = \frac{8n\rho\sigma}{d^2} = 8,944 \frac{S\rho\sigma}{d^2(d+2e)^2} \tag{4}$$

La constante G ne dépend pas seulement de la valeur, facile à calculer, du champ au centre de la bobine, mais de l'action totale sur le système aimanté qui n'est pas réduit à deux pôles mathématiques ; aussi détermine-t-on de préférence G expérimentalement. Les formules (3) et (4) n'ont pas pour but le calcul de G et g, mais elles sont importantes, lorsque, partant d'un galvanomètre connu, on veut modifier l'enroulement.

Galvanomètre Thomson à 4 bobines. — Prenons deux systèmes de bobines doubles, réalisant les conditions indiquées plus haut ; plaçons ces deux systèmes l'un au-dessous de l'autre, et, au centre de chacun, mettons un des groupes d'aimant de l'équipage astatique (fig. 27) ; nous aurons réalisé le galvanomètre Thomson à 4 bobines, universellement connu. Supposons-le orienté de telle sorte que l'un des aimants $\mathfrak{M}$ (fig. 29) vienne, sous l'action ter-

restre, se placer parallèlement au plan des spires, c'est-
à-dire que la résultante de l'équipage astatique soit dans
le plan O $\mathcal{H}$ du champ terrestre ; supposons également
l'équipage assez astatique pour que $\mathcal{H}$ et G se confondent ;

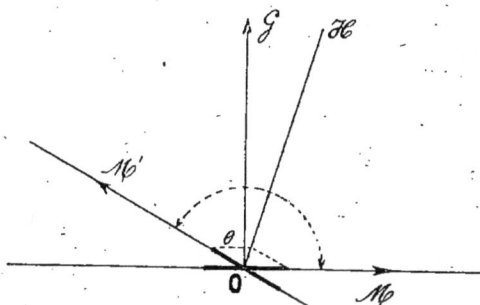

Fig. 29. — Composition des forces dans les équipages astatiques.

les courants étant de sens opposés dans les deux bobines,
ainsi que l'orientation des deux systèmes aimantés, les
forces concourantes sont de même signe et nous pouvons
écrire, lorsque le système est dévié d'un angle α :

$$1\,[\mathfrak{M}\mathrm{G}\cos\alpha - \mathfrak{M}'\mathrm{G}'\cos(\alpha+\theta)] = \mathcal{H}\mathfrak{M}_1\sin\alpha ; \qquad (5)$$

pour $\mathfrak{M}\,\mathrm{G} = \mathfrak{M}'\,\mathrm{G}'$, c'est-à-dire lorsque les bobines et
les aimants de chaque groupe sont égaux, on obtient, par
développement en série :

$$\operatorname{tg}\alpha = \frac{2\mathrm{IG}\,(1-\cos\theta)}{\mathcal{H}\sqrt{2\,(1+\cos\theta)} - 2\mathrm{IG}\sin\theta} ; \qquad (6)$$

ici, comme dans la boussole des tangentes, *l'influence
du moment magnétique des aimants est nulle*, mais *les
intensités ne sont pas proportionnelles aux tangentes.*

Au contraire, si nous faisons $\mathfrak{M}$ différent de $\mathfrak{M}'$ ou
plutôt $\mathfrak{M}\mathrm{G}$ différent de $\mathfrak{M}'\mathrm{G}'$ et $\theta = 180°$, nous trouvons

$$\operatorname{tg}\alpha = 1\,\frac{\mathfrak{M}\mathrm{G} + \mathfrak{M}'\mathrm{G}'}{\mathcal{H}\,(\mathfrak{M} - \mathfrak{M}')}. \qquad (7)$$

*Dans ce cas il y a intérêt à augmenter le moment magné-
tique des barreaux et à diminuer leur différence ;* c'est
d'ailleurs le seul cas dont on s'occupe en général.
Comme, en pratique, ni l'une ni l'autre de ces dispositions ne peut être rigoureusement atteinte, il est toujours
préférable d'augmenter, autant que possible, l'aimantation des barreaux et de les amener au parallélisme le plus
parfait.

Réglage de la sensibilité. — Plus l'équipage est
astatique, plus la sensibilité est grande ; on cherche
toujours, pour des causes que nous verrons plus loin, à
obtenir l'astaticité la plus parfaite possible, mais alors
on augmente la durée d'oscillation de l'équipage, aux
dépens de la rapidité des mesures. On n'a d'ailleurs pas
toujours besoin d'une très grande sensibilité et il est
d'autres cas où, avec un équipage donné, celle-ci est trop
faible. Pour régler à volonté cette sensibilité, Thomson
a placé, au-dessus du galvanomètre, un grand barreau
aimanté qui agit sur l'équipage, et dont on peut faire
varier l'action, en réglant la hauteur à laquelle on le fixe.
Le champ $\mathcal{H}$, qui détermine alors la direction des aimants,
est la résultante du champ terrestre et du champ créé
par l'aimant directeur ; le champ $\mathcal{H}$ *a une valeur et une
direction différentes* pour chacun des groupes d'aimants de
l'équipage, car ceux-ci sont situés à des distances différentes de l'aimant directeur. On peut représenter l'équipage comme placé dans un *champ fictif*, d'intensité $\mathcal{H}_1$,
dans lequel il aurait une résultante $\mathcal{M}_1$; l'équation (7)
devient alors

$$\operatorname{tg}\alpha = 1\,\frac{\mathcal{M}G + \mathcal{M}'G'}{\mathcal{H}_1\mathcal{M}_1}. \tag{8}$$

Le produit $\mathcal{H}_1\,\mathcal{M}_1$ est variable au gré de l'observateur,
puisqu'on peut changer la position de l'aimant directeur,
mais il n'est pas susceptible d'une mesure directe, il

faut donc déterminer la sensibilité en fonction de quantités directement mesurables.

Remarquons que le couple $\mathcal{H}_1 \mathfrak{M}_1$ règle la durée d'oscillation et que nous avons :

$$T = \pi \sqrt{\frac{K\left(1 + \frac{\lambda^2}{\pi^2}\right)}{\mathcal{H}_1 \mathfrak{M}_1}}, \qquad (9)$$

donc nous pouvons écrire l'équation (8) sous la forme :

$$\operatorname{tg} \alpha = I \frac{T^2}{1 + \frac{\lambda^2}{\pi^2}} \frac{\mathfrak{M}G + \mathfrak{M}'G'}{\pi^2 K} \qquad (10)$$

Le facteur $\dfrac{\mathfrak{M}G + \mathfrak{M}'G'}{\pi^2 K}$ ne contient, pour un galvanomètre donné, que des quantités constantes, il suffit donc de le déterminer, *une fois pour toutes*, par une seule mesure des valeurs simultanées de I, tg α, λ et T.

Le galvanomètre en question sera complètement caractérisé dès que nous connaîtrons sa résistance g, son coefficient d'amortissement $b = \dfrac{\lambda}{T}$ et son coefficient de sensibilité $B = \dfrac{\mathfrak{M}G + \mathfrak{M}'G'}{\pi^2 K}$.

Formes du galvanomètre Thomson. — Les formes du galvanomètre Thomson varient avec les constructeurs, mais les éléments essentiels restent comparables.

Les constructeurs anglais ont presque tous adopté la forme d'équipage représentée (fig. 27), le miroir est collé sur le groupe d'aimants supérieur, de telle sorte que, pour ne pas intercepter les rayons réfléchis, quand l'équipage est dévié, il faut donner au vide intérieur, de la bobine correspondante, une forme conique, la base étant en dehors ; cette forme est également nécessaire en bas, pour laisser libre le mouvement des palettes de l'amortisseur.

En France, les galvanomètres Carpentier ont leurs bobines un peu plus écartées d'axe en axe et le miroir et l'amortisseur sont placés dans l'intervalle (fig. 3o, I). Cette disposition, beaucoup plus maniable, paraît avoir, dans certains cas, l'inconvénient de favoriser l'action perturbatrice des forces électrostatiques ; cette perturbation disparaît par l'emploi de l'équipage (fig. 3o, II).

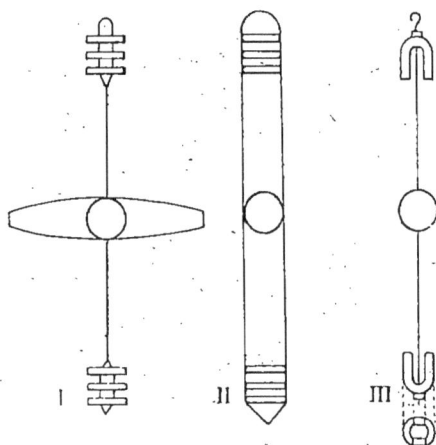

Fig. 3o. — Diverses formes d'équipages de galvanomètres Thomson.

Une forme meilleure (fig. 3o, II), proposée par M. Ayrton, consiste à coller les aimants sur une lame de mica, de largeur égale à la longueur de ceux-ci, et à placer le miroir au milieu ; on obtient ainsi un équipage très amorti, dont le moment d'inertie est assez faible.

En Allemagne, les galvanomètres Thomson construits par Siemens, présentent quelques particularités : l'équipage est formé par deux aimants en forme de cloches cylindriques, fendues diamétralement sur une partie de leur hauteur ; le moment magnétique ainsi obtenu est assez grand et les aimants se déplaçant dans une boîte en cuivre, qui les embrasse presque entièrement, un amortissement électro-magnétique assez intense est réalisé. Enfin, l'aimant directeur à hauteur variable, de Thomson, est remplacé par un système placé à hauteur fixe au-dessous du galvanomètre, et composé de deux forts barreaux aimantés tournant autour de leur centre. Un bouton mobile, qui commande un engrenage, permet de faire varier l'angle des deux barreaux, et leur orientation, soit simultanément, soit séparément. La variation de l'angle fait changer la grandeur de la résultante ; ce système est équivalent à l'aimant à hauteur variable de Thomson, mais il est d'un emploi moins commode.

Dans ces dernières années, un certain nombre de petits perfectionnements de détails ont été apportés à ces galvanomètres et les ont rendus beaucoup plus maniables. L'un des plus importants, imaginé par M. Carpentier et copié, plus ou moins exactement, depuis, par tous les constructeurs, consiste à rendre le galvanomètre facilement démontable. Dans le modèle de la figure 25, les deux paires de bobines, portées par des joues en laiton, sont fixées au moyen de quatre boutons moletés, qui établissent en même temps les liaisons électriques ; le démontage est ainsi très facile et l'on peut visiter l'équipage ou changer les bobines sans aucune difficulté.

Galvanomètre Wiedemann. — Le galvanomètre Thomson est d'un emploi général en France et en Angleterre ; en Allemagne on se sert encore beaucoup du galvanomètre Wiedemann (fig. 31). C'est un appareil, généralement non astatique, dont l'équipage est formé par un disque d'acier, poli et aimanté, qui sert en même temps de miroir ; ce disque, suspendu par un fil de cocon, oscille dans une cavité ménagée dans une masse de cuivre rouge qui assure l'amortissement.

Le montage des bobines est surtout caractéristique ; elles sont, en effet, portées sur règle divisée qui permet

de les écarter chacune de son côté, l'équipage restant
fixe au milieu, et de faire ainsi varier la sensibilité dans
de très grandes limites; il y a également un aimant
directeur susceptible de concourir au même but.

Fig. 31. — Galvanomètre Wiedemann.

Tous les galvanomètres à aimants mobiles sont périodiques ; on peut dans certains cas, notamment en augmentant leur sensibilité, les amener à l'apériodicité complète, mais ce n'est qu'une exception ; on peut obtenir
un amortissement plus grand, comme l'a fait Thomson
dans son galvanomètre marin, en faisant plonger l'équi-

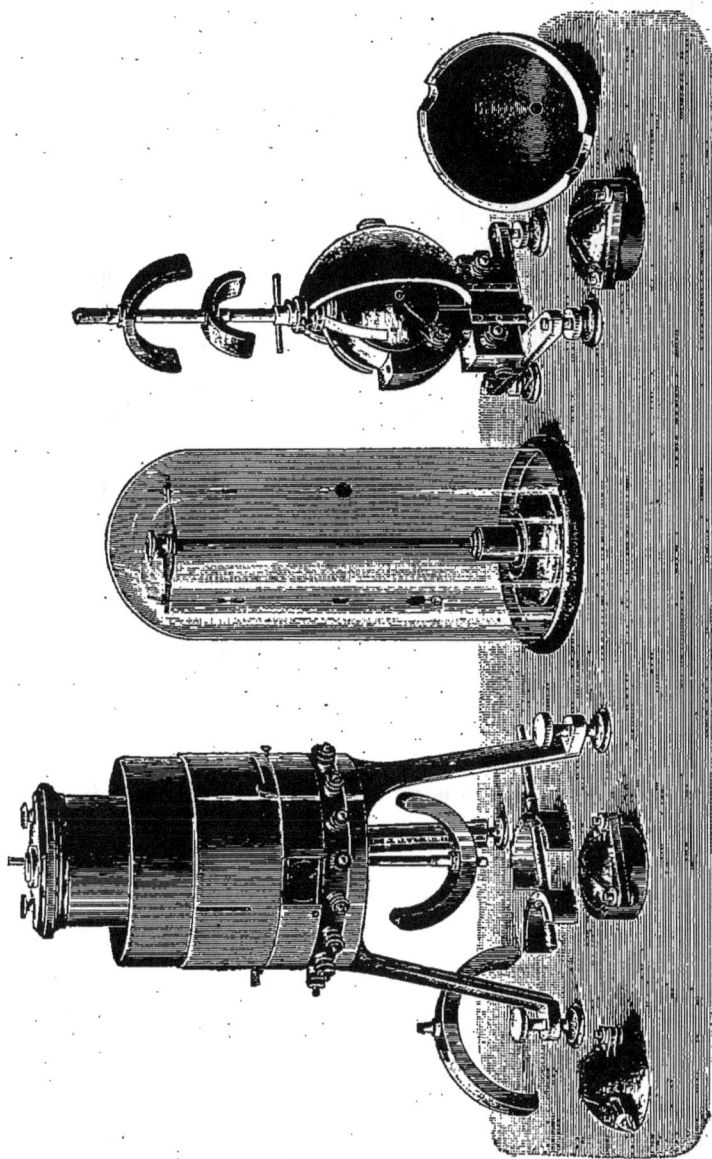

Fig. 32. — Galvanomètres Du Bois et Rubens.

page dans un liquide sirupeux, tel que la glycérine, mais alors l'amortissement devient trop énergique et le retour au zéro est si lent qu'on n'y gagne rien, au contraire. Cette solution n'est acceptable que dans le cas d'oscillations très courtes.

Galvanomètres à grande sensibilité. — Bien que ces galvanomètres sortent un peu des applications industrielles, proprement dites, il est utile d'en dire quelques mots.

Parmi les galvanomètres, du genre Thomson, qui ont donné les meilleurs résultats, il faut citer ceux de MM. Du Bois et Rubens (fig. 32). Dans ces galvanomètres la disposition générale des bobines et de l'équipage ne présente rien de particulier. Selon la sensibilité cherchée, on emploie, soit un équipage de dimensions ordinaires, soit un autre, de même forme, mais de dimensions très réduites dans le sens horizontal, qui donne une sensibilité 6 fois plus grande. La caractéristique de ces galvanomètres, c'est l'emploi d'une double enveloppe, en acier doux, qui soustrait l'équipage aux variations magnétiques ambiantes.

L'emploi des *écrans magnétiques*, pour protéger les galvanomètres, a été préconisé depuis longtemps, et employé avec plus ou moins de succès. Ce qui paraît indispensable ce n'est pas de donner à l'écran une grande épaisseur, mais de le diviser et de faire plusieurs enveloppes, séparées par des couches d'air d'épaisseur convenable.

Dans le petit modèle de Du Bois et Rubens, les enveloppes sont sphériques et dans l'intervalle qu'elles laissent entre elles, sont placés deux barreaux-aimantés courbes ; ces barreaux peuvent tourner autour de leur axe ; ils sont commandés par les deux petites tiges cylindriques horizontales que l'on voit au-dessus. Une autre paire d'aimants directeurs est placée sur une tige verticale.

Dans le modèle à quatre bobines, les deux enveloppes sont cylindriques ; celle de l'extérieur peut être déplacée verticalement ; il y a deux paires d'aimants directeurs, un au-dessus, l'autre au-dessous du galvanomètre.

Parmi les galvanomètres reposant sur des principes différents du Thomson, on peut citer celui de M. P. Weiss,

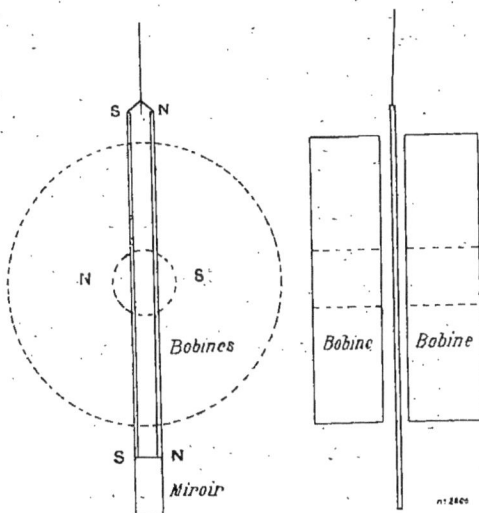

Fig. 33. — Schéma du galvanomètre Broca.

dont l'équipage rappelle une forme indiquée par Th. et A. Gray, en 1883. Cet équipage est composé de deux tiges d'acier, longues et minces, fixées parallèlement et très près l'une de l'autre ; ces tiges sont aimantées en sens inverse, de sorte que les extrémités, qui sont au centre des bobines, forment comme deux barreaux aimantés, courts et ayant un grand moment magnétique.

Dans ce galvanomètre les éléments sont tous de très petites dimensions et calculés pour donner le maximum de sensibilité avec l'inertie minimum. L'avantage de cette disposition c'est que, si les barreaux sont bien parallèles entre eux et avec l'axe de rotation, le système est astatique, quelles que soient les valeurs individuelles des barreaux.

Dans le galvanomètre de M. Broca (fig. 33), la disposition des barreaux est un peu différente : ils sont aimantés avec un pôle conséquent au milieu et deux pôles de même nom aux extrémités, de sorte qu'on peut rendre chaque barreau astatique par lui-même, en déplaçant le pôle conséquent. Avec cette disposition le parallélisme rigoureux n'est plus nécessaire. Les deux pôles conséquents sont de noms contraires et placés, en regard l'un de l'autre, au centre de deux bobines coaxiales.

§ 13. — Galvanomètres à cadre mobile.

Les galvanomètres à cadre mobile dérivent du syphon recorder de W. Thomson ; appliqués à la mesure des courants par M. d'Arsonval, ils sont souvent appelés galvanomètres Deprez-d'Arsonval. Peu sensibles au début, surtout lorsqu'on les comparait aux galvanomètres Thomson, ces instruments furent considérés comme ne pouvant servir que dans un très petit nombre de cas, mais, à l'usage, on leur découvrit des qualités qu'on n'avait pas prévues ; leur construction se perfectionnant, les galvanomètres à cadre mobile ont pris aujourd'hui une place prépondérante dans les laboratoires et les usines ; il faut reconnaître, d'ailleurs, que leurs qualités s'adaptent admirablement aux conditions exigées par les mesures électriques ; assurément leur emploi n'est pas encore et ne sera jamais universel, mais ils remplacent de plus en plus les galvanomètres à aimants mobiles dans les mesures les plus délicates de l'industrie.

Sous sa forme primitive (fig. 34) le galvanomètre à cadre mobile se compose d'une bobine ou *cadre mobile* rectangulaire, formée d'un certain nombre de tours de fil, enroulés sur un mandrin de forme convenable et agglomérés avec de la gomme laque. Cette bobine, retirée de son mandrin, est suspendue par deux fils d'argent fins, reliés chacun à un des bouts du fil, et attachés, d'autre part, à une potence et à un ressort. La bobine

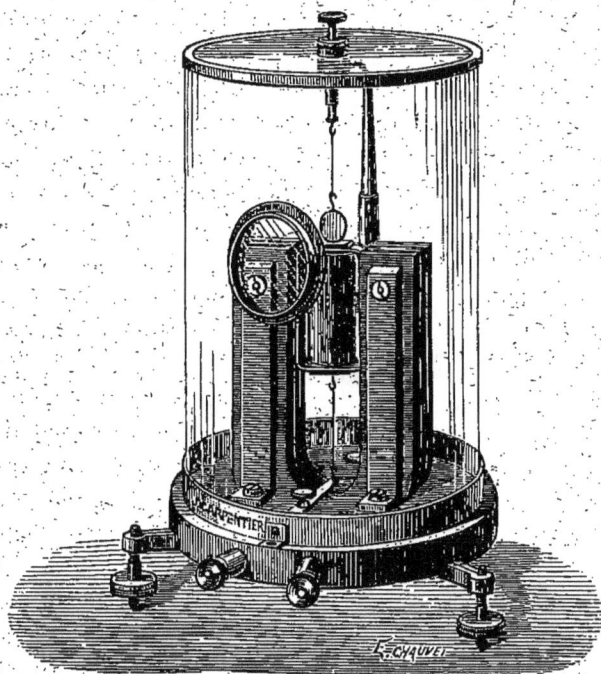

Fig. 34. — Galvanomètre Deprez-d'Arsonval, forme primitive.

ainsi suspendue peut tourner entre les branches d'un aimant en fer à cheval ; un cylindre de fer doux, placé au centre, d'un diamètre convenable pour ne pas gêner le mouvement du cadre, sert à diminuer l'entrefer de l'aimant et, par suite, à augmenter l'intensité du champ magnétique dans lequel se meut la bobine.

Si on a eu soin, dans la construction, de faire passer le prolongement des fils de suspension par le centre de

ARMAGNAT. Instr. de mesures. 6

gravité du cadre mobile, celui-ci est en équilibre dans toutes les positions que l'on donne à l'instrument; d'autre part, le champ magnétique créé par l'aimant est très puissant, comparé à celui de la terre, et il est très fermé, de telle sorte que les actions magnétiques extérieures sont pratiquement nulles et on peut se servir de ces galvanomètres dans les ateliers aussi bien que dans les laboratoires, même à côté des plus fortes machines.

Le cadre mobile dévié de sa position d'équilibre tend à y revenir, sollicité par la torsion des fils de suspension, mais le mouvement du cadre, dans le champ intense qui l'entoure, crée une force électromotrice assez élevée, et, si le circuit du galvanomètre est fermé sur une résistance quelconque, un courant plus ou moins intense prend naissance dans le cadre et s'oppose au mouvement, en vertu de la loi de Lenz; d'où un amortissement d'autant plus énergique que la résistance est plus faible.

Supposons un cadre de hauteur h, de largeur l, tournant autour d'un axe parallèle à h et passant au milieu de l, placé dans un champ magnétique d'intensité uniforme $\mathcal{H}$; le couple exercé par un des côtés verticaux du cadre, lorsqu'il est parcouru par un courant I, a pour valeur :

$$\frac{l}{2}\, h \mathcal{H} \mathrm{I}.$$

Comme les côtés horizontaux, supposés parallèles aux lignes de force du champ, ont une action nulle, l'action totale d'une spire est double, de sorte que, si le cadre porte n spires, le couple devient :

$$n l h \mathcal{H} \mathrm{I} = n \mathrm{S} \mathcal{H} \mathrm{I} = \Phi_0 \mathrm{I},$$

puisque $n \mathrm{S} \mathcal{H}$ est le produit d'une surface par une intensité de champ magnétique, c'est-à-dire le flux total qui traverserait le cadre mobile, si celui-ci avait son plan perpendiculaire au champ magnétique.

Le couple de torsion du fil a pour valeur $W\alpha$, nous pouvons donc poser :

$$W\alpha = \Phi_0 I$$

et la déviation donnée par un courant I est :

$$\alpha = \frac{\Phi_0}{W} I. \tag{11}$$

On peut remplacer W par sa valeur en fonction de T et λ :

$$\alpha = \frac{T^2}{1 + \frac{\lambda^2}{\pi^2}} \frac{\Phi_0}{\pi^2 K}. \tag{12}$$

Le terme $\frac{\Phi}{\pi^2 K}$, qui est constant, est l'équivalent, pour ces galvanomètres, du facteur $\frac{\mathfrak{M} G + \mathfrak{M}' G'}{\pi^2 K}$, trouvé pour les appareils à aimants mobiles.

Remarquons en passant que, bien qu'il y ait en réalité deux fils de suspension, le système est, à proprement parler, unifilaire, et le couple indépendant de la tension exercée.

Si maintenant nous considérons le cadre mobile comme un système oscillant, nous pouvons chercher la valeur de A dans l'équation

$$K \frac{d^2\alpha}{dt^2} + A \frac{d\alpha}{dt} + W\alpha = 0$$

du paragraphe 1. La force électromotrice engendrée par l'oscillation a pour valeur $\frac{d\Phi}{dt}$; or, pour des amplitudes très petites,

$$\frac{d\Phi}{dt} = \Phi_0 \frac{d\alpha}{dt},$$

et le courant produit par cette force électromotrice, est

$$i = \frac{\Phi_0}{R} \frac{d\alpha}{dt},$$

en appelant R, la résistance totale du circuit, c'est-à-dire la résistance du cadre mobile et du circuit intercalé entre les bornes. Le courant induit i exerce un couple :

$$\Phi_0 i = \frac{\Phi^2_0}{R} \frac{d\alpha}{dt},$$

A est donc égal à $\frac{\Phi^2_0}{R}$ et la mesure de λ, pour une valeur donnée de R, permet de connaître la valeur que prend b pour toutes les valeurs de R.

Dans certains cas l'amortissement est obtenu par un enroulement auxiliaire, constamment fermé sur lui-même et dont la résistance est inconnue ; dans d'autres cas, enfin, la résistance de l'air intervient. Pour généraliser, nous écrirons

$$A = \frac{\Phi^2_0}{R} + A_1, \tag{13}$$

A_1 étant la valeur de A lorsque R est infini, c'est-à-dire à *circuit ouvert*, il nous est facile de mesurer A, ou b, et nous avons :

$$b = \frac{\Phi^2_0}{2KR} + b_1; \tag{14}$$

b seul ne suffit pas à caractériser le galvanomètre, il faut encore connaître R, mais il y a une certaine valeur de R qui suffit, avec T_0, à indiquer l'amortissement :

$$b_c = \frac{\pi}{T_0};$$

dans ce cas l'amortissement est complet et nous avons vu (§ 1), que l'on peut exprimer α ou ε en fonction de t, α_0 et ω_0 sous une forme très simple. Cette condition est toujours facile à réaliser avec un galvanomètre à cadre mobile, puisqu'on dispose de R. On a intérêt à connaître la valeur de R qui donne l'amortissement critique ; on peut la déterminer directement en faisant osciller le cadre et varier R jusqu'à ce que le mouvement devienne apériodique, on peut également la calculer en observant, pour une résistance connue R, le décrément logarithmique λ_R et la durée d'oscillation T_R, d'où l'on tire :

$$b_R = \frac{\lambda_R}{T_R}.$$

Si le galvanomètre est amorti, même à circuit ouvert, on a :

$$b_\infty = \frac{\lambda_\infty}{T_\infty}, \quad b_c = \frac{\pi}{T_0} \quad \text{et} \quad T_0 = \frac{T_\infty}{\sqrt{1 + \frac{\lambda_\infty^2}{\pi^2}}}$$

On obtient finalement :

$$R_c = R \frac{b_R - b_\infty}{b_c - b_\infty}. \tag{15}$$

Pour un galvanomètre dont l'amortissement, à circuit ouvert, est négligeable, on peut écrire

$$R_c = R \sqrt{\frac{\lambda_R^2}{\pi^2 + \lambda_R^2}}. \tag{16}$$

Ces deux équations donnent, en choisissant une valeur de R telle que λ_R et T_R puissent être mesurées exactement, des résultats plus précis que l'observation directe, lorsque les galvanomètres ont une durée d'oscillation un peu grande.

Meilleure forme à donner au cadre mobile. — Pour un champ magnétique d'intensité donnée, on a intérêt, pour augmenter la sensibilité, à augmenter le facteur *nhl* du cadre, mais on peut le faire, soit en augmentant le nombre de tours, soit en augmentant *h* ou *l* ; toutes ces modifications auront pour résultat d'élever le moment d'inertie, c'est-à-dire, à couple de torsion égal, d'augmenter la durée des observations. Il y a une forme de cadre mobile qui donne la sensibilité la plus élevée avec le moment d'inertie le plus faible.

Soit A (fig. 35) la trace d'un élément de circuit de longueur h, perpendiculaire au plan de projection, et $\mathcal{H}$ la direction du champ magnétique, le moment d'inertie de cet élément, par rapport à l'axe de rotation O, sera, en appelant ρ_1 la distance OA :

$$h\rho^2_1,$$

à un coefficient près ; le moment du couple électromagnétique a pour valeur :

$$\mathcal{H}hI\rho_1 \cos \beta;$$

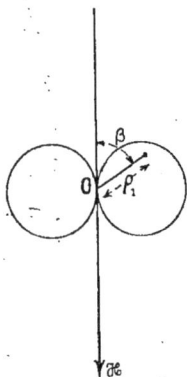

Fig. 35. — Section théorique du cadre mobile.

l'action spécifique, c'est-à-dire le rapport entre le couple électromagnétique et le moment d'inertie, sera :

$$\mathcal{H}I\,\frac{\cos \beta}{\rho_1}.$$

Tous les points situés sur une même courbe :

$$\frac{\cos \beta}{\rho_1} = \text{constante} \qquad (17)$$

auront la même action spécifique ; à l'intérieur de la couche, l'action spécifique sera plus grande ; à l'extérieur, elle sera moindre. Nous aurons évidemment intérêt à enfermer un volume de fil donné dans une section de cette forme.

L'équation (17) est celle d'un cercle tangent au point O. Comme le même raisonnement s'applique, par raison de symétrie, aux points situés au-dessous du point O, la section la plus favorable à donner, au cadre mobile, est celle de deux cercles tangents entre eux, l'axe de rotation passant par le point de tangence.

Cette théorie, due à M. Mather, a conduit un certain nombre de constructeurs à adopter la forme indiquée par la figure 36. Avec cette disposition on est amené,

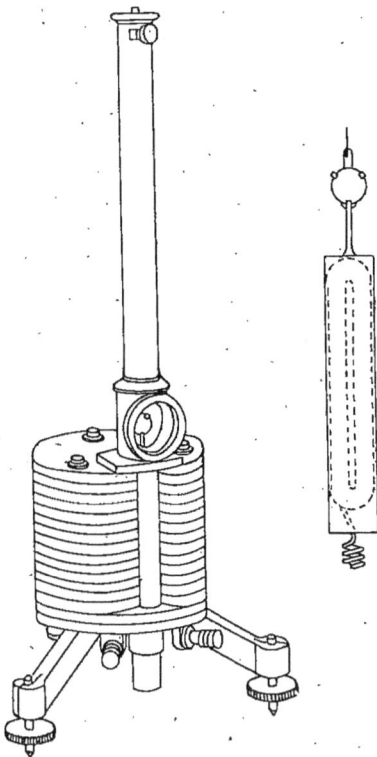

Fig. 36. — Galvanomètre forme Mather.

pour augmenter la sensibilité, à employer des fils de suspension de plus en plus fins. M. Ayrton conseille l'usage de *bandes* de métal extrêmement minces et étroites ; on gagne ainsi à section égale sur le couple de torsion et on a, paraît-il, l'avantage d'une torsion résiduelle moins grande, paragraphe 4.

Nous avons dit que, dans certains cas, il était utile

d'enrouler le cadre sur une armature métallique, fermée sur elle-même, pour obtenir l'amortissement, indépendamment de la résistance du circuit extérieur. Ce cadre amortisseur doit être fait de préférence en cuivre ; quelques constructeurs le font en aluminium, il y a là une erreur de principe ; ce qu'il faut chercher à atteindre, c'est l'amortissement le plus grand possible :

$$b \geqq \sqrt{\frac{\overline{W}}{K}}.$$

Or, si nous appelons :

K_1, moment d'inertie de la partie du cadre qui ne concourt pas à l'amortissement ;

ρ, résistivité du métal employé pour le cadre amortisseur ;

$\mathcal{D}$, densité du même métal ;

a et $\mathcal{L}$, deux coefficients dépendant de la forme du cadre, le moment d'inertie peut être exprimé par :

$$K = \mathcal{L}\mathcal{D} + K_1,$$

et la résistance du cadre amortisseur par :

$$R = a\rho ;$$

b devient donc :

$$b = \frac{\Phi^2}{2a\rho\,(\mathcal{L}\mathcal{D} + K_1)},$$

nous devons avoir :

$$\frac{\Phi^2}{2a\rho\,(\mathcal{L}\mathcal{D} + K_1)} \geqq \frac{\sqrt{\overline{W}}}{\sqrt{\mathcal{L}\mathcal{D} + K_1}},$$

ou :

$$\frac{\Phi^2}{2a\sqrt{W}} \geqq \rho\,\sqrt{\mathcal{L}\mathcal{D} + K_1}.$$

L'amortissement est donc d'autant meilleur que $\rho\,\sqrt{\mathcal{L}\mathcal{D} + K_1}$ est plus petit. A la limite, pour $K_1 = 0$,

c'est-à-dire pour un cadre dont toutes les parties con-
courrent à l'amortissement, il y a intérêt à prendre $\rho \sqrt{\mathcal{D}}$
aussi petit que possible. Si K_1 est très grand, la den-
sité $\mathcal{D}$ est à peu près indifférente, ce qu'il faut, c'est la
résistivité ρ minimum.

Voici pour le cuivre, l'argent et l'aluminium les valeurs
de $\mathcal{D}$, ρ et $\rho \sqrt{\mathcal{D}}$.

	$\mathcal{D}$	ρ	$\rho \sqrt{\mathcal{D}}$
Argent	10,5	1,6	5,20
Cuivre	8,5	1,6	4,73
Aluminium.	2,67	2,9	4,93

L'avantage reste donc au cuivre ; la différence avec
l'aluminium n'est pas grande, en théorie, mais elle l'est
plus en pratique, car il est assez difficile d'obtenir industriellement de l'aluminium ayant la conductibilité maximum. Un autre point à considérer, pour les galvanomètres très sensibles, c'est que les cuivres électrolytiques,
bien choisis, ne renferment pas de fer ; on ne saurait
encore en dire autant de l'aluminium.

Galvanomètres sensibles. — Avec un galvanomètre
donné il est toujours possible d'augmenter la sensibilité,
en diminuant le diamètre du fil de suspension, ce
qui fait croître la durée d'oscillation et l'amortissement ;
mais, contrairement à ce qui a lieu avec les galvanomètres
à aimant mobile, l'amortissement est, presque toujours,
au delà de la valeur critique, il en résulte que la déviation est extrêmement lente à se produire, dès que le
circuit est fermé sur une résistance relativement faible et
alors, à *sensibilité égale*, le galvanomètre à cadre mobile
est *plus long* à atteindre sa position d'équilibre que le
galvanomètre à aimant mobile. Bien entendu, il reste
toujours le très grand avantage d'avoir un appareil indépendant du champ magnétique extérieur.

L'augmentation de sensibilité peut aussi résulter d'un

champ magnétique plus intense, mais alors l'amortissement croît encore plus rapidement. Il en est de même
quand on augmente la *surface* du cadre mobile ou le
nombre de tours.

D'une façon générale il faut toujours réduire les dimensions horizontales, afin de diminuer le moment d'inertie,
mais il n'est pas bon, malgré cela, de supprimer le noyau
de fer intérieur, car l'amortissement n'est pas la seule
difficulté que l'on rencontre, les attractions magnétiques
interviennent beaucoup. Il faut avoir soin de placer le
cadre dans un entrefer formé par des pièces polaires
cylindriques, concentriques au noyau de fer, faute de
quoi on s'expose à voir des *actions magnétiques* diriger
le cadre mobile, à cause des traces de fer qu'il est à peu
près impossible d'éviter. Avec cette simple disposition,
on peut atteindre des sensibilités aussi élevées qu'on le
désire.

Une autre difficulté vient de l'équilibrage du cadre
mobile. Si l'axe de rotation ne passe pas exactement par
le centre de gravité, la plus petite déviation de la verticale produit un couple, qui peut être plus élevé que celui
du fil de suspension. Pour obvier à ce défaut on emploie
souvent, à la partie inférieure, un ressort à boudin, en fil
très fin, n'exerçant sur le cadre qu'une action directrice négligeable ; le cadre prend alors sa position d'équilibre comme s'il n'y avait que le fil supérieur et il tourne
toujours autour de son centre de gravité. Certains constructeurs placent le ressort à boudin au-dessus, concen-
triquement au fil de suspension. On emploie aussi, principalement en Allemagne, un seul fil de suspension, en
amenant le courant par des feuilles d'argent très minces,
qui ne dirigent pas le cadre. Ainsi montés, sans fil tendu
dans le bas, *les galvanomètres à cadre mobile sont extrêmement sensibles aux vibrations,* ce qui rend leur emploi
assez délicat.

La plus grand sensibilité atteinte aujourd'hui permet d'obtenir 1 mm. de déviation pour un courant de 5×10^{-10} ampère, ce qui est très comparable aux galvanomètres Thomson ordinaires ; mais, dans ces conditions, même sur un circuit ayant quelques centaines d'ohms, la déviation permanente, ou le retour au zéro, exige *plusieurs minutes*.

Forme et qualité des aimants. — La sensibilité des galvanomètres à cadre mobile étant directement proportionnelle à l'intensité $\mathcal{H}$, du champ magnétique, dans l'entrefer, on a intérêt à faire celle-ci aussi élevée que possible et, en même temps, à lui assurer la plus grande constance possible.

L'expérience montre que les meilleurs aimants conservent rarement une intensité d'aimantation $\mathcal{I}$ supérieure à 600 ou 650 c.g.s. ; il vaut même mieux, pour les applications courantes, ne compter que sur 4 à 500, ce qui correspond à une *induction maximum*, $\mathcal{B} = 5\,000$ à $6\,250$, puisque $\mathcal{B} = 4\,\pi\,\mathcal{I}$. Le flux maximum d'un aimant peut donc être pris égal à 5 ou 6 000 S, en appelant S la section droite de l'aimant ; si s est la surface de l'entrefer, et ρ le rapport du flux utile au flux maximum, on a :

$$\mathcal{H} = \rho \mathcal{B} \, \frac{S}{s} .$$

En pratique, les dérivations magnétiques font que le coefficient ρ est très petit, et diminue très rapidement lorsqu'on fait $S > s$, de telle sorte qu'à moins d'employer un aimant de très gros volume, il est difficile d'obtenir $\mathcal{H} > 1\,000$. Comme exemple, nous pouvons citer le syphon recorder, dans lequel un champ magnétique de 2 500 gauss, et d'une surface utile de 8 à 10 cm², est obtenu au moyen d'un aimant de 60 kg, avec un coefficient ρ d'environ 0,10. Cependant, pour des entrefers extrêmement étroits on peut obtenir des valeurs de $\mathcal{H}$ plus élevées.

Pour obtenir des déviations proportionnelles aux intensités, il faut que les lignes de force soient toujours dirigées suivant le plan qui passe par la spire et l'axe de rotation. Avec les galvanomètres à miroir cette condition est facile à réaliser, à cause des très petites déviations observées ; mais, pour ceux à cadran, il est nécessaire de donner à l'entrefer une longueur uniforme dans tous les points. On obtient ce résultat au moyen de pièces polaires concentriques au noyau de fer, comme nous l'avons vu pour les galvanomètres sensibles ; dans ces conditions, les lignes de force sont à peu près dirigées vers le centre et l'intensité du champ est égale dans tous les points. Pour obtenir une proportionnalité plus parfaite, on corrige, par tâtonnements, la forme de l'entrefer, ou on fait des divisions légèrement inégales, sur le cadran.

La constance des aimants exige que, pour diminuer *l'action démagnétisante des pôles,* on donne à l'entrefer une faible reluctance, comparativement à celle de l'aimant lui-même ; ce résultat s'obtient en faisant $\frac{S}{s} < 1$, et en augmentant la longueur de l'aimant.

La constance n'est pas assurée seulement par la forme : une condition capitale est la *trempe* uniforme de l'aimant entier. Tous les points mal trempés deviennent à la longue des *points neutres ;* des *pôles conséquents* se forment entre eux et agissent en sens inverse du flux utile.

De tous les moyens de conservation proposés, un seul est à retenir : il consiste à aimanter à saturation, puis à diminuer graduellement l'aimantation de quelques dixièmes ; on se place ainsi dans des conditions où les forces démagnétisantes ont moins d'action. Tous les procédés successivement annoncés tendent, en réalité, à obtenir ce résultat : une diminution, lente et uniforme, de l'aimantation maximum. Il faut remarquer que les meilleurs aimants ont, au début, une perte très sensible, mais qui devient assez rapidement stationnaire ; le *vieillissement* est donc le moyen le plus efficace pour obtenir la constance.

Les aciers à aimants sont de qualités et de provenances très différentes ; les plus employés sont les aciers au tungstène ; les aciers chromés semblent prendre également bien l'aimantation, mais leur emploi n'est pas encore répandu. Les aciers français d'Allevard, dont la qualité est très renommée, sont au tungstène. Le point capital, étant donné un bon acier à aimant, est de le tremper au point convenable. Chauffé trop faiblement, il ne prend pas la trempe ; chauffé trop fort, il se brise dans le bain, ou, tout au moins, se déforme au delà des proportions admissibles ; il faut donc choisir assez exactement la température ; celle-ci, qui varie avec chaque nature d'acier, est généralement comprise entre 800 et 850°. Les aimants de grandes dimensions, qui sont difficiles à chauffer régulièrement, trempent mal ; c'est pour cette seule raison *qu'on est conduit à diviser les aimants employés* et à faire les appareils avec *plusieurs aimants minces*, plutôt qu'avec un seul de volume égal.

§ 14. — Galvanomètres différentiels.

Si on enroule, sur la bobine d'un galvanomètre, deux fils parallèles, isolés l'un de l'autre, on obtient, avec quelques soins, deux circuits distincts dont l'action sur l'équipage est équivalente. On peut faire traverser ces deux circuits par deux courants de sens opposés ; dans ce cas, le galvanomètre est appelé *différentiel ;* en effet, il mesure la *différence* de deux courants.

Tous les galvanomètres, indistinctement, peuvent être construits différentiels, mais, en général, on n'arrive pas à un équilibrage absolu des deux circuits et il faut employer des moyens de correction.

Un bon galvanomètre différentiel doit avoir ses deux circuits de résistance égale, et leur action sur l'équipage doit être aussi égale que possible, pour le même courant. Si on relie les deux circuits en tension, de manière que l'action de l'un soit opposée à celle de l'autre, l'équipage doit rester immobile. Le meilleur moyen d'obtenir ce résultat consiste à enrouler parallèlement les deux fils, aussi régulièrement que possible. Plus le fil est fin, plus grand est le nombre de tours, par conséquent, plus on a de chances d'obtenir l'égalité parfaite d'action ; par contre, la différence de résistance des deux circuits, due au manque d'homogénéité du fil et à l'irrégularité du diamètre, est plus grande. Pour pallier à ce défaut, il est nécessaire d'ajouter aux galvanomètres différentiels, une petite bobine auxiliaire, dont la résistance s'ajoute à celle du circuit le plus faible ; cette bobine, enroulée, s'il y a lieu, sur un petit noyau de cuivre, vient se placer dans le centre d'une des bobines du galvanomètre et sert en même temps à corriger la différence d'action des deux circuits.

Dans les galvanomètres Thomson, auxquels cette disposition a été appliquée, la bobine de compensation, placée dans la bobine supérieure du galvanomètre, peut avancer dans le centre de celle-ci, de façon à régler son action suivant le cas. Il est nécessaire de dire que, dans les galvanomètres genre Thomson, à 4 bobines et équipage astatique, la différence d'action des deux circuits n'est pas la même dans chaque bobine et qu'il suffit d'une petite variation dans le moment magnétique d'un des aimants, pour changer l'équilibre des deux circuits ; c'est pourquoi il est nécessaire de rendre la bobine de compensation mobile, *le réglage devant se faire chaque fois qu'on doit se servir de l'instrument.*

La disposition différentielle s'applique très facilement aux galvanomètres à cadre mobile, il suffit d'enrouler le cadre avec deux fils parallèles, mais il faut alors quatre fils pour l'entrée et la sortie du courant et le système est un peu différent de celui de la figure 34. Un bifilaire, formé de deux fils bien isolés l'un de l'autre est suspendu à la partie supérieure à un rappel, il soutient le cadre, pendant qu'un second bifilaire, à la partie inférieure, est tendu par un ressort. Cet instrument qui est, par construction, plus exactement différentiel que le Thomson, est d'un emploi assez délicat; il est difficile de donner aux deux fils, de chaque bifilaire, des tensions égales, en outre, le couple total et, par suite, la sensibilité changent avec la tension du ressort. L'action des deux circuits est presque toujours égale à < 0,1 pour 100 près, de telle sorte qu'on n'a pas réservé de moyen de réglage.

Un point très délicat et très important dans les galvanomètres différentiels, c'est l'isolement des deux circuits. Cet isolement doit augmenter avec la sensibilité du galvanomètre, car, autrement, la faible fraction du courant qui passe au travers de l'isolant pourrait causer des erreurs. Cette condition est non seulement difficile à remplir au début, mais encore à conserver; elle est peut-être, avec la nécessité des réglages fréquents, celle qui limite le plus la généralisation de la méthode différentielle; celle-ci a été surtout employée en Allemagne et paraît abandonnée de plus en plus, dans les autres pays.

Les deux fils des galvanomètres différentiels sont très voisins l'un de l'autre, ils ont une *induction mutuelle* et une *capacité électrostatique*, qui sont parfois très élevées; il est bon de se rappeler ce fait, qui peut causer des perturbations considérables, pendant la période variable du courant.

Tout ce que nous avons dit de la sensibilité des galva-

nomètres, s'applique aux galvanomètres différentiels, soit
aux circuits isolés, soit à leur ensemble.

§ 15. — Galvanomètres balistiques.

Jusqu'ici nous avons toujours considéré l'effet produit
par le passage d'un courant *continu* dans un galvanomètre, et la *déviation permanente* qui en résulte ; mais
on se sert aussi de ces appareils pour mesurer des *quan-*
tités d'électricité dont le passage, très court, imprime
néanmoins une déviation *instantanée* au mobile.

Quel que soit le galvanomètre employé, la force qui
agit sur l'équipage mobile est de la forme G I (il suffit,
comme nous l'avons vu, de remplacer G par Φ dans le
cas du galvanomètre à cadre mobile), nous pouvons donc
écrire l'équation du mouvement :

$$ K \frac{d^2\alpha}{dt^2} + A \frac{d\alpha}{dt} + W \alpha = GI. $$

Supposons un galvanomètre traversé, pendant un temps t
très petit, par un courant I ; la *quantité* d'électricité qui
a passé est : $\int I dt = q$. Mais, comme nous avons pris le
temps t très court, si le galvanomètre est au repos à ce
moment, la déviation α est nulle, donc $W \alpha = 0$. Rem-
plaçons maintenant la vitesse $\frac{d\alpha}{dt}$ par sa valeur ω, et inté-
grons par rapport à t, nous avons

$$ \int \left(K d\omega + A\omega dt \right) = G \int I \, dt. $$

ou

$$ \omega_0 K = Gq $$

car, $A \int \omega dt = A\alpha = 0$. Au moment considéré, le mobile
est au repos et $t = 0$; ω_0 représente donc la vitesse ini-

tiale ; il suffit de connaître. ω_0 pour en déduire q. Nous avons trouvé, précédemment, la valeur de l'élongation maximum ε en fonction de ω_0 et de l'amortissement ; en introduisant $\omega_0 = \dfrac{G}{K} q$ dans les équations (9) et (12) paragraphe 1, et, en remplaçant K par sa valeur tirée de T_0, quantité mesurable en fonction de T et λ, ainsi que $\dfrac{G}{W}$ par la valeur correspondante $\dfrac{\alpha}{I}$, il vient :

$$\varepsilon = \frac{\alpha}{I} \, \frac{\pi}{T_0} q, \tag{18}$$

$$\varepsilon = \frac{\alpha}{I} \, \frac{\pi}{T_0} q e^{-\frac{\lambda}{\tau} \operatorname{arc\,tg} \frac{\pi}{\lambda}}, \tag{19}$$

$$\varepsilon = \frac{\alpha}{I} \, \frac{\pi}{T_0} \, q \, \frac{1}{e} \cdot \tag{20}$$

L'équation (18) s'applique au cas où l'amortissement est nul, c'est l'équation (19) dans laquelle on a fait $\lambda = 0$; l'équation (20) s'applique à l'amortissement critique.

Nous pourrions également donner l'équation correspondante pour $b > \dfrac{\pi}{T_0}$, mais elle est inutilement compliquée et ne permet d'obtenir des résultats qu'au moyen de calculs très longs ; nous nous contenterons de dire qu'elle prouve, comme les précédentes, que, *pour toutes les valeurs de l'amortissement*, une décharge de durée infiniment petite par rapport à l'oscillation du galvanomètre, donne une élongation, *toujours proportionnelle à la quantité q*.

Les équations (18), (19) et (20) montrent, en outre, qu'il est toujours possible de mesurer une *quantité d'électricité* par comparaison avec un *courant constant, d'intensité connue* I, produisant une *déviation permanente* α.

Ces trois équations renferment simplement le rapport $\dfrac{\varepsilon}{\alpha}$

ARMAGNAT. Instr. de mesures 7

de deux angles (dans les limites où la proportionnalité subsiste), on peut remplacer les angles ε et α par la déviation d et l'élongation ε, *exprimées en divisions de l'échelle*, sans avoir à tenir compte de la valeur absolue des angles; on peut donc écrire, par exemple :

$$\varepsilon = \frac{d}{1} \frac{\pi}{T_0} q. \tag{21}$$

L'équation (18) est la formule classique du galvanomètre balistique, en vertu de cette idée, longtemps admise, qu'il n'est possible de comparer des élongations que lorsqu'il n'y a pas d'amortissement. Cette condition peut être à peu près remplie, mais, dans la pratique, elle nécessite des précautions beaucoup plus grandes; il faut éloigner du galvanomètre toutes les causes de perturbation, car, malgré l'emploi de courants auxiliaires, lancés dans le circuit pour arrêter les oscillations, il est difficile de faire des mesures un peu rapides; dans l'usage courant, *même pour les expériences très précises*, il est préférable d'employer un galvanomètre faiblement amorti, *pourvu que son amortissement reste constant*; les galvanomètres amortis faiblement par l'air, ou les galvanomètres à cadre mobile fermés sur une grande résistance sont dans ce cas. Enfin, avec ces derniers, on peut faire la résistance du circuit égale à la résistance critique d'amortissement et faire usage de la formule très simple (20); il suffit de déterminer très exactement R_c et T_0; nous verrons plus loin qu'on peut y arriver facilement.

Lorsqu'on veut faire simplement des mesures de comparaison, il n'est plus nécessaire de tenir compte de l'amortissement, il vaut mieux alors, pour obtenir des mesures rapides, se mettre, toutes choses égales d'ailleurs, dans les conditions de l'amortissement critique, puisque nous avons vu que ce sont celles qui donnent le retour au zéro le plus rapide. La condition de maintenir l'amortissement constant oblige, lorsque l'emploi des shunts est nécessaire, à se servir de la disposition dans laquelle la résistance totale du circuit du galvanomètre reste constante.

Pour les mesures absolues, les équations (18) et (20) offrent des calculs faciles ; il n'en est pas de même de (19), or, c'est, la plupart du temps, cette équation qui est applicable. On a cherché à simplifier l'expression pour faciliter les calculs ; la première solution consiste à remplacer le facteur :

$$e^{\frac{\lambda}{\pi}\ \text{arc tg}\ \frac{\pi}{\lambda}},$$

par le 1er terme de son développement en série

$$1 + \frac{\lambda}{2}. \tag{22}$$

Dans la seconde solution, on considère l'amplitude des oscillations comme décroissant en progression *arithmétique* et on calcule la grandeur qu'aurait dû avoir l'élongation ε, sans amortissement, en observant les deux premières élongations ε_1 et ε_2, du *même côté* ; on a alors

$$\varepsilon = \varepsilon_1 + \frac{\varepsilon_1 - \varepsilon_2}{4} \tag{23}$$

Cette dernière expression est évidemment plus simple ; elle dispense du calcul de λ, mais elle ne s'applique que pour de très faibles amortissements. Le tableau suivant permet de choisir le terme de correction à employer, suivant la précision nécessaire et l'amortissement. Pour rendre les résultats plus comparables et de la forme $1 + \Delta$, nous avons divisé la formule (23) par ε_1,

λ	A $e^{\frac{\lambda}{\pi} \text{arc tg} \frac{\pi}{\lambda}}$	B $1 + \frac{\lambda}{2}$	C $1 + \frac{\varepsilon_1 - \varepsilon_2}{4\varepsilon_1}$
0,050		1,0250	1,0238
0,100		1,0500	1,0453
0,157		1,0785	1,0674
0,314	1,1585	1,1571	1,1166
0,628	1,3171	1,3141	1,1788
0,942	1,4677	1,4712	
1,256	1,6100	1,6283	
1,570	1,7399	1,7854	
1,884	1,8554	1,9424	
2,199	1,9320	2,0995	

Ce tableau montre que, jusqu'à $\lambda = 0,5$, l'erreur commise, *par défaut*, ne dépasse pas 0,2 p. 100 en prenant (B) au lieu de (A) ; si l'on se contente de la précision, très suffisante dans beaucoup de cas, de 0,5 p. 100, on peut encore se servir de cette formule simplifiée jusqu'à $\lambda = 1,0$, l'erreur est alors en excès. Avec l'expression (C), il ne faut guère dépasser $\lambda = 0,1$ sans quoi l'erreur dépasse rapidement 1 p. 100.

Tout ce que nous venons de dire s'applique exclusivement au cas où la durée de la décharge est infiniment petite ; pour se rapprocher de cette condition limite, *on cherche toujours à rendre les oscillations des galvanomètres balistiques aussi longues que possible, par rapport à la durée de la décharge.*

Ceci s'obtient facilement avec les décharges des condensateurs, ainsi qu'avec les courants induits *dans les circuits sans fer ;* dans ces deux cas, en effet, l'intensité du courant de décharge, nulle au début, atteint rapidement son maximum pour baisser ensuite très vite, de telle sorte que la quantité q traverse le galvanomètre pendant un temps infiniment petit.

L'introduction du fer dans une bobine augmente la *constante de temps* $\frac{L_s}{R}$ et, par suite, la durée mathématique de la décharge ; elle l'augmente aussi, dans une proportion inconnue, par suite de l'hystérésis. Dans ces conditions, la durée peut être très longue, l'élongation du galvanomètre est plus petite que si la quantité q avait passé en un temps très court.

Le calcul permet de déterminer l'erreur due à cette cause, lorsque la fonction qui relie l'intensité du courant au temps est connue. En pratique, cette fonction est inconnue. On peut avoir une indication de la grandeur de l'erreur commise, en supposant la quantité q fournie par un courant constant d'intensité I et de durée t_1; dans ces conditions, si t_1 est plus grand que T, l'élongation est celle que l'on obtient à la fermeture du galvanomètre, sur un circuit parcouru par un courant continu :

$$\varepsilon = \alpha_\infty \left(1 + e^{-\lambda} \right) \tag{24}$$

α_∞ étant la déviation permanente produite par le courant I.; on voit que l'élongation est comprise entre 1 et 2 fois la déviation permanente. Cette formule montre pourquoi, dans les méthodes de réduction à zéro, les galvanomètres non amortis paraissent plus sensibles, l'élongation étant double de la déviation.

Lorsque t_1 est plus petit que T, il est intéressant de connaître le rapport $\frac{t_1}{T}$ qui donne une erreur déterminée ; ce rapport varie avec l'amortissement. L'erreur est inférieure à 1 p. 100 quand :

$$t_1 \leq \frac{T_0}{6,4} ,$$

pour un amortissement nul, et :

$$t_1 \leq \frac{T_0}{78} ,$$

pour l'amortissement critique. Cette différence considérable explique pourquoi, dans les mesures précises, on cherche à avoir un amortissement faible ; toutes choses égales d'ailleurs, *la durée inconnue de la décharge inter-vient moins pour fausser le résultat*.

Ces formules s'appliquant à un courant continu, donnent une limite *maximum* de l'erreur commise ; l'expérience montre qu'une oscillation de 1 seconde est souvent suffisante pour les condensateurs ou les bobines sans fer ; avec du fer, pour les mesures courantes, il faut 5 à 10 secondes ; enfin, quand le volume de fer est très grand, et que le circuit magnétique est fermé, *on n'est jamais sûr d'obtenir des résultats précis*. D'autre part, les élongations sont assez difficiles à observer avec des durées d'oscillations inférieures à 4 ou 5 secondes ; il vaut donc mieux, pour un galvanomètre balistique, dépasser cette durée.

L'amortissement par l'air n'est pas assez régulier pour les mesures exactes, on remédie à ce défaut en faisant des équipages spéciaux pour les galvanomètres, genre Thomson, destinés à servir comme balistiques. L'équipage de la figure 37 est composé de deux faisceaux d'aimants, enfermés chacun dans la cavité cylindrique d'une sphère en plomb ou en laiton ; les deux sphères sont réunies par une tige portant le miroir ; par cette disposition, le moment d'inertie total est augmenté, et la résistance de l'air diminuée, le système est très faiblement et très régulièrement amorti. L'augmentation du nombre d'aimants, dans chaque faisceau, élève le moment magnétique et permet de corriger en partie la diminution de sensibilité balistique due au moment d'inertie. On obtient l'arrêt des oscillations en lançant dans le galvanomètre lui-même, ou dans une bobine auxiliaire, un courant de sens convenable. Cette disposition n'est pas à recommander pour les mesures courantes

Miroir

Fig. 37. — Équipage balistique pour galvanomètre Thomson.

Les galvanomètres à cadre mobile peuvent être employés, comme balistiques, dans tous les cas possibles, car leur amortissement est très régulier, mais on est presque toujours obligé d'augmenter leur durée d'oscillations.

Avec un galvanomètre ordinaire, on peut faire un bon balistique, en chargeant le cadre mobile d'un poids assez faible, mais ayant un grand moment d'inertie ; la sensibilité balistique diminue quand l'oscillation augmente de durée ; l'amortissement diminue également. On peut aussi changer les fils de suspension, dans ce cas la sensibilité et l'amortissement augmentent avec la durée d'oscillation.

Une meilleure solution consiste à rendre plus grand le moment d'inertie, en augmentant le nombre de tours de fil et les di-

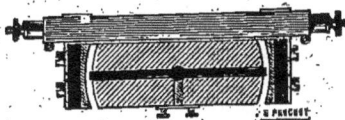

Fig. 38. — Galvanomètre balistique, à cadre mobile.

mensions géométriques du cadre ; le galvanomètre (fig. 38) est construit dans cette intention. Le cadre mobile, de grandes dimensions, à son plus long côté horizontal ; la forme des aimants a été un peu modifiée pour permettre de placer le cadre ; deux lames semblables, en U, sont réunies pour former deux pôles conséquents. La durée d'oscillation est d'environ 7 à 8 secondes ; la sensibilité balistique est telle qu'un micro-

coulomb donne, à *circuit ouvert*, une élongation de 40 à
50 mm, sur une échelle placée à 1 mètre ; enfin, la résistance d'amortissement critique est d'environ 4 000 ohms,
soit 8 fois celle du cadre.

§ 16. — Shunts.

Dans un grand nombre de circonstances, il est nécessaire de réduire la sensibilité d'un galvanomètre, sans
changer son réglage, par exemple, lorsqu'il s'agit de
mesurer successivement des courants de grandeurs très
différentes ; dans ce cas, au lieu de laisser passer dans
le galvanomètre le courant total, on en dérive une partie.

Le moyen le plus simple à employer consiste, lorsqu'on connaît la résistance du galvanomètre, à mettre
entre les bornes une boîte de résistances, dont on peut
faire varier la valeur jusqu'à ce que le galvanomètre soit
amené à la déviation voulue.

Appelons g la résistance du galvanomètre et s la résistance en dérivation ou *shunt* ; le courant total se partage
en deux parties, inversement proportionnelles à g et s ;
la fraction qui passe dans le galvanomètre est :

$$\frac{s}{g+s} .$$

Si nous mesurons cette fraction, il suffit, pour connaître
le courant total, de multiplier le courant I_g, passant
dans le galvanomètre, par le rapport inverse :

$$I_t = I_g \frac{g+s}{s} = I_g m ; \qquad (25)$$

le rapport $\frac{g+s}{s}$, que l'on représente généralement par
m, est ce que l'on nomme le *pouvoir multiplicateur* du
shunt.

D'une façon générale, pour réduire la sensibilité d'un

galvanomètre à $\frac{1}{m}$ de sa valeur, il faut le shunter par une résistance

$$s = \frac{g}{m-1} \cdot \qquad (26)$$

L'introduction du shunt réduit la résistance du circuit; la loi des courants dérivés nous donne, pour la valeur de la résistance du galvanomètre shunté :

$$g' = \frac{gs}{g+s} = \frac{g}{m} \; ; \qquad (27)$$

s'il est nécessaire de conserver au circuit une résistance constante, il faut ajouter une *résistance de compensation* g_1 :

$$g_1 = g - g' = g \, \frac{m-1}{m} \cdot \qquad (28)$$

La disposition dont nous venons de parler, qui consiste à introduire entre les bornes du galvanomètre une boîte de résistance quelconque, est très suffisante lorsqu'il s'agit de réduire seulement la sensibilité du galvanomètre, dans un rapport inconnu; au contraire, lorsqu'il est nécessaire de connaître exactement m, elle offre les inconvénients suivants : les boîtes de résistances ordinaires ont généralement des bobines de valeurs croissantes, 1, 2, 5, 10, etc., et donnent, dans la plupart des cas, pour m, des valeurs fractionnaires, gênantes pour les calculs rapides; d'autre part, les bobines de galvanomètre sont, presque toujours, enroulées en fil de cuivre, dont le coefficient de variation est environ 0,4 p. 100 par degré; au contraire, les boîtes de résistance sont généralement enroulées avec des alliages à coefficient aussi faible que possible, 0,04 p. 100 au plus, de telle sorte que les variations de température affectent inégalement le galvanomètre et le shunt; il faut donc connaître, à chaque instant, les températures de ces deux instruments pour faire les corrections nécessaires.

Pour remédier à ces inconvénients, les galvanomètres sensibles sont, très souvent, accompagnés d'un shunt,

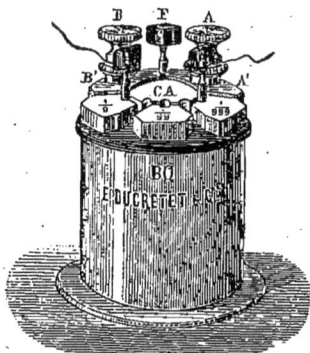

réglé spécialement, dont les pouvoirs multiplicateurs sont des multiples de 10 ou des coefficients simples : 2, 5, 20, etc. Les shunts les plus employés sont :

$$m = 1000 \qquad s = \frac{1}{999} g$$

$$ = 100 \qquad = \frac{1}{99} g$$

$$ = 10 \qquad = \frac{1}{9} g$$

Fig. 39. — Shunt de galvano-mètre.

Les figures 39 et 40 représentent l'ensemble et le schéma d'une des formes les plus classiques de shunts.

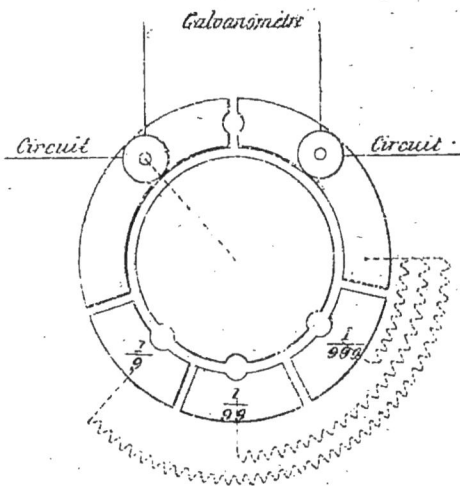

Fig. 40. — Schéma d'un shunt.

Les trois bobines ont, chacune, une de leurs extrémités reliée à une des bornes et l'autre à l'un des secteurs extérieurs. Quand on vient à mettre une fiche entre le bloc central et l'un des secteurs, la résistance correspondante se trouve intercalée entre les deux bornes, puisque le bloc central se trouve directement relié à la seconde borne.

Les bornes sont munies de contre-écrous, pour pouvoir serrer chacune deux fils : d'une part, le fil du galvanomètre, d'autre part, celui du circuit. Une fiche permet de mettre le galvanomètre en court-circuit. Il est nécessaire d'avoir toujours deux fiches : l'une est placée dans le trou correspondant au pouvoir multiplicateur convenable ; l'autre, sert à mettre en court-circuit, lorsqu'on craint que le courant atteigne une valeur dangereuse pour le galvanomètre.

Les blocs de laiton, ou *plots*, du shunt portent, soit l'indication de la fraction de résistance qu'ils représentent :

$$\frac{1}{9} , \frac{1}{99} , \frac{1}{999} ,$$

soit la valeur du pouvoir multiplicateur correspondant :

$$1, 100, 1000 ;$$

ces deux modes d'indication ne prêtent pas à confusion ; le plus employé est le premier.

Pour les galvanomètres moins sensibles, ou de faible résistance, les valeurs des shunts employés sont, de préférence :

$$s = \frac{1}{1} g, \quad \frac{1}{9} g, \quad \frac{1}{99} g,$$
$$m = 2, \quad 10, \quad 100.$$

Le shunt $m = 2$ a surtout sa raison d'être avec les galvanomètres à cadre mobile ; ceux-ci, en effet, ne sont apériodiques que si le circuit intercalé entre leurs bornes est assez peu résistant, de telle sorte que, si l'on s'en

sert sur une grande résistance, il faut les shunter pour
les amortir et, d'autre part, les shunter assez peu, pour
conserver leur sensibilité.

Les shunts réglés pour un galvanomètre, doivent être
enroulés avec du fil de même nature que celui du galvanomètre et, chose très importante, quoique souvent né-
gligée, ils doivent être placés aussi près que possible de
celui-ci. Dans la plupart des installations, on place le
shunt sur la table, à la portée de la main, alors que le
galvanomètre se trouve à 1 m environ. Cette disposition
permet, dans bien des cas, surtout en hiver, avec le
chauffage artificiel, d'avoir, entre le shunt et le galvanomètre, des différences de températures de *2, 3 et 4 degrés;*
les erreurs commises dans ce cas dépassent facilement
1 p. 100, il faut en tenir compte dans les expériences précises. Les shunts en fil de cuivre peuvent d'ailleurs être
rarement réglés à moins de 0,2 ou 0,3 p. 100 près, il est
donc indispensable de mesurer les résistances des shunts
et du galvanomètre, dans les conditions de leur emploi,
et de faire les corrections nécessaires.

Quelquefois les boîtes de shunts sont munies des résistances de compensation correspondantes, de telle sorte
que, par un mouvement de fiche très simple, on shunte
le galvanomètre et on rétablit la résistance totale du circuit à sa valeur primitive. La figure 41 représente une
disposition adoptée dans ce cas. Les shunts sont en s_1,
s_2, s_3, les résistances de compensation en g_1, g_2, g_3 et g_4.
Une fiche, introduite en d, place le galvanomètre seul
dans le circuit; avec deux fiches, en a et a', le galvanomètre est shunté par s, et la résistance de compensation
est g, etc.; enfin, une seule fiche en e remplace le galvanomètre, mis en-court-circuit, par les résistances $g_1 +
g_2 + g_3 + g_4$.

Une disposition nouvelle des boîtes de shunts, employée d'abord en France pour les appareils de mesures

d'isolements, a été généralisée par Ayrton, qui l'a étendue à tous les galvanomètres. Elle consiste à faire usage
d'une série de résistances appropriées, comme *grandeur
seulement*, au galvanomètre employé ; ces résistances
étant divisées suivant des rapports
égaux aux pouvoirs multiplicateurs
cherchés.

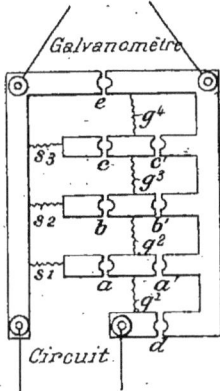

Fig. 41. — Shunt avec résistances de compensation.

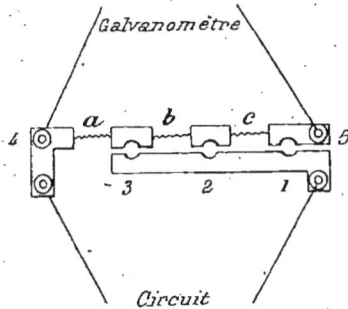

Fig. 42. — Schéma du shunt
universel.

Soit, par exemple (fig. 42), un galvanomètre, de résistance g, relié à une série de résistances a, b, c. Laissons le galvanomètre relié constamment en 4 et 5.
La fiche placée en 1 nous donne un pouvoir multiplicateur :

$$m_1 = \frac{a+b+c+g}{a+b+c},$$

de même en 2 et 3 :

$$m_2 = \frac{a+b+c+g}{a+b}$$

$$m_3 = \frac{a+b+c+g}{a}.$$

La sensibilité, *relative*, de deux valeurs du shunt, par
exemple :

$$\frac{m_1}{m_3} = \frac{a}{a+b+c},$$

est indépendante de la résistance du galvanomètre; il
suffit donc de graduer celui-ci avec une valeur quelcon-
qué de m, pour connaître la sensibilité avec un autre pouvoir multiplicateur. Il suffit de faire a, $a + b$, $a + b + c$,
croissant suivant des rapports simples, par exemple 1,
10, 100 pour constituer un shunt, susceptible d'être
appliqué à *tous les galvanomètres indistinctement*, de là
le nom de *shunt universel*.

Néanmoins, il est nécessaire que les résistances de
shunt soit de grandeur comparable à celle du galvanomètre, afin de ne pas trop réduire l'amortissement des
galvanomètres à cadre mobile, ou pour ne pas trop augmenter la résistance du galvanomètre shunté.

Le shunt universel présente un petit inconvénient,
lorsqu'on a besoin de connaître la résistance totale du
circuit : la résistance ne varie pas dans un rapport simple, quand on change le pouvoir multiplicateur. La résistance du galvanomètre shunté a pour valeur, dans le cas
cité ci-dessus :

$$g_1 = \frac{(a + b + c)\,g}{a + b + c + g} = \frac{g}{m_1},$$

$$g_2 = \frac{(a + b)(c + g)}{a + b + c + g} = \frac{c + g}{m_2},$$

$$g_3 = \frac{a\,b + c + g)}{a + b + c + g} = \frac{b + c + g}{m_3}.$$

Sur ces appareils on indique souvent le pouvoir multiplicateur *relatif*, rapporté à m_1, pris comme unité.

Le shunt universel peut être construit en fil à faible
coefficient de température, de telle sorte que le coefficient total de l'ensemble $a + b + c + g$, se trouve diminué, ce qui réduit les erreurs dues aux variations de
température; enfin, si les températures du shunt et du
galvanomètre sont inégales, mais *constantes*, la sensibilité
ne change pas durant la mesure et les *rapports* des shunts

sont toujours constants, ce qui n'arrive pas avec les modèles ordinaires.

Un autre grand avantage de cette disposition, lorsqu'on fait usage des galvanomètres à cadre mobile, pour les mesures balistiques, c'est que la résistance totale du circuit galvanométrique ne changeant pas, l'amortissement reste constant pour toutes les valeurs de m.

Cette disposition est évidemment appelée à se répandre de plus en plus; elle offre, sur l'ancienne, de multiples avantages, comme nous venons de le voir. Il suffit de 2 ou 3 de ces shunts, de résistances totales différentes, pour shunter, indifféremment, tous les galvanomètres dont on dispose.

L'avantage que présente le shunt universel, de laisser l'amortissement constant, n'existe que pour les mesures au condensateur. En effet, si on voulait se servir de cette disposition pour les *méthodes d'induction* (§ 93 et suivants), le circuit induit, fermé sur le shunt, réduirait la résistance entre les points d'attache et modifierait l'amortissement; en même temps le circuit induit changeant de résistance, les élongations ne suivraient pas le rapport des shunts.

Pour tourner cette difficulté MM. Ayrton et Mather placent le shunt *sur la bobine induite* et introduisent dans le circuit du galvanomètre une résistance de compensation. C'est, en résumé, la disposition inverse de celle de la figure 41. Il est facile de démontrer qu'on obtient ainsi un *amortissement constant*, et des élongations *proportionnelles* à la *quantité* d'électricité induite et en *raison inverse* du pouvoir multiplicateur du shunt placé sur la bobine.

§ 17. — Réglage des galvanomètres.

Nous parlerons plus loin des conditions générales concernant la mise en expérience des galvanomètres et électromètres, telles que : le support à employer, la hauteur à laquelle doivent être l'appareil et l'échelle pour les observations au miroir, l'éclairage et, enfin, les moyens à employer pour éviter l'effet, toujours nuisible, des trépidations du sol. Supposons, ici, le galvanomètre mis en place et voyons les précautions à prendre pour l'utiliser le mieux possible.

Réglage d'un galvanomètre à cadre mobile — Ce réglage est très simple, nous allons l'examiner tout d'abord.

L'influence du calage est presque nulle dans les appareils de ce genre, aussi les galvanomètres couramment employés dans l'industrie sont-ils dépourvus de vis calantes; il suffit de les placer sur une surface à peu près horizontale, sans s'astreindre à un nivellement rigoureux.

Cependant, dans les modèles très sensibles, le défaut de coïncidence qui existe toujours entre les centres de gravité du cadre mobile et l'axe de rotation, peut, si celui-ci n'est pas vertical, produire un couple de même ordre de grandeur que W, et modifier ainsi la sensibilité. Ce que l'on doit chercher, c'est de rendre verticaux *les fils de suspension* qui forment le prolongement de l'axe de rotation du cadre; le nivellement de la base n'est évidemment pas une solution parfaite, car l'axe de suspension n'est pas toujours rigoureusement perpendiculaire à cette base, mais il a l'avantage de permettre de replacer le galvanomètre dans des conditions toujours identiques, et, par suite, de conserver une sensibilité constante.

L'orientation n'a aucune influence sensible sur les galvanomètres à cadre mobile, leur champ magnétique étant toujours très intense par rapport à celui de la terre. Cependant, il faut les placer à une certaine distance des

conducteurs parcourus par des courants très intenses.
Une distance de 5o cm est généralement suffisante...

Les fils ou ressorts, qui suspendent le cadre mobile et
lui amènent le courant, sont généralement placés dans
le prolongement l'un de l'autre; leur tension est donc
inégale, celui du haut ayant à supporter en plus le poids
du cadre. Le réglage consiste à agir sur le rappel supérieur de façon à amener le cadre mobile à égale distance
du noyau de fer, en haut et en bas; ou, dans les galvanomètres de la forme de la figure 36, où il n'y a pas de
noyau de fer, il suffit que le cadre mobile plonge complètement dans le champ magnétique. La tension du fil,
ou du ressort inférieur, a simplement pour but de fixer
la direction de l'axe de rotation, elle doit être suffisante
pour redresser parfaitement le fil ou pour donner une
certaine rigidité au ressort. La tension varie évidemment
avec le diamètre du fil, elle doit être plus grande pour
un gros fil que pour un fil fin, mais il ne faut pas la faire
trop grande de façon à éviter la rupture ou l'allongement
permanent du fil.

Dans la plupart des cas, les galvanomètres à cadre
mobile ont une sensibilité fixée invariablement par construction; pour la modifier, il faut changer le fil de suspension; on peut bien, il est vrai, la diminuer en *armant*
l'aimant, on crée ainsi un véritable *shunt magnétique*,
mais il est préférable de shunter au moyen d'une résistance qui ne modifie pas l'amortissement.

Dans quelques modèles, la suspension est bifilaire; on
peut alors modifier la sensibilité en faisant varier l'écartement des fils ou leur tension.

Un point d'une importance capitale, dans le réglage
des galvanomètres, est d'assurer la liberté du mouvement; les forces en jeu sont si faibles, qu'il suffit d'un
rien : une limaille, un brin de fil de cocon, pour troubler
le mouvement. Dans les galvanomètres à cadre mobile,

ARMAGNAT. Instr. de mesures.   8

sans amortissement, à circuit ouvert, il est facile de
s'assurer que cette condition est remplie en faisant
osciller le cadre; lorsque au contraire il y a toujours
amortissement, même à circuit ouvert, il faut observer,
parfois très attentivement, les oscillations, pour reconnaître l'action d'un frottement. Pour remédier à ce
défaut, il faut évidemment chercher le point où se produit
le frottement et enlever l'objet qui en est la cause; si le
fait est dû au décentrage d'une pièce quelconque, ce qui
peut toujours se produire, même dans les appareils les
mieux construits, on y remédie en ramenant les choses à
leur place; il est impossible de donner sur ce sujet des
explications précises, les phénomènes perturbateurs revê-
tant les formes les plus variées.

Réglage des galvanomètres à aimant mobile. — Le
calage a simplement pour but de placer l'aimant mobile
au centre de la bobine. Les niveaux qui existent sur un
certain nombre d'appareils sont parfaitement inutiles :
si bien réglés qu'ils soient, en effet, il suffit d'une déformation presque imperceptible de l'équipage du galvanomètre pour que les aimants soient déplacés. Le véritable
calage consiste donc à mettre ceux-ci bien au centre des
bobines; cette opération, très facile dans les galvanomètres comme celui de la figure 26, où les bobines peuvent être démontées aisément, est assez délicate dans les
modèles non démontables, où l'équipage n'est pas visible
dans tous les sens.

Une série de bobines étant enlevée, on place l'équipage, attaché par un fil de cocon de longueur convenable, et on règle sa hauteur, en relevant plus ou moins la
potence qui le porte, jusqu'à ce que les aimants soient
bien au niveau du centre des bobines ; puis, agissant sur
les vis calantes placées parallèlement au plan de celles-ci,
on amène l'axe de rotation de l'équipage à couper les

axes des bobines ; enfin, à l'aide de la dernière vis, on rend l'équipage parallèle au plan des bobines. Il ne reste plus qu'à remettre tout en place et à s'assurer que les contacts sont bons et les connexions bien rétablies. Il est bon, pour faciliter ce réglage, de diriger fortement l'équipage dans la position définitive, en approchant au plus près l'aimant directeur.

Il faut s'assurer, en procédant au remontage, d'abord que les bobines sont bien remises à leur place et que les repères, s'il y en a, sont bien en face les uns des autres. L'équipage, qui a été attaché au moyen d'un fil de cocon *simple*, par le moyen déjà indiqué, ne doit pas porter de bout de fil saillant à l'attache ; il suffit d'un filament très ténu et très-court pour frotter sur les bobines et apporter des perturbations d'autant plus graves qu'il est difficile d'en trouver la cause. Il faut éviter aussi, lorsqu'on démonte et remonte un galvanomètre, de frotter les bobines, car celles-ci, généralement enduites de gomme laque, s'électrisent facilement et gardent pendant longtemps cette électrisation ; l'équipage se trouve alors dans un champ électrique dont la grandeur et la direction varient à chaque instant ; il est presque impossible, dans ces conditions, de régler la sensibilité du galvanomètre.

On doit aussi veiller à ce que le fil de cocon n'ait pas de torsion au moment de son emploi, autrement, la force directrice de l'équipage est la résultante des actions magnétiques de la terre et de l'aimant directeur, ainsi que de cette torsion ; or, un fil de cocon présente à la torsion une très grande viscosité, il ne prend que lentement sa position d'équilibre et les variations hygrométriques l'affectent énormément, de telle sorte qu'on a alors un système dont le zéro se déplace constamment.

Les galvanomètres à aimant mobile sont généralement soumis à l'action combinée de la terre et d'un aimant placé sur l'appareil et appelé aimant directeur ; on peut, par une manœuvre convenable de celui-ci, amener l'équipage à prendre une orientation quelconque, mais le choix n'est pas indifférent.

Lorsqu'on a des observations longues à faire, nécessitant une grande sensibilité, il faut avoir un zéro assez fixe ; or, le champ magnétique terrestre varie à la fois en grandeur et en direction ; la variation journalière en grandeur, $\frac{d\,\mathcal{H}}{\mathcal{H}}$, atteint au plus 1 p. 100 et la variation angulaire ne dépasse pas 1°.

Lorsqu'un équipage, soumis à l'action d'un aimant directeur, est orienté à 90° du méridien magnétique, la variation $\frac{d\,\mathcal{H}}{\mathcal{H}}$ modifie l'*orientation* de l'équipage, c'est-à-dire fait varier le zéro ; cette variation est nulle au contraire, lorsque l'équipage est parallèle au méridien magnétique ; dans ce cas, c'est la variation $d\,\alpha$ seule qui produit les déplacements de zéro, mais alors son action est très grande, une très petite variation $d\alpha$ peut amener le renversement complet de l'équipage ; *il faut donc orienter, autant que possible, un galvanomètre à aimant mobile, de telle sorte que l'équipage se trouve amené à 90° de la position qu'il prend lorsqu'il est soumis seulement à l'action de la terre* ; on évite ainsi les déplacements de zéro qui sont si gênants pour les mesures.

Les équipages astatiques doivent avoir leur *résultante* orientée de même, quelle que soit la position des barreaux ; autrement dit, ils doivent être placés à 90° de la direction qu'ils prennent sous l'action du champ terrestre seul.

Il n'est pas toujours possible de s'astreindre à prendre cette orientation, soit que l'espace manque, que l'éclairage soit défectueux, ou pour toute autre cause ; c'est pourquoi il est très important d'employer des équipages aussi astatiques que possible, c'est-à-dire ayant, toutes choses égales d'ailleurs, la période d'oscillation la plus longue possible dans le champ terrestre.

Le réglage de la sensibilité est certainement l'opération qui embarasse le plus les personnes qui emploient, pour la première fois, les galvanomètres dont nous parlons ; c'est cependant une manipulation des plus simples, quand on procède méthodiquement, comme nous allons l'indiquer.

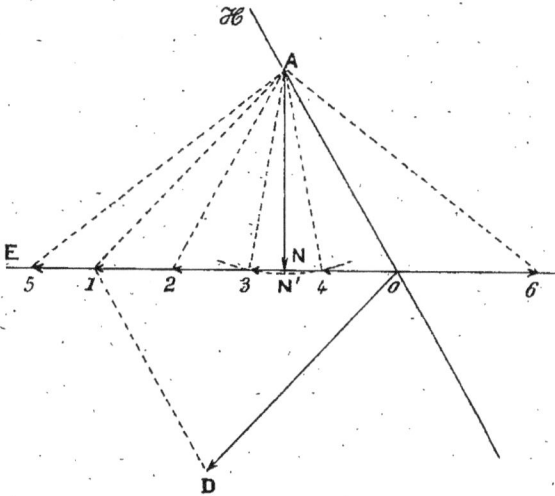

Fig. 43. — Réglage de l'aimant directeur du galvanomètre Thomson.

Soit O *H* (fig. 43) la direction du champ terrestre, O E la direction dans laquelle doit se trouver l'équipage, c'est-à-dire celle de la résultante des actions de la terre et de l'aimant directeur. Prenons O A proportionnel à la valeur *H* du champ terrestre, O D proportionnel à l'action de l'aimant directeur sur l'équipage ; le parallélogramme obtenu en faisant passer par D une parallèle à O A et par A une parallèle à O D, nous donne la grandeur O 1 et la direction de la résultante. Nous pouvons réduire cette construction au tracé d'une ligne passant par A, ayant une longueur proportionnelle à l'action de l'aimant pour chaque position de celui-ci, et dirigée suivant son orientation réelle. Si, par exemple, nous donnons à l'aimant directeur les valeurs et les positions représentées par A_1, A_2, A_3, nous voyons que la résultante change seulement de grandeur; de même pour deux valeurs égales A_3 et A_4, nous obtenons la même direction O E de la résultante, mais avec deux grandeurs différentes de celle-ci. Ce dernier résultat peut être obtenu toutes les fois que l'angle A E O $\leq$ A O E; au delà, une position symétrique de A_5, par rapport à AN, amène la résultante en O6, c'est à dire renverse sa direction. Pour toutes les directions et les grandeurs telles que A E O $\leq$ A O E, on voit que si, sans changer la grandeur de l'action de l'aimant directeur, on rapproche la direction de A O, l'équipage tourne dans le sens de l'aimant jusqu'à la position O N', puis revient lorsque le mouvement continue; il reprend la direction O E, pour un angle N A 4 = N A3, c'est-à-dire pour une position de l'aimant directeur symétrique de la première par rapport à la direction de la normale à la résultante O E. Remarquons ici que, pour obtenir l'orientation voulue, il est indispensable que l'action de l'aimant soit égale ou supérieure à A N.

En faisant un schéma analogue, pour le cas où l'on se trouve, on arrive rapidement à régler la sensibilité de son instrument.

Pour faciliter le centrage, nous avons tout à l'heure amené l'aimant directeur aussi près que possible de l'équipage, soit A_5 sa direction à ce moment. Si nous voulons augmenter la sensibilité, il faut réduire la résultante O5. Nous voyons que ce résultat est obtenu en éloignant l'aimant de l'équipage, c'est-à-dire en l'élevant, dans les galvanomètres Thomson, et en le faisant tourner en même temps vers A O. Nous pouvons obtenir ainsi successivement les positions A_1, A_2, A_3. A N ; à partir de celle-ci, nous continuons à tourner vers A O, mais il faut *augmen-ter* l'action de l'aimant, c'est-à-dire le *rapprocher* de l'équipage ; plus on approche de A O, plus la sensibilité augmente, mais aussi plus le réglage devient délicat ; on voit facilement, sur la figure 43, qu'à ce moment un très petit déplacement de l'aimant peut renverser complète-ment la direction de la résultante.

En pratique, il n'est pas besoin de connaître la direc-tion O $\mathcal{H}$ du champ terrestre, il suffit, partant de la posi-tion pour laquelle l'équipage est le plus fortement dirigé, d'élever l'aimant directeur en le faisant tourner de façon à maintenir l'équipage dans le plan convenable. Cette ma-nœuvre donne tout d'abord la position *relative* de A. On peut continuer à éloigner l'aimant et à le tourner, tant que sa direction *n'est pas perpendiculaire* au plan de l'équipage, *que celui-ci soit astatique ou non ;* à partir de ce moment on doit le rapprocher. Dans ces conditions, le réglage devient en quelque sorte automatique, il suffit de savoir donner des mouvements assez petits, pour pousser la sensibilité aussi loin qu'il est possible.

Si, malgré les précautions prises, les variations magné-tiques extérieures amènent des changements continuels de zéro, il est facile d'y remédier en disposant sur la table, à portée de la main, un barreau aimanté de 10 à 20 cm de long et de 1 cm² de section environ. Cet aimant permet, en l'approchant ou l'éloignant du galvanomètre, ou en le faisant tourner, de ramener l'équipage au zéro. Un aimant plus gros peut rendre les mêmes services, car on peut toujours trouver une orientation telle que son action sur l'équipage soit nulle.

§ 18. — Sensibilités et constantes.

La déviation α d'un galvanomètre est toujours une fonc-tion du courant 1 qui le traverse ; tout accroissement $d\,\mathrm{I}$

du courant a pour résultat un accroissement $d\alpha$ de la déviation ; le rapport

$$S = \frac{d\alpha}{dI} , \qquad\qquad (29)$$

est appelé *sensibilité absolue*, il caractérise une des qualités du galvanomètre ; on a toujours intérêt à avoir, toutes choses égales d'ailleurs, la plus grande sensibilité possible.

Dans les mesures, on a souvent besoin de connaître l'accroissement $d\alpha$ de la déviation correspondant à une variation *relative* de l'intensité, le rapport

$$S' = d\alpha : \frac{dI}{I} = I \frac{d\alpha}{dI} , \qquad (30)$$

est appelé *sensibilité relative*, il permet de se rendre compte de la précision des mesures.

Pour les galvanomètres à miroir, les déviations sont proportionnelles aux intensités

$$\alpha = JI, \qquad\qquad (31)$$

par conséquent la sensibilité absolue S est indépendante de α et de I

$$S = J ;$$

elle dépend uniquement du coefficient J. La *sensibilité relative* est indépendante de J et de I ; elle croît proportionnellement avec α.

Dans la pratique, la sensibilité d'un galvanomètre s'exprime par l'un des coefficients suivants :

Formule de mérite. — On appelle ainsi la valeur de la résistance qu'il faut introduire dans le circuit d'un galvanomètre, pour qu'un élément Daniell imprime au spot une déviation égale à *une* division de l'échelle. Il faut remplacer ici l'angle α par la déviation d correspondante :

$$d = 2D\,\alpha,$$

dans ces conditions, l'intensité du courant est :

$$\frac{1,07}{F_m},$$

et comme $d = 1$, par définition, la sensibilité S étant égale à J, nous avons

$$S = \frac{F_m}{1,07},$$

c'est-à-dire que la sensibilité est égale à la formule de mérite, à un coefficient près. Ce terme, uniquement appliqué aux galvanomètres sensibles, s'exprime en mégohms.

Constante des télégraphistes. — C'est la déviation imprimée au galvanomètre par le courant d'un élément Daniell traversant un circuit dont la résistance totale, galvanomètre compris, est égale à un megohm.

En exprimant la déviation C, obtenue dans ce cas, par le nombre de divisions comprises entre le zéro et la position déviée, l'intensité du courant, pour une seule division, est C fois moindre· et, par suite, la sensibilité $S = \dfrac{C}{1,07}$; donc la constante des télégraphistes a la même *valeur numérique* que la formule de mérite.

Dans le cas de la constante, on suppose, bien entendu, que la proportionnalité subsiste jusqu'à la déviation indiquée ; en réalité, on mesure toujours des déviations assez petites pour que cette condition soit remplie et c'est par le calcul qu'on détermine C, comme nous le verrons plus loin.

Un troisième moyen, plus rationnel, consiste à indi-

quer la déviation produite par un courant d'un microampère ; on fait ainsi disparaître le coefficient 1,07 qui
est un peu arbitraire, car la f. é. m. d'un élément Daniell
varie beaucoup suivant les circonstances. Dans ce cas, la
sensibilité est numériquement égale à la constante J.
On peut aussi donner l'intensité du courant qui produit
une déviation d'une division, mais alors on est conduit à
des nombres fractionnaires souvent très petits et, en
outre, le coefficient ainsi obtenu est l'*inverse* de la sensibilité ; par suite celle-ci augmente quand le chiffre indiqué diminue. Un usage, qui se répand actuellement,
consiste à exprimer la sensibilité en faisant suivre le
nombre indiquant l'intensité qui correspond à 1 division, par une puissance négative de 10. La valeur numérique de l'exposant indique alors l'*ordre de grandeur* de
la sensibilité ; exemple : $1,32 \times 10^{-10}$ ampère.

Si nous nous reportons aux paragraphes précédents,
nous voyons que les facteurs entrant dans le coefficient J
de la formule (31) renferment un certain nombre de termes
invariables, déterminés, une fois pour toutes, par construction : nombre de tours et dimensions des bobines, constantes magnétiques, moment d'inertie. Ces facteurs invariables règlent la valeur de la sensibilité que l'on peut
obtenir dans tous les cas possibles ; leur détermination
absolue étant inutile, dans la plupart des cas, nous les
réunirons en un seul terme que nous appellerons *coefficient de sensibilité ;* d'autre part, le terme J renferme le
couple directeur ou sa valeur en fonction de t et λ,
ainsi que la distance D de l'échelle au miroir, lorsqu'il
s'agit d'un galvanomètre à réflexion. En appelant B le
coefficient de sensibilité, et en remplaçant l'angle α par
la déviation d, on a, d'une façon générale :

$$d = \left[BD \; \frac{T^2}{1 + \frac{\lambda^2}{\pi^2}} \right] I$$

Les facteurs D, T et λ étant déterminés par l'observation, il ne reste plus que le coefficient B à connaître ; nous avons déjà dit que sa détermination en valeur absolue était très délicate et rarement employée. Plus généralement, on le déduit de la valeur de J qui n'est autre chose que le terme entre crochets, mais il faut choisir des unités convenables. Nous prendrons pour 1 le microampère, pour T la seconde et pour D la valeur 1 000, qui correspond à l'usage, courant en France, de prendre pour unité de déviation le millimètre, sur l'échelle placée à 1 mètre du miroir. Dans ces conditions, le *coefficient de sensibilité* a une signification bien précise : c'est *la déviation du galvanomètre produite par un courant de 1 microampère, lorsque la distance de l'échelle au miroir est égale à 1 000 divisions de l'échelle, la durée d'oscillation étant 1 seconde et l'amortissement nul.*

Ainsi défini, le coefficient B peut être calculé au moyen de J.

$$B = 1\,000\, \frac{J}{D}\, \frac{1 + \frac{\lambda^2}{\pi^2}}{T^2}, \tag{32}$$

en prenant, bien entendu, J rapporté au microampère et D exprimé en divisions de l'échelle.

Le coefficient de sensibilité permet de comparer, entre eux, des galvanomètres différents et de savoir celui qui, à égalité d'oscillation, donnera la plus grande déviation ; mais, comme la sensibilité varie avec le nombre de tours du fil sur la bobine, on peut la modifier en changeant l'enroulement ; la comparaison sera plus parfaite si nous ramenons la sensibilité à ce qu'elle serait si les galvanomètres avaient tous la même résistance.

On sait que, abstraction faite de l'isolant, le nombre de tours de fil que l'on peut enrouler sur une bobine de dimensions déterminées, est inversement proportionnel au carré du diamètre, tandis que la résistance croît en raison inverse de la quatrième puissance du même diamètre ; le rapport des nombres de tours, de fils différents, que l'on peut mettre sur la même bobine, est donc proportionnel à la racine carrée de la résistance. Pour ramener à un galvanomètre type ayant 1 ohm de résistance, il faut diviser B par $\sqrt{g}$, on obtient un nouveau coefficient, caractéristique du type de galvanomètre essayé ; nous appellerons ce coefficient B_1 la *sensibilité spécifique* :

$$B_1 = \frac{B}{\sqrt{g}} \cdot \qquad (33)$$

En réalité, ce calcul est surtout avantageux pour les galvanomètres à gros fil, car l'épaisseur relative de l'isolant est beaucoup plus faible pour ceux-ci que pour les fils fins, de telle sorte que le *volume du cuivre* employé est plus grand, à *volume égal de bobine*.

Dans une étude très complète des galvanomètres, MM. Ayrton, Mather et Sumpner, ont pris, comme valeur de la *sensibilité spécifique*, la déviation produite par un courant de 1 microampère sur un galvanomètre de 1 ohm de résistance, ayant une durée d'oscillation de 5 secondes, *sans tenir compte de l'amortissement*, la distance de l'échelle au miroir étant prise, comme on le fait fréquemment en Angleterre, égale à 2 000 divisions de l'échelle. Ainsi définie, pour les galvanomètres à amortissement faible, la sensibilité spécifique est 50 fois plus grande que B_1. Pour les galvanomètres très amortis elle peut conduire à des résultats absolument erronés, si l'on part d'une mesure faite à une durée d'oscillation très différente de 5 secondes ; néanmoins, le *coefficient d'Ayrton* étant très employé, il est utile d'en connaître la signification.

Le coefficient d'amortissement b, est également important à noter pour les galvanomètres périodiques, puis-

TABLEAU I

	g	B	b	B_1	A	
Galvanomètre Thomson, équipage balistique	14 210	4,23	0,006	0,0035		Équipage modèle de la figure 37. Fig. (24).
» Nobili	234	2,65	négligeable	0,173		
» Dubois-Reymond	8 149	19,1	0,06	0,211		
» Wiedemann-d'Arsonval	29 220	36,4	0,67	0,212		Aimant mobile en fer à cheval, miroir séparé.
» Siemens à quatre bobines	16 730	46,7	0,344	0,36		Aimants mobiles en forme de cloches (fig. 30, III).
» »	13 200	68	0,62	0,59		Aimants mobiles en forme de cloches (fig. 30, III).
» Thomson ordinaire à quatre bobines	6 800	58	0,14	0,70		Équipage, (fig. 27).
» Thomson équipage spécial	114	43,4	0,42	4,06		Équipage (fig. 30, II).
» Wiedemann	101	26,4	1,40	2,64		Aimant mobile en forme de disque, poli sur une face pour servir de miroir.
» Weiss	18,5	110	0,50	25,5		(Fig. 33). Quatre bobines.
» Broca	4,3	21	0,20	9,85		(Fig. 32). Deux bobines.
» Du Bois et Rubens				20		
» »				16		
» à cadre mobile, modèle balistique	483	1,84		0,08	706	(Fig. 38).
» à cadre mobile, modèle ordinaire	222	14,7		0,98	1 108	(Fig. 34).
» à cadre mobile, modèle sensible Siemens et Halske	30	2,88		0,53		Toujours apériodique.

qu'il permet de calculer λ pour toutes les valeurs de T. Avec les galvanomètres à cadre mobile, la résistance critique d'amortissement, déterminée par l'*induction seule* est proportionnelle à T,

$$R_c = AT. \tag{34}$$

Le tableau I renferme, pour un certain nombre de galvanomètres, de provenances très diverses, la résistance g, les coefficients B, b, B_1 et A.

§ 19. — Mesure des constantes.

Lorsqu'on veut employer un galvanomètre pour des mesures d'intensité, on se contente de la détermination de la constante J et de la résistance g du galvanomètre ; mais, lorsqu'on a besoin de déplacer cet appareil et de le replacer ensuite dans des conditions identiques, lorsqu'on doit amener sa sensibilité à une valeur déterminée, il est nécessaire, en outre, de mesurer la durée d'oscillation T ; le décrément logarithmique λ est utile pour les mesures balistiques ; pour les galvanomètres à cadre mobile, on doit connaître la durée d'oscillation à circuit ouvert T_0 et la résistance critique R_c. Enfin il faut toujours mesurer la distance D, de l'échelle au miroir.

On peut, si cela est nécessaire, tirer de ces mesures les valeurs absolues de $\mathfrak{M}$, G et Φ, en appliquant les formules des paragraphes précédents, pourvu que les dimensions géométriques soient bien connues ; les valeurs ainsi obtenues servent, quelquefois, à trouver le point défectueux d'un galvanomètre et permettent d'y remédier.

La résistance g se mesure comme une résistance ordinaire, en prenant les précautions nécessaires pour le cuivre.

La mesure de D est une simple mesure linéaire sur laquelle il n'y a pas à insister ; faisons remarquer cependant qu'il est indispensable de mesurer cette distance sur la perpendiculaire abaissée du miroir sur l'échelle.

Les mesures de T et λ se font comme nous l'avons indiqué aux paragraphes 5 et 6.

Constantes galvanométriques. — Nous avons vu qu'on appelait, suivant les cas : constante des télégraphistes, formule de mérite, ou simplement constante d'un galvanomètre, une quantité égale à la déviation produite sur le galvanomètre par un courant d'intensité déterminée. Dans ce qui suit nous considérons toujours la *constante galvanométrique* J comme la déviation produite par un courant de 1 microampère, exprimée par le nombre des divisions de l'échelle correspondant et nous mesurons également la distance D en fonction de ces mêmes divisions.

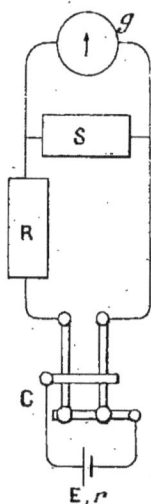

Fig. 44. — Schéma du montage des appareils pour mesurer la sensibilité des galvanomètres.

En pratique, on ne mesure pas directement la déviation produite par un courant de 1 microampère ; cette quantité est trop grande ou trop petite, rarement elle est de grandeur convenable ; on emploie un moyen détourné.

Le galvanomètre réglé est relié à un shunt S (fig. 44) et à une résistance R, de 100 000 ohms à un megohm ; un élément Daniell, ou une pile quelconque de f. é. m. constante, peut être intercalé dans le circuit au moyen d'une clef d'inversion C, ou d'un inverseur quelconque.

Le courant imprime au galvanomètre une déviation d_1, puis, après renversement du courant, une déviation d_2, de direction contraire, on prend la moyenne

$$d = \frac{d_1 + d_2}{2} ; \qquad (35)$$

c'est cette moyenne qui entre dans les calculs. S'il y a
une trop grande différence entre d_1 et d_2, cela peut provenir d'un mauvais réglage du galvanomètre, dont le mobile n'est pas dans le plan de symétrie ; il faut alors corriger ce défaut. La différence peut aussi provenir du
déplacement du zéro, dû à une action extérieure ; pour
éliminer ce déplacement, il faut faire une troisième mesure
d_3 dans le sens de la première, les trois mesures prises
à des intervalles de temps égaux, la valeur de d est alors

$$d = \frac{d_1 + 2d_2 + d_3}{4} ; \qquad (36)$$

La grandeur de la résistance R à employer dépend évidemment de la sensibilité du galvanomètre essayé et du
shunt S dont on dispose ; on ne doit pas perdre de vue
que plus cette résistance R est grande, plus facilement
on élimine les erreurs dues à la résistance intérieure r
de l'élément employé et à la résistance g du galvanomètre, résistances que l'on ne connaît pas toujours exactement au moment de la mesure.

La résistance totale du circuit est :

$$R + r + \frac{GS}{G+S} ,$$

le pouvoir multiplicateur du shunt :

$$m = \frac{G+S}{S} ;$$

l'intensité du courant, dans le galvanomètre, a donc pour
valeur

$$\frac{E}{\left(R + r + \frac{GS}{G+S}\right) \frac{G+S}{S}} .$$

La déviation produite étant d, un courant de 1 microampère

produira donc une déviation J égale à la constante galvanométrique :

$$J = \frac{\left(R + r + \dfrac{GS}{G+S}\right)\dfrac{G+S}{S}}{10^6 E} d. \qquad (37)$$

Lorsque r et $\dfrac{GS}{G+S}$ sont petits et négligeables devant
R, on peut, en appelant m le pouvoir multiplicateur,
écrire simplement :

$$J = \frac{Rmd}{10^6 E} \qquad (38)$$

En employant un élément Daniell et en supprimant le
facteur E dans (37) et (38), nous obtiendrons directement la formule de mérite ou la constante des télégraphistes.

*Résistance critique R_c des galvanomètres à cadre
mobile.* — Dans ces appareils, il est bon de remplacer la
valeur de b, par la résistance avec laquelle l'amortissement critique est obtenu ; il faut connaître aussi la durée
de l'oscillation T_∞ et, s'il y a lieu, le coefficient d'amortissement b_∞ à circuit ouvert ; dans un grand nombre de
galvanomètres, b_∞ est négligeable et, par conséquent,
$T_\infty = T_o$; si b_∞ n'est pas nul, on le détermine comme
précédemment.

La mesure de R_c a une très grande importance pour les
mesures balistiques et doit, dans ce cas, être faite avec
grand soin. On peut employer trois méthodes différentes :
la première, et la plus simple, consiste à faire dévier le
galvanomètre fermé sur une boîte de résistance capable
de varier dans les limites présumées; on observe le retour
au zéro du spot. Si la résistance est trop grande, le mobile
fait quelques oscillations rapidement décroissantes; en
diminuant alors la résistance de la boîte, on voit le spot
dépasser de moins en moins le zéro, puis, pour une cer-

taine valeur, le galvanomètre dévié revient au zéro sans le dépasser, c'est cette valeur R_1 qu'il faut noter; R_c est la somme $R_1 + g$.

Il faut toujours noter R_1 au moment où le galvanomètre devient apériodique, car, évidemment, si on diminue la résistance, le même phénomène se produira de mieux en mieux.

Cette méthode directe donne des résultats très satisfaisants pour les galvanomètres à oscillations rapides, c'est-à-dire inférieures à une seconde; on peut, dans ce cas, obtenir R_c à 1 p. 100 près.

Quand l'oscillation devient longue, le retour au zéro s'effectue très lentement, de telle sorte qu'il est difficile d'observer le très petit mouvement de retour qui indique nettement que l'apériodicité critique n'est pas atteinte, la résistance critique observée est *toujours trop grande*.

Une méthode indirecte peut être employée et donne des résultats très concordants entre eux; elle consiste à fermer le circuit sur une résistance totale R, assez grande pour que la mesure de T_R et λ_n se fasse aussi exactement que possible, par les moyens déjà indiqués; il faut chercher à avoir :

$$\lambda_n = \frac{T_R}{50} \text{ à } \frac{T_R}{100},$$

pour qu'en une minute, environ, l'amplitude soit réduite à la moitié ou au quart. Cependant, *dans tous les cas où la mesure directe de l'oscillation* T_∞ *peut être effectuée exactement*, on peut prendre des valeurs de λ_n beaucoup plus élevées.

Le calcul montre que l'erreur commise sur λ_n est minimum quand on prend un nombre d'oscillations tel que :

$$\frac{a_1}{a_n} = 23.$$

Pratiquement, l'erreur varie très peu quand ce rapport est compris entre 5 et 25.

De l'observation de λ_n et T_n, on déduit

$$b_n = \frac{\lambda_n}{T_n},$$

cette valeur b_n, introduite les équations (15) ou (16), selon que b_∞ est ou n'est pas négligeable, donne R_c.

Enfin, une troisième méthode, plus longue et plus compliquée, peut servir à contrôler les deux précédentes, elle consiste à décharger, dans le galvanomètre shunté par des résistances plus grandes et plus petites que $(R_c - g)$, une quantité d'électricité *toujours la même*. On sait que les élongations produites par la même quantité sont dans les rapports de 1 à e selon que l'amortissement est nul, ou à la valeur critique ; il suffit donc de connaître l'élongation ε_∞ obtenue quand le shunt était infini, $m = 1$, et, au besoin, de corriger cette valeur de la petite erreur due au faible amortissement λ_∞, puis de construire la courbe, en fonction de R, des valeurs $m\varepsilon$ que prendraient les élongations si, à amortissement égal, le pouvoir multiplicateur du shunt était 1 ; on cherche sur cette courbe un point tel que :

$$m\varepsilon = \frac{\varepsilon_\infty \left(1 + \frac{\lambda}{2}\right)}{e}.$$

La valeur correspondante de R est celle qu'il faut ajouter au galvanomètre pour obtenir l'amortissement critique. La précision de cette méthode est égale à celle de la précédente.

Exemple d'essai d'un galvanomètre à cadre mobile. — Le galvanomètre essayé est à longue durée d'oscillation, pour les expériences balistiques.

Résistance g du cadre mobile . . . 483,5 ohms à 23°
Distance D de l'échelle au miroir . 1 253 divisions (mm)

Mesure de la constante galvanométrique :

$$R = 1 \text{ megohm}$$
$$S = 10\,000 \text{ ohms}$$
$$m = 1,0483$$
$$\frac{gS}{g+S} = 461,3$$

Déviation gauche . . . 110
ύ   droite. . . . 389
Zéro. 250
Déviation moyenne, $d =$ 139,5

La résistance S a été prise égale à 10 000 ohms pour que le galvanomètre ne soit pas trop amorti ; il a fallu, par suite, prendre R très élevé.

Etalon de force électromotrice employé : 1 élément Gouy, $E = 1^v39$; la résistance intérieure de cet élément a été trouvée inférieure à 40 ohms.

Devant $R = 1$ meghom, on peut négliger $r + \dfrac{g\,S}{g+S}$ dont la somme, plus petite que 500 ohms n'affecte le résultat que d'une erreur de 0,05 p. 100 ; la constante galvanométrique de l'instrument est alors :

$$J = \frac{Rmd}{10^6 E} = \frac{1 \times 10^6 \times 1,0483 \times 139,5}{10^6 \times 1,39} = 105,2.$$

Un courant de 1 microampère fait dévier ce galvanomètre de 105,2 divisions, dans les conditions de l'expérience.

A circuit ouvert, ce galvanomètre présente un certain amortissement et la durée d'oscillation étant longue, il est impossible de déterminer directement, à *1000 ohms près*, la résistance critique R_c, il faut donc avoir recours aux deux autres procédés indiqués ci-dessus. Dans ce but, des mesures très exactes de T_∞ et λ_∞ ont été effectuées, puis on a shunté le galvanomètre avec un shunt S et on a obtenu T_s et λ_s ; enfin, en faisant varier le shunt S, on a déchargé, aux bornes du galvanomètre, un condensateur chargé, à une différence de potentiel constante, pendant un temps uniforme pour toutes les expériences.

Le produit $m\,\varepsilon$ donne, pour chaque valeur du shunt S, l'impulsion qui aurait été produite sur le galvanomètre par la quantité q, si, le shunt étant supprimé, l'amortissement était resté le même. On voit également, sur le tableau II, que nous avons mesuré ε avec un shunt infini; en appliquant à l'élongation mesurée dans ce cas, la petite correction nécessitée par l'amortissement, nous trouvons :

$$\varepsilon\left(1 + \frac{\lambda}{2}\right) = 201\,(1 + 0,019) = 204,8\,;$$

ce chiffre est celui de l'élongation que nous aurions obtenue si l'amortissement avait été nul pour $S = \infty$. D'autre part, la mesure de l'oscillation T_{∞} nous a donné en moyenne $6^s{,}71$; nous pouvons considérer cette durée comme égale à T_0. De ces valeurs nous tirons

$$b_{\infty} = \frac{0,0383}{6,71} = 0,0057,$$

$$b_c = \frac{3.1416}{6,71} = 0,4681.$$

Avec le shunt $S = 10\,000$, nous trouvons $\lambda_n = 1,6277$ et $T_n = 7^s 67$; mais, d'après l'équation (3) (§ 1), nous devons avoir

$$T = 6,71\sqrt{1 + \frac{1,6277^2}{3,14^2}} = 7^s 54.$$

Comme la mesure de T_n a été faite par l'observation des élongations et qu'à ce moment la vitesse du spot est pratiquement nulle, pendant un temps assez long, nous savons que la mesure directe de T est trop forte; nous prendrons donc, de préférence, la valeur calculée comme plus probable; elle nous donne :

$$b_n = \frac{1,6277}{7,54} = 0,2158,$$

nous pouvons ainsi calculer :

$$R_c = 10\,483 \, \frac{0,2158 - 0,0057}{0,4681 - 0,0057} = 4\,761,$$

Si nous construisons une courbe, dont les abscisses sont proportionnelles aux valeurs des résistances S et les ordonnées aux produits $m\,\varepsilon$ correspondants, nous

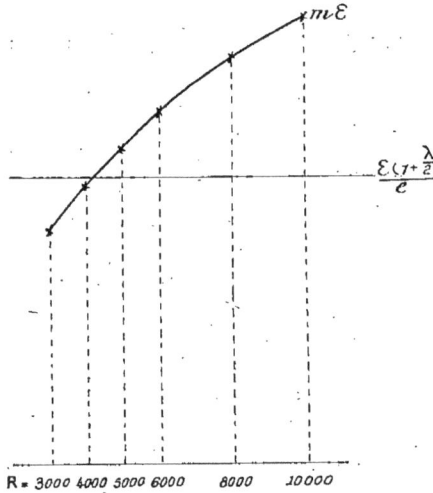

Fig. 45. — Détermination de la résistance d'amortissement par les élongations mesurées.

pouvons interpoler sur cette courbe, pour trouver la résistance qui donne l'amortissement critique, puisque nous savons qu'à ce moment l'élongation doit être :

$$\frac{\varepsilon_\infty \left(1 + \dfrac{\lambda}{2}\right)}{e} = \frac{204,8}{2,718} = 75,3.$$

Nous voyons sur cette courbe (fig. 45) que le point correspondant a pour abscisse 4 230 ohms soit, pour R_c 4 713 ohms; cette valeur diffère de la précédente de 48 ohms, c'est-à-dire de 1 p. 100 environ. Il faut

TABLEAU II

		impulsions				oscillations													
-S	g+S	m	ε_d	ε_η	ε	0	1	2	3	4	5	6	7	8	9	10	T	λ	ms
∞	∞	1	455	53	201	455	60,5	439,5	74,5	425,5	87	412,5	98,5	400	109,5	389	6ˢ75		
							394,5									279,5		0,0383	201
						455	60,5	439,5	74,5	425,5	87	412,5	98,5	400	109,5	389	6ˢ68		
							394,5									279,5			
						455	60,5	439,5	74	425,5	87	412	98,5	400	109,5	389	6,71		
							394,5									279,5			

moyenne = 6,71
7,67

-S	g+S	m	ε_d	ε_η	ε												T	λ	ms
10 000	10 483	1,0483	362,5	139,	111,7	476	206,3	258,5	248										
							269,7		10,5										
						476	206,4	258,5	248								7,67	1,628	117,1
							269,6		10,5										
8 000	8 483	1,060	350,8	150,6	100,1														106,2
6 000	6 483	1,080	335,2	165,3	84,95														91,7
5 000	5 483	1,097	326	174,5	75,75														83
4 000	4 483	1,121	315,2	185	63,10														73
3 000	3 483	1,161	302,5	197,5	52,50														61

g   483,5 ohms à 23 degrés
D   1,253
J = 105,2

R_c 4737 ohms
T_0 6ˢ71
λ_∞ 0,038.

remarquer que la valeur de S choisie pour la mesure est trop petite, l'amortissement, trop grand, ne permet pas une observation assez précise de λ_n et T_n; il aurait fallu prendre S = 15 à 20000 ohms. Néanmoins, nous pouvons supposer, avec une grande probabilité, que l'erreur sera < 0,5 p. 100.

Tous les coefficients relatifs à ce galvanomètre sont alors contenus dans le tableau II qui renferme les élongations produites par la décharge, ε_g, ε_d, et leurs moyennes ε, les élongations successives 0, 1, 2, etc., du galvanomètre abandonné à lui-même et revenant au zéro; enfin les amplitudes et les décréments, calculés d'après ces élongations.

Des valeurs mesurées nous pouvons tirer le coefficient de sensibilité du galvanomètre essayé, ainsi que sa sensibilité spécifique :

$$B = \frac{105,2 \times 1\,000}{6,71^2 \times 1253} = 1,863,$$

$$B_1 = \frac{1,863}{\sqrt{483}} = 0,084.$$

La faible sensibilité spécifique de ce galvanomètre est due au moment d'inertie considérable du cadre mobile.

Exemple d'essai d'un galvanomètre périodique. — Le galvanomètre essayé est un Thomson à 4 bobines, avec équipage semblable à la figure 30,1. Les dispositions employées, pour la mesure de la constante galvanométrique, sont les mêmes que ci-dessus. Pour éliminer l'effet des déplacements de zéro, qui sont assez sensibles, on a observé trois déviations : d_1, d_2, d_3. Le tableau III indique le nombre d'oscillations mesurées dans le temps t et, par suite, la durée d'oscillation T, les élongations 0, 1, 2, etc., pendant le retour au zéro; les valeurs successives des amplitudes et des décréments; le décrément

TABLEAU III

R_e	m	d_1	d_2	d_3	d	n	t	T	0	1	2	3	4	5	6		λ_{moy}	b	J	B
100 000	10	280	219	280	30,5	20	14(3)	} 0,705											28,5	54
»	»	320	198	320	61	80	56,2												57	54,6
50 00C	100	283	233	283	25	20	19,9	} 0,993	a 218	289	233	278	242,5	270		a	0,237	0,167	116,8	54,9
						40	39,7		ε 71	56	45	35,5	27,5			ε				
						15	21,3	1,42	λ 0,237	0,218	0,273	0,255				λ				
100 000	10	381,5	130,5	381,5	125,5	20	28,4	1,42	a 216	276	231	265	239	258,5	244	a	0,284	0,146	117,3	55,1
50 000	100	302,5	208,5	300,5	46,5	10	19,4	1,94	ε 60	45	34	26	19,5	14,5		ε			217,4	55,1
									λ 0,287	0,280	0,268	0,287	0,296			λ				
»	»	336	151	335	92,2	10	27,6	2,76	a 140	304	192,5	268	217	251,5	228	a	0,388	0,140	431	54,2
									ε 164	111,5	75,5	51	34,5	23,5		ε				
									λ 0,386	0,390	0,392	0,391	0,384			λ				
»	»	391	122	388	133,7	5	23,8	} 4,76	a 396	169	287	224,5	257,2	239,6		a	0,639	0,138	1 249	54,1
						6	28,6		ε 227	118	62,5	32,7	17.6			ε				
									λ 0,654	0,635	0,645	0,619				λ				
25 000	1 000	339	167,5	337,5	85,3	5	30,5	} 6,07	a 61	328,5	208,5	261	237,5			a	0,811	0,133	1 993	54,4
						5	30,2		ε 267,5	120	52,5	23,5				ε				
									λ 0,802	0,846	0,784					λ				

moyen et le coefficient d'amortissement pour chaque durée d'oscillation observée, sauf pour les deux premières mesures de J, où le mouvement est trop rapide; enfin le coefficient de sensibilité, calculé pour les différentes mesures. On peut constater que ce coefficient présente une valeur assez régulière. Les résultats obtenus sont tout ce que l'on peut espérer obtenir de mieux avec un galvanomètre dont l'amortissement est dû à la résistance de l'air.

La résistance du galvanomètre mesuré est :

$$g = 13395 \text{ ohms à } 17°.$$

La distance de l'échelle :

$$D = 1060 \text{ divisions,}$$

et la force électromotrice employée égale à $1^v 07$;

$$E = 1,07 \text{ volt,}$$

enfin, le shunt, réglé pour l'appareil, a des pouvoirs multiplicateurs :

$$m = 10, 100, 1000.$$

Malgré les grandes irrégularités constatées dans le coefficient d'amortissement, dont la moyenne peut être prise égale à 0,145, on voit que le coefficient de sensibilité B ne présente pas d'écarts supérieurs à 2 p. 100; de la moyenne B = 54,55, nous pouvons tirer la sensibilité spécifique :

$$B_1 = \frac{54,55}{\sqrt{13395}} = 0,47.$$

Le galvanomètre essayé est relativement peu sensible pour un Thomson, cela tient uniquement à la forme de l'équipage.

CHAPITRE IV

GALVANOMÈTRES POUR COURANTS ALTERNATIFS

Sous ce titre de galvanomètres pour courants alternatifs, nous rangerons tous les appareils dans lesquels l'action est produite par le *passage* du courant, par opposition aux électromètres dans lesquels l'action est due aux forces électrostatiques. Cette catégorie comprendra, à la fois, les appareils destinés exclusivement à la mesure des courants alternatifs, et ceux qui sont indifférents à la forme du courant, les galvanomètres décrits dans le chapitre III ne pouvant servir que pour le courant continu.

§ 20. — Électrodynamomètres.

On peut, dans les galvanomètres, remplacer l'aimant par une bobine, de dimensions appropriées, traversée elle-même par le courant; le système ainsi formé est appelé *électrodynamomètre*.

Le calcul, en valeur absolue, du courant qui passe dans un électrodynamomètre, peut être fait, à la condition que les dimensions soient assez grandes pour que les mesures géométriques soient précises et, en outre, que la forme soit choisie de façon à réduire au minimum les termes de correction. Dans la pratique, on se contente, comme pour la plupart des galvanomètres, de déterminer, expérimentalement, la relation entre la déviation et l'intensité.

Si nous considérons une bobine fixe, enroulée de N tours de fil, traversée par un courant I, le champ magnétique *moyen*, créé dans son intérieur, est proportionnel à :

$$\mathcal{A}NI \, ;$$

d'autre part, la bobine mobile de n tours, placée au centre de la première, et traversée par le même courant, peut être assimilée à un aimant, dont le moment est proportionnel à :

$$\mathcal{E}nI \, ;$$

$\mathcal{A}$ et $\mathcal{E}$ sont des coefficients qui dépendent de la forme et de la grandeur des bobines.

Si la bobine *fixe* est placée de telle sorte que son axe fasse un angle β avec le méridien magnétique et un angle initial de $90°$ avec la bobine mobile, le moment du couple électrodynamique, équilibré par le couple mécanique, a une valeur telle que :

$$(\mathcal{H} \cos \beta + \mathcal{A}NI)\mathcal{E}nI \cos \alpha = W \sin \alpha,$$
$$\text{tg} \, \alpha = \frac{\mathcal{E}n\mathcal{H}I \cos \beta + \mathcal{A}\mathcal{E}NnI^2}{W} . \qquad (1)$$

On voit qu'à la condition que $\mathcal{H} \cos \beta$ soit petit, par rapport à $\mathcal{A}N$, *la déviation α ne change pas de sens, quel que soit le sens du courant ;* pour obtenir une déviation de sens inverse, il faut changer la direction du courant *dans une seule des bobines ;* le renversement du courant dans les deux bobines, à la fois, a pour effet de donner des valeurs inégales de α positif et négatif, mais, si nous prenons la moyenne de ces valeurs :

$$\frac{\text{tg} \, \alpha + \; + \; \text{tg} \, \alpha -}{2} = \frac{\mathcal{A}\mathcal{E}NnI^2}{W}, \qquad (2)$$

le terme en $\mathcal{H}$ disparaît, nous n'avons plus à tenir compte que des constantes de construction de l'appareil : $\mathcal{A}$, $\mathcal{E}$, N, n et W

Avec les courants alternatifs, comme le changement

de sens du courant se produit un grand nombre de fois par seconde, la bobine mobile, qui a généralement une durée d'oscillation de plusieurs secondes, ne suit pas les variations du couple et elle prend la position moyenne indiquée par (2).

Pour le courant continu, on peut faire la mesure en prenant la moyenne des observations faites avec les deux sens du courant, mais il est souvent plus simple d'orienter la bobine fixe à 90° du méridien magnétique, de façon à faire β = o.

Nous avons supposé, dans tout ceci, que la déviation α était assez petite pour modifier très peu l'angle des deux bobines; c'est le cas pour les électrodynamomètres à miroir dont le type est celui de Weber, un des rares instruments, *sensibles*, pour la mesure directe de l'intensité des courants alternatifs.

Électrodynamomètre Weber. — Cet appareil se compose (fig. 46) d'une bobine fixe, dont la carcasse est un cylindre elliptique. La bobine mobile, cylindrique, est enroulée sur un noyau en ivoire; elle est portée par un étrier, muni d'un large miroir, et elle est suspendue par deux fils d'argent, dont l'écartement peut être réglé au moyen de vis; les deux fils servent en même temps à l'arrivée et à la sortie du courant.

Bien que la suspension bifilaire donne un couple proportionnel à sin α, nous pouvons confondre le sinus et l'angle, et écrire :

$$\text{moyenne } \alpha = \frac{\mathcal{A}_0 \mathcal{C} N n I^2}{W},\qquad (3)$$

ou en remplaçant W, qui est variable à cause de l'écartement des fils, par sa valeur tirée de T, nous avons :

$$\text{moyenne } \alpha = \frac{\mathcal{A}_0 \mathcal{C} N n}{\pi^2 K}\; \frac{T^2}{1 + \frac{\lambda^2}{\pi^2}}\, I^2;\qquad (4)$$

le premier terme du second nombre ne renferme que des grandeurs constantes, c'est l'analogue des facteurs G et Φ des galvanomètres. La grande masse de la bobine mobile

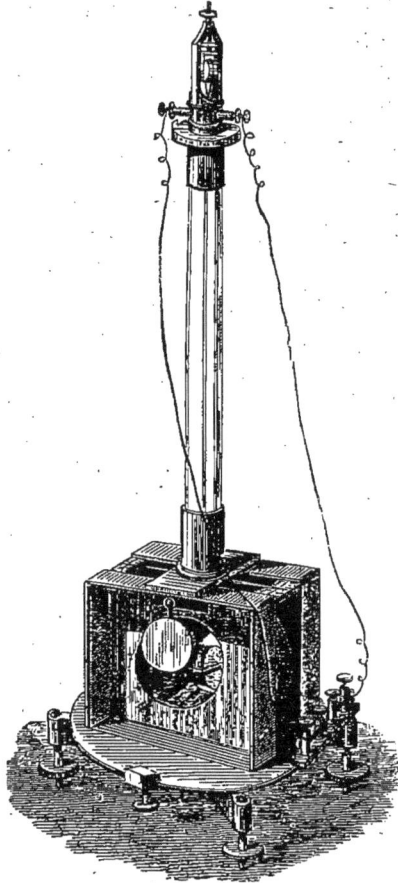

Fig. 46. — Electrodynamomètre de Weber.

de cet électrodynamomètre, le peu de résistance de l'air, par suite sa grande durée d'oscillation et son faible amortissement, le rendent très peu pratique; il est à peu près impossible de l'observer en équilibre, on calcule sa position stable par la moyenne des oscillations.

On emploie relativement peu les électrodynamomètres à miroir, ceux que l'on construit actuellement sont, plus souvent, à torsion ou à lecture directe; nous verrons les principaux dans les appareils industriels, § 55, 59, 62.

Electrodynamomètres en dérivation. — Nous avons jusqu'ici envisagé le cas où les deux bobines sont placées en série; on peut également les placer en dérivation. Dans ce cas encore, la déviation ne change pas de sens avec le courant, puisque le changement se produit en même temps dans les deux bobines; par conséquent l'appareil peut servir pour les courants alternatifs, mais alors le problème se complique. En effet, pour un courant continu, en appelant R_1 et R_2 les résistances des deux bobines, I_1 et I_2, les intensités qui les traversent, nous avons le rapport :

$$\frac{I_1}{I_2} = \frac{R_2}{R_1},$$

et, par suite, I étant égal à $I_1 + I_2$:

$$\text{moyenne } \alpha = \frac{\mathcal{A}_0 \, \mathcal{C} N n}{W} \frac{R_1 R_2}{(R_1 + R_2)^2} I^2 \qquad (5)$$

Mais, si nous mesurons un courant alternatif, de fréquence $\frac{\omega}{2\pi}$, les intensités deviennent, en appelant L_1 et L_2 les coefficients de self-induction des deux bobines :

$$I_1 = \frac{E \sin \omega t}{\sqrt{R_1^2 + \omega^2 L_1^2}},$$

$$I_2 = \frac{E \sin (\omega t + \varphi)}{\sqrt{R_2^2 + \omega^2 L_2^2}},$$

$$\text{tg } \varphi = \frac{\omega(L_1 R_2 - L_2 R_1)}{R_1 R_2 + \omega^2 L_1 L_2},$$

c'est-à-dire que le *rapport* des intensités varie avec la

fréquence et que les deux courants ont, entre eux, une différence de phase φ, qui varie également avec la fréquence.

Dans ces conditions, il faut étalonner l'instrument avec un courant de même fréquence que celui qu'on doit mesurer, à moins que les *constantes de temps*, $\dfrac{L}{R}$, des bobines, soient assez petites pour que l'erreur qui résulte du décalage φ soit négligeable.

Lorsque :

$$\frac{L_1}{R_1} = \frac{L_2}{R_2},$$

les indications sont identiques en courant continu et en courant alternatif, parce que le rapport des impédances des circuits est indépendant de la fréquence.

Les électrodynamomètres, en série ou en dérivation, donnent la valeur moyenne de I^2, c'est-à-dire l'*intensité efficace* du courant mesuré.

§ 21. — Galvanomètres à induction.

Ces appareils se répandent beaucoup aujourd'hui, surtout comme appareils industriels (§ 60). Ils présentent cet avantage, sur les électrodynamomètres, que l'organe mobile n'est pas relié au circuit et, par conséquent, la suspension peut être quelconque, isolante ou non.

Le modèle le plus simple de ces instruments est le galvanomètre de Fleming, dans lequel un disque de cuivre est suspendu dans une bobine fixe, parcourue par le courant (fig. 47). Le disque, porté par un fil métallique situé dans son plan, fait un angle de 45°, avec l'axe de la bobine. Lorsqu'on envoie un courant alternatif dans la bobine, un courant induit se développe dans le disque et, comme il est retardé, sur le courant principal, d'un angle variable entre $\frac{\pi}{2}$ et π, il se produit, entre la bobine et le disque, une *répulsion* qui tend à faire mettre le plan de ce dernier dans l'axe de la bobine. Les dévia-tions mesurées sont très petites ; on les observe à l'aide d'un miroir.

La théorie de cet instrument est facile à établir et elle peut servir de base à l'étude de tous les appareils à induction em-ployés dans l'industrie.

Appelons :

α, l'angle formé par le plan des spires et le plan du dis-que.

M, le coefficient d'induction mutuelle, entre le disque et la bobine, pour $\alpha = 0$. A, une constante. r et l, la résistance et la self-induction du dis-que.

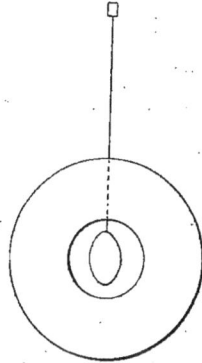

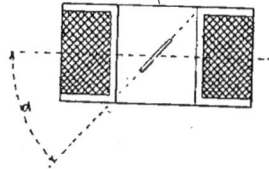

Fig. 47. — Galvanomètre à induction, de Fleming.

Le courant i, induit dans le disque par le courant à mesurer $I = I_0 \sin \omega t$, a pour valeur :

$$i = \frac{- M \omega I_0 \cos \alpha \sin(\omega t - \varphi)}{\sqrt{r^2 + \omega^2 l^2}},$$

et :

$$\operatorname{tg} \varphi = \omega \frac{l}{r},$$

Le couple développé est, à chaque instant, proportion-nel à :

$$\text{I}i \sin \alpha,$$

donc, sa valeur moyenne est :

$$W(\alpha - \alpha_0) = \frac{AM \cos \alpha \sin \alpha}{r} \cdot \frac{\omega}{1 + \omega^2 \frac{l^2}{r^2}} I^2_{eff}. \qquad (6)$$

De cette équation nous pouvons tirer d'abord cette conclusion, particulière aux appareils à miroir, de la forme Fleming, que la valeur initiale, α_0, la plus favorable, c'est 45°, puisque c'est elle qui donne le couple maximum.

Ensuite le couple est toujours proportionnel au carré de l'*intensité efficace*, quand le courant est sinusoïdal. Enfin, et c'est là la conclusion la plus intéressante au point de vue des appareils industriels, les indications sont *fonction de la fréquence*, mais il y a une certaine valeur :

$$\omega = \frac{r}{l},$$

qui produit le couple maximum; donc, en réglant l'appareil pour cette valeur, on obtient un galvanomètre dont les indications sont très peu affectées par les petits écarts, en plus ou en moins, de la fréquence.

Les galvanomètres à induction ne peuvent évidemment pas servir pour la mesure du courant continu; ils ne se prêtent qu'à la mesure des courants alternatifs proprement dits, aussi voisins que possible de la sinusoïde, et on commettrait une grave erreur en s'en servant sur des courants *redressés* ou *intermittents*. Cependant, dans ces deux cas, ils peuvent donner des indications *comparatives*, mais alors on doit les graduer avec un courant de *même forme* et de *même fréquence* que celui qu'on doit mesurer.

En remplaçant le disque de cuivre par un disque de fer, on obtient des effets différents, car ils sont dus à la superposition de deux actions : l'effet électrodynamique

ci-dessus et l'action de la bobine sur le magnétisme
temporaire du fer, qui est un effet électromagnétique.
Cette complexité n'est pas toujours favorable au bon fonctionnement, aussi, dans les appareils où l'on utilise l'aimantation temporaire du fer, on s'arrange généralement de

Fig. 48. — Electrodynamomètre de Bellati.

façon à éviter les courants induits; c'est ce que l'on fait
dans l'électrodynamomètre de Bellati, qui peut être considéré comme le type des *appareils à fer doux*.

La figure 48 représente l'appareil de Bellati, sous la
première forme que lui a donnée Giltay. Une bobine
fixe, plate, analogue à celle des galvanomètres Nobili,
renferme, dans son centre, un faisceau de fils de fer très
doux, suspendu par un fil métallique fin.

Au repos, le faisceau, qui doit *toujours être perpendi-culaire au méridien magnétique*, est à 45° de l'axe de la bobine ; le miroir, monté à frottement doux sur la tige qui porte le faisceau, peut être orienté de façon à être toujours en face de l'observateur, quelle que soit la position de celui-ci. Dans ces conditions, si le fer est réelle-ment doux, le moment magnétique du barreau est nul ; si on fait alors passer un courant dans la bobine, et si on suppose, ce qui est approximativement vrai, pour les faibles inductions, que la perméabilité moyenne du fais-ceau reste constante, on a, pour un courant I, donnant, à 45°, un champ magnétique :

$$A_1 NI,$$

le moment magnétique du faisceau :

$$A_1 NI \, \textcircled{D},$$

$\textcircled{D}$ étant un coefficient qui dépend du faisceau.

Le couple électromagnétique est donc :

$$A_1{}^2 N^2 I^2 \textcircled{D},$$

et la déviation :

$$\alpha = \frac{A_1{}^2 N^2 \textcircled{D}}{W} I^2, \tag{7}$$

qui peut se mettre sous la forme :

$$\alpha = \frac{A_1{}^2 N^2 \textcircled{D}}{\pi^2 K} \frac{T^2}{1 + \dfrac{\lambda^2}{\pi^2}} I^2. \tag{8}$$

Cette déviation est, pour les faibles valeurs de α, indif-férente au sens du courant. Cet appareil est le plus sen-sible dont on dispose pour les courants alternatifs ; on peut s'en servir pour mesurer des courants télépho-niques.

§ 22. — Appareils thermiques.

L'élévation de température produite par le passage du courant dans un conducteur est souvent une cause de perturbations et d'erreurs dans les mesures électriques. Depuis longtemps déjà on a eu l'idée de tirer parti de cet échauffement et, aujourd'hui, un très grand nombre d'appareils de mesures industriels sont basés sur ce phénomène. A dire vrai, les appareils thermiques existants diffèrent peu les uns des autres.

La quantité de chaleur dégagée dans un conducteur de résistance R par un courant I, a, au bout du temps t, une valeur :

$$C = RI^2 t. \qquad (9)$$

Si l'intensité I est une fonction du temps, la quantité de chaleur dégagée, dans l'unité de temps, est proportionnelle au carré moyen de I, c'est-à-dire, par définition, à *l'intensité efficace, quelle que soit la forme du courant mesuré.* C'est cette propriété importante, que l'on ne retrouve aussi parfaite que dans les électromètres, qui rend les appareils thermiques si utiles dans l'industrie.

Deux moyens se présentent pour tirer de (9) la valeur de I. Le premier consiste à noter l'élévation de température produite au bout du temps t, dans un conducteur dont la chaleur spécifique est connue : c'est simplement la méthode calorimétrique. Dans l'ampèremètre de M. Camichel, un thermomètre a son réservoir placé dans un tube d'un diamètre un peu plus grand ; celui-ci est rempli de mercure. Quand le courant traverse le mercure, il l'échauffe et le thermomètre indique la température croissante de la masse. En observant l'élévation de température produite au bout d'un temps constant, une minute, par exemple, on obtient des indications qui sont proportionnelles au carré des intensités, si l'appa-

reil a été bien construit de façon à éviter le refroidissement par rayonnement ou par convection. Cette disposition peut rendre des services dans les laboratoires.

Le second moyen consiste à laisser la température
s'élever jusqu'à ce que la perte de chaleur, par rayonnement ou par convection, soit égale à l'énergie dépensée
dans le conducteur ; à ce moment, la température reste
stationnaire et sa mesure donne la valeur de I. La mesure
de la température se fait, généralement, en observant la
dilatation du conducteur. Le type de ces appareils est
le voltmètre Cardew.

Prenons un fil de longueur L_0 et de résistance R_0, à
la température θ_0 ; si λ est le coefficient de dilatation
linéaire et α le coefficient de variation de la résistance,
le fil, amené à la température θ, aura :

$$L = L_0[1 + \lambda(\theta - \theta_0)], \qquad (10)$$

$$R = R_0[1 + \alpha(\theta - \theta_0)]. \qquad (11)$$

Nous savons que l'énergie dépensée dans l'unité de
temps, RI^2, doit être égale à l'énergie rayonnée ou perdue
par convection pendant le même temps. Nous savons
aussi que cette dépense est, toutes choses égales d'ailleurs, à peu près proportionnelle à la différence de
température du fil et du milieu : $\theta - \theta_0$. Donc, en
négligeant l'augmentation de la surface émissive, causée
par la dilatation du fil :

$$A(\theta - \theta_0) = R_0[1 + \alpha(\theta - \theta_0)]I^2 = \frac{E^2}{R_0[1 + \alpha(\theta - \theta_0)]}. \qquad (12)$$

En remplaçant $\theta - \theta_0$ par sa valeur tirée de (10) et en
écrivant :

$$l = L - L_0,$$

il vient :

$$l = L_0\lambda\left[-\frac{1}{2\alpha} + \sqrt{\frac{1}{\alpha}\left(\frac{E^2}{AR_0} + \frac{1}{4\alpha}\right)}\right] = L_0\lambda \cdot \frac{R_0 I^2}{A - \alpha I^2 R_0} \qquad (13)$$

L'allongement l est proportionnel au carré de la différence de potentiel ou de l'intensité, tant que la variation de résistance avec la température n'intervient pas ; en réalité, ce cas ne se présente jamais et α n'est jamais négligeable.

On peut avoir intérêt à chercher le diamètre du fil à employer pour obtenir une certaine différence de température $\theta - \theta_0$. On sait que, pour les fils d'un diamètre relativement fort — au-dessus du millimètre — on admet que le pouvoir émissif est proportionnel à la surface. Pour les petits diamètres, comme ceux dont on fait usage dans les appareils thermiques, cette loi n'est plus exacte, le pouvoir émissif *augmentant en raison inverse du diamètre.*

Le coefficient A, de (12) et (13), devient :

$$A = \frac{A_1}{d}\, \pi d L_0 = A_1 \pi L_0 \,, \qquad (14)$$

et, en substituant A_1 à A, on trouve, en négligeant α, comme première approximation :

$$l = \frac{L_0}{d^2}\, \frac{4\rho\lambda}{\pi^2 A_1}\, I^2 = \frac{d^2}{L_0}\, \frac{\lambda}{4\rho A_1}\, E^2; \qquad (15)$$

ρ étant la résistivité du fil.

Donc, pour un allongement constant, il faut que le diamètre soit, toutes choses égales d'ailleurs, *proportionnel à l'intensité et en raison inverse de la différence de potentiel.*

Ces formules servent seulement à montrer l'influence des différents facteurs, car les appareils thermiques doivent toujours être gradués par comparaison.

Les galvanomètres thermiques doivent être montés sur des supports ayant le même coefficient de dilatation, afin que les allongements observés soient bien ceux qui correspondent aux formules. Le moyen le plus employé consiste à former le support de deux métaux, dont les

longueurs sont telles que la dilatation de l'ensemble est
égale à celle du fil, voir paragraphe 54.

Il est indispensable que l'effort mécanique exercé sur
le fil, pour le maintenir toujours tendu, soit aussi faible
que possible et très loin de la charge de rupture ; autrement les phénomènes de viscosité rendent l'instrument
paresseux et, souvent, faussent les résultats.

Fig. 49.
Schéma des
galvanomè-
tres ther-
miques à
flèche.

Cette faiblesse de l'effort de traction oblige
à employer des systèmes d'amplification
donnant peu de frottements. La dilatation
observée est généralement très faible et il
faut la multiplier beaucoup pour la commodité des mesures. Le système d'engrenages,
employé par Cardew, a l'inconvénient de
donner lieu à des frottements considérables.

Une disposition, dont l'idée première paraît due à MM. Ayrton et Perry, consiste
à remplacer la mesure directe de l'allongement l, par l'observation de la variation $y-y_0$,
de la flèche du même fil, tendu entre deux
points fixes.

Si nous appelons B la distance des deux points fixes
et y_0 la flèche initiale du fil (fig. 49), nous avons :

$$L_0^2 = B^2 + 4y_0^2. \quad L^2 = B^2 + 4y^2$$

dont nous pouvons tirer, en négligeant les termes du
second ordre :

$$l = \frac{2}{B}\left(y^2 - y_0^2\right). \tag{16}$$

La flèche y_0 étant très petite, la différence, $y-y_0$ croît
d'abord très vite, puis plus lentement, ce qui corrige, en
partie, le défaut, commun à tous les appareils proportionnels à I^2, qui fait que les divisions sont trop serrées
au commencement et trop larges à la fin.

On a proposé aussi, pour les grandes intensités l'emploi de lames bimétalliques, que l'échauffement fait courber. Cette solution n'a pas, jusqu'ici, donné lieu à

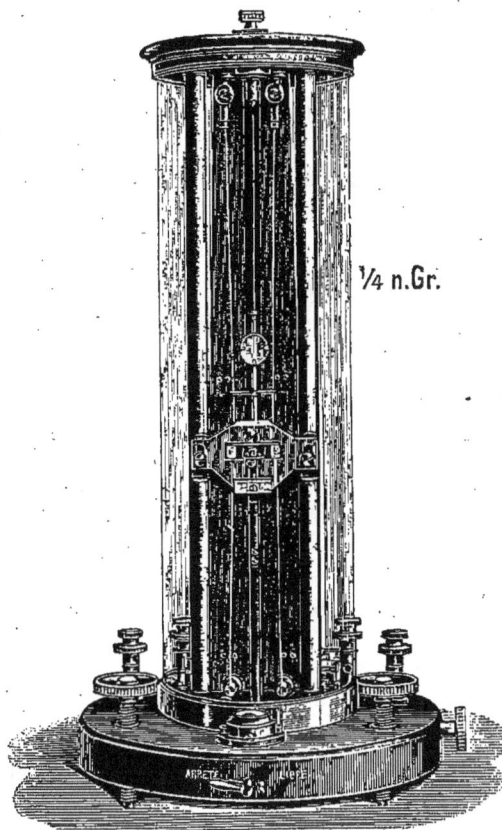

¼ n.Gr.

Fig. 5o. — Galvanomètre thermique à miroir.

une application régulière, à cause de la grande inertie calorifique du système, qui étouffe complètement les variations; en outre ces appareils absorbent beaucoup d'énergie.

Des galvanomètres thermiques, à miroir, ont été réalisés pour les expériences de laboratoire ; celui de Hartmann (fig. 5o), en est un exemple. Il se compose de deux fils fins, tendus verticalement et portés par une potence métallique ; le courant parcourt ces deux fils. Un autre fil fin, isolant, attaché au milieu de chacun des deux autres, forme la branche horizontale d'un H. Ce dernier fil est tendu lui-même par un quatrième fil qui s'attache en son milieu et, par l'autre extrémité, s'enroule sur la poulie d'un axe portant le miroir. L'axe est suspendu entre deux fils de torsion, comme les cadres mobiles des galvanomètres. A l'aide du bouton supérieur, on donne une torsion au fil de suspension, ce qui fait tourner l'axe et enroule le quatrième fil sur la poulie ; ce dernier tire alors sur le fil horizontal de l'H et la tension est transmise aux deux fils actifs. Quand le courant traverse l'appareil, les fils verticaux se dilatent, cèdent à la traction exercée sur eux et le mouvement est transmis au miroir et le fait tourner. On peut ainsi déceler un courant de l'ordre du milliampère.

§ 23. — Réglage et sensibilités.

Le réglage des électrodynamomètres est le même que pour les galvanomètres à cadre mobile, sauf l'orientation qui n'est pas indifférente.

Ces instruments sont très sensibles aux influences magnétiques extérieures ; il est bon de les éloigner des masses de fer susceptibles d'une aimantation temporaire, les dynamos, par exemple, et il faut éviter tout déplacement de fer dans le voisinage immédiat.

Les galvanomètres d'induction n'exigent pas d'autre réglage qu'une orientation exacte du disque mobile, par rapport à la bobine fixe, puisque la sensibilité dépend de l'angle formé par ces deux parties.

-Pour les appareils thermiques, il faut éviter les causes de refroidissement ou d'échauffement anormal.

D'une manière générale, tous les appareils à *miroir*, que nous avons examinés ici, exigent d'être gradués sur place, une fois réglés.

Pour tous les électrodynamomètres, dans lesquels la fréquence n'intervient pas, les sensibilités (§ 18) croissent avec la grandeur de α et de I; on peut écrire :

$$\alpha = J_1 I^2,$$

et, par suite :

$$S = 2\sqrt{J_1 \alpha} = 2J_1 I,$$
$$S' = 2\alpha = 2J_1 I^2.$$

Si on veut connaître la sensibilité d'un électrodynamomètre, au zéro, il suffit de donner à α la valeur de la plus petite déviation observable, pour que le terme de sensibilité prenne une signification aussi précise que pour les galvanomètres à déviations proportionnelles.

En prenant comme plus petite déviation le millimètre, sur l'échelle placée à 1 mètre, on trouve, pour deux des appareils décrits plus haut :

Electrodynamomètre Weber :

$$g = 18,7 ; \ B = 171 \times 10^{-10} ; \ B_1 = 39,5 \times 10^{-10} ; \ b = 0$$

Electrodynamomètre Bellati :

| 388 | 190×10^{-5} | 96×10^{-6} | 0,02. |

CHAPITRE V

ÉLECTROMÈTRES

§ 24. — **Théorie générale des électromètres à quadrants.**

Les électromètres sont des instruments basés sur les actions *électrostatiques;* ils indiquent les *différences de potentiel* entre plusieurs points, qu'il y ait ou non courant entre ces points.

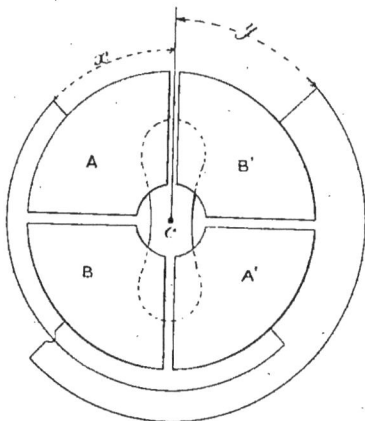

Fig. 51. — Schéma de l'électromètre à quadrants.

Tout système, dans lequel la variation des différences de potentiel produit une variation de la capacité électrique, est capable de servir d'électromètre. Les appareils les plus employés sont dérivés de l'électromètre à quadrants de Kelvin.

Considérons un système de quatre *quadrants*, A, A', B, B' (fig. 51), reliés deux à deux, et d'une *aiguille* C, mobile autour d'un axe vertical. Si nous établissons, entre les quadrants A et l'aiguille C, une différence de potentiel x; de même, entre B et C, une autre différence y, l'énergie électrique totale du système pourra être représentée par :

$$Ax^2 + Bxy + Cy^2,$$

en appelant A, B et C des facteurs qui dépendent de l'appareil [1].

Si, dans ces conditions, nous imprimons, à l'aiguille C, un déplacement angulaire α, nous savons que le travail des forces électriques doit être égal et opposé au travail mécanique dépensé pour produire ce mouvement; réciproquement, toute variation de x et y produit une variation de l'énergie électrique, qui doit se traduire par un travail mécanique équivalent.

L'aiguille C étant suspendue par un fil dont le couple de torsion est $W_1 \alpha$, le travail mécanique, dépensé pour produire le déplacement α, a pour valeur :

$$\frac{W_1 \alpha^2}{2}.$$

Nous pouvons donc écrire :

$$W_1 \alpha = \frac{d}{d\alpha}(Ax^2 + Bxy + Cy^2). \tag{1}$$

---

[1] En effet, le système peut être considéré comme formé de trois condensateurs disposés en triangle. le premier représenté par l'aiguille et une paire de quadrants, le second par l'aiguille et la seconde paire de quadrants, enfin, le troisième par les deux paires de quadrants. Si les capacités et les différences de potentiel sont représentées par :

Capacité	différence de potentiel
$2A - B$	x,
$2C - B$	y,
B	$x + y$,

l'énergie totale est :

$$\frac{1}{2}\left[(2A - B)x^2 + (2C - B)y^2 + B(x + y)^2\right] = Ax^2 + Bxy + Cy^2$$

Les coefficients A, B et C sont des fonctions de α, nous pouvons les représenter par leur développement

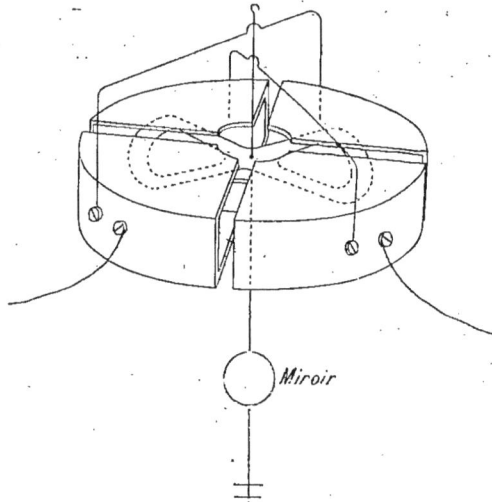

Fig. 52. — Boîte des quadrants de l'électromètre Mascart.

en série, en nous bornant aux deux premières puissances, ce qui nous donne des fonctions de la forme :

$$A = A_0 + A_1 \alpha + A_2 \frac{\alpha_2}{2},$$

et nous obtenons :

$$W_1 \alpha = A_1 x^2 + B_1 xy + C_1 y^2 + (A_2 x^2 + B_2 xy + C_2 y^2) \alpha \qquad (2)$$

La symétrie exige que la déviation α ne change pas de grandeur, mais de signe seulement, quand on substitue, l'une à l'autre, les différences de potentiel x et y; cette condition ne peut être réalisée que si nous avons :

$$B_1 = 0$$
$$-A_1 = C_1$$
$$A_2 = C_2.$$

L'équation (2) se réduit alors à :

$$W_1 \alpha = C_1 (y^2 - x^2) + \alpha [A_2(x^2 + y^2) + B_2 xy]. \qquad (3)$$

Les forces électriques qui agissent sur l'aiguille se composent d'un terme indépendant de α et d'un autre terme fonction de α, ce dernier tend à ramener l'aiguille au zéro, M. Gouy l'a appelé *couple directeur électrique*. Cette théorie ne diffère de celle de M. Gouy que par la substitution des différences de potentiel aux potentiels eux-mêmes, ce qui réduit les variables à deux et simplifie beaucoup l'exposé; cette substitution nous a été indiquée par M. Potier.

Si nous faisons osciller l'équipage d'un électromètre, la durée des oscillations sera déterminée par le couple total, *mécanique et électrique* :

$$\left[W_1 - [A_2(x^2 + y^2) + B_2 xy] \right] \alpha.$$

Pour x et $y = 0$, le couple électrique s'annule et on a :

$$T_0 = \pi \sqrt{\frac{K}{W_1}}.$$

Pour $x = y$ les électromètres vraiment symétriques, dans lesquels la boîte des quadrants est assez bien fermée pour éviter toute action des corps extérieurs sur l'équipage, donnent une durée d'oscillation :

$$T''_0 = \pi \sqrt{\frac{K}{W_1 - (2A_2 + B_2)y^2}},$$

qui ne diffère pas de T_0; il faut en conclure que le facteur $2 A_2 + B_2$ est nul ou négligeable, c'est-à-dire :

$$2A_2 + B_2 = 0.$$

L'équation (3) se réduit donc finalement à

$$W_1 \alpha = C_1 (y^2 - x^2) + A_2 (x - y)^2 \alpha. \qquad (4)$$

Le coefficient A_2 est bien réel; quand on fait $y = -x$, la déviation est nulle, mais les oscillations diffèrent de T_0, on a :

$$T'_0 = \pi \cdot \sqrt{\frac{K}{W_1 - 4 A_2 y^2}} \, ,$$

or, l'expérience montre que T'_0 est toujours plus petit que T_0, donc A_2 est négatif.

Le coefficient C_1 a un sens bien précis : il représente la variation de capacité de l'aiguille qui correspond à un déplacement égal à l'unité.

L'angle de déviation a pour valeur :

$$\alpha = \frac{C_1 (y^2 - x^2)}{W_1 - A_2(x - y)^2} \, . \tag{5}$$

Si, dans (5), nous négligeons A_2 et si nous faisons $x = V_A - V_c$ et $y = V_B - V_c$, V_A, V_B et V_c étant les potentiels des quadrants et de l'aiguille, nous aurons l'équation de Maxwell :

$$\alpha = \frac{2 C_1 (V_A - V_B) \left(V_c - \dfrac{V_B + V_c}{2} \right)}{W_1} .$$

Cette équation classique est incomplète, puisqu'elle ne tient pas compte du couple directeur électrique, dont l'importance est cependant capitale.

L'équation (5) renferme trois coefficients à déterminer, mais il faut remarquer que la mesure de W_1 n'est pas indispensable. En effet, posons :

$$M = \frac{- A_2}{W_1} ;$$

l'angle α étant très petit, nous pouvons confondre la tangente et l'arc et écrire, en appelant D la distance entre l'échelle et le miroir, et d la déviation :

$$d = 2 D \alpha :$$

posons encore :

$$N = 2D \frac{C_1}{W_1} ,$$

l'équation (5) devient :

$$d = \frac{N(y^2 - x^2)}{1 + M(x - y)^2} . \qquad (6)$$

Nous n'avons plus ici que deux coefficients à déterminer ; faisons, comme ci-dessus, $y = - x$, et observons la durée T'_0 de l'oscillation, ainsi que la même valeur T_0 quand y et x sont égales à 0 ; nous en tirons M :

$$M = \frac{1}{4y^2} \frac{T_0^2 - T'^2_0}{T'^2_0} . \qquad (7)$$

Nous pouvons obtenir N de deux façons différentes : soit en faisant comme dans la figure 53, II :]

$$x = y_1 - E,$$
$$y = - (y_1 + E),$$
$$N = \frac{1 + 4My_1^2}{4y_1 E} d \qquad (8)$$

ou bien $x = 0$, $y = E$, (fig. 53, III) :

$$N = \frac{1 + ME^2}{E^2} d. \qquad (9)$$

On peut aussi tirer des équations (8) et (9) un moyen simple de déterminer M, avec une approximation suffisante pour la pratique. C'est (9) qui fournit le moyen le plus facile ; il suffit de faire deux mesures pour des déviations d et d' très différentes, ce qui donne :

$$M = \left(\frac{d}{E^2} - \frac{d'}{E'^2} \right) \frac{1}{d' - d} . \qquad (10)$$

Les coefficients M et N ainsi déterminés se rapportent aux conditions spéciales de l'expérience. Si une cause quelconque vient à modifier ces conditions, il faut déter-

miner à nouveau M et N. Remarquons que le coefficient
M est indépendant de la distance D de l'échelle au miroir,
tandis que N est directement proportionnel à cette distance. Lorsqu'on modifie la sensibilité de l'électromètre
en faisant varier W_1, soit par l'écartement du bifilaire ou
en augmentant le poids de l'aiguille, soit en changeant le
fil de suspension, les valeurs de M et N varient simultanément, *mais leur rapport reste constant;* cette dernière
considération présente un certain intérêt comme nous le
verrons au paragraphe suivant.

§ 25. — Modes d'emploi des électromètres.

Si, dans un électromètre à quadrants, on fait $x = 0$ et
y égal à la différence de potentiel à mesurer, la méthode
n'emploie pas de source électrique étrangère à celle de la
mesure; elle est dite *idiostatique* ou *homostatique.* Lorsque

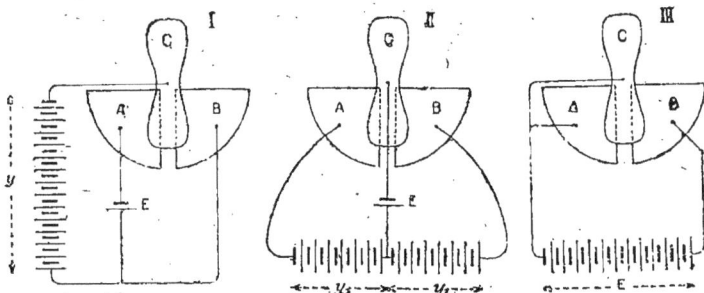

Fig. 53. — Différents montages des électromètres.

au contraire on ajoute à la différence de potentiel à
mesurer une f. é. m. étrangère, on dit que la méthode est
hétérostatique.

Dans les premiers électromètres à quadrants, l'aiguille C (fig. 53, I) était chargée à un potentiel élevé, y,
au moyen d'une petite machine statique appelée *replenisher;* puis on reliait les quadrants A et B à la différence

de potentiel à mesurer E. Dans ces conditions, si on a
soin de relier les deux sources E et y par un point commun, on a $x = y \pm E$ et l'équation (6) devient :

$$d = \frac{N(\mp 2yE - E^2)}{1 + ME^2}. \tag{11}$$

Les déviations, dans ce cas, ne sont pas proportoin-
nelles aux différences de potentiel à mesurer; cependant,
lorsque y est très grand par rapport à E, on peut négliger ce défaut, si M est assez petit pour que $1 + ME^2$ ne
diffère pas sensiblement de 1. Cette condition est remplie, en ce qui concerne le rapport de y à E, par l'emploi du replenisher, qui donne des valeurs de y très
élevées, mais l'usage en est assez peu commode et ne
s'est pas introduit couramment dans les laboratoires
industriels.

Quand on emploie pour y une valeur relativement
faible, on peut faire disparaître le facteur E^2 du numérateur, en faisant deux lectures : une avec $x = y + E$, l'autre
avec $x = y - E$; les déviations obtenues sont de sens
contraires et leur différence algébrique donne :

$$d_1 - d_2 = \frac{4NyE}{1 + ME^2}. \tag{12}$$

Il faut noter à l'avantage de cette disposition, qu'elle
permet d'accroître, presque indéfiniment, la sensibilité
de l'électromètre, puisqu'il suffit d'augmenter y.

La seconde disposition hétérostatique, due à M. Mascart (fig. 53, II), est d'un emploi plus commode, elle
donne des déviations proportionnelles, mais elle limite
la sensibilité; elle consiste à relier les quadrants A et
B, au moyen d'une pile de f. é. m. $2y_1$, et à placer la
différence de potentiel, E, à mesurer, entre l'aiguille,
d'une part, et le *milieu électrique* de la pile, d'autre
part.

Les différences de potentiel x et y sont :

$$x = y_1 \pm E,$$
$$y = -(y_1 \mp E),$$

et la déviation d a pour valeur :

$$d = \frac{4Ny_1E}{1 + 4y_1^2M} \cdot \qquad (13)$$

Lorsque l'électromètre est bien réglé, et lorsque les deux moitiés de la pile ont bien des forces électromotrices égales, les déviations sont rigoureusement symétriques, de part et d'autre du zéro, lorsqu'on change le signe de E; elles sont également proportionnelles à E.

L'effet du couple directeur électrique est, ici, de limiter la sensibilité. En effet, l'accroissement de la f. é. m. y_1 augmente la déviation d, tant que :

$$y_1 < \sqrt{\frac{1}{4M}},$$

au delà, la déviation décroît. Il y a donc intérêt, quand la plus grande sensibilité est nécessaire, à donner, à y_1, la valeur correspondante au maximum; cette valeur y_m se déduit de M, équation (7) ou (10).

A la sensibilité maximum, la déviation d est donnée très simplement par :

$$d = 2Ny_1E.$$

Dans les deux dispositions précédentes, il y a lieu de tenir compte de la différence de potentiel au contact des métaux différents qui entrent dans la construction de l'appareil. Les quadrants A et B sont généralement formés du même métal, mais l'aiguille C, qui est le plus souvent en aluminium et platine, présente, avec les quadrants, une différence de potentiel qui peut atteindre près de 0,5 volt; *toutes les fois que la charge de l'aiguille est faible, il y a lieu d'en tenir compte.*

L'élimination de cette cause d'erreur se fait très simplement en renversant le signe de la charge de l'aiguille, et en prenant la moyenne des déviations obtenues.

La méthode idiostatique (fig. 53, III) est, par excellence, la méthode industrielle; elle consiste à relier une des paires de quadrants à l'aiguille et à un des pôles de la f. é. m. à mesurer, l'autre quadrant étant relié à l'autre pôle. Dans ces conditions, on a $x = 0$ et $y = E$, et :

$$d = \frac{NE^2}{1 + ME^2} \cdot \tag{14}$$

Les déviations ne sont proportionnelles, aux carrés des différences de potentiel, que dans le cas où le couple directeur électrique est nul ou négligeable. L'erreur de proportionnalité croît, pour un électromètre donné, avec la grandeur de la déviation d. Cette erreur est exprimée, en valeur relative, par le facteur ME^2; soit $\frac{1}{n}$ une valeur déterminée de celui-ci, nous tirons de (14) :

$$\frac{1}{n} = \frac{Md}{N - Md}, \tag{15}$$

dans cette formule ne figure pas la valeur de E, par conséquent, *quelle que soit la sensibilité obtenue par la variation du couple, l'erreur de proportionnalité reste constante pour une même déviation*, elle ne dépend que du rapport des coefficients M et N et non de leur valeur absolue.

La méthode idiostatique possède, au point de vue pratique, le grand avantage de s'appliquer aussi bien aux courants alternatifs qu'aux courants continus. En effet, on voit que la déviation dépend seulement du carré de la différence de potentiel mesurée, par conséquent son sens dépend uniquement du sens des connexions effectuées entre les quadrants et l'aiguille.

Le couple directeur électrique peut agir d'une façon fâcheuse dans la mesure des courants alternatifs ; quelle que soit la *forme* du courant mesuré, le numérateur de l'équation (14) donne toujours le carré de la force électromotrice efficace, mais le dénominateur varie avec cette même forme et l'erreur peut être assez grande quand M est élevé et quand la force électromotrice *moyenne* est faible par rapport à sa valeur maximum.

La grandeur de d est affectée par la force électromotrice de contact, lorsque la différence de potentiel est continue et assez faible, mais en changeant le signe de E et en prenant la moyenne des déviations obtenues, on élimine cette erreur. Cette élimination se fait toute seule quand on mesure des courants alternatifs, puisque le signe de E change périodiquement et rapidement.

Jusqu'ici nous avons toujours considéré les électromètres comme instruments de déviation, mais on peut aussi les employer comme appareils de zéro, en équilibrant la force déviante par la torsion du fil de suspension. En ramenant toujours l'aiguille au même point, on n'a pas à tenir compte du couple directeur électrique et les torsions θ sont simplement exprimées par :

$$\theta = N_1(y^2 - x^2). \qquad (16)$$

Les connexions peuvent être faites par l'une quelconque des trois méthodes précédentes, il en résulte l'avantage, très réel, que les torsions sont proportionnelles à E ou E^2, sans correction autre que pour les forces électromotrices de contact des différentes parties de l'instrument.

Malgré ses avantages, la méthode de torsion est peu employée, cela tient à la faiblesse extrême des forces mises en jeu dans les électromètres. En Amérique,

M. Carhart en a réalisé un modèle dans lequel le fil de torsion est une fibre de quartz, le zéro est contrôlé à l'aide d'un miroir et d'une échelle pour assurer l'exactitude ; sous cette forme, l'appareil, bien que très exact, est d'un maniement beaucoup trop délicat pour la pratique courante.

§ 26. — Principaux modèles employés.

La figure 54 représente un modèle d'électromètre symétrique à quadrants, dérivé de celui de Kelvin. Dans cet instrument, l'aiguille, formée de deux portions circulaires concentriques, a et b (fig. 52 et 55), est placée, dans la boîte formée par les quadrants, de telle sorte que les quatre bras, à 90° l'un de l'autre, qui portent les parties circulaires, sont chacun au milieu des quadrants correspondants. Un petit déplacement angulaire de l'aiguille se traduit donc par le passage d'un segment de celle-ci, d'un quadrant à l'autre ; ce segment ayant toujours la même valeur, pour le même angle, et ayant son centre de gravité toujours à la même distance de l'axe de rotation, il en résulte une grande constance du coefficient N. Le même résultat ne peut être atteint avec la forme II (fig. 55), que pour de très petits angles.

Comme C_1 dont il dérive, le coefficient N est proportionnel à la *variation de capacité* du condensateur formé par l'aiguille et les quadrants, par conséquent, ce facteur doit augmenter quand la distance entre les plans de l'aiguille et des quadrants diminue.

Si les surfaces étaient très grandes, nous pourrions écrire, en appelant l la distance entre l'aiguille et la base du cylindre, σ la portion de l'aiguille qui passe d'un quadrant dans l'autre, pour un déplacement égal à l'unité :

$$N' = \frac{\sigma}{l},$$

à une constante près ; or, dans l'appareil en question,
l'aiguille est suspendue entre les deux surfaces des qua-

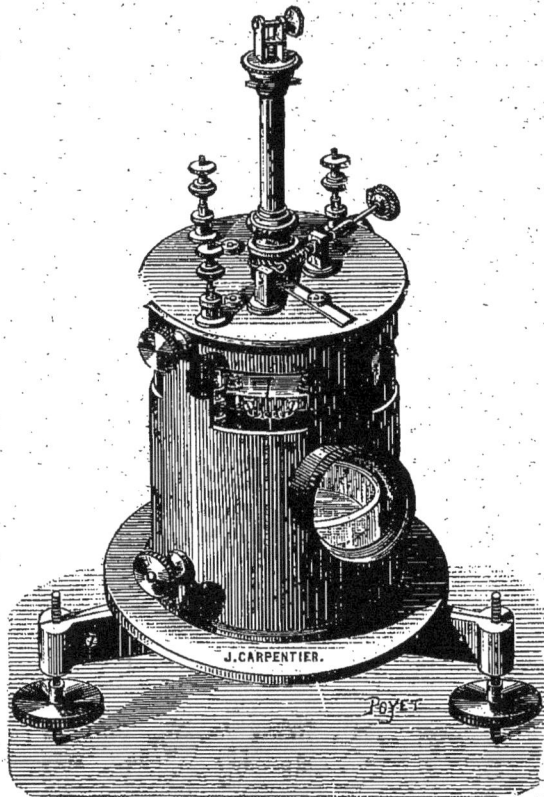

Fig. 54. — Électromètre Mascart.

drants ; soit L l'intervalle laissé libre, moins l'épaisseur
de l'aiguille elle-même,

$$N'' = \frac{\sigma}{l} + \frac{\sigma}{L - l} = \frac{\sigma L}{Ll - l^2} .$$

Le facteur N'', qui ne diffère de N que par un coefficient,
passe par un minimum pour $l = \frac{L}{2}$; c'est à ce point qu'il

faut amener l'aiguille pour obtenir des résultats toujours concordants ; toutefois, on peut, sauf quelques restrictions que nous verrons plus loin, approcher l'aiguille d'une des surfaces, pour augmenter la sensibilité de l'instrument.

Les quadrants sont portés par des colonnes de verre,

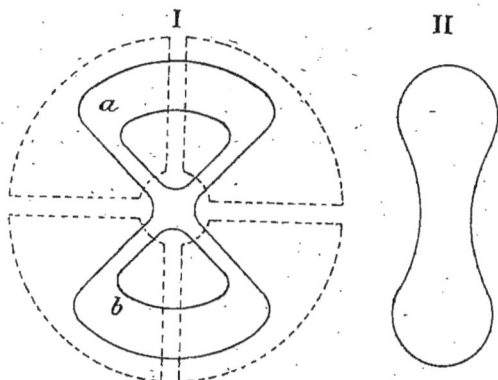

Fig. 55. — Formes des aiguilles d'électromètres.

fixées au couvercle, et l'aiguille est portée par un bifilaire, en fil de cocon, dont les deux extrémités sont attachées, à la partie supérieure, à un treuil qui permet le réglage en hauteur. Une vis à pas opposés, ou un système de rainures spirales, que l'on fait mouvoir au moyen d'un bouton moleté placé au-dessous du treuil, permettent de régler l'écartement supérieur des fils du bifilaire. L'aiguille est traversée, à son centre et perpendiculairement à son plan, par une tige de platine munie d'un crochet recourbé que l'on passe dans la boucle du bifilaire (fig. 52); la largeur de ce crochet, qui détermine l'écartement inférieur des fils, doit être aussi faible que possible pour les électromètres très sensibles, et plus ou moins large lorsqu'on veut une sensibilité moindre ; enfin, le poids de l'équipage doit être également très faible pour obtenir une grande sensibilité.

La partie inférieure, de la tige verticale de l'aiguille, est munie de deux petites traverses de platine, qui plongent dans l'acide sulfurique, renfermé dans un cristallisoir, et servent à produire l'amortissement.

L'acide a pour fonction, outre l'amortissement, de dessécher la cage, pour assurer l'isolement, ainsi que d'établir la communication électrique entre l'aiguille et la borne correspondante du couvercle de l'appareil; à cet effet, cette borne porte un fil de platine, qui vient également plonger dans l'acide.

Les bornes du couvercle sont au nombre de trois : deux pour les paires de quadrants et une pour l'aiguille. Elles sont tenues par des tubes de verre à l'intérieur de la cage et la tige métallique, qui porte chacune d'elles, passe dans le couvercle, par une ouverture assez large pour éviter tout contact; de cette façon, le support en verre est toujours maintenu dans l'atmosphère sèche de la cage. Un petit chapeau, monté à frottement doux sur la tige, peut s'abaisser jusqu'à fermer l'ouverture, en mettant la tige en contact avec le couvercle, de telle sorte que l'on peut fermer complètement la cage lorsqu'on ne se sert pas de l'électromètre.

L'équipage étant suspendu par un bifilaire, le couple W_1 dépend de la force exercée dans le sens vertical; si l'aiguille est exactement centrée, les actions électrostatiques sont égales en bas comme en haut, la force agissant sur le bifilaire est simplement le poids de l'équipage, elle est indépendante de la charge des quadrants ; au contraire, si l'aiguille est plus rapprochée d'une des surfaces de la boîte des quadrants que de l'autre, les actions électrostatiques verticales ne sont plus égales et le bifilaire est tendu par une force qui est fonction des potentiels; il y a là une cause d'erreur qui peut être très grande lorsque le poids de l'aiguille est faible. Cette action perturbatrice est encore plus grande dans les électromètres où l'aiguille est simplement placée au-dessus des quatre secteurs plans.

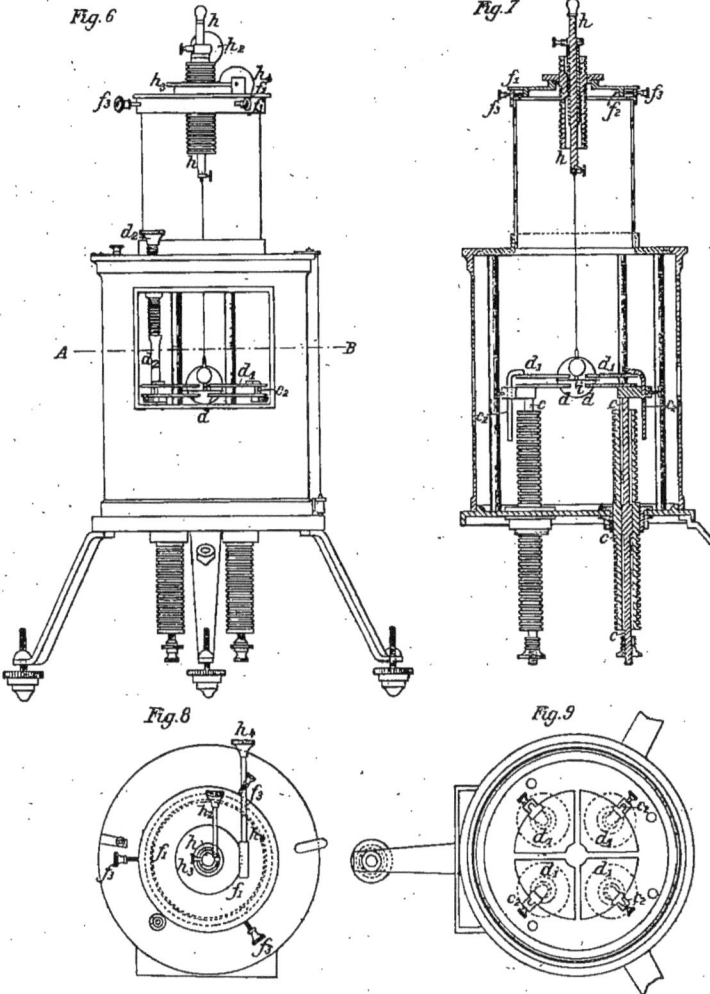

Fig. 56 et 57. — Électromètre Addenbroke.

Dans certains électromètres, l'aiguille est suspendue par un fil métallique, de grosseur appropriée à la sensibilité cherchée ; ce fil sert aussi à établir la communication électrique avec l'aiguille ; il faut alors isoler la colonne qui porte la suspension et on peut se dispenser de faire plonger la tige dans l'acide ; on évite ainsi les déplacements de zéro, dus à des causes à peu près inconnues, qui se produisent presque toujours avec l'acide. L'amortissement peut être obtenu en faisant les secteurs en acier trempé et aimanté, et en les plaçant de telle sorte que les courants induits, dans la masse de l'aiguille, produisent l'amortissement ; cette disposition a été adoptée dans l'électromètre de Curie.

L'électromètre Addenbroke diffère du précédent par certaines dispositions destinées à le rendre plus industriel. Dans cet appareil (fig. 56 et 57), il n'y a pas d'acide, la connexion avec l'aiguille est assurée par le fil de suspension et l'isolement est obtenu au moyen de tubes d'ébonite cannelés (fig. 57). Les quadrants sont formés de deux séries de secteurs plats, dont l'écartement peut être réglé, afin de faire varier la sensibilité ; au moyen de la vis micrométrique supérieure, il est facile d'amener l'aiguille au milieu des quadrants. La suspension est faite à l'aide d'un mince ruban de bronze phosphoreux. On peut obtenir une sensibilité telle que, par la méthode idiostatique, la déviation atteigne 25 à 50 mm par volt, à la distance de 1 m ; à ce moment la distance entre les plans des secteurs est d'environ 1 mm. Grâce à la légèreté de l'aiguille, l'amortissement produit par l'air est suffisant.

L'électromètre Dolezalek-Nernst rentre encore dans le type précédent, mais il est double, c'est-à-dire qu'il est composé de deux électromètres à quadrants, superposés l'un à l'autre, dont les aiguilles sont reliées invariablement entre elles (fig. 58). La charge des aiguilles est assurée par un moyen original : l'axe, qui réunit les aiguilles, est un tube léger, dans lequel est enfermée une pile sèche de Dolezalek et Nernst, de sorte que les aiguilles sont toujours chargées à une différence de potentiel égale à la force électromotrice de la pile. Les deux séries de quadrants étant reliées à la différence de potentiel à mesurer de façon à ce que les forces électrostatiques s'ajoutent, on obtient, sans pile de charge extérieure, ni replenisher, un électromètre dont la sensibilité est très grande, mais qui ne s'applique évidemment pas aux courants alternatifs. Les déviations sont proportionnélles aux forces électromotrices mesurées, tant que le couple directeur électrique n'intervient pas.

La pile de Dolezalek et Nernst est une sorte d'accumulateur, composé d'un grand nombre de couples peroxyde de plomb et étain ; elle peut donner plusieurs centaines de volts. L'ensemble des aiguilles et de la pile est suspendu par un fil de quartz.

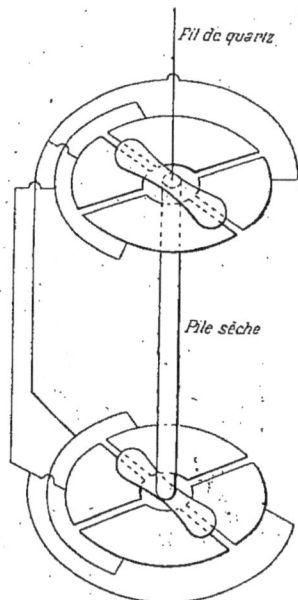

Fig. 58. — Electromètre double, de Nernst.

L'appareil est complété par une série d'organes destinés à supporter les aiguilles et à les maintenir isolées pendant le transport.

Édelmann, de Munich, a remplacé l'aiguille et les quadrants plans par des surfaces cylindriques. Dans l'électromètre apériodique Carpentier (fig. 59), cette disposition a été complétée par l'adjonction d'un aimant, analogue à celui des galvanomètres d'Arsonval. L'aiguille a, à peu près, la forme du cadre de cet instrument, mais les surfaces verticales sont cylindriques et exactement de rotation autour de l'axe. Le noyau de fer doux a été divisé en quatre secteurs. Une enveloppe extérieure, en laiton, également divisée, forme, avec les secteurs du noyau, les

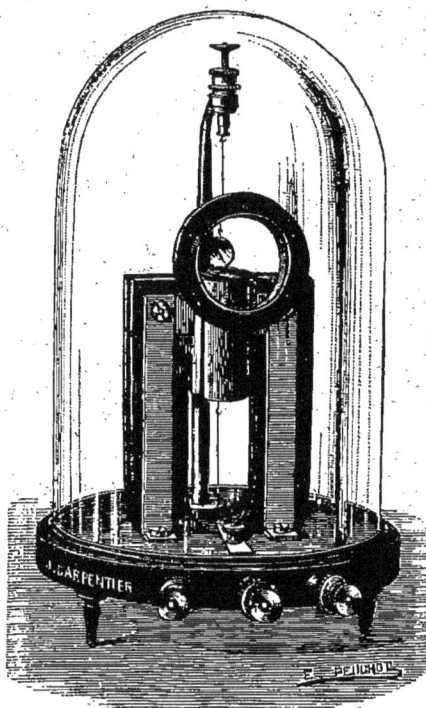

Fig. 59. — Electromètre apériodique Carpentier.

deux paires de quadrants. Le cadre mobile est suspendu entre deux fils métalliques, tendus dans le prolongement l'un de l'autre. On a pu obtenir ainsi un électromètre, peu sensible, mais bien amorti et d'un usage très commode pour les applications industrielles.

MM. Blondlot et Curie ont réalisé un électromètre assez différent (fig. 60 et 61), qui peut, dans certains cas, rendre des services ; il se compose d'une aiguille *circu-laire*, dont la surface, coupée suivant un diamètre, est formée de deux parties isolées. Les quadrants sont rem-placés par deux surfaces circulaires, également coupées en deux parties isolées. L'ai-guille, suspendue par deux fils métalliques, dans le prolonge-ment l'un de l'autre, est placée entre les surfaces des qua-drants, de telle sorte qu'au repos, la ligne de séparation des quadrants est perpendicu-laire à celle de l'aiguille. Chaque fil communique avec un des secteurs de l'aiguille qu'il relie à la borne correspondante.

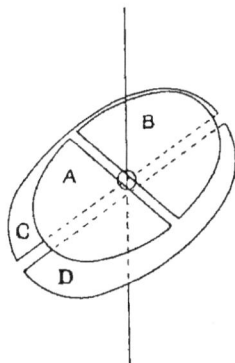

Fig. 60. — Schéma de l'élec-tromètre Blondlot et Curie.

Par suite de la grande sur-face des secteurs de l'aiguille, il n'y a pas de couple directeur électrique sensible. La théorie appliquée à cet instrument donne, tant que les lignes de séparation des quadrants et de l'aiguille forment un angle voisin de 90° ;

$$d = \frac{N_2 xy}{W_1}, \qquad (17)$$

x représente ici la différence de potentiel entre un sec-teur des quadrants et un secteur de l'aiguille A—C ; y la même valeur pour les autres secteurs B—D.

Cette disposition permet de mesurer, par une seule lecture, deux différences de potentiel absolument indé-pendantes l'une de l'autre, tandis que l'électromètre à quadrants ordinaire exige qu'il y ait un point commun aux deux sources de force électromotrice. Si l'on fait x proportionnelle à l'intensité du courant dans un circuit, y proportionnelle à la différence de potentiel aux bornes de ce même circuit, le produit xy représentera la *puissance* dépensée dans le circuit; de cette application vient

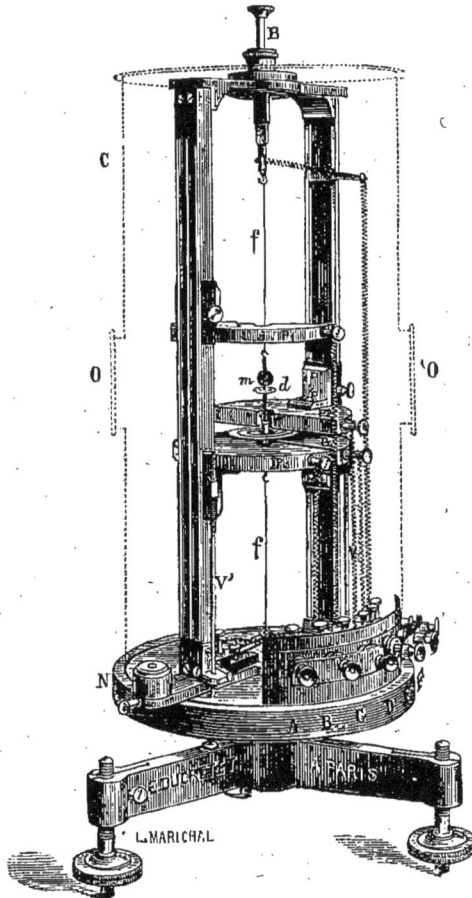

Fig. 61. — Electromètre Blondlot et Curie.

le nom de *wattmètre électrostatique* donné à cet instrument.

§ 27. — Réglage des électromètres.

Quel que soit le modèle employé, il est important de s'assurer tout d'abord que la partie mobile est bien centrée sur sa suspension.

Dans les électromètres à aiguille plane, il faut, avant de placer celle-ci dans l'instrument, vérifier si son plan est bien perpendiculaire à l'axe de rotation et si le miroir est orienté convenablement, par rapport à la fenêtre de la cage par laquelle doivent passer les rayons incident et réfléchi ; le miroir doit être parallèle à la fenêtre lorsque la bissectrice de l'aiguille coïncide exactement avec un plan de séparation des quadrants ; quand cette position n'est pas réalisée, on l'obtient facilement en faisant tourner l'aiguille sur sa tige ; cette vérification est capitale ; un électromètre ne peut pas être symétrique si la condition n'est pas remplie.

L'aiguille vérifiée est mise en place en enlevant un des quadrants, accrochée, s'il y a lieu, à son bifilaire et l'instrument remonté. On a eu soin, d'abord, de placer le vase de verre contenant l'acide sulfurique. L'acide employé doit être aussi concentré que possible, mais *non fumant*, pour ne pas corroder les parties métalliques de l'instrument. Il faut mettre assez d'acide dans le vase pour que la partie inférieure de la tige de l'aiguille vienne plonger dedans, lorsque celui-ci sert à établir la communication et à produire l'amortissement, mais il ne faut pas en mettre trop, surtout si l'électromètre doit rester monté pendant un temps assez long ; en effet, par suite de l'absorption de la vapeur d'eau atmosphérique, l'acide foisonne et peut déborder.

La cage métallique de l'électromètre doit toujours porter des ouvertures fermées par du verre, de façon à permettre l'examen des différentes parties sans rien démonter, mais ces ouvertures doivent être réduites au strict nécessaire, pour éviter l'influence des corps voisins.

Au moyen du treuil du bifilaire, ou du rappel, on règle d'abord la hauteur de l'aiguille, c'est-à-dire qu'on la place à égale distance entre les deux plans des quadrants ; le réglage est facilité, dans l'électromètre Mascart (fig. 54), par l'un des quadrants qui peut être écarté des autres ; il suffit de regarder dans l'espace libre pour régler cette position.

Le centrage se fait au moyen des vis calantes. On amène d'abord la tige verticale de l'aiguille dans un des plans de séparation des quadrants, en visant dans ce plan et en agissant sur deux des vis, puis on l'amène de même dans l'autre plan à l'aide de la troisième vis. Ce réglage se fait très rapidement lorsqu'une des vis calantes est située dans un de ces plans ; malheureusement cette condition est rarement remplie et il faut procéder par tâtonnements successifs.

Cette partie du réglage terminée, on amène l'aiguille à une position symétrique, ou à peu près, à la séparation des quadrants, en tournant la colonne qui porte la suspension ; souvent une vis tangente permet de faire ce mouvement avec une très grande précision, mais l'œil est insuffisant pour déterminer la symétrie parfaite et il faut avoir recours à des moyens plus précis.

Les équations (5) et (6) indiquent que la déviation d doit être nulle, quand les différences de potentiels, entre l'aiguille et chacun des quadrants, sont égales et de signes contraires ; on se sert de cette propriété pour régler la symétrie de l'équipage par rapport aux quadrants.

Réalisons le montage de la figure 53, II, en faisant $E = 0$; l'aiguille, qui était précédemment au même potentiel que les quadrants, ne doit pas se déplacer quand on met ces derniers en relation avec la pile; cependant, grâce à la force électromotrice de contact, E *n'est jamais nul*; il se produit donc une petite déviation, même quand le réglage de la symétrie est parfait, mais cette déviation *change de signe et non de grandeur*, quand on renverse le sens des potentiels des quadrants. Quand cette déviation n'est pas la même dans un sens que dans l'autre, il faut tourner l'aiguille, dans la direction de la plus grande déviation, jusqu'à obtenir l'égalité. Le dernier réglage est délicat et doit être fait avec la vis de rappel.

Pour donner à ce réglage toute la précision qu'il comporte, il faut que les différences de potentiel soient bien égales, entre l'aiguille et chacun des quadrants. Ce résultat est rarement atteint en employant des piles à circuit ouvert; il vaut mieux fermer celles-ci sur une résistance, assez élevée pour qu'elles ne polarisent pas trop, et relier les quadrants aux extrémités de la résistance, l'aiguille étant reliée au milieu; on a ainsi l'égalité absolue des potentiels en A et B. Cette disposition est d'ailleurs la seule à employer dans la méthode de M. Mascart, lorsqu'on veut s'affranchir des déplacements de zéro dus à la variation des forces électromotrices des piles.

La résistance à employer dépend principalement de la pile dont on dispose; avec une batterie de petits accumulateurs, d'une centaine de volts, deux résistances égales, de 5 à 20.000 ohms chacune, peuvent suffire. Comme la régularité de potentiel n'est pas indispensable, pourvu que les valeurs de x et y soient égales, on peut, au besoin, prendre la différence de potentiel sur une machine, un circuit d'éclairage; *on peut même employer un courant alternatif* et alors la force électromotrice de contact s'annule toute seule.

Dans certains électromètres, un des quadrants peut se déplacer parallèlement à lui-même en suivant la direction

d'un rayon ; on peut, en l'approchant ou l'éloignant,
corriger les petits défauts de symétrie. Cette correction
ne convient pas pour les mesures précises ; en effet,
l'écartement des quadrants modifie beaucoup le coefficient M, qui augmente rapidement avec lui. On obtient
toujours la symétrie parfaite par le réglage de l'aiguille,
il est vrai que le réglage est un peu plus long.

Il est très important, lorsque l'électromètre est sensible, de le soustraire aux influences électriques extérieures ;
on y arrive facilement en reliant la cage métallique avec
l'une des trois parties A, B ou C, et avec la terre.

*Il est indispensable de réaliser des contacts aussi par-
faits que possible.* Tout faux contact modifie l'indication
de l'électromètre, en *retardant* les variations, de sorte
que l'appareil peut donner une valeur plus élevée ou plus
faible que la valeur réelle.

L'électromètre, une fois mis en place et réglé, doit être
vérifié au point de vue de l'isolement des quadrants et
de l'aiguille, entre eux et avec le sol. On peut facilement
procéder ainsi : ayant une pile de force électromotrice
convenable pour donner, par la méthode *idiostatique*,
une déviation de toute la longueur de l'échelle (cette
pile peut être la pile de charge elle-même), on relie un
des quadrants à l'un des pôles ; l'autre quadrant, l'aiguille et l'autre pôle de la pile étant tous à la terre,
(fig. 53, III), l'électromètre dévie d'une longueur *d*.
A ce moment on coupe la communication de B avec la
pile, en ayant bien soin de ne pas toucher la borne B au
moment de la rupture ; le quadrant doit rester chargé et
l'aiguille doit revenir très lentement à zéro.

La première opération nous a indiqué l'isolement de B,
en reliant ensuite B et C à la terre, on vérifie celui de A
et, en reliant A seul à la terre, on constate l'isolement
de B et C, mais comme on connaît celui de B, on peut
en déduire celui de C.

Il n'est pas possible de donner d'indications précises sur le temps minimum de retour qu'il faut exiger ; il est évident que pour des mesures de courants alternatifs, par exemple, il n'y a aucun intérêt à exiger que l'appareil garde sa charge plusieurs heures. Dans ce cas, l'essai d'isolement a surtout pour but de s'assurer qu'il n'existe aucune fuite importante, et, quand bien même l'aiguille se décharge en quelques minutes, on peut se servir de l'instrument d'une manière efficace. Au contraire, pour mesurer des isolements, il est nécessaire que l'isolement propre de l'appareil soit très élevé, il faut alors que la charge se conserve à peu près invariable pendant plusieurs heures.

Un isolement très parfait ne peut être obtenu qu'après avoir monté soigneusement l'instrument, en essuyant, avec un linge sec et chaud, les colonnes isolantes de l'appareil et après quelques jours seulement, lorsque l'acide a convenablement desséché l'intérieur de l'électromètre.

Quand un électromètre est destiné à servir par la méthode *hétérostatique*, avec une pile de charge suffisante pour réparer les pertes des quadrants, on peut se dispenser de vérifier l'isolement de ceux-ci ; on se contente alors de charger l'aiguille en la reliant, pendant un instant, à l'un des quadrants, puis en l'isolant sans lui enlever sa charge ; on observe alors la diminution lente de la déviation, qui indique la valeur plus ou moins grande de l'isolement.

En général, la capacité électrostatique des diverses parties d'un électromètre est très petite, il en résulte que, pour obtenir une perte charge très faible, il faut un isolement très considérable, dont la mesure directe est presque impossible. Le meilleur moyen d'exprimer la valeur de cet isolement, consiste à mesurer le temps nécessaire à la perte d'une fraction connue de la charge :

ainsi, un électromètre dont l'aiguille perd la moitié de sa charge en une heure, est mieux isolé, pratiquement, qu'un autre qui perd la même fraction en trois quarts d'heure, alors que la *résistance d'isolement* est peut-être beaucoup plus élevée dans le second cas, mais la capacité électrostatique plus faible.

Nous pouvons prendre comme exemple les observations suivantes, relevées sur un électromètre Mascart :

Distance de l'échelle au miroir = 1 360 divisions (136 cm).

Durée des oscillations amorties T, amplitudes a_1 et a_n pour n oscillations et décrément logarithmique λ; les quadrants et l'aiguille étant au même potentiel :

T	a_1	a_n	n	λ
14,6	106	22,5	2	1,55
15	265	56,2	2	1,55

La moyenne de ces valeurs donne T_0, oscillation non amortie :

$$T_0 = 13,3 \text{ secondes.}$$

Les mêmes facteurs, relevés lorsque les différences de potentiel x et y sont égales et de signes contraires, $y = 95$ volts :

T	a_1	a_n	n	λ
9	303,5	47,5	3	0,93
8,8	251	39,5	3	0,92
8,6	255,3	40	3	0,92

La moyenne donne

$$T_0' = 8,46 \text{ secondes.}$$

Les écarts très sensibles constatés dans la mesure de T tiennent à la présence de l'acide, qui rend les oscillations assez irrégulières.

Le même électromètre, employé par la méthode idio-

statique, a donné, en alternant le sens de la force électromotrice et la liaison de l'aiguille avec les quadrants :

$$E = 10 \text{ volts}, \quad d = -35,5$$
$$-38,5$$
$$+34,5$$
$$+38$$

la moyenne, pour 10 volts, est $d = 36,6$:

Avec :

$$E = 20 \text{ volts}, \quad d = +148,5$$
$$+141,5$$
$$-148$$
$$-142$$
$$\text{moyenne } d = 145$$

De T_0 et T'_0, l'équation (7) nous permet de tirer $M = 40,7 \times 10^{-6}$.

De (9) nous tirons $N = 0,3674$, pour $E = 10$ volts, et $N = 0,3684$, pour 20 volts, soit, en moyenne :

$$N = 0,368.$$

Ces deux coefficients nous permettent de connaître les conditions de fonctionnement de l'électromètre essayé. Ainsi nous voyons que, par la méthode idiostatique, *l'erreur de proportionnalité atteindra 1 p. 100 dès que la déviation sera égale à 89,1.* D'autre part, nous savons que la plus grande sensibilité, par la méthode de charge des quadrants, sera atteinte pour $y_m = 78,3$ volts, c'est-à-dire avec une pile donnant 156,6 volts ; dans ces conditions, un volt donne une déviation de 57,6.

On peut obtenir une sensibilité différente, par l'écartement ou le rapprochement du bifilaire ; l'appareil essayé a donné, comme limites extrêmes, les quadrants et l'aiguille étant au même potentiel :

T	a_1	a_n	n	λ	T_0
21	277	31	2	2,19	18,1
6,2	296	196	2	0,70	6,04

Nous savons que M et N sont, tous deux, en raison inverse du couple W_1, par conséquent proportionnels à T^2, ce qui nous permet de voir que ces coefficients deviendront, au maximum de sensibilité :

$$M = 75,5 \times 10^{-6},$$
$$N = 0,681.$$

Par la méthode de charge des quadrants nous obtiendrons donc :

$$y_m = 57,6 \text{ volts et, pour 1 volt, } d = 78,4 \text{ mm};$$

au contraire, au minimum de sensibilité :

$$M = 8,39 \times 10^{-6}$$
$$N = 0,0758$$
$$y_m = 173 \text{ volts et, pour 1 volt, } d = 26,2 \text{ mm}.$$

Ces chiffres mettent bien en évidence l'influence, très gênante, du couple directeur électrique sur la sensibilité de l'électromètre.

CHAPITRE VI

RÉSISTANCES

§ 28. — Étalons à mercure

La mesure des résistances est l'une des plus importantes de l'électrométrie, industrielle ou scientifique, aussi la réalisation et l'emploi d'étalons précis de résistance électrique, sont d'un intérêt capital.

La détermination, en *valeur absolue*, de l'unité pratique de résistance, c'est-à-dire de l'ohm, a provoqué beaucoup de recherches, mais il ne semble pas encore, aujourd'hui, que cette valeur soit connue avec une approximation supérieure à 0,01 p. 100.

Les anciens étalons établis par la British Association, sous le nom d'ohm BA, avaient été réalisés sous forme de bobines de fil de maillechort ou d'alliage platine-argent ; ces étalons ont présenté, avec le temps, des traces évidentes de variation. D'autre part, la résistivité de ces alliages étant mal connue et variable d'un échantillon à un autre, il ne fallait pas songer à les utiliser pour des mesures absolues ; seul le mercure peut être obtenu dans des conditions de pureté bien définies et a une résistivité bien connue, c'est pourquoi, depuis 1884, la valeur de l'ohm a toujours été définie en fonction d'une colonne de mercure.

Le congrès de Chicago (septembre 1893) complétant les travaux de ses devanciers, a défini l'ohm comme la résistance, à 0°, d'une colonne de mercure de 106,3 cm. de longueur, d'une section uniforme telle que la masse de mercure qu'elle renferme, pèse 14,4521 gr. à 0°. Cet ohm a reçu le nom d'*ohm international*, pour le distinguer de l'*ohm légal*, valeur *provisoire* adoptée légalement en France de 1884 à 1895, et de l'*ohm* BA antérieur à ce dernier. Enfin, nous devons également mentionner, parmi les unités employées, l'étalon Siemens, en usage, en Allemagne, jusqu'à ces dernières années.

Les étalons et les boîtes de résistances qui existent actuellement dans l'industrie, sont réglées d'après ces différentes unités ; il est utile d'avoir leur valeur relative toujours présente à l'esprit pour faire les corrections nécessaires, nous les représentons ici par la longueur de la colonne de mercure de 1 mm² de section qui correspond à leur résistance.

Unité Siemens 100
Ohm BA 104,8
Ohm légal 106
Ohm international 106,3

Dans un laboratoire de mesures bien outillé, il est nécessaire d'avoir un ou plusieurs étalons de l'ohm en fil métallique ; mais, pour contrôler ceux-ci, il faut un étalon à mercure.

Il ne faut pas songer à réaliser chaque fois une colonne de mercure répondant à la définition du congrès ; ce qu'il faut, c'est une copie, soigneusement comparée aux étalons prototypes, laquelle conserve sa valeur invariable, tant que le mercure n'est pas altéré, et qui y revient dès qu'on la remplit de mercure purifié.

M. Benoît, après avoir réalisé des étalons prototypes de l'ohm légal, a construit des étalons secondaires, dont la forme est représentée par la figure 62. Ces étalons secondaires, répandus chez les constructeurs, ont servi à établir des copies de même forme. La colonne de mercure est enfermée dans un tube de verre de 1 mm² de

section environ et de longueur réglée, par tâtonnements,
pour amener la valeur aussi près que possible de l'unité.
Les extrémités du tube pénètrent dans des flacons, dans
lesquels plongent également les conducteurs destinés à

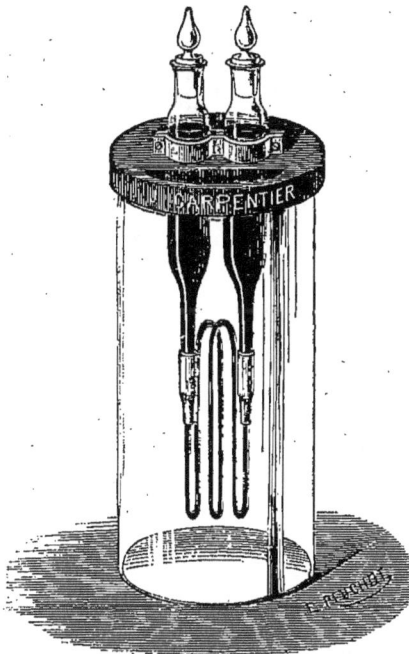

Fig. 62. — Étalon secondaire de l'ohm.

amener le courant ; ces flacons ont environ 5oo à 6oo fois
la section du tube.

La liaison du tube et des flacons est faite au moyen de
tubes en caoutchouc qui viennent se chausser, d'une
part, sur la tubulure inférieure du flacon, d'autre
part sur le tube lui-même. Le tube pénètre dans le flacon jusqu'au quart environ de la partie large. Grâce au
grand épanouissement du conducteur à son entrée dans le
flacon, les erreurs, dues à une différence dans la position

du contact qui amène le courant, ne peuvent atteindre une valeur élevée ; une erreur de position de 1 cm, par exemple, ne peut produire sur la résistance totale qu'une erreur inférieure à 0,002 p. 100, ce qui est parfaitement négligeable en pratique.

Les étalons employés en Allemagne sont un peu différents. Le tube est terminé par deux ampoules : il est rempli de mercure, dans le vide, et scellé. Dans chaque ampoule plongent trois fils de platine. Le courant est amené par un des fils de chaque ampoule. Deux autres fils limitent la partie de la colonne de mercure qui est mesurée et on observe la différence de potentiel entre eux. Enfin, les deux derniers servent à fixer un shunt entre les ampoules, afin de faire varier la résistance de l'étalon. On emploie pour la mesure une méthode différentielle.

Les étalons à mercure sont les seuls dont la constance soit absolue en pratique, mais il est indispensable, lorsqu'on en fait usage, de prendre les précautions suivantes, sans lesquelles les résultats peuvent être beaucoup plus incertains que ceux donnés par les étalons à fil métallique.

Mercure. — Le mercure destiné à remplir l'étalon doit être absolument exempt de métaux étrangers, des traces infinitésimales de ceux-ci suffisant à modifier profondément la résistivité du mercure ; donc, soit qu'on ait à remplir pour la première fois un étalon, ou qu'il s'agisse de changer le mercure d'un étalon existant, il est indispensable de purifier celui-ci comme l'a indiqué M. Benoît.

Le mercure pur du commerce, c'est-à-dire tel qu'on le livre, dans des bouteilles en fer venant de la mine, est mis, en couche peu épaisse, dans un flacon contenant de l'acide azotique pur, étendu d'eau ; on le laisse en contact avec l'acide pendant plusieurs jours, en ayant bien

soin de le remuer de temps en temps ; ensuite, on
décante le mercure et, pour enlever les traces d'humidité
qu'il peut entraîner, on le met dans un second flacon
rempli d'acide sulfurique concentré, mais non fumant ;
après un court séjour dans
ce flacon, on le fait passer
dans un dernier flacon,
rempli de morceaux de po-
tasse, où il se débarrasse
des dernières traces d'humidité et d'acide ; il peut
être employé au sortir de
ce flacon. Le mercure
propre, préparé pour les
étalons, doit être conservé
à l'abri de la poussière ;
si l'on en a mis une trop
grande quantité dans les
appareils de remplissage,
l'excès doit repasser par
la série de flacons avant
d'être employé à nouveau.
Tous ces lavages s'effec-
tuent facilement à l'aide
de flacons à tubulure inférieure, qui permettent de

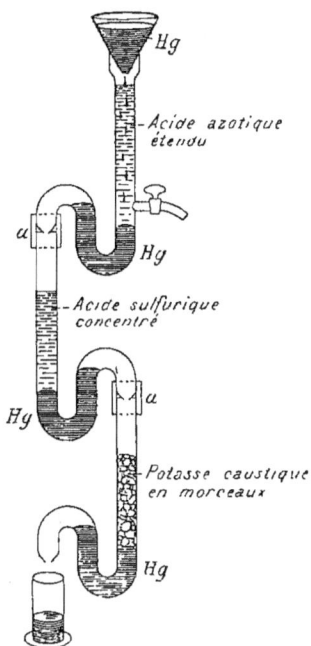

Fig. 63. — Dispositif pour la purification du mercure des étalons.

décanter le mercure en laissant les impuretés à la surface;
on peut aussi faire usage de tubes laveurs à siphon dans
lesquels la circulation est continue.

Le dispositif représenté par la figure 63 nous a donné,
depuis plusieurs années, de très bons résultats ; le mercure à purifier est conservé dans un flacon en contact
avec l'acide azotique étendu, puis, au moment de l'employer, on le verse dans un entonnoir, percé d'un trou
presque capillaire. Le mercure sort de cet entonnoir

dans un état de division extrême et passe encore dans la solution d'acide étendu, puis il tombe au fond du tube et, dès qu'il y existe en quantité suffisante, il s'échappe par la partie opposée ; il se produit là une véritable décantation qui diminue beaucoup l'entraînement de l'acide. De ce tube, le mercure passe, par un mécanisme analogue, dans l'acide sulfurique, puis dans la potasse et sort enfin purifié. Des garnitures de caoutchouc *a* empêchent l'entrée de l'air dans l'appareil et assurent la conservation de l'acide et de la potasse.

Le mercure purifié doit être absolument net à la surface, sans aucune trace d'humidité ; il ne doit pas mouiller le verre propre. Le mercure qui a servi à d'autres usages, ne doit pas être employé pour les étalons de résistances, car certains métaux ne peuvent s'éliminer que par des distillations soignées ; le zinc, en particulier, ne disparaît pas dans le traitement ci-dessus. Il est toujours préférable de prendre le mercure neuf des touries et de le purifier. Les procédés de purification par distillation, ou par *oxydation des impuretés*, ont été préconisés par divers auteurs ; nous n'y insistons pas, car ils exigent un travail plus long et la méthode ci-dessus nous a toujours donné, comme à M. Benoît, des résultats très satisfaisants.

Nettoyage du tube. — On conçoit facilement que la présence d'une petite couche de matières étrangères : oxydes, corps gras, poussières, etc., sur la surface interne du tube de l'étalon, amène une diminution de section assez grande ; aussi il importe, avant le remplissage, de débarrasser le tube de tous ces corps étrangers. Dans ce but, on le soumet à une série de lavages, d'abord à l'acide azotique, qui dissout les oxydes, puis à l'eau distillée, enfin à l'alcool absolu. Ces lavages sont facilités lorsqu'on peut faire passer les liquides avec une certaine vitesse, par exemple, en reliant une extrémité du tube avec une trompe à eau et l'autre avec un réservoir contenant d'abord l'acide, ensuite l'eau distillée et enfin l'alcool ; il faut laver très abondamment après l'acide. Quand le lavage à l'alcool est fini, il faut compléter le séchage par le passage prolongé d'un courant d'air ; mais, pour éviter que les poussières entraînées viennent se coller contre le verre, il est bon de mettre, à l'extrémité par laquelle entre l'air, un petit tampon d'ouate qui agit comme un filtre.

Remplissage du tube. — Pour que le mercure arrive bien au contact du verre et pour éviter l'augmentation de résistance due à la couche d'air interposée, ainsi que la présence des bulles d'air qui peuvent couper entièrement la colonne, il faut remplir dans le vide.

L'appareil de la figure 64 remplit bien les conditions nécessaires : il se compose d'un tube de verre de 80 cm de hauteur environ, recourbé et relié par un tube de caoutchouc à l'étalon à mercure. Du milieu de la partie horizontale part une tubulure qui se dirige vers la machine pneumatique employée. Un petit réservoir intermédiaire sert à éviter l'entraînement du mercure dans la pompe par suite d'une fausse manœuvre. Un flacon à tubulure inférieure, relié par un tube de caoutchouc au tube vertical, sert de réservoir pour le mercure, on le place à une hauteur telle que le mercure ne puisse pas passer dans l'étalon avant le moment voulu. Dès que le vide nécessaire est atteint, on soulève le flacon, le mercure monte dans le tube, dépasse le coude et vient remplir l'étalon, sans que la communication avec la pompe ait été coupée.

La seule et unique difficulté de cette opération consiste à faire les joints des diverses parties, de façon à pouvoir obtenir un vide assez parfait ; en s'aidant d'une solution pâteuse de caoutchouc dans la benzine, que l'on met autour de tous les joints, on parvient assez aisément à tourner cette petite difficulté. Il va sans dire que tous les tubes par lesquels doit passer le mercure doivent être soigneusement nettoyés, mais il ne faut pas oublier qu'on ne doit pas se servir d'acide pour les tubes en caoutchouc.

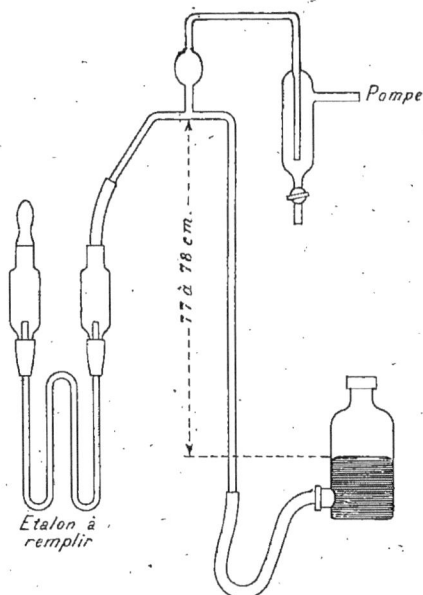

Fig. 64. — Remplissage du tube d'un étalon à mercure.

La pompe employée doit permettre de faire le vide à 1 ou 2 mm; on peut faire usage d'une bonne machine pneumatique ordinaire, d'une trompe à mercure ou d'une trompe à eau; dans ce dernier cas, il faut, si l'on craint des variations dans la pression d'eau, interposer un grand réservoir entre la trompe et le tube de remplissage, et, *toujours*, mettre un réservoir contenant de l'acide sulfurique concentré, non fumant, pour éviter que la vapeur d'eau pénètre dans le tube.

Emploi des étalons à mercure. — Le principal, et presque l'unique usage des étalons à mercure, consiste dans la vérification des étalons en fil métallique ; cette comparaison exige des mesures simultanées ou alternées ; pour les faire, il est nécessaire d'employer des conducteurs reliant les étalons aux appareils de mesures. Nous avons dit que des traces de métaux étrangers produisaient des variations très grandes dans la résistivité du mercure, il faut donc employer des contacts tels qu'il ne puisse y avoir aucune dissolution du métal dans le mercure.

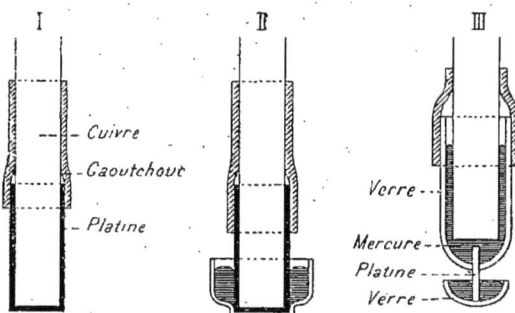

Fig. 65. — Prises de courant pour étalons à mercure.

On peut employer dans ce but (fig. 65, I) une tige de cuivre garnie à son extrémité d'une capsule en platine, le cuivre étant protégé par un tube de caoutchouc ; le platine a l'inconvénient de se couvrir, dans le mercure, d'une crasse qui, à l'air, devient très résistante, et empêche souvent le contact de se produire, lorsqu'on replonge le platine dans le mercure. Le moyen d'éviter cet inconvénient, consiste à laisser autour du platine une petite quantité de mercure, soutenue par une petite capsule en verre collée au platine (fig. 65, II). Enfin, on peut encore faire usage de contacts imaginés par M. Benoît (fig. 65, III), dans lesquels la barre de cuivre plonge dans le mercure d'un petit tube de verre dont le fond est traversé par un fil de

platine, ce dernier porte une petite capsule de verre
remplie de mercure.

Tous les contacts, quels qu'ils soient, ont une résistance qui n'est pas négligeable; pour éliminer cette
résistance, il faut qu'elle reste constante pendant toute
la mesure. Il y a souvent aussi de grandes différences de
température entre les étalons à comparer, de telle sorte
qu'il se produit, dans le circuit, des forces thermo-élec-

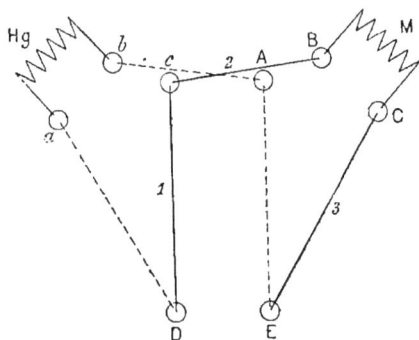

Fig. 66. — Dispositif pour les comparaisons des étalons à mercure
avec les étalons métalliques.

triques. Pour éviter les erreurs dues à ces deux causes,
ainsi que pour éviter le mélange de mercures à différents
états de pureté, la disposition suivante (fig. 66), applicable à toutes les méthodes de *substitution*, est très
bonne.

En *a* et *b* sont les flacons d'un étalon à mercure; *c*, un
godet plein de mercure, *placé dans les mêmes conditions
de température que l'étalon;* B et C sont deux godets
dans lesquels plongent les extrémités d'un étalon en fil
métallique, A un godet auxiliaire. Les tiges 1 et 2 ont
chacune, à une de leurs extrémités, un contact platiné
d'une des formes ci-dessus. Les connexions établies
comme l'indiquent les traits pleins, on mesure en D, E,
la résistance totale de l'étalon M et des conducteurs.

Dans la position des traits pointillés, on mesure l'étalon Hg et les conducteurs. La différence entre les deux mesures représente donc bien la différence des étalons. On voit aussi que les forces thermo-électriques n'ont pas varié, puisque les mêmes extrémités des conducteurs sont constamment à la même température, et enfin, il n'y a pas mélange du mercure de A, B et C, altéré par la présence du cuivre, avec celui de l'étalon.

Précision des mesures. — La valeur des étalons à mercure est toujours donnée à 0°, c'est à cette température que la précision est la plus grande; la résistance d'un étalon à mercure subit une variation qui est une fonction des coefficients de dilatation du verre et du mercure et du coefficient de variation de résistance propre à ce dernier; il en résulte un coefficient *apparent*, qui diffère selon la nature du tube.

En moyenne, on peut prendre, pour la résistance à t, d'un étalon à mercure renfermé dans un *tube de cristal* :

$$R_t = R_0 (1 + 0,0008741\, t + 0,000001053\, t^2 \text{ (Guillaume)}$$

et pour un étalon dont le tube est en *verre vert* :

$$R_t = R_0 (1 + 0,000876\, t + 0,000001053\, t^2 \text{ (Guillaume)}.$$

Si on emploie l'étalon à mercure à 0°, il faut l'entourer de glace bien pilée et légèrement tassée autour du tube. Dans ce cas, les conducteurs étant soumis à des températures bien différentes à leurs extrémités, les phénomènes thermo-électriques sont assez intenses pour apporter de l'indécision dans les mesures. Dans le cas, au contraire, où les deux étalons à comparer sont à la température ambiante, la correction de température peut donner lieu à des erreurs; il n'y a pour ainsi dire pas de préférence à avoir, il faut choisir le moyen qui semble le plus commode dans les circonstances où l'on se trouve.

Si l'on a soin de conserver les étalons à mercure à
l'abri de la poussière, ou des vapeurs susceptibles d'altérer le mercure, et de n'employer que les contacts ci-
dessus, la constance est aussi absolue qu'on peut la garantir après seize ans de pratique.

Des étalons construits, par M. Benoît, en 1884, n'ont
pas présenté, entre eux, des différences supérieures aux
erreurs de mesures; quelques-uns, vidés et nettoyés,
remplis de mercure neuf, ont conservé leur valeur; on
peut donc dire que ces étalons sont parfaitement constants.

La réalisation de l'ohm légal a été obtenue à 0,002
p. 100 près; l'erreur de mesure, dans la comparaison à
o° des étalons à mercure entre eux, atteint 0,001 p. 100;
on peut donc dire que les copies de l'ohm légal et aussi
de l'ohm international, puisque, pour ce dernier, il suffit
de multiplier par un coefficient, sont exactes à 0,002
p. 100. Toutes les fois qu'on a à comparer, entre eux, deux
étalons à mercure, c'est sur cette précision qu'il faut se
baser, mais, dès que l'on passe à la comparaison d'un
étalon en fil métallique avec un étalon à mercure, il ne
faut pas compter sur une approximation supérieure à
0,01 p. 100. Cette dernière précision est plus que suffisante pour la pratique industrielle; malheureusement, la
constance de ces étalons laisse beaucoup à désirer, et il
n'est pas rare de voir, au bout de quelques années, une
augmentation de 0,5 p. 100 se produire; c'est pourquoi
nous estimons qu'il est indispensable, dans un laboratoire industriel bien outillé, de posséder un étalon à
mercure auquel on se rapporte de temps en temps.

§ 29. — Alliages pour résistances.

L'alliage le plus parfait pour les résistances est celui
dont la résistivité est élevée, dont le coefficient de varia-

tion est le plus faible, et enfin, condition essentielle, dont la *constance* est la plus grande.

Les recherches de Matthiessen ont démontré que les métaux purs ont le plus grand coefficient de variation, et que les alliages ont une résistivité qui croît avec le taux du métal ajouté. Ainsi, dans les alliages de platine et d'argent, *la résistivité s'élève* quand on augmente la teneur du platine, tandis que le *coefficient de variation diminue*; on peut, dans le cas de ces alliages, considérer le coefficient de variation comme une fonction linéaire de la conductibilité.

L'expérience semble démontrer qu'à mesure que le coefficient de variation décroît, l'état de l'alliage est moins stable. La résistance augmente avec le temps et cette augmentation, rapide au début, est plus lente ensuite, mais toujours irrégulière et l'on n'a pas encore pu trouver d'état stable. D'autre part, si le fil est soumis à des variations de température, il ne reprend pas exactement sa valeur lorsque les écarts ont été assez grands; il y a, entre le métal écroui et le même métal recuit, des différences de 5 à 10 p. 100 sur la résistivité, et, en outre, le coefficient de variation peut non seulement se modifier, mais encore changer de signe, lorsqu'il est petit.

Il est très important aussi de remarquer que les alliages sont d'autant moins homogènes que le coefficient de variation est plus petit; dans la même bobine de fil de manganin, par exemple, on trouve des écarts de résistivité de 10 p. 100 et plus; il en résulte, pour les boîtes de résistances composées de plusieurs bobines, des coefficients différents, par suite, le rapport des bobines n'est pas le même à toutes les températures. En outre, le passage du courant dans un fil hétérogène développe des forces thermo-électriques (effet Peltier).

Le pouvoir thermo-électrique du couple formé par le fil de résistance et les gros conducteurs en cuivre ou en

laiton auxquels on le fixe, n'est pas indifférent; s'il est
élevé, la différence de potentiel aux extrémités de la résistance n'est plus égale à R I mais à R I $\pm$ e, il faut faire
deux mesures, en renversant le courant I, pour éliminer e;
mais, de toute façon, il est préférable d'employer un
alliage qui donne e aussi petit que possible.

Les premiers étalons de l'Association britannique
avaient été construits avec du platine pur, des alliages de
platine et d'argent, de platine et d'iridium, d'or et d'argent; ces étalons ont présenté, au bout de quelques
années, des variations, *entre eux*, de plus de 0,1 p. 100.
La maison Siemens a réalisé des étalons de l'unité Siemens au moyen de fil de maillechort verni, la plupart
des constructeurs ont, depuis, procédé de même, et
enfin, aujourd'hui, on emploie de plus en plus des alliages
de cuivre et de manganèse dont le coefficient de variation est très petit.

L'alliage employé autrefois sous le nom de *platine-
argent*, est composé de 2 parties de platine et 1 d'argent,
ou de 2 d'argent et 1 de platine ? sa résistivité à 0° et son
coefficient de variation sont :

$$\rho = 24,187 \text{ microhms-cm}$$
$$a = 0,031 \text{ p. 100}$$

(Mascart et Joubert.)

Parmi les alliages les plus employés, il faut citer ceux
de cuivre et de nickel, que l'on trouve dans le commerce
sous les noms de maillechort, argentan, nickeline, silve-
roid, etc. La résistivité ρ, le coefficient de variation a, et
le pouvoir thermo-électrique avec le cuivre e, de ces
alliages, ont pour valeur :

$$\rho = 25 \text{ à } 40 \text{ microhms-cm}$$
$$a = 0,020 \text{ à } 0,045 \text{ p. 100}$$
$$e = - 10 \text{ à } 15 \text{ microvolts par degré.}$$

L'alliage appelé *constanton*, composé de parties égales

de cuivre et de nickel, donne :

$$\rho = 48 \text{ microhms-cm}$$
$$a = -\ 0,0018 \text{ p. 100 environ}$$
$$e = 40 \text{ microvolts par degré.}$$

Enfin un alliage appelé *manganin* ou *manganine*, composé de cuivre, manganèse et nickel, paraît devoir remplacer les alliages ci-dessus, à moins qu'on ne trouve mieux encore. Ses constantes *moyennes* sont :

$$\rho = 40 \text{ microhms-cm}$$
$$a, \quad \text{nul de 30 à } 40°$$
$$e = 1 \text{ à 2 microvolts par degré.}$$

Cet alliage, étudié par MM. Feussner et Lindek, paraît être un des meilleurs. Sa variation n'est pas absolument nulle; la résistance augmente d'abord avec la température, elle passe par un maximum entre 30 et 40° et redescend ensuite.

Le manganin présente quelques défauts : d'abord une très grande variation avec le temps. On s'affranchit de cet inconvénient par un *vieillissement artificiel*, en faisant recuire les bobines à 140°, pendant dix heures environ. Le manganin est très oxydable : il faut avoir soin de le vernir pour le protéger contre les agents atmosphériques.

Pour tous les alliages propres à faire des résistances, il est illusoire de donner des chiffres précis de la résistivité et du coefficient de variation; en effet, tous, même ceux de la même provenance, ont des valeurs différentes et les résultats ne peuvent s'appliquer qu'à l'échantillon essayé; la conclusion de ceci, c'est qu'il faut, pour chaque étalon ou bobine, déterminer, après finissage complet et à plusieurs reprises, la résistance et le coefficient a.

Ceci est surtout exact pour les mesures précises faites avec des étalons à très faible coefficient, en manganin, par exemple.

Pour les boîtes à bobines nombreuses et de valeurs diverses, il y a lieu de s'assurer que les coefficients de variation sont pratiquement les mêmes dans les limites de température auxquelles on doit les utiliser, et, aussi, de vérifier si les *valeurs relatives* n'ont pas changé avec le temps.

La meilleure garantie que des bobines conservent leur valeur, réside dans leur *âge*; des bobines enroulées et réglées depuis plusieurs années, changent de résistance d'une manière presque insensible; l'*augmentation*, qui se produit toujours, est très grande immédiatement après l'enroulement, moindre les jours suivants. Nous avons vu des étalons, en fil de maillechort, augmenter de plus de 0,1 p. 100, pendant les deux premières années, puis conserver cette valeur, à 0,01 ou 0,02 p. 100 près, pendant les six années suivantes. Ces chiffres, si peu précis qu'ils soient, montrent bien le peu de fond que l'on doit faire sur l'emploi des alliages dans les étalons, mais ils montrent aussi que, pour les boîtes de résistances, qui sont destinées à l'usage courant, on peut considérer la constance comme suffisante, si les précautions nécessaires ont été prises.

Nous avons indiqué, dans le tableau suivant, à titre d'exemple, les constantes de quelques échantillons de maillechort et alliages divers pris, à la *même époque*, chez des fabricants différents : on verra par ce tableau la grande diversité des résultats obtenus. Les alliages portent le nom que leur a donné le fabricant. Une donnée des plus importantes nous manque sur ce sujet : c'est la composition chimique de ces alliages, elle serait d'ailleurs d'autant plus difficile à obtenir, que, dans la même botte de fil, les constantes présentent des écarts assez grands et que, par conséquent, la composition chimique elle-même doit n'être pas très uniforme, au moins en ce qui concerne des variations infinitésimales, dont le rôle est capital à ce sujet.

Nom de l'alliage.	Résistivité en microhms-cm.	Coefficient de variation.
Maillechort	25,7	0,0220 p. 100
»	27,6	380 »
Argentan	28,9	265 »
Maillechort extra . .	30,8	330 »
Silveroïd	32,2	285 »
Maillechort N	38,9	270 »
Métal XXX	40,4	260 »
Argentan	41,3	250 »
Maillechort	44,8	240 »
Ferro-nickel	80,2	1 020 »

§ 30. — Etalons divers.

Les premiers étalons de la British Association (B A) étaient enroulés sur un tube de laiton convenablement isolé, puis la bobine ainsi formée était recouverte d'une boîte en laiton et l'intervalle rempli de paraffine ; les deux extrémités du fil étaient soudées à des tiges de cuivre rouge du diamètre de 8 à 10 mm ; les tiges étaient recourbées et pouvaient plonger dans des godets à mercure, la résistance étant déterminée à partir du point où les tiges sortaient du mercure. On a fait à ces étalons les reproches suivants : le fil, noyé dans la masse de paraffine, prend trop lentement l'équilibre de température, celle-ci peut être, au moment de la mesure, très différente de la température ambiante. On remédie, en partie, à ce défaut, en plongeant l'étalon dans un bain liquide dont la masse empêche les variations rapides, mais ce palliatif est quelquefois insuffisant. De plus, et ce reproche peut atteindre la plupart des autres formes d'étalons, la paraffine employée pour remplir la boîte, n'était pas complètement *neutre*, de telle sorte que certains de ces étalons ont présenté une teinte verdâtre de la paraffine, qui indiquait une attaque, soit du laiton de l'enveloppe, soit, ce qui est plus grave, du fil lui-même « ceci seulement pour le maillechort, car le platine-argent est inat-

taquable ». La conséquence de cette altération de la paraffine, c'est que son pouvoir isolant diminue très vite et
peut, à un moment donné, devenir trop faible.

L'étalon Siemens, est composé d'un fil de maillechort
recouvert de soie et verni à la gomme laque; ce fil, enroulé en hélice, est suspendu dans une boîte en bois
ouverte en haut et en bas. Dans cet étalon, il est égale-

Fig. 67. — Etalon, forme Carpentier.   Fig. 68. — Etalon à bobine plate.

ment très difficile de connaître la température exacte du
fil, celui-ci étant trop découvert; il faut placer un thermomètre au centre et entourer entièrement la boîte avec
de la ouate de manière à réduire les écarts de température. Cette construction est d'ailleurs abandonnée.

Tous les constructeurs font aujourd'hui leurs étalons
en fil de manganin ou d'alliage à coefficient nul.

Dans l'étalon Carpentier (fig. 67), le fil de manganin enroulé sur une bobine de porcelaine, est, après enroulement,
recouvert d'une couche de paraffine ou de vernis, destinée uniquement à empêcher l'humidité de produire des
dérivations; la bobine est placée dans un cylindre de
laiton, enduit intérieurement de paraffine, et la boîte,
fermée par un couvercle d'ébonite, est percée d'un trou
juste suffisant pour laisser passer la tige du thermomètre;

on prend ainsi la température de la couche d'air qui enveloppe la bobine. On peut, pour plus de sécurité, plonger l'étalon dans un bain à température constante.

Dans certaines formes d'étalons, le fil, enroulé en bobine annulaire et *plate*, est isolé par la plus petite quantité de paraffine possible et enfermé dans une boîte en laiton aussi restreinte que possible, le tout peut être ainsi placé dans un bain. La forme plate de la bobine lui permet de plonger dans une couche horizontale assez petite pour qu'on puisse considérer sa température comme uniforme (fig. 68).

La paraffine est un des isolants les plus commodés dans ces sortes de travaux, mais il faut avoir soin de l'employer *brute*, de préférence, ou ayant seulement été soumise à un raffinage grossier, par fusion et sous la presse. Tous les raffinages plus parfaits sont basés sur l'emploi des acides et il est très difficile de neutraliser la paraffine ainsi traitée. Un inconvénient assez grave de la paraffine, c'est qu'elle n'adhère pas facilement aux métaux, il en résulte que l'humidité parvient à se glisser entre elle et la surface à protéger. Toutes les fois qu'il est possible de chauffer l'étalon une fois fini, il est préférable d'employer la gomme laque comme isolant; dans ce but, on recouvre le fil d'une couche épaisse d'un vernis formé par une dissolution de gomme laque dans l'alcool absolu, et on chauffe assez longtemps et assez fortement pour obtenir une couche très dure sur la surface du fil; cette couche, qui protège fort bien le fil contre l'humidité, a l'avantage d'être plus mince que la couche de paraffine et, par là, de permettre, à *isolement électrique égal*, un équilibre de température plus parfait. L'arcanson, mélange de cire et de résine, est un très bon isolant, qui adhère très fortement aux métaux.

Presque tous les étalons sont terminés par deux gros conducteurs en cuivre rouge que l'on recourbe pour les

plonger dans des godets pleins de mercure; ces conducteurs doivent avoir une résistance aussi faible que possible, pour que la variation de hauteur du mercure sur
la tige n'affecte pas pratiquement la valeur de l'étalon.
On emploie également, pour les étalons en fil métallique, et principalement pour les valeurs inférieures à
1 ohm, la disposition qui consiste à amener le courant
par deux conducteurs et à limiter la résistance mesurée par deux conducteurs de dérivation, disposition
que nous avons déjà signalée à propos des étalons à
mercure.

Le meilleur moyen d'obtenir la température du fil d'un
étalon, consiste à le plonger dans un liquide isolant.
Cette méthode n'est cependant pas très employée, parce
que les liquides isolants sont généralement assez peu
fluides, qu'ils ont une tendance à laisser s'établir des
couches de température graduellement croissantes, ce
qui exige l'agitation continuelle du liquide; parce que
les liquides isolants, non susceptibles d'attaquer les
métaux, sont en assez petit nombre et qu'il faut avoir
soin de les choisir extrêmement purs, ni acides, ni alca-
lins; enfin, parce que la résistivité de ces liquides est
généralement moindre, en pratique, que celle de la paraffine ou de la gomme laque.

L'emploi des alliages à coefficient négligeable rend
toutes les précautions précédentes à peu près inutiles. Ce
n'est que pour les mesures très exactes que l'on peut
avoir intérêt à connaître la température des étalons; dans
la plupart des cas, on peut se dispenser de faire les corrections de température. Cependant les étalons doivent
toujours être disposés de façon à se refroidir facilement,
car il faut craindre que l'élévation anormale de la température, causée par le courant, amène une variation permanente de la résistance.

Avec un étalon en fil métallique qui a été soigneusement vérifié, on peut, avec beaucoup de précautions, comme nous l'avons déjà dit, garantir 0,01 p. 100.

§ 31. — Bobines de résistances.

Les boîtes de résistances sont composées d'un certain nombre de bobines de valeurs diverses, attachées à des blocs de laiton ou *plots*, dont l'ensemble forme un commutateur, qui permet de grouper les bobines de différentes manières pour faire varier la somme.

Les bobines forment la partie capitale des boîtes de résistances, il est nécessaire de bien connaître leur construction pour tirer des boîtes le meilleur parti possible.

Tout ce que nous avons dit sur les alliages employés, les coefficients de variation, la constance, etc., à propos des étalons est encore applicable ici ; il faut simplement tenir compte de la précision moins élevée que l'on demande, en général, aux boîtes.

Pour éviter les phénomènes de la période variable du courant, qui peuvent, dans certains cas, troubler considérablement les mesures, il faudrait que les bobines de résistances n'eussent ni self-induction, ni capacité; cette double condition est matériellement impossible à remplir; ce que l'on cherche, c'est simplement de réduire ces facteurs au minimum. Pour éviter la self-induction, on a eu recours au moyen, très simple, qui consiste à enrouler la moitié du fil dans un sens, l'autre moitié en sens inverse, ce qui s'obtient très facilement en enroulant simultanément deux fils parallèles. Les deux brins sont réunis, par une soudure, au commencement et les bouts, libres à la surface, réglés à la longueur convenable par une série de tâtonnements, sont fixés aux plots de la boîte. Cette disposition a pour effet de détruire à peu près complètement la self-induction des bobines, mais,

par contre, elle donne le maximum de capacité
(voy. § 33).

Pour les bobines de faible résistance, composées d'une
très petite longueur de gros fil, l'effet de la capacité est
négligeable; il n'en est pas de même pour les grandes
résistances. L'erreur introduite de ce chef, lorsqu'on fait
usage de la période variable d'un courant direct, ou d'un
courant alternatif, est assez grande pour rendre, quelquefois, les mesures illusoires. Cette forme d'enroulement, quoique très imparfaite à ce point de vue, est
néanmoins encore la plus employée.

Pour réduire la self-induction, sans donner à la capacité électrostatique une influence trop grande, M. Chaperon a proposé de faire les bobines avec un seul fil,
chaque couche étant enroulée en sens inverse de la
précédente. Les couches successives détruisent ainsi leur
action inductive et les points voisins ayant entre eux une
différence de potentiel d'autant plus petite que le nombre de couches est plus grand, la capacité apparente se
trouve très réduite. Cette disposition est très bonne pour
les résistances élevées; elle a permis d'utiliser les boîtes
de résistances pour les mesures au téléphone, qui sont
impossibles avec les enroulements ordinaires à deux fils.

La question la plus embarrassante, pour les personnes
ayant à se servir des boîtes, est de savoir quelle intensité de courant on peut faire passer dans les bobines,
pour ne pas causer d'erreurs sensibles et pour ne pas les
détériorer. La question est très complexe, mais nous
pouvons dire, au point de vue des erreurs, qu'il ne faudrait faire passer *aucun courant* dans les bobines. Cette
affirmation, un peu paradoxale, doit être remplacée, dans
la pratique, par cette règle que le courant doit être le
plus faible possible. *Il vaut mieux, dans les mesures précises, diminuer le courant, quitte à augmenter la sensibilité des appareils de mesure.*

L'échauffement d'une résistance est proportionnel à :

$$RI^2t.$$

On connaît presque toujours R et I, mais ce qu'on connaît rarement c'est t. Dans une mesure de résistance par le pont de Wheatstone, par exemple, on peut tâtonner plus ou moins longtemps avant d'atteindre l'équilibre ; pendant plusieurs intervalles de temps, de durées variables, on fait passer le courant et la bobine s'échauffe de plus en plus, car il ne faut pas oublier que les isolants électriques que l'on met sur les fils sont en même temps d'excellents isolants thermiques ; donc, lorsque les émissions de courant sont rapprochées, la bobine prend une température croissante, qui peut devenir dangereuse ; mais, par contre, un courant qui serait suffisant pour brûler une bobine en 1 ou 2 minutes, peut passer presque impunément pendant une fraction de seconde ; c'est alors une affaire d'habileté de l'expérimentateur.

Lorsqu'il s'agit d'une seule émission de courant de durée t, on peut se donner comme limite de I^2t une valeur telle que l'élévation de température θ soit inférieure à une grandeur donnée, en supposant, bien entendu, le refroidissement nul. Pour un fil de diamètre et de résistivité connues, dont on connaît également la densité et la chaleur spécifique, on a :

$$\frac{RI^2t}{gA} \le lsDC\theta$$

A, équivalent mécanique de la chaleur,
D, densité du métal ou de l'alliage,
C, chaleur spécifique,
g, accélération,
l, longueur du fil,
d, diamètre du fil,
s, section du fil,

d'où on tire :

$$I^2t \le d^4\theta \frac{\pi^2gADC}{16\rho}.$$

Pour le maillechort, par exemple, prenons les valeurs
moyennes :

$$\rho = 35 \text{ microhms-cm},$$
$$D = 8,5 \quad \text{»}$$
$$C = 0,08 \quad \text{»}$$

Le diamètre d étant exprimé en cm et la température θ
en degrés centigrades, il vient, toutes réductions faites :

$$I^2 t = d^4 \theta \times 51 \times 10^{-4}.$$

On voit par cette formule qu'on peut faire passer un
courant de 7,15 ampères pendant 1 seconde, dans un fil
de maillechort de 0,1 cm de diamètre, sans l'échauffer de
plus de 1°, ou encore, un courant de 2,26 ampères pendant 10 secondes. En réalité, il est difficile de limiter le
temps t, et c'est le plus souvent au moment où la résistance brûle, que l'on s'aperçoit que le courant a passé
trop longtemps.

Pour les résistances destinées à être parcourues constamment par le courant, il faut poser le problème autrement et chercher, par expérience, pour une *surface de
refroidissement*, de *grandeur* et de *nature* déterminées,
quelle est l'énergie qui peut être dépensée par rayonnement et par convection pendant un temps donné. La
bobine ayant une résistance R, l'énergie électrique dépensée suivant la loi de Joule, doit être égale, au plus, à
l'énergie perdue pendant le même temps, par la *surface*
de refroidissement. Dans les boîtes de résistances ordinaires, les bobines ont habituellement des dimensions
assez petites ; en outre, l'isolement du fil et sa protection
contre l'humidité sont assurées par une couche de paraffine assez épaisse, qui forme un obstacle presque
insurmontable au refroidissement. Nous donnons, dans
le tableau ci-contre, un exemple des intensités et, par
suite, des différences de potentiel que l'on peut appliquer en toute sécurité aux bobines en maillechort des

boîtes ordinaires, en tenant compte de *l'échauffement seul*.

Résistance.	Différence de potentiel maximum.	Intensité maximum.
1 ohm	0,32 volt	0,32 amp.
10 »	1,0 »	0,10 »
100 »	3,2 »	0,032 »
1 000 »	10 »	0,010 »
10 000 »	32 »	0,0032 »

Pour les boîtes destinées à être traversées d'une façon continue par le courant, il faut donner des dimensions telles que le refroidissement se fasse dans de bonnes conditions, c'est-à-dire telles que la température ne puisse pas s'élever à un point suffisant, pour que la variation de résistance cause une erreur appréciable, ou, lorsque le coefficient de variation est nul ou très petit, la température atteinte doit être inférieure à celle où l'isolement peut être compromis. Dans les bobines de grande résistance, avec des fils isolés avec de la soie et vernis ou paraffinés, il ne faut pas atteindre une température supérieure à 40° (à 50 ou 55° la paraffine fond). Pour le maillechort ou les alliages à coefficient semblable, une élévation de 25° au-dessus de la température de réglage, amène déjà une augmentation de 1 p. 100 sur la résistance, ce qui est beaucoup trop dans bien des circonstances.

Les très faibles résistances sont quelquefois formées de fils nus, enroulés en hélice ou tendus ; dans ce cas on peut atteindre des températures beaucoup plus élevées. Lorsque le fil a été bien recuit préalablement, il peut être soumis à des températures de 200 à 300°, sans subir de variation permanente importante, mais il faut assurer une ventilation parfaite, sans quoi la température peut, à un moment donné, s'élever brusquement et amener la fusion du fil. Toutefois, si le fil est facilement oxydable, comme le manganin, il ne faut pas dépasser la température à laquelle il commence à s'oxyder. Enfin il faut ajouter que ces hautes températures ne peuvent être appliquées qu'à des alliages à coefficient nul.

Les grandes résistances pour courants relativement intenses, doivent être enroulées sur des bobines ayant une *grande surface*, il n'est pas indispensable de donner au fil un gros diamètre; ce qui est important, c'est que *la couche de fil soit mince* et la surface la plus grande possible. Un très bon mode de confection de ces bobines, consiste à les enrouler sur un tube métallique de grand diamètre, dont le centre est ouvert; le refroidissement se fait ainsi par l'intérieur et l'extérieur. *Il faut toujours ménager la circulation de l'air sans laquelle il n'y a pas de refroidissement possible.* Comme règle pratique, il faut, en tenant compte des isolements nécessaires, donner de 5o à 100 cm² de surface de refroidissement par watt dépensé; ceci conduit, il est vrai, à des boîtes de dimensions exagérées, mais l'inconvénient est bien compensé par la sécurité que donne cette disposition.

En outre de la surface de refroidissement, il y a lieu, pour les très grandes résistances, de tenir compte de la différence de potentiel aux extrémités. En effet, si on enroule la résistance avec deux fils parallèles, à l'entrée de la bobine, la différence de potentiel est RI, or, ce produit peut, quand R est très grand, atteindre plus de 100 volts sans que l'échauffement soit nuisible. Il faut alors sectionner la résistance, pour que, dans aucune section, la différence de potentiel, entre deux fils voisins, ne soit supérieure à 4o ou 5o volts. L'isolant des fils de résistance est trop mince pour qu'on puisse le soumettre à des tensions plus élevées. On peut, il est vrai, augmenter l'épaisseur de l'isolant, mais c'est aux dépens du refroidissement, ce qui n'est pas un avantage.

C'est dans le but d'éviter cette rupture de l'isolant dans les boîtes ordinaires, qu'on est obligé de diminuer l'intensité du courant qu'elles supportent. Ainsi une bobine de résistance de 10 000 ohms, par exemple, pourrait très bien supporter un courant de 0,01 ampère pendant quelques secondes, sans échauffement appréciable, mais la tension entre les deux fils à l'entrée serait évidemment dangereuse. La même résistance, composée de 10 bobines distinctes, enroulées avec le même fil, pourra supporter un courant double pendant le même temps. La solution, pour les grandes résistances, est bien indiquée, elle consiste à enrouler, côte à côte, les sections de la bobine, en les isolant bien l'une de l'autre, et à les relier en série ; on réduit ainsi à la fois les chances de rupture et la capacité électrostatique.

Un très grand nombre de bobines, de grande résistance, présentent un phénomène qui gêne beaucoup dans les mesures, c'est une polarisation, causée, soit par la mauvaise qualité de la paraffine employée, soit par un séchage imparfait du fil. A la mesure, ces bobines paraissent augmenter constamment de résistance, et celle-ci est d'autant plus petite que la force électromotrice employée est plus grande. Cette effet ne peut pas être confondu avec l'augmentation de résistance due à l'échauffement, car, après la cessation du courant qui l'a produit, on constate l'existence d'un courant de polarisation. Ces bobines ne prennent leur résistance réelle qu'après avoir été traversées par le courant pendant un temps très long, suffisant pour polariser complètement l'isolant, et empêcher ainsi les dérivations qui diminuent la résistance apparente. Evidemment cet inconvénient ne doit pas exister dans les bobines bien construites, mais comme il se présente assez souvent en pratique, il est nécessaire de le signaler ; on doit, le cas échéant, s'assurer que le phénomène n'introduit pas une erreur supérieure à celle que l'on s'est fixée comme limite ; autrement, il n'y a qu'à rejeter la bobine qui en est affectée.

Le réglage des bobines de résistances se fait par tâtonnements successifs, en réduisant peu à peu la longueur du fil, l'enroulement ayant été fait
avec un excès. Pour faciliter le réglage,
on soude quelquefois un fil plus gros aux
deux bouts libres, on peut alors procéder
avec plus d'approximation. Lorsque la
résistance est faible, cette méthode n'est
pas suffisante et alors on soude le gros
fil en dérivation sur deux points a et b
convenablement choisis (fig. 69), et le
réglage se fait en diminuant la longueur
du gros fil en c; dans ce cas on doit avoir

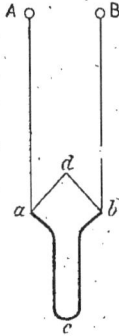

Fig. 69. — Ré-
glage des bo-
bines à l'aide
d'une dériva-
tion.

$$\overline{Aa} + \overline{Bb} < R < \overline{Aa} + \overline{Bb} + \overline{ad} + \overline{db}.$$

Quelquefois aussi on fait la résistance
un peu plus grande que la valeur réelle
et on place la dérivation directement en AB.

Certains constructeurs préfèrent faire le réglage en
deux fois : d'abord un réglage grossier, après lequel la
bobine est reliée à un rhéostat additionnel puis paraffi-
née, et, enfin, le réglage définitif à l'aide du rhéostat.
Le rhéostat ne présente qu'une fraction assez petite de la
résistance totale, de telle sorte que les bobines complètement terminées peuvent rester ainsi plusieurs années et
prendre leur état à peu près stable; il suffit, lorsqu'on
doit s'en servir pour une boîte de résistances, de les
régler exactement au moyen du rhéostat, sans toucher à
la portion principale du circuit. On gagne, par ce procédé, une certaine constance que n'ont pas les bobines
dans lesquelles le paraffinage est fait au moment de l'emploi. On peut également mettre ce rhéostat en dérivation
pour les faibles résistances.

Dans les bobines Carpentier, le rhéostat est constitué
par une double hélice de fil de maillechort, logée dans

le noyau de la bobine; un écrou fileté, également en maillechort, se déplace dans cette hélice et vient mettre un court-circuit entre les deux fils, à une distance plus ou moins grande de l'origine. Le réglage se fait en enfonçant plus ou moins l'écrou; celui-ci est fendu et une vis, à tête conique, introduite entre les deux moitiés, permet de les écarter et de bloquer l'écrou à la position voulue.

Une bonne précaution à prendre, dans la construction des bobines, consiste à *souder*, autant que possible, les parties métalliques du circuit, on évite de cette façon les accidents produits par les desserrages.

§ 32. — Résistances pour grandes intensités.

Avant de terminer ce qui a trait aux questions d'échauffement des résistances, nous devons dire quelques mots des résistances de faible grandeur, destinées aux courants intenses, dont l'emploi se répand de plus en plus.

Il existe beaucoup de formules donnant l'intensité du courant que peut supporter un fil donné, mais toutes s'appliquent au seul cas susceptible d'une interprétation mathématique : celui d'un fil tendu dans l'air. Dans les résistances industrielles, il y a lieu de tenir compte, à la fois, de la forme du fil, du voisinage et de la ventilation.

Si l'on admet que le rayonnement et la convection sont proportionnels à la surface S et à la différence de température θ entre le fil et l'air ambiant, on peut, pour un fil tendu dans l'air, poser l'équation d'équilibre

$$\frac{RI^2}{gA} = kS\theta,$$

ou :

$$\frac{4\rho l}{nd^2 g A} I^2 = k l \pi d \theta,$$

et, finalement :

$$I = \sqrt{\frac{\pi^2 g A k}{4\rho} \theta d^3},$$

les lettres ayant la même signification que ci-dessus. Cette équation ne contient qu'un seul facteur dépendant des dimensions du fil, les autres sont des constantes physiques; on peut donc, pour un échauffement θ, un coefficient de perte k et une résistivité déterminés, écrire :

$$I = k d^{\frac{3}{2}}.$$

Cette relation approchée montre qu'il est avantageux, au point de vue du refroidissement, de choisir des fils aussi fins que possible, quitte à en placer un certain nombre en dérivation. Cette conclusion est d'ailleurs encore renforcée par ce que nous savons du pouvoir émissif des fils fins (§ 22).

Cette considération a conduit à employer, pour les résistances dont nous parlons, des toiles métalliques, de fer, de laiton ou de maillechort; ces toiles présentent, en effet, une grande surface pour une résistance assez faible. On emploie aussi des fils fins tendus parallèlement et réunis en dérivation, ou, encore, des *lames* de métal, relativement minces, pour augmenter le rapport de la surface à la section.

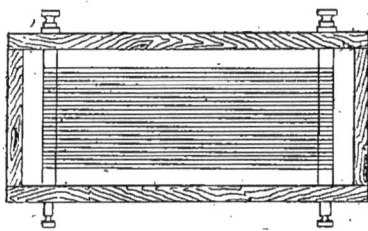

Fig. 70. — Résistance à fils fins, pour grandes intensités.

Dans le modèle de la figure 70, environ 200 fils d'un alliage à coefficient nul, sont soudés sur deux barres de laiton ; le courant, qui peut atteindre 100 ampères, sans amener de variation appréciable sur la résistance, entre par les deux bornes fixées aux barres de laiton ; deux bornes plus petites servent à prendre une dérivation, entre celles-ci la résistance est exactement 0,01 ohm. On peut varier à l'infini les dispositions analogues, mais il faut toujours avoir soin de ménager une circulation d'air très active autour des fils.

Beaucoup de constructeurs font ces résistances en fils ou en lames de manganin verni.

L'emploi de bornes de dérivation, entre lesquelles la résistance est exactement connue, est indispensable ; en effet, plus la résistance mesurée est faible, et plus importante est la valeur relative des résistances de contact ; aussi, il est préférable d'amener le courant par des bornes spéciales et de mesurer la différence de potentiel entre deux points bien fixes.

Le refroidissement par l'air n'est pas le seul mode employé ; on a aussi, fréquemment, recours à la circulation d'un liquide à température constante autour du cir-

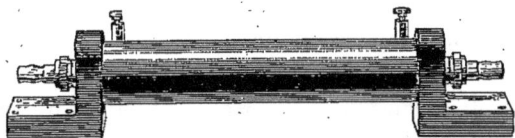

Fig. 71. — Résistance à circulation d'eau, pour grandes intensités.

cuit. Les fils ou barres qui composent la résistance plongent dans une cuve remplie d'eau ou d'un liquide isolant ; ou, encore, comme dans la figure 71, la résistance, constituée par un tube, avec bornes de dérivation convenablement placées, reçoit intérieurement un courant d'eau obtenu en reliant les deux ajutages à une canalisation. Dans ces conditions, un tube de maillechort ou de manganin, de 100 mm² de section, supporte facilement un courant de plus de 1 000 ampères.

Les résistances plongées dans un liquide, sans circulation, s'échauffent plus ou moins rapidement, suivant la
masse de liquide employée. Pour des courants de peu de
durée, elles peuvent donner des résultats assez exacts, à
condition d'agiter constamment le liquide pour éviter la
variation de température dans les différentes couches.
Cette disposition est la seule qui puisse être employée
avec les liquides isolants, lesquels, nécessairement coûteux, ne peuvent pas être employés en très grande
quantité.

Les résistances à circulation d'eau permettent, lorsqu'on dispose d'un courant d'eau à grand débit, d'obtenir
une température plus régulière, il suffit de mesurer cette
température à l'entrée et à la sortie. Elles nécessitent,
par contre, quelques précautions : il faut avoir soin de ne
pas placer deux points, entre lesquels la différence de
potentiel est grande, dans le voisinage l'un de l'autre,
et, en tout cas, on ne doit pas, pour des résistances
exactes, avoir une différence de potentiel supérieure
à 1,5 volt; au delà, des phénomènes de polarisation peuvent se produire entre ces points et même amener, par
électrolyse, la destruction de la résistance. Un moyen
bien simple d'éviter cet inconvénient consiste à vernir
les parties du circuit en contact avec l'eau, mais, par là,
on diminue aussi le refroidissement.

Les étalons de faibles résistances, de Siemens et
Halske, sont en manganin. Le fil ou la lame dont ils sont
formés est noyé dans la paraffine contenue dans une
boîte. Par suite du passage du courant, la résistance
s'échauffe et finit par faire fondre la paraffine, mais la
chaleur latente de celle-ci est assez élevée, de sorte que
la température ne peut dépasser que très difficilement
le point de fusion — 56° environ. — On obtient ainsi un
réglage de la température assez simple et un très bon
isolement de la résistance.

Toutes les résistances ci-dessus sont d'un emploi général pour la mesure des grandes intensités (§ 89).

§ 33. — Résistances pour courants alternatifs.

Nous avons vu (§ 31) que l'on parvient à supprimer la self-induction des bobines, par l'enroulement en double, mais que ce moyen a le défaut de donner une capacité électrostatique, qui n'est pas toujours négligeable.

Fig. 72. — Schéma des résistances à fil double.

Considérons deux fils a et b (fig. 72), réunis en d et appelons l la distance comprise entre la jonction d et un élément quelconque dl. Les deux brins qui constituent l'élément dl ont entre eux une capacité :

$$dC = C_1 dl ;$$

par conséquent, si nous supposons les deux fils séparés en d, l'ensemble formera un condensateur de capacité totale :

$$C = C_1 L ;$$

D'autre part, la résistance des deux brins réunis, dans l'élément dl, est :

$$dr = R_1 dl,$$

et

$$R = R_1 L,$$

Un courant I parcourant ce fil, charge le condensateur dl, d'une quantité :

$$dq = R_1 I dC = R_1 C_1 I l dl ;$$

la quantité totale, emmagasinée par le fil ab, est donc :

$$q = \frac{R_1 C_1 L^2}{2} \, 1 = \frac{C}{2} \, RI \; ;$$

c'est-à-dire que le système se comporte *comme un condensateur de capacité* $\frac{C}{2}$, *mis en dérivation sur la résistance* R.

La capacité $\frac{C}{2} = C_0$ est la *moitié* de celle que l'on peut mesurer quand les deux brins du fil sont séparés.

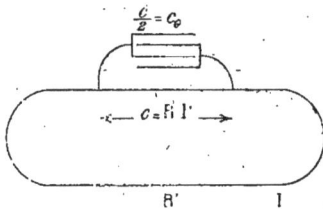

Fig. 73. — Schéma d'une résistance avec condensateur en dérivation.

On peut aussi mesurer C_0 directement; en effet, soit C_0 le condensateur et R la résistance du fil (fig. 73); si l'ensemble constitue un circuit de résistance totale $R + R'$, au moment où le courant I cessera de traverser le circuit, la quantité q se déchargera en partie dans le fil R, en partie à l'extérieur R'; la quantité q' qui traversera le circuit R, sera :

$$q' = q \, \frac{R}{R + R'} = \frac{C_0 R^2}{R + R'} \, I.$$

Le courant de décharge étant opposé au courant 1, *l'ensemble se comporte comme une self-induction négative*, de valeur $C_0 R^2$. Ce facteur peut être mesuré par toutes les méthodes employées pour les self-inductions *du même ordre de grandeur*.

On démontre aussi que plusieurs bobines, montées en tension, comme cela arrive dans les boîtes de résistances, se comportent, vis-à-vis de la période variable des courants continus, comme une seule résistance ΣR, ayant une capacité *fictive* C', en dérivation sur la résistance totale :

$$C' = \frac{\Sigma(C_0 R^2)}{(\Sigma R)^2}.$$ (1)

Ceci posé, nous appellerons i le courant de charge du condensateur C_0, et I' le courant qui traverse la résistance R. Pour un courant alternatif, de fréquence $\frac{\omega}{2\pi}$ nous pouvons écrire :

$$I = I' + i,$$
$$e = RI',$$
$$i = C_0 \frac{de}{dt},$$
$$I = \frac{e}{R} + C_0 \frac{de}{dt},$$

mais comme :

$$e = e_0 \sin \omega t,$$
$$I = \frac{e_0}{R}\sqrt{1 + \omega^2 C_0^2 R^2}\,\sin(\omega t + \varphi).$$ (2)

L'angle φ, qui représente l'*avance* du courant I sur la force électromotrice e, est donné par :

$$\operatorname{tg}\varphi = -\omega C_0 R.$$ (3)

Pour plusieurs bobines différentes, en tension, la somme ne se comporte plus comme s'il y avait une capacité fictive C', on a exactement :

$$I = \frac{e_0 \cos\varphi'}{\Sigma(R\cos^2\varphi)}\sin(\omega t + \varphi'),$$ (4)

$$\operatorname{tg}\varphi' = \frac{\Sigma(R\sin\varphi\cos\varphi)}{\Sigma(R\cos^2\varphi)}.$$ (5)

De ces deux équations on peut tirer cette conclusion intéressante, que le *sectionnement*, d'une résistance, réduit notablement l'effet nuisible de la capacité. Supposons une résistance R, de capacité C_0, divisée en n

parties égales, réunies en tension ; l'ensemble aura toujours une résistance totale R, mais chaque section n'aura que $\dfrac{C_0}{n}$ et $\dfrac{R}{n}$, de telle sorte que I et tg φ' deviennent :

$$I = \frac{e_0}{R} \sqrt{1 + \frac{\omega^2 C_0^2 R^2}{n^4}} \, \sin(\omega t + \varphi'), \qquad (6)$$

$$\operatorname{tg} \varphi' = \frac{-\omega C_0 R}{n^2}. \qquad (7)$$

L'effet du sectionnement est donc de réduire à $\dfrac{1}{n^2}$ la capacité C_0. Si on ajoute à cet avantage, très important pour les grandes résistances, celui, non moins grand, de réduire la différence de potentiel entre deux fils voisins, on comprendra pourquoi la plupart des bobines destinées aux mesures industrielles sont sectionnées.

Le danger de percer l'isolant du fil est plus grand avec les courants alternatifs qu'avec les courants continus, car, à voltage moyen égal, la différence de potentiel alternative peut atteindre des valeurs instantanées beaucoup plus élevées ; là où l'on admet qu'une section peut supporter 50 volts en continu, on fera bien de mettre au plus 30 à 35 volts alternatifs.

Dans la pratique, quand le sectionnement est suffisant, les valeurs de $\omega C_0 R$ sont toujours assez petites pour être négligées devant 1, on peut alors écrire plus simplement les équations (4) et (5) :

$$I = \frac{e_0}{\Sigma R} \, \sin(\omega t + \varphi') \qquad (8)$$

$$\operatorname{tg} \varphi' = -\omega \, \frac{\Sigma (CR^2)}{\Sigma R}. \qquad (9)$$

L'introduction de bobines semblables dans un circuit ne change pas sensiblement l'intensité, à résistance égale, mais agit principalement sur le décalage entre e

et I ; *cette action est surtout importante dans les watt-mètres.*

Tangente φ', dans l'équation (9), est exactement de même forme, mais de signe contraire, que l'effet produit par une self-induction ; il en résulte qu'on peut, au moyen d'un nombre quelconque de bobines ayant de la capacité, annuler, pratiquement, la self dans un circuit composé de bobines sans fer, enroulées en électro, et de bobines enroulées en fil double ; il suffit d'avoir :

$$L - \Sigma (CR^2) = 0. \tag{10}$$

La disposition de M. Chaperon réduit considérablement la capacité, mais elle n'est pas très employée ; d'autre part, on a quelquefois intérêt à compenser L par CR^2 ; dans ce cas, la capacité n'est pas un inconvénient, au contraire.

Pour donner une idée de la capacité des bobines des boîtes de résistances ordinaires, nous donnons, ci-dessous, quelques valeurs de C, mesurées avant la réunion des deux bouts de fil, C_0 capacité mesurée après jonction, et C_0R^2, valeur équivalente à une self-induction négative de la bobine. Ces valeurs sont prises sur une boîte de construction courante, elles ne s'appliquent rigoureusement qu'à celle-ci.

R Ohms.	C Microfarad.	C_0 Microfarad.	C_0R^2
10 000	0,0142	0,0075	0,75
1 000	0,00158	0,000625	0,000625
100	0,00114	»	0,000006
10	0,00068	»	0,000000034

La même bobine de 10 000 ohms, enroulée avec le même fil, mais en électro, donne un coefficient de self-induction, $L = 0,15$; il n'y a pas d'avantage à employer l'enroulement en double pour cette valeur et cette dimension de bobine.

Une autre disposition, très recommandable pour les
courants alternatifs, consiste à enrouler la résistance sur
une lame mince : mica, carton, etc. L'enroulement étant
fait avec un seul fil, la résistance présente de la self-
induction, mais, comme la *surface*, embrassée par chaque
spire, est à peu près nulle, la self est réduite à celle
d'un fil droit, c'est-à-dire à son minimum. Cette disposition réduit également le danger de rupture de l'isolement entre deux fils voisins, et la surface de refoidisse-
ment est augmentée. Bien entendu, il ne faut enrouler
qu'une seule couche de fil, pour tirer le meilleur parti
possible du système.

§ 34. — Boîtes de résistances.

La réunion des bobines, dans une boîte de résistances,
se fait de deux manières distinctes : dans la première,
les extrémités du fil de chaque bobine sont soudées à

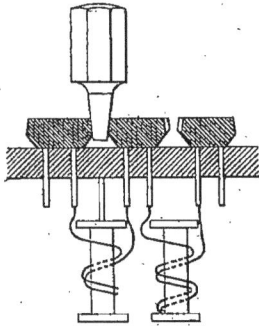

Fig. 74. — Disposition ordinaire des bobines dans une
boîte de résistance.

deux plots de laiton entre
lesquels vient se placer une fiche
légèrement conique (fig. 74) ;
deux bobines sont reliées à
chaque plot, de façon que le
courant passe d'une bobine à la
suivante lorsque aucune fiche
n'est en place ; au contraire, si
on bouche un trou au moyen
d'une fiche, la résistance de
celle-ci étant négligeable, on
peut considérer la bobine comme
en court-circuit.

Dans ce montage, les bobines
successives ont des valeurs croissantes, choisies de façon
à permettre de former tous les nombres compris entre la

plus petite résistance et la plus grande. Dans ce but, on a employé les séries suivantes:

1, 2, 4, 8, 16, 32, 64, etc.
1, 2, 3, 4, 10, 20, 30, 40, 100, etc.
1, 2, 2, 5, 10, 10, 20, 50, 100, 100, 200, etc.
1, 2, 2, 5, 10, 20, 20, 50, 100, 200, etc.

La première série, complètement abandonnée aujourd'hui, exigeait une trop grande attention dans le calcul de la somme ; les trois autres sont équivalentes comme facilité d'emploi ; la seconde est surtout en usage en Angleterre. Avec ces dispositions, la résistance intercalée dans le circuit est la *somme des résistances des bobines dont les fiches sont retirées.*

Une disposition, beaucoup plus commode pour l'emploi, mais qui a l'inconvénient d'exiger un plus grand nombre de bobines, est celle des figures 75 et 76. Dans ces boîtes il y a plusieurs

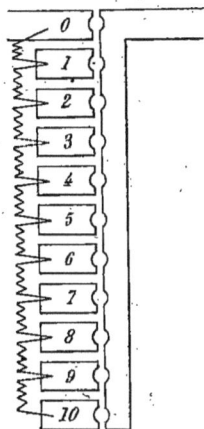

Fig. 75. — Montage des bobines en décade linéaire.

rangées « décades ou cadrans » de 9 ou 10 bobines *égales ;* le rapport d'une rangée à la suivante est 10. Les bobines sont reliées en série et attachées à 10 ou 11 plots ; un plot *longitudinal* (fig. 75) ou *central* (fig. 76), permet, lorsqu'on intercale une fiche entre lui et un des plots séparés, de prendre 1, 2, 3...n

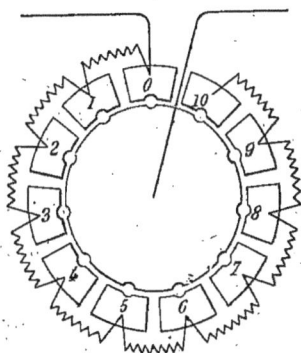

Fig. 76. — Montage en décade circulaire.

bobines de la série, les autres restant hors circuit. Le

plot commun est relié au commencement de la rangée
suivante, par conséquent, la résistance intercalée dans la
boîte est la somme des bobines placées entre la fiche
et le zéro. Chacun des plots porte le numéro d'ordre de
la bobine ; il suffit, pour connaître la somme, de lire simplement les chiffres placés en face des fiches. Pour faciliter cette lecture, les unités sont placées à droite, puis,
en allant de droite à gauche, les dizaines, centaines,
mille, etc., la lecture se fait comme si le nombre était
écrit. Les deux formes sont équivalentes, cependant il
semble que la disposition linéaire facilite un peu les
lectures, elle permet une meilleure utilisation de l'espace
et réduit sensiblement le volume des boîtes.

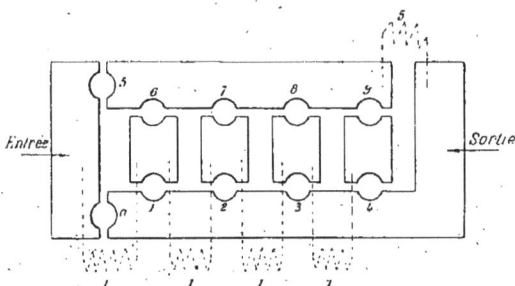

Fig. 77. — Décade système Feussner.

La disposition de la figure 77, due à M. Feussner,
réduit le nombre des bobines, en conservant les avantages de la décade. L'ensemble comprend 4 bobines de
valeur 1 et une bobine de valeur 5. L'examen de la figure
fait comprendre aisément le système.

Indépendamment du mode de lecture, la disposition
en série et celle en décade présentent des différences
sensibles : dans la boîte en série, il faut employer autant
de fiches qu'il y a de bobines, ce qui introduit des
erreurs de contact nombreuses ; en outre, il arrive fréquemment, surtout avec les boîtes un peu anciennes,

dans lesquelles l'ébonite s'est contractée, que la sortie
d'une fiche fait déplacer les plots et desserre les fiches
voisines, il faut alors resserrer celles-ci pour assurer un
bon contact. Avec les dispositions à décades ou à cadrans,
il n'y a qu'une seule fiche par série de bobines, la résistance des contacts est donc toujours la même quand
ceux-ci sont bien établis ; de plus, la manœuvre est bien
simplifiée quand il s'agit d'introduire une résistance
dans le circuit.

Beaucoup de boîtes, destinées à servir à la méthode
du pont de Wheatstone, sont munies de plusieurs bobines,
égales deux à deux, qui forment les *bras de proportion* ;
ces bobines ont, généralement, des valeurs croissantes,
qui sont des multiples de dix ; on les dispose dans l'ordre
suivant :

$$1\,000 — 100 — 10 — 10 — 100 — 1\,000.$$

Les figures représentent les dispositions les plus clas-

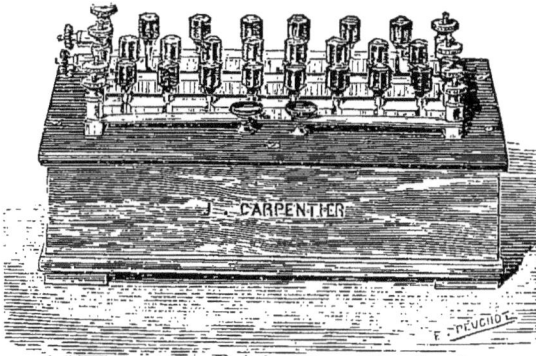

Fig. 78. — Boîte de résistances ordinaire.

siques : figure 78, boîte en série, modèle dérivé du Post
Office ; figure 79, boîte à cadrans d'Elliott ; figure 80,
boîte à décades de Carpentier. On ajoute souvent aux

boîtes, formant pont de Wheatstone, deux clefs à ressort destinées à fermer les circuits de la pile et du galvano-mètre (fig. 78 et 80).

Dans la pratique, on a souvent besoin d'introduire des résistances connues dans un circuit et de les faire varier rapidement ; la manœuvre des fiches est encore trop

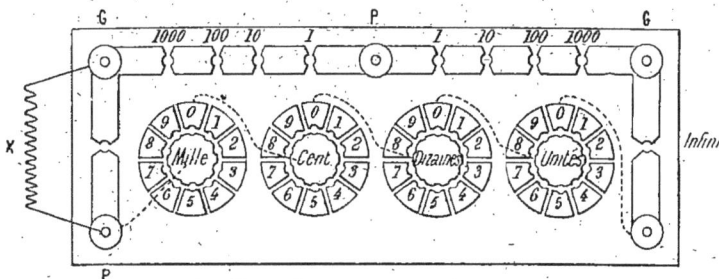

Fig. 79. — Boîte à décades circulaires d'Elliott.

longue dans ce cas, et, si l'on ne cherche pas une très grande précision, on a recours à des boîtes à contacts glissants (fig. 81). Ces boîtes, dont le schéma est le même que celui des boîtes à cadrans, sont formées de séries de 9 ou 10 bobines, égales entre elles, soit :

$$
\begin{aligned}
&10 \text{ de} \quad \;\;\, 1 \text{ ohm} \\
&10 \text{ de} \quad \;\; 10 \quad » \\
&10 \text{ de} \quad 100 \quad » \\
&10 \text{ de } 1\,000 \quad »
\end{aligned}
$$

Dans la figure 81, les plots sont des contacts ronds sur lesquels vient frotter une manette remplaçant la fiche. La manette d'un groupe est reliée à celle du groupe suivant ; le courant entrant par le plot zéro d'une série, parcourt toutes les bobines comprises entre ce plot et la manette, passe à l'autre manette et revient au plot zéro, de l'autre série, en passant par toutes les bobines comprises entre ce plot et la manette correspondante. La manœuvre des boîtes de ce système est plus facile et plus rapide que celle des boîtes à fiches, même disposées en décades, la précision est moins grande à cause de la résistance va-

Fig. 80. — Boîte à décades linéaires de Carpentier.

riable des contacts ; la surface de ceux-ci est en argent et très facilement accessible, elle peut être aisément net-

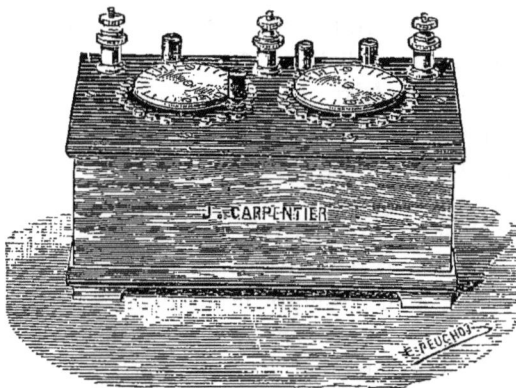

Fig. 81. — Boîte à contacts glissants.

toyée, de telle sorte qu'avec un peu de soin la résistance totale des contacts, d'une boîte à quatre manettes, est bien inférieure à 0,1 ohm ; on voit qu'il suffit que la résistance intercalée soit supérieure à 10 ohms pour que l'erreur commise de ce chef soit inférieure à 1 p. 100.

Le même modèle, muni de bras de proportion (fig. 82),

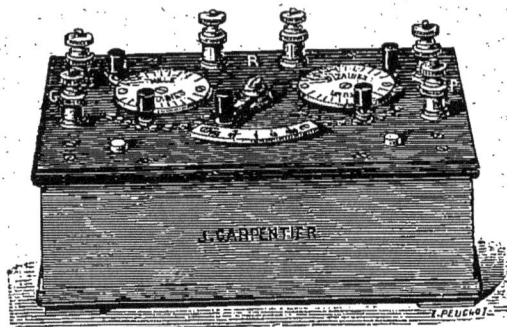

Fig. 82. — Boîte à contacts glissants, avec bras de proportion.

constitue une boîte à pont d'un emploi très commode dans l'industrie. Dans les mesures courantes, la précision des boîtes à fiches est bien souvent rendue illusoire par le manque d'expérience des observateurs et il vaut mieux employer un appareil moins parfait, théoriquement, mais n'exigeant pas trop d'attention.

Les boîtes de résistance sont sujettes à certains accidents et nécessitent des soins qu'il est utile de connaître. Le *temps* apporte, comme toujours, des modifications qui se manifestent principalement dans le retrait de la planche d'ébonite qui porte les plots ; par suite, ceux-ci, desserrés, peuvent donner une mauvaise communication électrique et même rompre le circuit. Le seul remède, dans ce cas, consiste à démonter entièrement la boîte et à resserrer toutes les vis, c'est une affaire de constructeur. Le même phénomène, en rapprochant les plots, ovalise les trous des fiches, ce qui donne également un contact trop résistant ; si cette action est un peu marquée, il faut aléser les trous.

Les boîtes de résistances doivent être, autant que possible, tenues dans un *endroit sec* et *à l'abri de la lumière;* il est même bon, quand on ne s'en sert pas, de les remettre dans la boîte gainée dans laquelle elles sont généralement livrées. On évite ainsi la formation, à la surface de l'ébonite, d'une couche d'acide sulfurique, qui produit non seulement des dérivations entre les plots, mais qui, en outre, amène rapidement la destruction de la boîte.

Les fiches doivent être tenues très propres, on y parvient aisément si on a soin de les essuyer chaque jour avec une peau de chamois; si, après un certain temps, il est nécessaire de procéder à un nettoyage plus complet, il faut faire usage seulement de papier émeri très fin, au plus du zéro. Quand, par suite d'un abandon prolongé, des taches profondes se sont produites sur les fiches, il vaut mieux les renvoyer au constructeur, que de tenter de les nettoyer soi-même; le nettoyage devant être plus profond, on risque de modifier le cône de la fiche et de produire ainsi des contacts imparfaits dans la boîte. Pour la même raison, nous ne conseillons pas de nettoyer les trous des fiches au papier émeri; il faut se borner à y passer un morceau de bois tendre, taillé à peu près comme les fiches, et à frotter ainsi les parois. Enfin, il faut se pénétrer de l'idée qu'un nettoyage journalier, à la peau de chamois, est une bonne garantie de conservation de la boîte.

La surface extérieure de la boîte doit être aussi tenue très propre; il faut, au moyen d'un blaireau très doux, enlever toute la poussière avant de s'en servir et faire surtout attention à ce qu'aucune limaille ne vienne se glisser entre les plots, en créant des dérivations; les erreurs ainsi produites sont d'autant plus graves qu'on ne s'en aperçoit pas tout de suite.

Les boîtes de résistances à coefficient de température non négligeable, sont presque toujours réglées pour être exactes entre 15 et 20°, la température d'exactitude est

d'ailleurs gravée sur la boîte elle-même ; il faut bien en
tenir compte dans les mesures, car il suffit d'une température inférieure ou supérieure de 10° à celle du réglage
pour qu'une boîte en fil de maillechort donne une erreur
de 0,3 à 0,4 p. 100 par ce seul fait.

On a proposé divers moyens pour connaître la température des bobines au moment de la mesure ou pour
l'éliminer ; ces moyens seront inutiles le jour où toutes
les bobines seront enroulées avec des fils d'alliages à
coefficient nul. Une disposition, qui est relativement la
plus répandue, consiste à placer dans la boîte une bobine
de fil de cuivre de résistance connue ; cette bobine, mesurée avec la boîte elle-même, donne, par différence
avec la valeur connue à une certaine température, la correction à faire subir aux mesures. Quel que soit le moyen
employé, il est bon, si l'on veut faire des mesures aussi
exactes que le comporte la construction des boîtes, de
toujours connaître, à 1 ou 2 degrés près, la température
de la boîte, ou, à défaut, la température ambiante, ainsi
que le coefficient moyen de variation ; on fait les corrections s'il y a lieu.

Ce qu'il faudrait connaître, en réalité, c'est la température des bobines elles-mêmes, mais on sait que l'échauffement de celles-ci est très inégal, de telle sorte que la
température intérieure de la boîte peut suffire dans bien
des cas ; enfin, la température ambiante donne des résultats assez concordants lorsqu'elle est constante pendant
plusieurs heures.

Les boîtes de résistances peuvent être difficilement
réglées à une approximation supérieure à 0,02 ou 0,03
p. 100 et les mesures avec bras de proportion ne peuvent
être garanties à plus de 0,02 p. 100, sauf quelques cas
exceptionnels. Cependant l'emploi des alliages à coefficient nul augmente sensiblement la précision sur laquelle
on peut compter.

Le mode d'emploi, proprement dit, des boîtes de résistances, est trop intimement lié aux méthodes générales de mesures pour être traité ici, nous n'y insisterons pas.

§ 35. — Ponts à fil.

Indépendamment des boîtes de résistance, dans lesquelles les bras de proportion du pont de Wheatstone sont formés par des bobines de résistances connues, on emploie fréquemment la disposition appelée pont à fil, soit en se servant du fil pour former les bras de proportion, soit que le fil serve seulement à parfaire l'équilibre

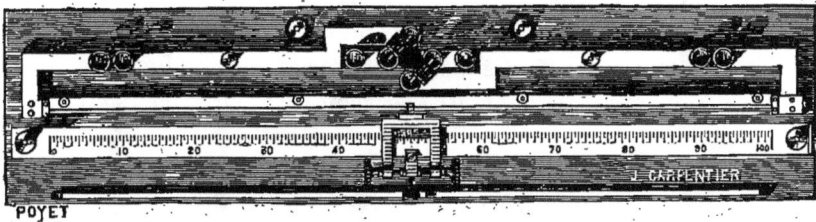

Fig. 83. — Pont à fil, modèle de précision.

des quatre branches. Un curseur mobile permet, dans le premier cas, de faire varier le rapport des bras de proportion, dans le second, de chercher la position exacte d'équilibre. Les ponts à fil, de construction très différente selon la précision et la complication des mesures à effectuer, comprennent tous un fil métallique homogène et de section uniforme dans toute sa longueur; ce fil, en platine iridié, maillechort ou laiton, devant lequel se déplace un curseur porté par une règle graduée, constitue la partie essentielle de ces ponts.

Dans le modèle représenté par la figure 83, le curseur coulisse sur une règle en laiton, une vis micrométrique permet de lui imprimer de très petits déplacements; le chariot du curseur porte un vernier au 1/20 de mm; enfin, le contact du curseur, placé à l'extrémité du ressort, vient, lorsqu'on abaisse la touche d'ébonite que l'on voit en avant, s'appuyer sur le fil de laiton tendu entre

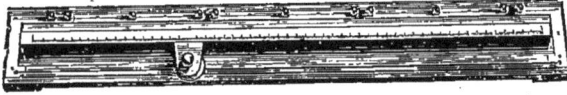

Fig. 84. — Pont à fil, modèle simple.

deux équerres de laiton placées aux extrémités du socle. Le fil, dans cet appareil qui est destiné à des mesures très précises, est abrité par une réglette en bois, il est soigneusement calibré. Quatre paires de godets, portés sur des barres de laiton, qui sont elles-mêmes isolées sur des supports en ébonite, reçoivent les conducteurs en cuivre rouge dont les résistances à mesurer sont

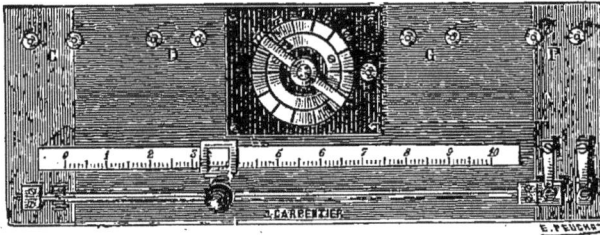

Fig. 85. — Pont double de lord Kelvin.

munies. Un commutateur, formé par les quatre godets à mercure du centre et deux cavaliers en cuivre rouge, permet d'inverser les positions des résistances placées dans les godets du milieu.

Lorsqu'on veut simplement déterminer le rapport de deux résistances, l'une connue, l'autre inconnue, on peut se servir de modèles beaucoup plus simples dont la figure 84 donne le type.

Dans la mesure industrielle des très faibles résistances, on a souvent recours à la méthode du pont à neuf conducteurs de lord Kelvin, dans laquelle les résistances de contact sont presque complètement éliminées. Cette méthode exige l'emploi de quatre séries de résistances et d'une barre, de maillechort ou d'un autre alliage à faible variation, bien calibrée et dont la résistance, par unité de longueur, doit être bien connue.

L'établissement des connexions dans cette méthode est assez long et prête facilement aux erreurs; le modèle représenté par la figure 85 simplifie beaucoup la manipulation. Le schéma (fig. 86) indique comment la combinaison est réalisée : deux séries de résistances, $a, b, c, d,$ et a', b', c', d', etc., sont semblables entre elles et disposées de telle sorte que :

$$\frac{a}{b+c+d+e+f} = \frac{1}{100} = \frac{f}{a+b+c+d+e}$$

$$\frac{a+b}{c+d+e+f} = \frac{1}{10} = \frac{e+f}{a+b+c+d}$$

$$a+b+c = d+e+f.$$

Le cadran que l'on voit sur la figure 85 est formé de plots reliés aux points de jonction des résistances; le simple déplacement du curseur diamétral amène le galvanomètre aux deux points correspondants des deux séries de résistances, et, par sa position, indique la valeur du rapport. Les connexions à établir sont alors des plus simples, il suffit de relier les bornes marquées *courant*, qui sont représentées par les points A et B, à la résistance à mesurer, *en dehors des points où la mesure doit être faite*; les bornes *dérivation*, C et D, sont ensuite reliées à ces points et les connexions *pile* et *galvanomètre* établies. L'équilibre s'obtient, lorsque le rapport convenable est trouvé, en déplaçant le curseur K sur la barre étalon R; la résistance X est égale à R multiplié

par le coefficient gravé sur le curseur diamétral. Cet
appareil permet de mesurer des résistances depuis un
ohm jusqu'à quelques microhms. La précision des résul-

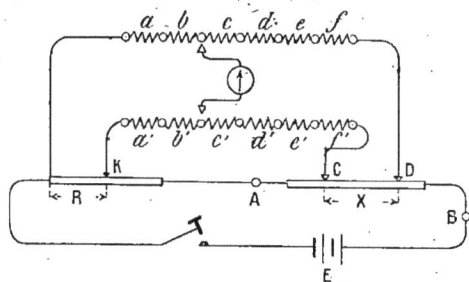

Fig. 86. — Schéma des connexions du pont double.

tats donnés par cet instrument dépend de la longueur de
la barre étalon employée pour faire équilibre à X ; très
faible quand cette longueur est petite, elle peut atteindre
0,2 p. 100 au bout de la barre étalon.

CHAPITRE VII

ÉTALONS D'INTENSITÉ

La mesure *absolue* des intensités, peut se faire par le moyen des galvanomètres et des électrodynamomètres, lorsque ces instruments sont construits dans des conditions telles que leurs dimensions géométriques puissent être mesurées exactement; mais, si l'on veut obtenir toute la précision possible de ces expériences, elles deviennent longues et dispendieuses; si on veut les simplifier, la précision tombe bien au-dessous de celle que l'on peut atteindre au moyen des appareils étalonnés.

La méthode électrolytique fournit un étalon, assez facile à réaliser, de la quantité d'électricité et, par suite, de l'intensité, mais il y a intérêt à posséder un étalon toujours prêt, conservant toujours sa valeur, et permettant, par une simple comparaison, de déterminer une intensité comme on mesure une résistance. Les progrès réalisés dans la construction des électrodynamomètres balances ont permis de construire des *étalons d'intensité*, d'une constance et d'une précision très suffisantes pour la pratique.

§ 36. — Ampère-étalon Pellat.

A la suite de recherches qui l'amenèrent à la construction d'un électrodynamomètre absolu d'une très grande précision, M. Pellat fut conduit à réaliser des électrodynamomètres, basés sur le même principe, mais d'une forme ne se prêtant pas au calcul ; ces derniers, étalonnés par comparaison avec le modèle absolu, peuvent à leur tour servir d'étalons.

L'ampère-étalon (fig. 87) se compose d'une bobine

Fig. 87. — Ampère-étalon Pellat.

cylindrique, à axe vertical, dont le centre est muni d'un couteau d'agate qui repose sur un plan de même matière. Cette bobine, qui forme la partie centrale d'un fléau de balance, est placée au milieu d'une bobine, également cylindrique, d'un diamètre plus grand, dont l'axe est horizontal. Deux spirales en fil d'argent très fin, établissent la communication électrique avec le fil de la bobine mobile. Le courant qui traverse les deux bobines en série, tend à renverser la bobine mobile ; on rétablit l'équilibre en ajoutant ou en retranchant des poids dans le plateau suspendu au bout du fléau. L'observation de la position d'équilibre se fait en visant, au moyen d'un microscope, le petit micromètre sur verre porté par l'extrémité du fléau ; un déclenchement, analogue à celui des balances de précision, permet de ne laisser le fléau reposer sur son couteau que pendant le temps nécessaire à l'observation.

L'ampère-étalon est construit pour la mesure des courants de 0,2 à 0,5 ampère seulement ; il ne peut servir que d'une manière indirecte pour les autres intensités. La résistance de la bobine fixe est de 15 ohms et celle de la bobine mobile de 10 ohms. La sensibilité de la balance, malgré le poids élevé du fléau, est telle qu'une surcharge de 1 milligramme, dans le plateau, donne un déplacement de 3 à 4 divisions du micromètre ; celles-ci sont assez larges pour qu'on puisse estimer le dixième, de telle sorte qu'on peut apprécier le 1/30 ou le 1/40 de milligramme. L'expérience montre que les frottements et la résistance *mécanique* des spirales d'arrivée du courant font commettre des erreurs de l'ordre de 1/10 de milligramme ; c'est donc à cette précision qu'il faut se tenir.

A l'état de repos, *sans courant*, il faut placer environ 5 gr dans le plateau pour obtenir l'équilibre, ceci permet de renverser le sens du courant dans la *bobine fixe*, pour éliminer l'action du champ terrestre, car le moment des forces électrodynamiques change de sens avec le courant, mais l'action du contrepoids, placé à l'opposé du plateau, reste prépondérante, tant que l'on reste dans les limites indiquées plus haut.

La mesure se réduit à rétablir l'équilibre de la balance avec un poids P, quand le sens du courant est tel qu'il tend à relever le fléau. Une seconde expérience, faite avec un courant de sens contraire, donne un poids p. La moitié de la différence $\frac{P-p}{2}$ est proportionnelle à I^2 ; on peut écrire :

$$I = K \sqrt{\frac{P - p}{2}}.$$

Pour éliminer l'effet des variations du courant, il vaut toujours mieux faire un nombre impair d'observations croisées : 2 sur P et 1 sur p, par exemple, et prendre la moyenne des valeurs trouvées.

K est déterminé, pour chaque balance, par comparaison avec l'électrodynamomètre absolu et est, en moyenne, voisin de 0,2.

La comparaison de ces appareils entre eux et avec le modèle absolu montre que l'erreur relative est de l'ordre de 0,01 p. 100 ; cette précision est supérieure à celle de la valeur absolue de l'ampère qui n'est guère connue qu'à 0,05 p. 100.

§ 37. — Balances électrodynamiques de lord Kelvin.

Lord Kelvin a étudié une série d'électrodynamomètres permettant de mesurer les intensités depuis 1 centiampère jusqu'à 2 500 ampères.

Deux bobines plates B B, à axes verticaux (fig. 88 et 89), sont fixées chacune à une extrémité d'un fléau horizontal, et sont placées entre deux bobines fixes de même forme. Toutes ces bobines sont parcourues par le même courant, dans un sens tel que les forces électrodynamiques s'ajoutent. On s'oppose au renversement du fléau au moyen d'un contrepoids M, mobile le long d'une règle E portée par le fléau ; la position occupée par le curseur du contrepoids donne la valeur du courant mesuré.

Les deux bobines mobiles sont parcourues en sens contraires par le courant, ce qui détruit l'action du champ terrestre.

Le courant est amené aux bobines mobiles par deux

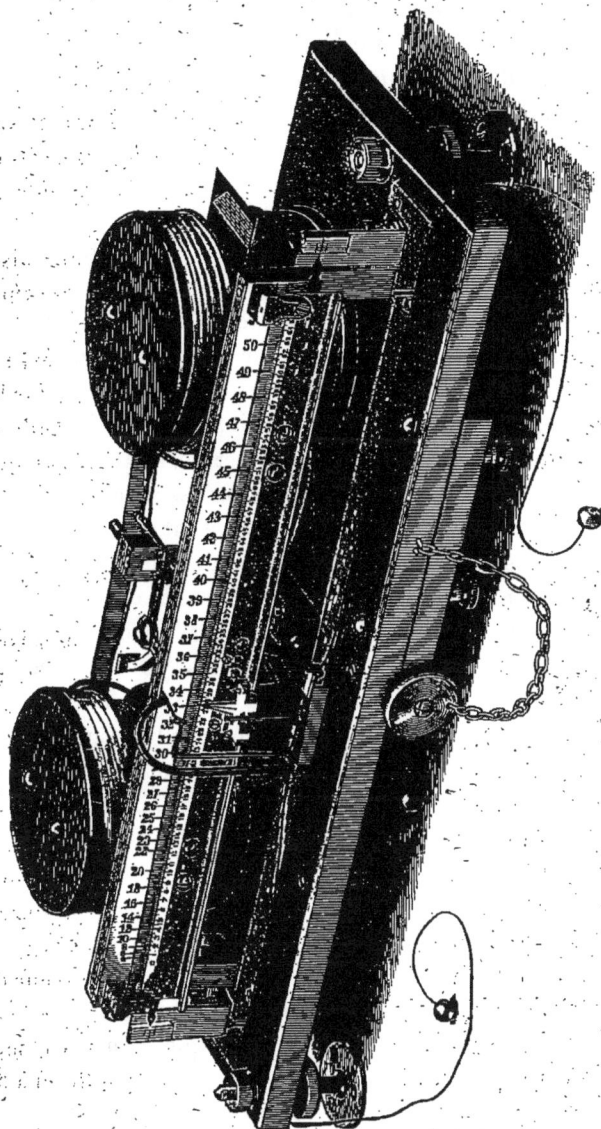

Fig. 88. — Balance électrodynamique de lord Kelvin.

rubans métalliques très courts (fig. 89), constitués par un
nombre plus ou moins grand de fils de cuivre fins, enroulés sur deux demi-cylindres de laiton A et B, puis soudés
sur chacun d'eux sur toute l'étendue des arcs a et a', et,
enfin, coupés suivant une génératrice du cylindre, en b,
de façon que les deux moitiés ne sont plus reliées que
par le ruban c. L'une des moitiés A est fixée à demeure
sur le socle, l'autre B, tenue après le fléau, sert à la fois
à le suspendre et à amener le courant. Un système semblable, placé dans le prolongement du premier, constitue le second conducteur. L'élasticité de ces rubans est
assez grande, relativement aux forces en jeu, pour donner toute la sensibilité désirable. En même temps, la
faible longueur des fils et le voisinage des cylindres de
laiton, facilitent le refroidissement et permettent de faire
supporter aux fils des courants intenses; par exemple,
dans la balance décaampère, le courant peut atteindre
100 ampères et passer sans inconvénient dans un ruban
constitué par environ 200 fils de cuivre de 0,1 mm.

Le fléau porte une échelle divisée sur laquelle glisse
un chariot curseur M (fig. 89), dont le poids est réglé.
Des masses additionnelles, égales à 3, 15, 63 fois le poids
du chariot, font varier la sensibilité dans les rapports 1,
2, 4, 8. L'échelle mobile, E, porte une division *proportionnelle;* une échelle fixe, placée en face, porte une graduation dont chaque division d est égale à :

$$d = 2\sqrt{l},$$

l est le nombre de divisions correspondant de l'échelle
mobile.

La position zéro du curseur mobile étant à l'extrémité
gauche du fléau, il faut, chaque fois que l'on change le
poids du curseur, rétablir l'équilibre du fléau; dans ce
but on place, à droite, dans une sorte de gouttière G,
ménagée à cet effet, un petit contrepoids réglé à l'avance

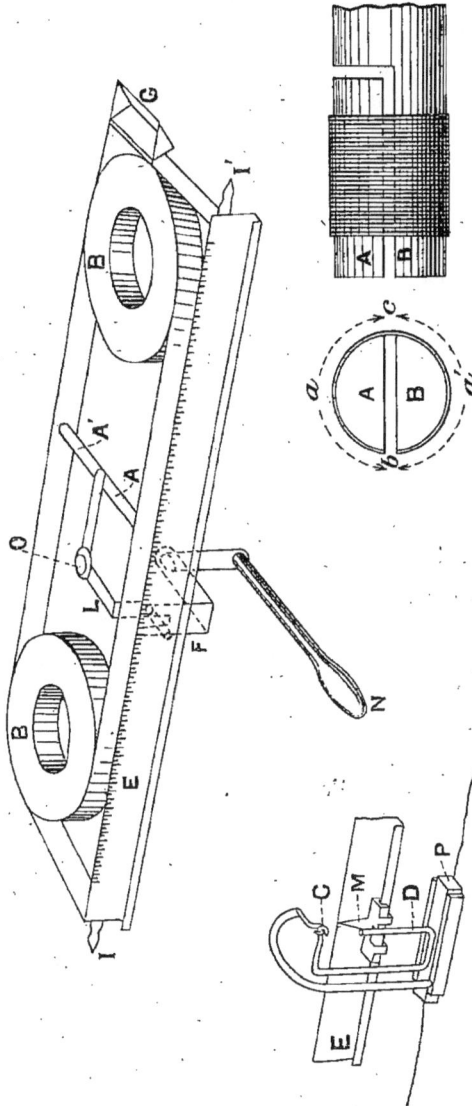

Fig. 89. — Détails du mécanisme des balances Kelvin.

et on termine l'équilibrage, s'il y a lieu, en faisant tourner, dans un sens ou dans l'autre, une sorte d'index mobile L, fixé au fléau, et que l'on peut commander du dehors, au moyen du bouton N ; cet index mobile a simplement pour but de déplacer le centre de gravité du fléau. La manette N se termine par une fourchette F, dont l'ouverture est assez large pour laisser passer l'index L, sans frottement, ce n'est que pour déplacer celui-ci que l'on amène la fourchette en contact. Le réglage ci-dessus doit, naturellement, se faire avant chaque série de mesures, *sans courant*, et le chariot curseur étant au zéro de la règle mobile. Pour déterminer la position d'équilibre, deux pointes I et I', fixées aux bouts de la règle mobile, se déplacent devant des arcs gradués et permettent de ramener toujours les bobines mobiles à la même position, entre les bobines fixes.

Le mouvement du chariot curseur M est commandé par la tige, D, d'un petit pendule, P, qui peut osciller dans une encoche du curseur ; si, à l'aide d'un des fils de soie qui tiennent le pendule de chaque côté, on tire celui-ci, il vient buter sur le bord de l'encoche et entraîne le chariot ; il suffit d'abandonner le fil pour que le pendule retombe au milieu de l'encoche laissant le chariot parfaitement libre.

La division de l'échelle fixe donne directement l'intensité, il suffit de multiplier le chiffre, lu en face du curseur, par le coefficient K, propre au poids employé ; mais l'interpolation entre deux traits est assez grossière. Pour avoir plus de précision, il faut lire, sur l'échelle mobile, le nombre l de divisions ; l'intensité est alors exprimée par :

$$I = 2K\sqrt{l},$$

le coefficient K est le même que celui correspondant aux divisions de l'échelle fixe.

La précision des mesures faites avec cet instrument dépend évidemment de la longueur l mesurée, on doit donc choisir, de préférence, le poids qui donne le plus grand déplacement du curseur.

L'expérience montre que l'on peut apprécier difficilement la position du curseur à moins d'un quart de division près, avec la balance centiampère, et que cette approximation diminue à mesure que la rigidité de la suspension augmente, c'est-à-dire quand la sensibilité de la balance diminue; en fait, avec la balance kiloampère, on apprécie à peine à une division près, avec le curseur seul.

Le tableau suivant indique, pour les modèles ordinaires, la valeur des différents coefficients, ainsi que les intensités limites que l'on peut mesurer, étant donné, d'une part, que l'échelle a 660 divisions et en se fixant, d'autre part, une erreur maximum de 1 p. 100.

DÉSIGNATION de la balance.	CENTIAMPÈRE	DÉCIAMPÈRE	DÉCAAMPÈRE	HECTOAMPÈRE	KILOAMPÈRE
Chariot seul, K =	0,0025	0,025	0,25	1,5	5
» + poids nº 1 K =	0,0050	0,050	0,50	3	10
» + » 2 K =	0,0100	0,100	1	6	20
» + » 3 K =	0,0200	0,200	2	12	50
Intensité minimum	0,0177	0,177	2,5	21,2	70,7
Intensité maximum	1,028	10,28	102,8	616	2570

Le mode d'emploi de ces balances est des plus simples, mais exige beaucoup de soin. La balance est d'abord reliée au circuit au moyen de conducteurs appropriés comme forme et comme section. Ces conducteurs doivent être soudés à des pièces de cuivre rouge, qui se fixent sur la balance au moyen de pinces spéciales. Il faut, particulièrement pour les courants intenses, placer les conducteurs parallèles et aussi voisins que possible, jusqu'à une certaine distance de l'instrument.

Après avoir nivelé la base au moyen des vis calantes, on amène le chariot, muni du poids convenable pour l'intensité à mesurer, au zéro de l'échelle mobile; on place dans la gouttière le contrepoids correspondant et on règle l'équilibre à l'aide de l'index mobile L; l'instrument est prêt pour la mesure. Le courant étant envoyé dans la balance, on déplace le chariot jusqu'à ce que les pointes des extrémités du fléau soient ramenées à la position d'équilibre; on lit alors le déplacement l, et le nombre de divisions de l'échelle fixe, ce dernier sert comme première approximation et permet de voir si l'on n'a pas commis une erreur grossière dans le calcul de $\sqrt{l}$.

L'erreur relative, pour la balance centiampère, d'abord infinie pour $l = 0$, va en décroissant régulièrement jusqu'au bout de l'échelle, où elle atteint :

$$\frac{1}{8 \times 660} = \frac{1}{5\,280},$$

puis, à ce moment, il faut changer le poids et le remplacer par le suivant qui est 4 fois plus lourd, l devient alors 165 et l'erreur relative atteint :

$$\frac{1}{8 \times 165} \times \frac{1}{1\,320},$$

puis redescend à $\frac{1}{5280}$. L'erreur relative est naturellement plus élevée dans les autres modèles.

En pratique, par suite du manque de précision dans la détermination de la position d'équilibre, il ne faut guère compter sur une exactitude moyenne de plus de 0,10 p. 100.

CHAPITRE VIII

ÉTALONS DE FORCE ÉLECTROMOTRICE

§ 38. — Étalon Clark.

La mesure, au moyen d'une balance électrodynamique, du courant qui traverse une résistance connue, permet de connaître la différence de potentiel aux bornes de cette résistance; on a ainsi un moyen, indirect mais précis, de mesurer des forces électromotrices.

Malgré les progrès accomplis dans la construction des piles étalons, ce procédé reste toujours le plus exact pour la détermination des forces électromotrices.

Il faut remarquer que les étalons de force électromotrice n'ont pas la permanence des étalons de résistance et d'intensité; en effet, dans ces derniers, les variations possibles sont dues aux modifications moléculaires, toujours très petites, des métaux, par conséquent ces modifications, lorsque les précautions convenables ont été prises, sont assez petites pour que l'on puisse garder ces étalons comme témoins durant un grand nombre d'années. Avec les piles étalons au contraire, les actions chimiques des corps en présence se poursuivent lentement, même lorsque la pile ne sert pas, et, après un temps plus ou moins long, la force électromotrice, qui a subi une variation lente mais continue, tombe brusquement; aussi, au lieu de prendre un étalon difficile à réaliser, mais assez permanent, le but poursuivi a été de déterminer les conditions, faciles à reproduire, dans lesquelles une pile très constante possède une force électromotrice bien connue. Il suffit d'avoir à sa disposition quelques-uns de ces éléments (au moins deux, l'un servant à contrôler l'autre) et de les renouveler de temps à autre.

Le Congrès de Chicago ([1]) a donné les instructions suivantes pour la construction de l'étalon Clark :

Mercure. — Pour assurer sa pureté, le mercure doit d'abord être traité par l'acide azotique, à la manière ordinaire, puis distillé dans le vide. (Le mercure traité comme nous l'avons vu, pour les étalons de résistance, donne des résultats excellents, sans avoir recours à la distillation.)

Zinc. — Il faut prendre un morceau d'une baguette de zinc pur redistillé, et souder un fil de cuivre à une extrémité; le tout est nettoyé au papier de verre (il ne faut pas employer de papier émeri), ou au brunissoir d'acier, pour enlever toutes les écailles du zinc.

Au moment de monter l'élément, on décape le zinc dans l'eau acidulée sulfurique, on le lave à l'eau distillée et on le sèche avec un linge propre ou du papier à filtrer.

Sulfate mercureux. — Le sulfate mercureux *pur* du commerce, mélangé avec une petite quantité de mercure pur, est lavé à l'eau distillée froide, en agitant le tout dans un flacon. Après décantation, l'opération est renouvelée et, enfin, après un dernier lavage, on enlève le plus d'eau possible.

Solution de sulfate de zinc. — On prend des cristaux de sulfate de zinc pur que l'on mélange avec moitié, en

---

[1] Les unités adoptées par le Congrès de Chicago ont été rendues légales, en Angleterre, par un bill en date du 23 août 1894 et, en France, par un décret du 25 avril 1896.

poids, d'eau distillée et environ 2 p. 100 d'oxyde de zinc pur pour neutraliser l'acide libre. On facilite la dissolution en chauffant doucement; la température ne doit pas dépasser 30° C. En ajoutant 12 p. 100 environ du sulfate mercureux précédent, on neutralise tout l'oxyde de zinc libre et la solution, filtrée chaude, est conservée dans une bouteille. Il doit se former des cristaux au refroidissement.

Pâte de sulfate mercureux et de sulfate de zinc. — La pâte, de consistance comparable à celle de la crème, formée par le mélange du sulfate mercureux avec la solution du sulfate de zinc, est additionnée d'une petite quantité de mercure pur, et de cristaux de sulfate de zinc, pris dans la bouteille. On chauffe pendant une heure, à une température inférieure à 30° C., en agitant de temps en temps; il faut agiter également pendant le refroidissement. La pâte terminée doit montrer des cristaux, répartis uniformément dans sa masse; s'il n'en est pas ainsi, il faut ajouter de nouveaux cristaux pris dans la bouteille.

Montage de l'élément. — La pile peut être convenablement montée dans

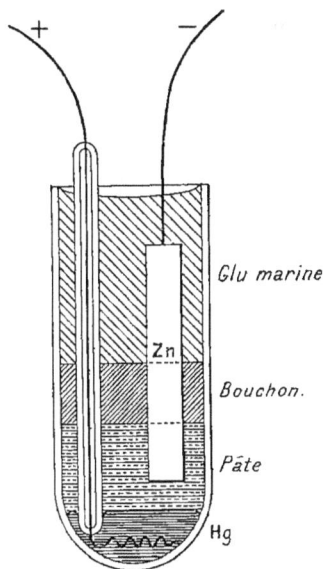

Fig. 90. — Étalon Clark.

un petit tube d'expérience d'environ 2 cm de diamètre et 4 à 5 cm de longueur (fig. 90).

On prépare d'avance un bouchon, de 5 mm de hauteur environ, percé de deux trous permettant le passage, à frottement, du zinc, d'une part, et du tube de verre protégeant le fil de platine, d'autre part; une entaille, ménagée sur le côté, est destinée au passage de l'air. Le bouchon doit être lavé soigneusement et on le laisse dans l'eau pendant plusieurs heures avant le montage.

Le contact avec le mercure est obtenu au moyen d'un fil de platine de 0,7 mm environ, scellé dans un tube de verre. Le tube de verre et le platine doivent être très propres.

On commence par verser une couche d'environ 5 mm de mercure au fond du tube, puis, faisant rougir l'extrémité du fil de platine, on la plonge immédiatement dans le mercure, de façon à l'amalgamer. La partie inférieure libre du fil, doit plonger entièrement dans le mercure, ainsi que le bout du tube de verre.

La pâte, bien mélangée, est introduite, sans contact avec la partie supérieure du tube, de façon à former au-dessus du mercure une couche d'environ 10 à 12 mm. On place alors le bouchon, en faisant passer le tube de verre dans le trou qui lui est destiné, puis on met le zinc; ce dernier ne doit pas descendre jusqu'au mercure. Le bouchon, amené au contact de la pâte, chasse l'air par la rainure latérale. Après un repos de vingt-quatre heures, on peut sceller l'élément en coulant, dans la partie supérieure du tube, de la glu marine, rendue fluide par la chaleur.

La pile terminée doit être disposée de façon à permettre son immersion dans l'eau, jusqu'au niveau supérieur du bouchon, de manière à connaître sa température.

Les autres formes, qui ont été données à la pile étalon Clark, ont aussi de réelles qualités, mais il paraît bon, dans la pratique, de s'en tenir à la forme officielle, de façon à éliminer une partie des différences observées entre les divers modèles; différences dont les causes sont parfois difficiles à établir.

Parmi ces autres formes, il faut signaler celle de lord Rayleigh, — pile en H, avec amalgame de zinc — et celle du Reichsanstalt. Dans cette dernière, le mercure est remplacé par une lame de platine amalgamée et la pâte de sulfate mercureux est placée dans un vase poreux.

La valeur du coefficient de variation des étalons Clark est toujours assez grande et n'est pas la même pour des éléments peu différents en apparence. Tous les modes de construction des étalons Clark donnent sensiblement la même valeur de la force électromotrice, mais le coefficient peut passer du simple au double suivant la saturation des sels. Faute de déterminations suffisantes, sur des éléments construits d'après les données précédentes, le Congrès de Chicago avait réservé la valeur officielle du coefficient de variation qui devait être étudié ultérieurement.

Des recherches de lord Rayleigh, il résulte que l'étalon Clark, à pâte de sulfate mercureux et de sulfate de zinc, a pour valeur :

$$E_0 = 1{,}434\Big[1 - 0{,}00077\,(\theta - 15)\Big],$$

Cette formule paraît s'appliquer assez bien à l'étalon officiel.

D'autre part, le professeur Carhart a trouvé, pour des éléments qu'il a construits d'une manière très peu différente, mais avec un léger excès de solution de sulfate de zinc :

$$E_0 = 1{,}440\Big[1 - 0{,}0004\,(\theta - 15)\Big].$$

Les plus grandes différences dans la valeur de ces étalons paraissent tenir surtout au liquide en excès.

Entre ces deux coefficients, il y a une marge trop grande et leur grandeur même oblige à tenir compte de la température.

La meilleure disposition consiste à fixer, pendant la construction, un petit thermomètre dont le réservoir plonge dans le mercure de l'élément. Si on préfère ne pas immobiliser le thermomètre, il suffit de mettre à la place un petit tube de verre, d'un diamètre un peu supérieur, qui ferme l'élément; une goutte de mercure déposée au fond de ce tube permet au thermomètre qu'on y plonge de prendre rapidement la température du milieu.

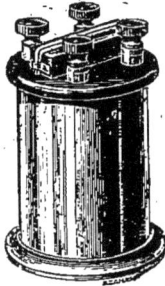

Fig. 91. — Double étalon Clark, avec thermomètre.

Dans la figure 91, le thermomètre coudé est fixé à demeure et il y a deux éléments dans le même boisseau.

La résistance intérieure des éléments Clark est toujours très grande, on cherche même à la rendre aussi élevée que le permet la sensibilité des appareils employés dans les mesures, dans le but d'éviter qu'une mise en court-circuit accidentelle puisse polariser, ou même épuiser l'élément si elle se prolonge. Cette grande résistance n'a d'ailleurs que peu d'inconvénients, car on ne doit jamais employer ces étalons en circuit fermé sur des résistances, *même très grandes;* il faut faire usage des méthodes dans lesquelles on ne demande aucun débit : électromètre, condensateur, méthode d'opposition.

Indépendamment des petites irrégularités de la force électromotrice, qui proviennent des produits employés et du montage, les étalons Clark présentent assez souvent des variations brusques, après les grands changements de température — quelquefois 0,003 à 0,005 volt. — Il semble démontré, aujourd'hui, que les variations brusques sont dues au sulfate de zinc, soit par suite d'un changement d'hydratation (W. Jaeger), ou de concentration (Ayrton). Quelle que soit la cause de ces changements, elle fait qu'il n'est guère possible de compter sur une approximation supérieure à 0,10 p. 100.

§ 39. — Étalon Weston.

Par la substitution du cadmium et du sulfate de cadmium au zinc et à son sulfate, on obtient un étalon dont les qualités sont très supérieures à celles du Clark et qui paraît devoir le supplanter complètement à bref délai.

Cette substitution, indiquée par Czapski, en 1884, a été étudiée par Weston, et on peut, à bon droit, lui donner le nom d'*Étalon Weston*. Cependant, ce n'est que depuis les travaux persévérants effectués au Reichs-

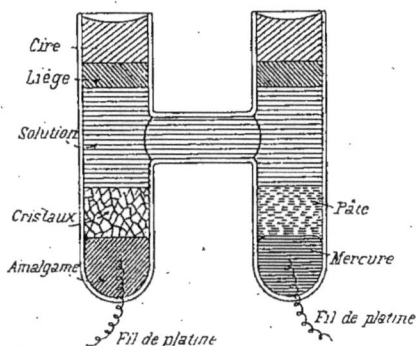

Fig. 92. — Étalon au cadmium, forme en H.

anstalt de Berlin, que cet étalon s'est répandu dans les laboratoires.

La forme employée peut être une quelconque de celles qui sont utilisées pour l'étalon Clark. La forme en H, en particulier, paraît intéressante (fig. 92).

Dans le fond de l'une des branches, le fil de platine, soudé dans le verre, est entouré d'un amalgame de cadmium, au-dessus duquel sont des cristaux de sulfate de cadmium, baignés dans une solution du même sel. L'autre branche renferme du mercure pur, recouvert d'une pâte de sulfate mercureux et de sulfate de cadmium. La solution remplit la branche horizontale de l'H et établit la communication entre les deux électrodes.

La force électromotrice de cet étalon varie avec les proportions de l'amalgame : de 5 à 15 p. 100 de cadmium, elle est à peu près constante. Le cadmium pur donne une valeur supérieure de 0,05 volt. Comme les amalgames au-dessus de 15 p. 100 sont instables, il faut employer celui qui contient 1 de cadmium pour 6 de mercure. Cet amalgame s'obtient en chauffant légèrement le mélange; il est solide à la température ordinaire.

Le sulfate de cadmium doit être neutre. Sa solubilité est assez grande : 115 de sel pour 100 d'eau, mais elle est à peu près indépendante de la température, ce qui est, probablement, une des causes du faible coefficient de variation de cet étalon. Pour obtenir la solution réellement saturée, il faut mettre, dans un flacon, de l'eau avec un grand excès de cristaux et agiter fréquemment; au bout de plusieurs jours, on arrive à la saturation complète. Les cristaux ajoutés dans l'étalon ont d'ailleurs pour but de maintenir cet état. Il ne faut jamais chauffer cette solution au delà de 70°.

La pâte est simplement formée par le mélange, à froid, du sulfate mercureux avec la solution ci-dessus.

Comme pôle positif on emploie, soit du mercure pur, soit du platine amalgamé. Le premier moyen est plus sûr. Le second est employé pour les étalons portatifs du Reichsanstalt, il exige un tour de main pour l'amalgamation du platine et il ne semble pas, d'ailleurs, que les éléments à mercure liquide soient moins portatifs que les autres, quand on prend des précautions pour empêcher le déplacement du mercure.

L'étalon Weston se réalise assez facilement, à quelques dix-millièmes de volt près. Sa valeur est, d'après Jaeger et Wachsmuth :

$$E = 1,019 \left[.38 \times 10^{-6} (\theta - 20) - 65 \times 10^{-8} (\theta - 20)^2 \right].$$

C'est à son coefficient de variation, environ vingt fois plus petit que celui de Clark, et à sa constance, que cet étalon doit son succès grandissant.

L'élément au cadmium a, de plus, l'avantage de se dépolariser très rapidement, après qu'il a été mis en circuit fermé. Malgré cette propriété, il vaut mieux l'employer à circuit ouvert, comme le Clark.

Il y a une restriction à faire : au-dessous de 15° des différences, de l'ordre de 0,001 volt, peuvent être produites par une modification du sulfate de cadmium. L'emploi du coefficient de variation, qui est seulement nécessaire pour les mesures très précises, oblige à maintenir l'étalon à température très constante, parce que les variations de la force électromotrice se produisent très lentement.

§ 40. — Étalons divers.

Quelques autres éléments, dont la construction est assez facile, donnent de bons résultats. Parmi ceux-ci, nous citerons l'étalon au bioxyde de mercure de M. Gouy; son coefficient de variation est assez faible et il se prête à la construction d'étalons à faible résistance intérieure, susceptibles de fournir un courant sur de grandes résistances; malheureusement, il s'altère plus rapidement que le Clark et présente quelquefois, lorsqu'il reste

longtemps à circuit ouvert, une *élévation* de force électromotrice ; on peut remédier à ce dernier défaut en
fermant l'élément en court-circuit pendant quelques
secondes, et en le laissant reposer ensuite environ une
heure avant de s'en servir.

Le pôle positif de l'étalon Gouy (fig. 93) est constitué

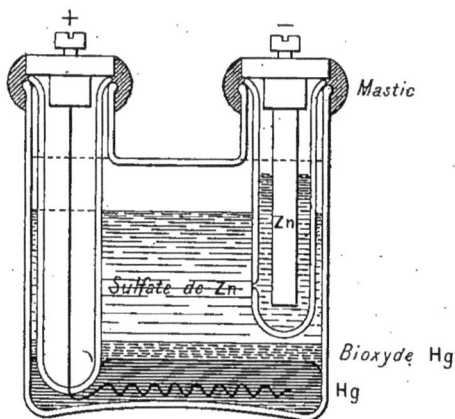

Fig. 93. — Étalon Gouy.

par du mercure, comme dans le Clark ; le contact est pris
à l'aide d'un fil de platine isolé par un tube de verre ;
une couche de bioxyde de mercure obtenu par précipi-
tation, puis une solution de sulfate de zinc de densité
1,06, et, enfin, un bâton de zinc pur amalgamé, constituent l'élément. Le tout est enfermé et scellé dans un
flacon de verre à deux tubulures. Le bâton de zinc est
placé dans un tube de verre, percé latéralement d'un
petit trou ; cette disposition a pour but d'éviter le contact direct du zinc et du mercure, et la dissolution du
zinc dans ce dernier, ce qui aurait pour effet de modifier très sensiblement la force électromotrice de l'étalon.
Les pièces de cuivre auxquelles sont fixées le zinc et le
platine doivent être soigneusement protégées de tout
contact avec le liquide.

L'étalon Gouy est souvent monté dans un boisseau de laiton, semblable à celui de l'étalon Clark ; au cas où ce montage n'est pas employé, il faut mettre l'étalon Gouy à l'abri de la lumière qui l'altère assez rapidement.

Le meilleur moyen d'obtenir le bioxyde de mercure consiste, d'après M. Gouy, à précipiter le bichlorure par la potasse. On prépare deux solutions, l'une de 100 gr. de bichlorure de mercure pur dans 500 gr. d'eau, cette solution est faite à chaud ; l'autre de 100 gr. de potasse dans un litre d'eau. On verse peu à peu le bichlorure dans la potasse, en agitant ; le précipité obtenu est lavé par décantation. Il faut une dizaine de lavages au moins, les derniers faits avec de l'eau distillée. Enfin, il faut s'assurer qu'il ne reste plus de traces de chlore. Ainsi préparé, le bioxyde est jaune-orangé, tandis que celui obtenu par voie sèche est rouge et donne des forces électromotrices plus élevées, mais très irrégulières. Le même auteur indique le moyen suivant pour neutraliser complètement le sulfate de zinc pur du commerce ; faire bouillir la solution, une heure environ, en présence de 1 p. 100 d'oxyde d'argent, filtrer et laisser la solution pendant 24 heures en contact avec des lames de zinc pur pour précipiter l'argent.

La force électromotrice de l'étalon Gouy est de :

$$1,386 \text{ volt à } 12°.$$

La variation est de 0,0002 volt par degré, ce qui correspond à un coefficient de 0,0144 p. 100.

L'*élément Daniell* peut être considéré comme assez constant, lorsqu'il ne fournit que de très faibles courants ; son emploi, comme étalon, a été souvent préconisé et son usage est très répandu, mais il est nécessaire, pour obtenir une force électromotrice connue, de le monter, chaque fois qu'on veut s'en servir, avec des solutions exactement titrées et de former les électrodes avec des métaux très purs.

Fleming Jenkin, à la suite de recherches très nombreuses sur les éléments Daniell, a trouvé que leur constance est très grande, leur coefficient de variation presque nul, dans les limites ordinaires de température des laboratoires, et il donne, pour des éléments montés avec les solutions suivantes, les forces électromotrices inscrites ci-dessous :

Solution de sulfate de zinc, densité.	. . .	1,2	à 15°	1,4 à 15°
» » » cuivre	. . .	1,2	»	1,1 »
Force électromotrice, volt international	.	1,099	»	1,069 »

Ces forces électromotrices sont obtenues avec du zinc distillé chimiquement pur, amalgamé, et avec du cuivre pur électrolytique. Il est bon, pour obtenir des résultats concordants, *de fermer l'élément en court-circuit pendant quelques instants*, de façon à obtenir un dépôt de cuivre sur la lame positive ; on ramène ainsi cette électrode à un même état de surface.

La forme des étalons Daniell peut varier à l'infini ; quelques modèles sont aujourd'hui classiques, mais il faut se rappeler que la forme importe peu et que les résultats dépendent surtout des solutions employées et de l'état des électrodes. Le vase poreux peut, quelquefois, avoir une influence sur la force électromotrice, il est bon de s'en assurer au préalable.

Dans l'étalon bien connu du Post-Office (fig. 94), toutes les parties de l'élément sont contenues dans trois cuves en ébonite, rangées dans une boîte en bois. La cuve de droite renferme une solution de sulfate de cuivre, dans laquelle on place le vase poreux pendant que l'étalon ne sert pas ; par ce moyen, le sulfate de cuivre renfermé dans le vase poreux conserve sa densité. Une lame de cuivre électrolytique est reliée par un fil

souple à la borne positive, elle reste constamment
plongée dans le vase poreux. La cuve centrale est à
moitié remplie de la solution de sulfate de zinc. Pendant
l'emploi, une petite quantité de sulfate de cuivre vient se
mélanger au sulfate de zinc, on remédie à cet inconvénient en laissant dans la cuve un petit crayon de zinc pur

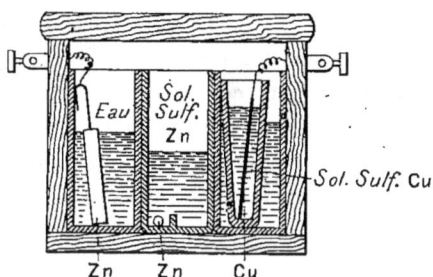

Fig. 94. — Étalon Post-Office.

qui précipite le cuivre. Enfin la cuve de gauche, remplie
d'eau, sert à conserver le zinc pendant le repos.

Pour l'emploi, il suffit de réunir, dans le vase central,
le zinc et le vase poreux, la pile est prête à fonctionner.

L'étalon du Post-Office a une résistance intérieure très
faible et il est susceptible de fournir, sans polarisation
appréciable, un courant de plus de un milliampère;
cependant, il est bon, pour n'avoir pas à tenir compte
de cette résistance intérieure, de mettre dans le circuit
au moins 5 000 à 10 000 ohms. Toutes les précautions
bien prises, l'exactitude atteint difficilement 0,5 p. 100,
*on ne peut donc pas mettre sur le même rang l'élément
Daniell et les étalons précédents.*

Cet étalon ne peut guère rester monté et prêt à servir
plus de quelques jours; l'évaporation, qui est inévitable,
change la saturation des solutions et forme, sur le vase
poreux, des cristallisations gênantes; l'étalon se trouve
bien vite hors de service. Il est préférable de préparer

ARMAGNAT. Inst. de mesures. 17

d'avance une certaine quantité des deux solutions, que
l'on conserve dans des bouteilles, et on monte l'élément
seulement au moment de s'en servir. Il faut avoir soin
de ne pas laisser sécher le vase poreux, et d'éviter la
formation de moisissures à sa surface. Les solutions
donnant 1,069 volt sont préférables à celles donnant
1,099 volt, car elles ne sont pas saturées à la température ambiante moyenne, de telle sorte qu'il ne se forme
pas de cristaux dans les bouteilles, le titre des solutions
se conserve bien ; au contraire, la solution de cuivre
ayant 1,2 de densité est presque saturée à 15°, de telle
sorte que le moindre refroidissement amène la cristalli-
sation et la solution ne reprend son titre qu'après avoir
été chauffée.

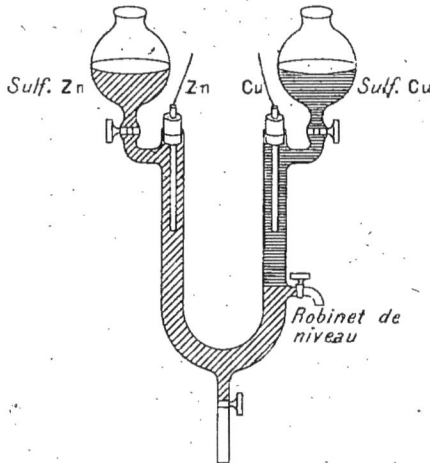

Fig. 95. — Etalon Fleming.

La forme donnée par Fleming (fig. 95) à l'étalon
Daniell est surtout destinée aux méthodes à circuit ouvert, où la résistance intérieure de l'élément n'intervient
pas ; elle permet le changement des liquides par un jeu
de robinets facile à comprendre. Comme la quantité de

liquide employée chaque fois est assez petite et comme il y a une forte réserve dans les récipients, on se trouve, à chaque mesure, en présence de solutions fraîches et non mélangées, les résultats obtenus peuvent être beaucoup plus précis.

Un certain nombre d'autres étalons ont été présentés dans ces dernières années, parmi lesquels on peut citer l'élément Baille et Féry, au chlorure de plomb ; cet étalon, destiné aux mesures industrielles, donne, avec des solutions convenables une force électromotrice de 0,5 volt ; mais sa constance ne paraît pas assez grande pour faire recommander son emploi.

On emploie quelquefois, en Amérique, une pile au calomel du professeur Carhart, dans laquelle le zinc plonge dans une solution de chlorure de zinc, et le mercure est recouvert de protochlorure de mercure ; cette pile, lorsque la densité du chlorure de zinc est de 1,391 à 15°, donne exactement 1 volt ; de plus sa force électromotrice *augmente* avec la température.

$$E_\theta = 1 + 0,000094\,(\theta - 15).$$

La combinaison de 6 éléments Carhart de 1 volt avec un étalon Carhart-Clark donne un ensemble de force électromotrice égale à 7,44 volts, et dont le coefficient de température est nul ou négligeable ; cette disposition n'a plus d'intérêt aujourd'hui.

CHAPITRE IX

CONDENSATEURS

§ 41. — Propriétés des condensateurs.

Tous les phénomènes chimiques peuvent donner la mesure de la quantité d'électricité par laquelle ils ont été produits, c'est à eux qu'on a recours pour la mesure *directe* des grandes quantités ; mais on peut aussi, en chargeant un condensateur de capacité connue, avec une force électromotrice connue, obtenir une quantité bien définie d'électricité ; ce moyen permet la comparaison des faibles quantités.

Dans beaucoup de cas également, on a besoin de connaître la *capacité* d'un condensateur, d'un câble, etc.; il est nécessaire de posséder un étalon de capacité, permettant la mesure par une simple comparaison.

S'il existait un diélectrique parfait, c'est-à-dire possédant une capacité inductive spécifique constante et une résistance infinie, la capacité d'un condensateur serait constante, la construction et l'emploi en seraient aisés. Malheureusement ce diélectrique n'existe pas à l'état solide, seuls, les gaz secs semblent, dans les limites de nos moyens d'investigation, présenter ces qualités ; mais il n'est pas possible de construire des condensateurs à gaz sans employer des supports pour les armatures, et, par là, s'introduit une cause sérieuse de perturbations. Les condensateurs à air, qui présentent toujours un grand volume pour une faible capacité, ont, généralement, un isolement assez faible, les fuites se produisant par la surface des supports ; ils sont, en outre, très fragiles et n'ont été employés jusqu'ici que dans des recherches de laboratoire.

Les hypothèses sur la nature des phénomènes dont les diélectriques sont le siège, tendent à prouver que l'homogénéité est la qualité essentielle des diélectriques parfaits, aussi a-t-on cherché à construire des condensateurs à liquides ; en effet, il est plus facile d'obtenir des liquides purs que des solides. Les essais tentés dans cette voie n'ont pas encore abouti en pratique, tout au plus les condensateurs ainsi faits ont-ils donné des résultats comparables aux condensateurs à diélectriques solides.

Les condensateurs sont des instruments très précieux dans les laboratoires, ils se prêtent à un grand nombre de méthodes de mesures, mais il est nécessaire, pour en tirer un bon parti, de bien connaître leurs qualités et leurs défauts.

Un condensateur, relié à une pile de force électromotrice E_0 et de résistance R (cette résistance comprend également les conducteurs de liaison), est chargé quand ses armatures ont, entre elles, une différence de potentiel égale à E_0 ; si la capacité est C, la quantité Q est :

$$Q = CE_0.$$

Pendant la charge, le courant avait pour valeur, à chaque instant :

$$I = \frac{dQ}{dt},$$

et, comme nous supposons C constant, c'est-à-dire le condensateur parfait :

$$I = C \frac{dE}{dt}.$$

En appelant E_t la différence de potentiel entre les

armatures à l'instant t,

$$E_0 = E_t + RI = E_t + RC \frac{dE}{dt},$$

et, par conséquent :

$$E_t = E_0\left(1 - e^{-\frac{t}{RC}}\right). \tag{1}$$

L'équation (1) nous montre que la charge ne peut être complète que pour un temps infini; mais le rapport :

$$\frac{E}{E_0 - E_t},$$

qui est l'inverse de l'erreur relative commise sur la charge, en prenant le temps t au lieu du temps infini, permet de calculer le temps t_1 pour lequel cette erreur est inférieure à une valeur donnée. En effet, on tire de (1) :

$$t_1 = RC \log_n \frac{E}{E_0 - E_t}; \tag{2}$$

pour des valeurs très petites de RC, t_1 devient lui-même très petit, on peut admettre que la charge est instantanée.

La charge une fois complète, ou du moins supposée telle, si on vient à supprimer la force électromotrice, en laissant la résistance R constante, ou si on ferme le condensateur, séparé de la pile, sur une autre résistance R', un calcul analogue nous donne :

$$E_t = E_0\, e^{-\frac{t}{R'C}}, \tag{3}$$

$$t = R'C \log_n \frac{E_0}{E_t}, \tag{4}$$

par conséquent la décharge est pratiquement instantanée pour R'C très petit.

Comme la résistance du diélectrique n'est pas infinie,

on se trouve dans les conditions de l'équation (4), dès qu'on a supprimé la pile de charge. On voit que la différence de potentiel, entre les armatures, doit aller en décroissant. En pratique, il en est autrement : si on laisse un condensateur à circuit ouvert, après une décharge, on constate, au bout d'un certain temps, que les armatures ont, entre elles, une différence de potentiel plus élevée qu'à la fin de la décharge. Le circuit fermé, on obtient une nouvelle décharge; le condensateur isolé, puis refermé, donne encore une autre décharge plus petite, et ainsi de suite, les quantités obtenues à chaque décharge allant en décroissant; c'est ce qu'on nomme le *résidu* du condensateur; là se trouve la grande différence entre les diélectriques parfaits et imparfaits.

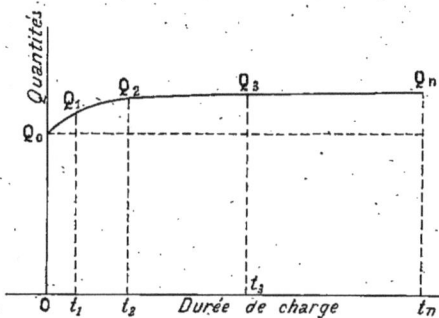

Fig. 96. — Charge d'un condensateur en fonction de temps.

Lorsqu'on étudie un condensateur, comme ceux dont on dispose dans les laboratoires, en se plaçant dans des conditions telles que le produit RC soit aussi petit que possible, de façon à avoir la charge complète à 0,1 p. 100 près en un temps très court, inférieur à 0,001 seconde, par exemple, on constate que, pour une durée très courte, mais suffisante théoriquement, la charge du condensateur prend une valeur Q_0 (fig. 96). Si on augmente la durée de charge, les valeurs Q_1, Q_2, etc., correspondant aux temps t_1, t_2, etc., vont en augmentant, d'abord rapidement, puis plus lentement, et, enfin, deviennent sensiblement constantes, au bout d'un temps plus ou moins long, suivant la qualité du condensateur. Comme dans cette expérience on a employé toujours la même force électromotrice, on admet que la capacité n'est pas constante. Ce phénomène est appelé *absorption du condensateur*. Le rapport entre la quantité initiale, Q_0, mesurée pour un temps très court, et la valeur de régime Q_n, qui correspond au temps très long, t_n, n'est pas le même pour tous les condensateurs, il peut atteindre 98 et 99 p. 100 dans les *bons* et des valeurs infiniment faibles dans les mauvais. Il est difficile de faire des mesures un peu exactes dès que ce rapport descend au-dessous de 90 p. 100.

Après avoir chargé, puis déchargé un condensateur pendant quelques secondes, si on isole les armatures et si on vient à les réunir de nouveau, au bout de quelques instants, on obtient une *décharge résiduelle* qui est de 0,5 à 10 ou 20 p. 100 de la première. M. Bouty a trouvé, expérimentalement, que la quantité d'électricité qui est ainsi rendue libre, après la décharge, entre les temps t et t_1, est précisément égale à la quantité qui est entrée dans le condensateur, après la charge instantanée, entre les mêmes temps t et t_1; les deux phénomènes : *absorption et charge résiduelle*, sont donc bien dus à la même cause. Il semble qu'il y a, indépendamment de la capacité électrostatique, une sorte de pénétration, *d'absorption*, de l'électricité dans l'épaisseur du diélectrique, la quantité ainsi absorbée étant fonction du temps; à la décharge, lorsque les armatures sont ramenées au même potentiel, ou à peu près, la quantité absorbée revient les charger à nouveau. La nature du phénomène n'est pas connue, on pense qu'il y a superposition de deux causes : d'une part, la capacité électrostatique, parfaitement constante, qui ne dépend que des dimensions géométriques et de la nature du diélectrique; d'autre part, la capacité de polarisation, fonction du temps et de la force électromotrice employée.

L'isolement des condensateurs n'est pas parfait; on peut, faisant abstraction de l'absorption, considérer un condensateur mal isolé, comme fermé sur une résistance R_i, sur laquelle il se décharge, et déduire cette résistance de la perte de charge qu'il subit, lorsqu'on le laisse isolé du circuit extérieur pendant un temps T :

$$R_i = \frac{T}{C \log_n \frac{E_0}{E_T}}, \qquad (5)$$

mais on constate que la variation de potentiel $\frac{dE}{dt}$, est beaucoup plus rapide au début que ne l'indique la formule, et plus lente à la fin, de telle sorte que la valeur de R_i obtenue dépend de T, sans pour cela exprimer que

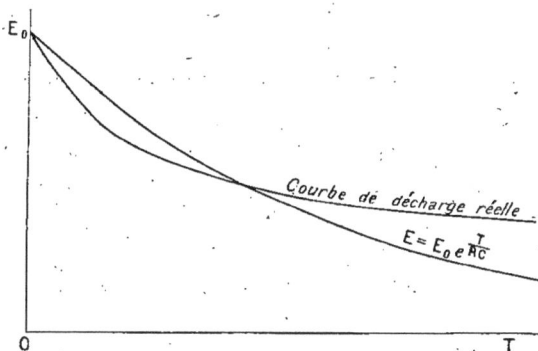

Fig. 97. — Décharge d'un condensateur en fonction du temps.
(L'exposant de *e* est négatif.)

la résistance d'isolement est variable. La figure 97 montre comment varie E_t, ainsi que la variation théorique, équation (3).

En faisant la mesure de l'isolement d'un condensateur,

par l'observation de l'intensité du courant que lui fournit une force électromotrice constante et connue, au
moment où la charge est supposée complète, on obtient
un résultat également fonction du temps, sans que les
deux résultats, pour des temps égaux, aient entre eux la
moindre ressemblance. Le fait s'explique aisément : le
courant engendré dans le condensateur par la force électromotrice E_1 se compose, une fois la charge instantanée
obtenue, du courant $\frac{E_1}{R_i}$, quotient de la force électromotrice employée par la *résistance d'isolement cherchée*,
plus le courant $\frac{dQ}{dt}$, dû à l'*absorption* du condensateur ;
or, on ne sait pas à quel moment $\frac{dQ}{dt}$ est négligeable,
par rapport à $\frac{E_1}{R_i}$, par suite cette méthode donne encore
des résultats incomplets ; il faut d'ailleurs ajouter que si
l'isolement *apparent* :

$$R'_i = \frac{E_1}{\dfrac{E_1}{R_i} + \dfrac{dQ}{dt}}, \qquad (6)$$

est supérieur à la limite qu'on s'est fixée, l'isolement
réel est lui-même supérieur à cette limite.

L'action de la température est assez difficile à définir ;
pour deux condensateurs, de *même nature* et de *même
fabrication*, les variations peuvent être très différentes.
D'une manière générale, on peut dire que la capacité de
régime, augmente avec la température et d'autant plus
que le résidu est plus important, comme si cette augmentation portait seulement sur la charge résiduelle ; l'isolement *apparent* diminue, au contraire, très rapidement,
ce qui s'explique en considérant l'équation (6), puisque
la variation de Q est plus grande.

§ 42. — Construction des condensateurs.

Parmi les matières employées comme diélectriques dans les condensateurs, le mica donne les meilleurs résultats, mais il y a lieu de choisir ; certains échantillons sont excellents, d'autres, au contraire, très mauvais. Dans la très grande variété de micas, qui existe dans le commerce, il n'a pas été fait, jusqu'ici, de détermination exacte de l'espèce la meilleure ; il est même probable que cette indication serait insuffisante, et que les qualités varient d'un échantillon à un autre ; toutefois, il faut rejeter, d'une manière absolue, les micas présentant dans la masse des dépôts d'oxydes métalliques ; on en trouve qui sont nettement magnétiques. L'inconvénient que présentent ces dépôts d'oxydes, en outre de l'influence magnétique quelquefois gênante, c'est d'introduire, entre les armatures, des couches plus ou moins conductrices, isolées des armatures, qui se chargent lentement par la faible conductibilité du mica et augmentent ainsi les phénomènes d'absorption et de résidu.

Les condensateurs en mica sont formés par deux séries de feuilles d'étain séparées par des feuilles de mica, les feuilles paires appartiennent à une série, les feuilles impaires à l'autre ; l'empilage de ces feuilles est fait, en général, avec interposition d'une substance agglomérante quelconque : paraffine, gomme laque, etc., qui a elle-même une capacité inductive propre et des qualités spéciales qui interviennent dans le résultat final.

Pour éviter la superposition des phénomènes nuisibles du mica et de l'agglutinant, M. Bouty remplace les armatures en étain, qui ne peuvent s'appliquer exactement sur le mica, par une couche d'argent, déposée par le procédé Martin pour l'argenture du verre. On obtient par ce procédé, à surface et à épaisseur de feuille égales, des condensateurs ayant une plus grande capacité que par le procédé ordinaire.

Il ne semble pas, quoi qu'on ait dit, que cette méthode donne, à part l'économie de matière, des résultats meilleurs au point de vue du résidu ; les différences observées tiennent plus à la nature du mica qu'au procédé.

Toutes les substances résineuses, d'origine animale, végétale ou minérale : cire, ozokérite, paraffine, etc., sont douées des propriétés diélectriques convenables pour la fabrication des condensateurs, mais elles n'ont pas une résistance mécanique suffisante pour être employées seules. Il est nécessaire, pour éviter que les armatures viennent au contact l'une de l'autre, de les séparer par des feuilles de papier ou d'étoffe, dont le rôle est surtout de maintenir l'écartement nécessaire, cependant ces feuilles ont une action électrique qui n'est pas négligeable. Les qualités des condensateurs reposent surtout sur des tours de main de fabrication, lesquels sont tenus secrets ; mais les nombreuses recherches faites, dans ces dernières années, sur la polarisation, montrent que la condition essentielle du succès, est l'élimination, aussi complète que possible, des électrolytes. La dessiccation et la purification des substances employées s'imposent absolument ; il faut, en particulier, éliminer toutes les substances ayant subi un traitement par les acides : les paraffines blanches, par exemple.

Le verre en feuilles minces, le caoutchouc durci, la gutta ont été employés, mais ces substances n'ont donné que des résultats médiocres.

Les condensateurs, réglés et terminés, doivent toujours être noyés dans une masse isolante, qui ne laisse sortir que les conducteurs aboutissant aux armatures ; on réduit ainsi la déperdition *par la surface*, qui a souvent *une influence prépondérante*. Il faut aussi que le condensateur soit serré dans une monture, qui empêche l'écartement des feuilles et, par suite, assure la permanence de la capacité.

Les condensateurs, autres que ceux en mica, présentent parfois des résistances d'isolement considérables et des résidus très faibles; l'expérience montre ce fait paradoxal, que, dans ce cas, la permanence est moins certaine; ces condensateurs sont généralement sujets à des altérations subites, dont la cause échappe à l'observation; il vaut mieux, pour la plupart des condensateurs, *ceux en mica exceptés*, avoir un isolement un peu moins bon, mais constant. On peut rapprocher ce fait de ce qui se passe pour les câbles isolés à la gutta; on sait que les cahiers des charges des télégraphes renferment une clause donnant les valeurs minimum et *maximum* de la résistance d'isolement à fournir; l'explication est celle-ci : certaines espèces de guttas contiennent des résines dont la résistivité est extrêmement élevée, mais qui s'altèrent promptement, de telle sorte qu'en peu de temps l'isolement tombe à une valeur trop faible.

Le réglage des condensateurs se fait en enlevant des feuilles ou des parties de feuilles à l'une ou l'autre des armatures, il en résulte que celles-ci peuvent avoir un nombre égal de feuilles, ce qui n'est pas favorable à la précision des mesures. En effet, si le nombre total des feuilles est petit, l'action des corps extérieurs, la boîte par exemple, qui sont à un potentiel différent, peut être assez grande; il faut, autant que possible, qu'une des armatures enveloppe complètement l'autre et soit maintenue au potentiel des corps voisins, dont l'action est alors nulle. Ce défaut est surtout nuisible dans les condensateurs subdivisés. Dans le montage ordinaire, les sections sont disposées en parallèle, chacune ayant une armature isolée; toutes les autres armatures sont reliées ensemble. Les sections inactives sont mises en court-circuit, de telle sorte que la dernière feuille de l'armature isolée d'une section peut se trouver en face de la feuille correspondante de l'autre section; si les deux sections sont utilisées simultanément, ces feuilles sont au même potentiel et ne s'influencent pas; si l'une seulement est employée, l'autre est à un potentiel différent, il y a induction, et le résultat, c'est que deux sections, individuellement bien réglées, ne donnent pas, expérimentalement, une somme égale à leur somme calculée; d'où des erreurs parfois considérables, mais que l'on peut éviter par une construction soignée.

§ 43. — Formes pratiques des condensateurs.

Extérieurement les condensateurs présentent des formes variées; la condition la plus importante à exiger, c'est le dégagement, aussi parfait que possible, des bornes correspondant aux armatures, de façon à éviter, par un essuyage à sec, le dépôt d'humidité et de poussière entre

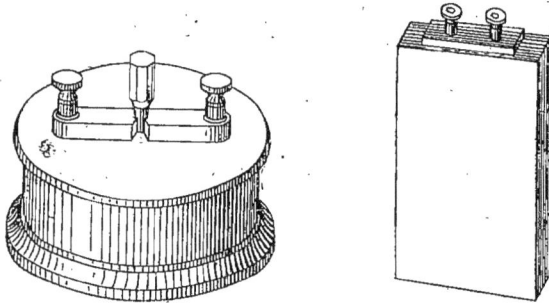

Fig. 98. — Condensateur en mica.   Fig. 99.— Condensateur industriel.

elles, et à supprimer, par la même opération, les dérivations superficielles, qui causent souvent plus de perturbations que les défauts du diélectrique lui-même.

La figure 98 montre la disposition la plus employée

pour les condensateurs en mica : un boisseau rond, en laiton, renferme le condensateur. A la partie supérieure, une plaque d'ébonite porte deux bornes auxquelles sont réunies les deux armatures ; ces bornes sont elles-mêmes posées sur deux plots en laiton, entre lesquels on peut introduire une cheville, destinée à mettre le condensateur en court-circuit.

On construit beaucoup, sous le nom de condensateurs industriels ou de service, des condensateurs beaucoup moins précis, dont le diélectrique est du papier, paraffiné ou enduit de compositions diverses. Ces condensateurs, dont on se sert surtout en télégraphie, pour faire des lignes fictives, sont quelquefois

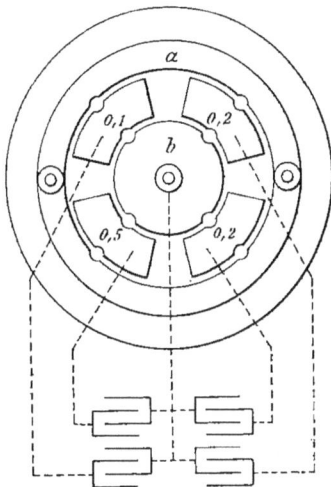

Fig. 100.—Condensateur à 4 sections.

employés dans les mesures ; ils sont, généralement, renfermés dans des boîtes plates, en bois (fig. 99), surmontées d'une petite plaque d'ébonite portant les bornes.

On fait des boîtes de condensateurs analogues aux boîtes de résistances, c'est-à-dire permettant de faire varier la capacité par l'introduction de nouvelles sections. Deux moyens peuvent être employés : le montage en parallèle et le montage en cascade.

Le premier, le plus employé (fig. 100 et 101), est facile à comprendre, il suffit de relier une armature de chaque section à un plot commun *b*, les autres armatures étant reliées chacune à un plot isolé ; une fiche permet, selon qu'elle se trouve à un bout ou à l'autre du plot, de

mettre la section en court-circuit, ou de la rendre active.
La capacité totale est, dans ce cas, la somme des capacités des sections employées.

Le montage en cascade est absolument défectueux, il
exige des condensateurs rigoureusement identiques comme
isolement, c'est-à-dire, ayant une résistance inversement

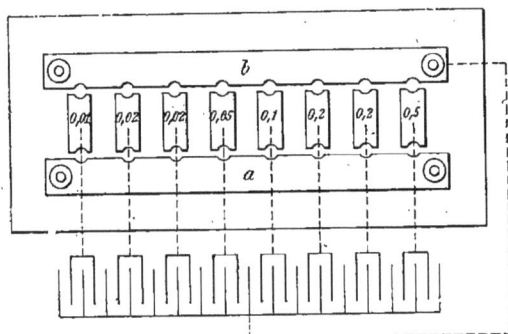

Fig. 101. — Condensateur à 8 sections.

proportionnelle à leur capacité, et ayant des résidus parfaitement égaux. La plus petite différence entre ces qualités a pour effet d'augmenter énormément la variation
de charge avec le temps et le résidu ; il est, dans ces conditions, impossible, même en faisant des sections individuellement très bonnes, de connaître la capacité du condensateur résultant.

Il est essentiel de tenir toujours les condensateurs en
court-circuit, lorsqu'ils ne servent pas ; c'est le seul
moyen de faire disparaître les charges résiduelles et
d'obtenir des résultats concordants.

§ 44. — Emploi des condensateurs.

Les phénomènes d'absorption et de résidu compliquent,
comme nous l'avons vu, la définition de la capacité d'un
condensateur. Lorsqu'il s'agit d'un bon condensateur en

mica, on peut, par une étude préalable, connaître le rapport entre la capacité initiale, purement électrostatique, et la capacité de régime, et choisir, suivant l'application, l'une ou l'autre de ces valeurs. Par exemple, pour des mesures de quantité, il est préférable de laisser le condensateur prendre son régime, en le chargeant pendant un temps déterminé ; pour les courants alternatifs, au contraire, on peut admettre que c'est surtout la capacité initiale qui intervient. Les condensateurs que l'on trouve dans le commerce sont étalonnés de façons très différentes ; il en résulte que, par le fait de l'absorption et par le défaut de concordance des méthodes de mesures, il peut exister entre deux condensateurs, également bons, des différences supérieures à 1 p. 100, alors que nos connaissances sur la question, devraient permettre, par une définition préalable du temps de charge, d'obtenir une concordance plus grande.

Avec les condensateurs industriels, où la variation de charge atteint fréquemment 10 p. 100, il est assez facile d'obtenir une capacité définie à 1 p. 100 près ; il suffit de se placer dans des conditions toujours identiques, de durée de charge et de décharge, et de laisser le condensateur en court-circuit pendant un temps suffisant pour qu'il reprenne son état normal, ou à peu près.

La capacité applicable aux courants alternatifs est loin d'être aussi bien définie.

Une question des plus importantes, dans l'emploi des condensateurs, et à laquelle il est malheureusement impossible de répondre exactement, est celle de tension maximum que peut supporter, sans danger, un condensateur donné ? La plupart des condensateurs en mica peuvent être soumis à une tension de 500 volts ; cependant, il suffit d'un point faible, comme il s'en trouve, même avec une fabrication des plus soignées, pour amener la rupture du diélectrique avec moins de 100 volts. Nous avons vu, fréquemment, des condensateurs excellents, percés et mis en court-circuit tout à coup, avec moins de 100 volts, après avoir longtemps, et à plusieurs reprises, supporté plus de 1 000 volts. On peut dire, d'une façon générale, que les condensateurs étalons ne doivent supporter que des tensions très faibles, de même que les étalons de résistance ne doivent recevoir que des courants très faibles.

Les condensateurs industriels supportent souvent des tensions aussi élevées que ceux en mica, mais les défauts sont plus à craindre ; comme les services qu'on en attend sont moins précis, on peut, néanmoins, les soumettre à un traitement un peu plus brutal. D'une manière générale, un condensateur quelconque doit supporter, sans se mettre en court-circuit, une tension supérieure à 100 volts.

On doit toujours avoir soin de ne pas employer les condensateurs destinés aux mesures sur des circuits ayant une grande self-induction, l'extra-courant de rupture pouvant atteindre une force électromotrice quelques centaines de fois plus élevée que celle qui existe dans le circuit ; un très grand nombre de ruptures de condensateurs sont dues à cette cause. Avec les courants alternatifs, il faut éviter la résonance qui peut amener le même résultat.

La température joue un très grand rôle dans la résistance des condensateurs à l'étincelle ; tel appareil qui supporte aisément 1 000 volts, à 15°, peut être mis en court-circuit par une tension beaucoup moindre, à 25°.

En résumé, dans l'état actuel de la question, on doit, pour les mesures précises, employer des condensateurs en mica, dont la variation de charge, avec le temps, ne dépasse pas 1 p. 100. En définissant bien le temps de charge, on obtient ainsi des résultats de l'ordre de 0,1 à

0,2 p. 100 ; mais il faut *toujours* déterminer la capacité exacte en fonction du temps, car le réglage varie avec les constructeurs.

Les condensateurs industriels peuvent très bien servir pour des comparaisons de quantités, à 1 p. 100 ou même 0,5 p. 100, pourvu qu'on ait soin d'employer toujours la même durée de charge.

CHAPITRE X

INSTALLATION DES INSTRUMENTS
ACCESSOIRES

§ 45. — Indications générales. Orientation.

Les instruments les plus délicats à installer sont les galvanomètres et électromètres à miroir ; il faut remplir des conditions, souvent contradictoires, d'orientation, de hauteur, de stabilité et d'isolement.

Les appareils de ce genre sont ordinairement portés par trois pieds ou vis calantes. Pour déterminer exactement le centrage d'un appareil, il faut remettre toujours ces trois pieds à la même place. Dans ce but, lord Kelvin avait proposé la disposition connue sous le nom de : *trou, rainure* et *plan*, qui consiste à percer un trou conique sur la surface qui doit porter l'instrument, puis à faire une rainure triangulaire, dont le prolongement rencontre le trou. Un des pieds de l'appareil étant engagé dans le trou, l'autre dans la rainure, le troisième repose sur le plan et il est facile de comprendre que le même appareil, replacé dans ces conditions, sera toujours à la même place ; mais deux appareils, dont l'écartement des pieds est différent, auront un centrage différent.

La *plaque crapaudine* de M. Carpentier est d'un usage plus général, en ce sens qu'elle permet un centrage identique, pour tous les appareils dont les pieds sont équidistants entre eux et à égale distance du centre. C'est simplement un plateau circulaire, en laiton, percé de trois rainures radiales, à 120° l'une de l'autre ; les rainures ont un profil triangulaire, pour recevoir les pointes des pieds ou des vis calantes.

Il arrive fréquemment qu'on a à installer des appareils à demeure. Lorsqu'on dispose de supports très solides, comme, par exemple, des blocs de pierre, *indépendants du plancher*, reposant directement sur le sol, on fixe, sur la surface, des petites crapaudines, qui sont simplement des disques de laiton traversés par une rainure triangulaire ; on place ces crapaudines à la distance convenable pour l'écartement des pieds et les rainures dirigées, autant que possible, vers le centre ; on fixe les crapaudines, soit au plâtre, soit avec l'arcanson chaud, et la position de l'appareil est bien déterminée.

L'orientation des galvanomètres, dans un laboratoire, n'est pas seulement une question de méridien magnétique, il faut aussi tenir compte des conditions d'éclairage, de commodité d'installation et enfin de voisinage. Pour les galvanomètres à index et cadran divisé, qui peuvent s'installer n'importe où, il suffit de tenir compte de l'orientation qui donne le moins d'influence aux actions magnétiques extérieures, tant aux variations du champ terrestre, qu'aux actions perturbatrices.

D'une manière générale, on devra toujours tenir les galvanomètres à aimants mobiles, loin des masses susceptibles de prendre une aimantation *temporaire* plus ou moins grande, comme, par exemple, les *arbres de transmission*, les *machines électriques* ou purement *mécaniques*. Au contraire, il n'y a aucun inconvénient à se trouver dans le voisinage, non immédiat, de masses de fer considérables, lorsque celles-ci sont immobiles et ne changent pas d'état magnétique pendant le cours des mesures. On peut très bien se servir de ces galvanomètres dans l'intérieur des constructions métalliques, il suffit de se rappeler qu'on se trouve alors dans un champ magnétique différent du champ terrestre et ne variant pas comme lui.

Il faut aussi éviter le voisinage des conducteurs parcourus par des courants intenses, et s'éloigner des corps isolés portés à de *haut potentiels*.

Les galvanomètres à cadre mobile, bien que beaucoup moins sensibles à ces actions, peuvent cependant être influencés par le voisinage immédiat des grandes masses de fer, des courants intenses ; on doit d'autant plus veiller à éviter ce voisinage, que son action ne se fait sentir qu'au moment où le courant traverse le galvanomètre et, par conséquent, rien ne peut en avertir ; il ne se produit pas de déplacement de zéro décelant la perturbation. Avec les galvanomètres à aimant mobile, cette action se produit même au repos ; en général, mais pas toujours, elle indique ainsi son importance et permet de voir si on peut la négliger.

Il ne faut pas conclure de ce fait que les appareils de mesures ne peuvent pas être installés dans le voisinage des ateliers ; ce qu'il faut en tirer, c'est la nécessité de s'assurer, préalablement à l'installation définitive, que l'emplacement est le meilleur possible. Comme indication pratique, nous dirons, par exemple, que les galvanomètres très sensibles, à aimant mobile, doivent être à 8 ou 10 m au moins de toute transmission ou machine, à 2 ou 3 m des conducteurs où passent des courants intenses ; un galvanomètre à cadre mobile doit être tenu à 1 m au moins des machines et des conducteurs. Ces chiffres n'ont rien d'absolu, on peut quelquefois trouver auprès des machines une place où un galvanomètre ne subit que des variations négligeables.

Lorsqu'on ne peut éviter le voisinage des courants intenses, il faut s'arranger, autant que possible, pour que les conducteurs d'aller et retour soient très voisins l'un de l'autre et même, au besoin, les tordre ensemble.

Pour les électromètres, on ne saurait trop prendre de

précautions pour éviter l'action, sur l'aiguille ou sur les conducteurs auxquels elle est reliée, des masses électriques voisines. Il est bon, quand on le peut, de relier les armatures par une très grande résistance ; dans ces conditions, il faut maintenir, aux extrémités de la résistance, les différences de potentiel observées, ce que ne peuvent faire les actions électrostatiques perturbatrices. Dans les cas où il est nécessaire d'avoir un isolement parfait entre les armatures, il faut se garantir par des écrans reliés à la terre.

§ 46. — Vibrations.

La protection des appareils de mesures, contre les vibrations transmises par les supports, est une question quelquefois très difficile à résoudre. Pour les appareils à cadran, l'influence des vibrations est presque toujours négligeable ; pour les appareils à miroir, au contraire, elle est capitale.

Dans les vibrations transmises par l'extérieur aux appareils de mesures, il faut distinguer celles qui sont nuisibles et celles qui ne le sont pas.

Toutes les vibrations qui impriment au spot un mouvement vertical, parallèle au fil du réticule, sont à peu près négligeables dans l'observation sur les échelles ; elles empêchent complètement la lecture des chiffres quand on se sert de lunettes et elles sont, pour cette cause, tout aussi gênantes que les autres dans ce cas particulier. Un moyen, quelquefois employé pour remédier à ce défaut, consiste à observer avec la lunette un spot ordinaire et à placer, devant l'oculaire, un micromètre qui fait fonction d'échelle ; il est évident que le système ainsi composé est l'équivalent d'une échelle ordinaire.

On peut considérer également comme non nuisibles, toutes les vibrations qui agissent sur le mobile dans le sens ordinaire des déviations, parce que, s'il y a un amortissement suffisant, celui-ci agit aussi bien sur les vibrations extérieures que sur celles causées par le phénomène observé. Une conséquence de cette observation, c'est que l'amortissement d'un appareil quelconque n'est pas une garantie suffisante contre les vibrations, puisqu'il n'agit que dans un sens déterminé.

La démonstration de ceci se fait très aisément avec un galvanomètre à cadre mobile. Si, le circuit étant ouvert, on donne un choc au support du galvanomètre, on observe sur l'échelle un mouvement très complexe du spot, mouvement qui peut se prolonger fort longtemps. Lorsqu'on vient à fermer le circuit, les oscillations s'amortissent immédiatement dans le plan horizontal. Le cadre ne conserve plus de mouvement que dans la direction où il ne dépense pas d'énergie : déplacements parallèles ou angulaires tels que le flux de force ne varie pas ; en général, le mouvement ainsi conservé est vertical, par conséquent peu gênant pour les mesures.

Dans les galvanomètres genre Thomson, toutes les vibrations perpendiculaires au plan de la palette de mica ou d'aluminium, sont amorties très rapidement ; il n'en est pas de même des vibrations parallèles au plan de cette palette.

De même que les instruments ont un plan où les vibrations ne sont pas amorties, les supports ont une direction où ils transmettent plus aisément les mouvements extérieurs, il faut donc chercher à placer l'instrument de telle sorte que les vibrations transmises, le soient dans la direction de son amortissement ou dans celle où elles ne sont pas nuisibles. Prenons comme exemple un appareil dont le support repose sur un plancher. Il est évident que les oscillations du plancher sont plus grandes dans la direction du centre que parallèlement au mur, par conséquent, si l'appareil est placé tout près de celui-ci, le plan de

plus grande vibration sera dirigé vers le milieu de la
pièce ; c'est dans ce plan qu'il faudra, s'il est possible,
placer l'instrument et l'observateur.

Tous les supports, planchers, murs, etc., sur lesquels
sont placés les instruments de mesures, ont une période de
vibration propre ; sous l'influence des chocs, ou d'excita-
tions quelconques, ils entrent en vibration. Le mouvement ainsi provoqué se transmet au mobile de l'appareil,
lorsque la période de vibration de celui-ci est identique
à celle du support, ou quand elle est une de ses harmoniques ; dans ce cas, si le support vibre uniformément,
le mobile prend une vibration dont l'amplitude peut
croître au delà de toute mesure ; ce cas limite ne se rencontre heureusement jamais, les supports ayant en général
une période très courte relativement à celle des appareils. Il y a intérêt, à ce point de vue, à rendre la période
de vibration aussi longue que possible.

On peut vérifier facilement ces phénomènes au moyen
du galvanomètre à cadre mobile. Au point de vue des
oscillations non amorties par l'induction, l'ensemble,
formé par le cadre et les deux fils de suspension, peut être
assimilé à une corde vibrante, dont la tension est réglée
par le rappel supérieur. Le galvanomètre étant placé sur
un support reposant sur un plancher, le cadre mobile
en court-circuit, si on imprime de violents chocs au plancher, on voit le spot prendre un mouvement très rapide.
On peut, en réglant la tension des fils par tâtonnements,
trouver une position pour laquelle les vibrations s'éteignent
plus rapidement. Cette expérience, généralement assez
nette, est à faire toutes les fois qu'on doit faire reposer
les instruments sur un plancher ; elle n'a que peu d'intérêt pour les murs ou les supports massifs en maçon-
nerie, car ceux-ci ont des périodes ordinairement plus
courtes.

Pour remédier à ce grave défaut, on place souvent les

appareils sur des plaques métalliques assez lourdes, placées elles-mêmes sur cales en caoutchouc reposant sur les supports ordinaires. Cette disposition donne à l'ensemble, appareil et plaque, une période de vibration très différente de celle du support, ce qui permet d'atténuer, dans une très grande mesure, l'effet des vibrations périodiques.

Pour obtenir, par ce moyen, un bon résultat, il faut donner à la plaque une masse assez grande, et choisir les dimensions des cales de caoutchouc, de telle sorte que celles-ci soient assez aplaties pour que la période du système soit aussi longue que possible, mais pas assez pour qu'il y ait déformation permanente. En pratique, on doit régler la surface des cales de façon à avoir un aplatissement d'un tiers environ. Pour éviter que, sous l'action de la charge, la cale en caoutchouc se jette de côté, il faut lui donner une hauteur égale à la moitié environ de la plus petite dimension de la surface portante.

Dans le support antivibrateur d'Elliott, la plaque qui porte l'appareil est triangulaire, elle est suspendue, à chaque angle, par une lanière de caoutchouc dont l'autre extrémité repose sur un support approprié. Le système ainsi composé peut avoir une période de vibration très longue, ce qui est avantageux.

Le caoutchouc a, pour cette application, une qualité toute spéciale : sa *viscosité* lui permet d'éteindre les petites vibrations, avant qu'elles soient arrivées à l'instrument ; des ressorts métalliques, ayant exactement les mêmes qualités élastiques, donneraient des résultats infiniment moins bons. Mais, à côté de cet avantage, le caoutchouc présente, en pratique, un grave défaut, surtout s'il n'est pas de très bonne qualité ; il durcit très rapidement à l'air ; il se forme, en peu de temps, une gaine rigide autour des cales ou des lanières et l'élasticité disparaît.

Les moyens ci-dessus sont excellents pour se protéger contre tous les mouvements périodiques, mais il est une autre sorte de mouvements contre lesquels ils sont presque toujours insuffisants. Le passage des voitures, la

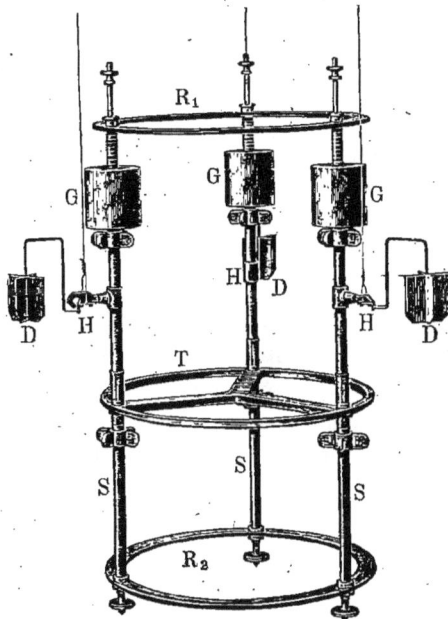

Fig. 102. — Support antivibrateur Julius.

marche, provoquent des mouvements, *sans période propre*, qui se transmettent d'autant plus facilement aux appareils, que les supports sont moins massifs et rigides. C'est pour éviter cette sorte de mouvements qu'il faut toujours avoir soin de placer les galvanomètres et électromètres sur un support isolé de la table sur laquelle sont les autres instruments ; il est impossible, autrement, d'éviter les vibrations produites par la manipulation.

Pour obtenir la plus grande stabilité possible, le pro-

fesseur Julius place les instruments délicats sur une plate-
forme installée dans une cage formée par trois tiges verticales (fig. 102). Des fils métalliques, longs et fins, attachés à chacune des colonnes, vont se fixer dans le
plafond, ou après une potence accrochée au mur. Des
contrepoids, mobiles le long des tiges, permettent de
placer le centre de gravité du système dans le plan par
lequel passent les trois attaches des fils. Les vibrations
de périodes rapides qui sont transmises aux fils, sont
amorties, ou même absorbées complètement, grâce à la
longueur de ceux-ci ; quant aux mouvements non périodiques, s'ils sont parallèles aux fils, leur différence tend
à amener une inclinaison de l'instrument, mais, comme
le centre de gravité passe par le plan de suspension,
l'inertie est assez grande pour atténuer fortement le déplacement. Les mouvements, non périodiques, imprimés,
dans le sens vertical, aux points d'attache supérieurs,
tendent à donner un mouvement pendulaire, mais celui-ci
est combattu par l'inertie considérable du pendule. En
outre, pour obtenir la plus grande fixité possible du miroir, la plate-forme est également mobile en hauteur, ce
qui permet d'amener le point d'attache du fil au centre
de gravité du système, celui-ci étant toujours réglé dans
le plan des attaches H. Enfin, des amortisseurs à ailettes
D, que l'on peut plonger dans des vases remplis d'un
liquide plus ou moins visqueux, servent à atténuer les
vibrations qui ont pu se produire malgré les précautions
prises.

Dans la construction des laboratoires, on a l'habitude
de ménager des supports spéciaux pour les instruments
délicats. Ces supports, constitués par des blocs de pierre
reposant directement sur le sol de fondation, pénètrent
dans les salles où ils sont isolés, mécaniquement, du
plancher, par des substances amortissantes, le tan ou le
liège, par exemple.

Pour terminer ce qui est relatif aux supports, disons ici un mot des hauteurs convenables. On doit toujours chercher à régler la hauteur des appareils à miroir, de telle sorte que le prolongement du rayon réfléchi rencontre l'œil de l'observateur, sans que celui-ci soit obligé de s'élever ou de s'abaisser ; ceci revient à dire que la hauteur du miroir doit être d'environ 1,25 m pour les observateurs assis et 1,60 m pour les observateurs debout.

On emploie fréquemment, comme support, des trépieds en bois, de hauteur convenable, sur lesquels les appareils reposent par l'intermédiaire de cales en caoutchouc ; cette solution est commode, mais elle exige des soins particuliers pour éliminer les vibrations ; elle est difficilement applicable sur les planchers ; les rez-de-chaussée ou les constructions sur voûte sont préférables. Des consoles, fixées dans les gros murs, donnent de très bons résultats ; il en est de même des cheminées.

Fig. 103. — Support Siemens et Halske.

Le support construit par Siemens et Halske (fig. 103) reçoit le galvanomètre sur une console fixée à la partie supérieure d'une planchette. L'échelle se trouve placée au-dessous, à la distance convenable, et elle a son plan horizontal ; un miroir incliné à 45° permet à l'observateur de voir le spot. Un prisme, placé devant le galvanomètre, lui envoie un rayon incident, projeté par une lampe.

qui se trouve à la partie inférieure ; le rayon réfléchi traverse à son tour le prisme et vient tomber sur l'échelle. L'ensemble peut être placé contre un mur, à la hauteur convenable ; il est complètement indépendant de la table des mesurés.

§ 47. — Éclairage.

Dans l'emploi des appareils à miroir, l'orientation, par rapport à la lumière, a une grande importance. Avec les échelles opaques, encore employées dans certains pays, il faut le moins de lumière possible dans la salle de mesures. Pour obtenir ce résultat, on fait généralement l'obscurité complète, quitte à éclairer ensuite les appareils à manipuler, au moyen d'une lampe disposée de façon à laisser l'échelle dans l'ombre.

Nous avons déjà vu (§ 10) les conditions principales pour l'orientation des échelles transparentes. Ce qu'il faut ayant tout éviter, c'est l'arrivée de la lumière directement sur l'échelle. Dans une chambre, éclairée par une seule fenêtre, il est facile de remplir cette condition, en plaçant l'échelle en face de la fenêtre et perpendiculairement au plan de celle-ci ; l'appareil lui-même étant placé, autant que possible, dans l'angle obscur, voisin de la fenêtre, ne réfléchit pas de lumière gênante sur l'échelle. Cette disposition permet de se servir de la lumière des nuées, mais, dans beaucoup de cas, elle est insuffisante, soit que la lumière diffuse soit trop vive dans la pièce et rende impossible le contraste d'éclairement entre le spot et le reste de l'échelle, soit que la lumière des nuées soit trop faible ; il faut alors avoir recours à la lumière artificielle.

La solution que nous préférons, parce qu'elle nous semble plus générale, est celle qui consiste à placer, dans la monture de l'échelle, une lentille fixe, de foyer égal a $\frac{D}{2}$ (§ 11) ; une lumière quelconque, placée dans la salle, pourvu qu'elle n'éclaire pas directement l'échelle, permet alors d'obtenir un spot très visible, même en pleine lumière ; le contraste des couleurs augmente, dans ce cas, la visibilité du spot.

Lorsque le soleil éclaire directement la salle, il est impossible de faire aucune observation, à moins de prendre également la lumière solaire pour éclairer le miroir ; on cherche toujours à éviter ce cas, autant pour la difficulté de l'éclairement que pour les troubles qu'apporte l'échauffement rapide de tous les appareils et, aussi, par crainte des altérations permanentes que la lumière leur fait subir.

Pour éviter que les échelles soient éclairées de face, on est souvent conduit à placer des écrans, qui interceptent la lumière gênante ; il faut toujours chercher à se ménager un bon éclairement moyen qui facilite la manipulation d'appareils souvent délicats.

Les réflexions de la lumière sur les appareils ou les murs sont quelquefois très nuisibles, il faut y remédier en noircissant les appareils, soit en les recouvrant de papier noir, soit en les vernissant au vernis noir mat. Quand les instruments sont fermés par des glaces à faces parallèles, il est facile, en inclinant ces glaces, d'éviter les réflexions.

Il est bon, pour éviter la diffusion et la réflexion de la lumière par les murs, de donner à ceux-ci une couleur sombre et mate, *cette condition est bien souvent capitale.*

§ 48. — Conducteurs et isolateurs.

Il importe essentiellement d'éviter, dans les laboratoires, l'emploi de conducteurs volants posés, selon les besoins, entre deux appareils séparés par un passage. Toutes les

fois qu'on a à relier, par exemple, un galvanomètre à des
instruments placés sur la table, il faut le faire au moyen
de conducteurs posés contre les murs ou supportés à
une hauteur telle qu'on ne risque pas de les atteindre en
passant. Dans ce but, les conducteurs doivent reposer
sur des isolateurs placés contre le mur, portés par des
broches attachées au plafond, ou, enfin, tenus par des
supports appropriés, sur la table de mesures.

Le diamètre des conducteurs à employer est fixé par
l'intensité du courant qui doit les traverser. Pour les
courants intenses, on doit suivre les règles admises ordinairement pour les conducteurs d'éclairage ; mais, pour
les courants très faibles, comme ceux qui traversent les
galvanomètres, il ne faut pas employer de fils trop fins,
car ceux-ci ont l'inconvénient de se rompre assez facilement et d'introduire dans les circuits des résistances qui
ne sont pas toujours négligeables ; en pratique, le plus
petit diamètre à employer est celui du fil à sonnerie,
0,8 mm; il vaut même mieux prendre 1 ou 1,5 mm.

Un laboratoire est, généralement, installé dans une salle
bien abritée et sèche, il n'est pas indispensable d'employer des conducteurs isolés. Des fils nus, posés sur des
isolateurs convenables, sont suffisants dans bien des cas ;
cependant, nous croyons bon, pour les circuits qui exigent
un isolement élevé, de prendre des fils déjà bien isolés
par eux-mêmes. Pour les fils fins, l'isolement au caoutchouc donne de bons résultats avec les faibles tensions
et en employant des isolateurs. Il est surtout nécessaire
d'employer des conducteurs isolés, lorsque ceux-ci sont
de petit diamètre et doivent être très voisins, car il
arrive fréquemment qu'une dilatation les met en contact
fortuit, ou que des filaments quelconques viennent établir entre eux une dérivation très faible, mais dont il
est difficile de trouver la cause.

Tous les conducteurs traversés par des courants inten-

ses doivent, autant que possible, être disposés pour que
le retour se fasse par un conducteur placé à la plus petite
distance compatible avec un bon isolement ; il faut éviter
de les faire passer à côté des galvanomètres à aimants
mobiles et des conducteurs reliés aux appareils de mesures. Lorsqu'il est impossible d'éviter ce voisinage, il
faut chercher la position qui donne l'action minimum,
soit en plaçant les deux conducteurs à égale distance de
l'équipage aimanté, *et de telle sorte que leurs actions se
détruisent*, soit en croisant les conducteurs appartenant
au même circuit pour éviter les effets d'induction. C'est
surtout avec les courants alternatifs qu'il faut prendre des
précautions contre l'induction.

On trouve dans le commerce des fils *doubles*, bien
isolés, qui peuvent servir pour établir les connexions
entre les appareils de mesures et qui, par le rapprochement des deux fils, évitent assez bien les effets d'induction. Nous ne sommes pas partisans de l'emploi de ces
fils dans lesquels peuvent se produire des défauts d'isolement, d'autant plus graves qu'on ne s'en méfie pas.

Les conducteurs pour les hautes tensions doivent toujours être isolés par eux-mêmes, et placés, en outre, sur
des isolateurs, à des distances convenables pour éviter
tout contact entre eux. Il vaut mieux les placer parallèlement, dans un *plan horizontal*, que dans un plan vertical,
pour qu'en cas de rupture les conducteurs ne se rencontrent pas. Enfin, il est bon de les rendre aussi peu
accessibles que le permettent les nécessités du travail.
Indépendamment de leur action électromagnétique, les
conducteurs à haute tension agissent aussi électrostati-
quement, de telle sorte qu'on doit éviter de les placer
dans le voisinage des.électromètres qu'ils peuvent influen-
cer d'une façon très sensible.

Les isolateurs de porcelaine, en forme de poulies, qu'on
trouve dans le commerce, sont très commodes pour les

installations de laboratoires, soit qu'on les fixe à plat
contre les murs, soit qu'on les embroche en série, sur
une tige de fer horizontale, pour servir au passage d'un
groupe de conducteurs. On obtient également de très
bons résultats en fixant les fils sur des morceaux d'ébonite cloués au mur.

Pour les conducteurs à hautes tensions, il vaut mieux
employer des isolateurs à huile, dans lesquels une couche
d'huile, placée dans un godet annulaire, interrompt les
dérivations qui pourraient se produire à la surface de la
porcelaine, par l'humidité.

Enfin, pour les mesures qui exigent un très grand isolement, il faut suspendre les fils à des tiges de verre,
soudées au fond de flacons, également en verre, contenant une petite couche d'acide sulfurique, chargée de
dessécher l'air autour de la tige ; ces isolateurs rendent
de grands services pour les électromètres.

Pour les expériences de courte durée, qui exigent un
isolement parfait, on emploie avantageusement des cor-
donnets de soie, bien desséchés, auxquels on attache les
conducteurs, et des blocs de paraffine ou de diélectrine
(mélange de paraffine et de soufre), pour supporter les
appareils ; avec ces dispositions, on peut réaliser sûre-
ment toutes les expériences les plus délicates de l'électrostatique et, à plus forte raison, toutes celles qui se
présentent dans la pratique industrielle.

§ 49. — Clefs et Commutateurs.

Le renversement du courant, dans les appareils de
mesures, est une opération qu'on a fréquemment besoin
de faire ; le commutateur de la figure 104 est une des
clefs les plus employées dans ce but.

Si les bornes extrêmes sont reliées au circuit et les

bornes latérales à une pile, on voit qu'il suffit d'abaisser
l'une ou l'autre des touches pour envoyer le courant
dans un sens ou dans l'autre ; les cames placées sur le
côté servent à maintenir les touches abaissées, lorsqu'on
veut établir le courant en permanence. Avec cette clef, il

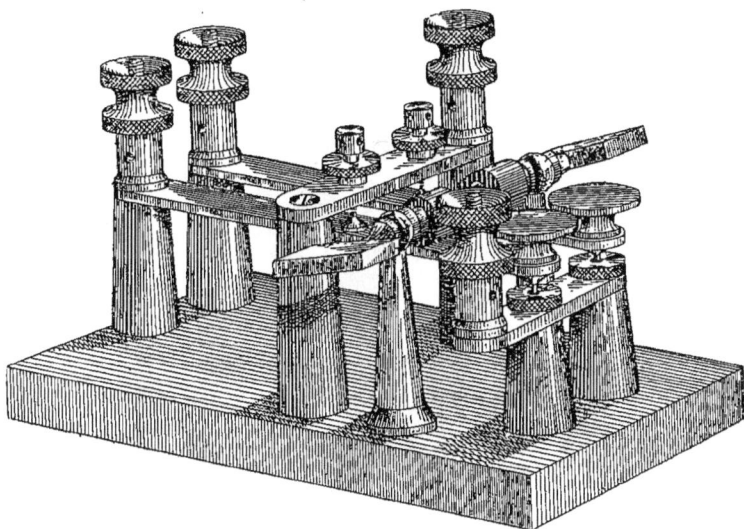

Fig. 104. — Clef d'inversion à touches.

faut toujours avoir soin de relier la pile, ou les conducteurs qui amènent le courant, aux bornes latérales, car si
on les fixait aux deux autres, on risquerait de mettre la
pile, ou la source de courant, en court-circuit. Les colonnes
en ébonite qui portent les bornes doivent être soigneusement essuyées, pour éviter les dérivations qui se produi-
raient si elles étaient humides. Dans le but d'augmenter
la *longueur de la surface d'écoulement* par laquelle se
produisent ces dérivations, on emploie beaucoup, aujour-
d'hui, des colonnes à cannelures circulaires ; à hauteur
égale, il est évident que la longueur des génératrices est
plus grande.

Pour toutes les clefs sur ébonite, il faut avoir soin d'éviter l'action simultanée de la lumière et de l'humidité, qui produit une couche d'acide sulfurique à la surface et détruit les qualités isolantes.

L'inverseur de la figure 105 est aussi beaucoup

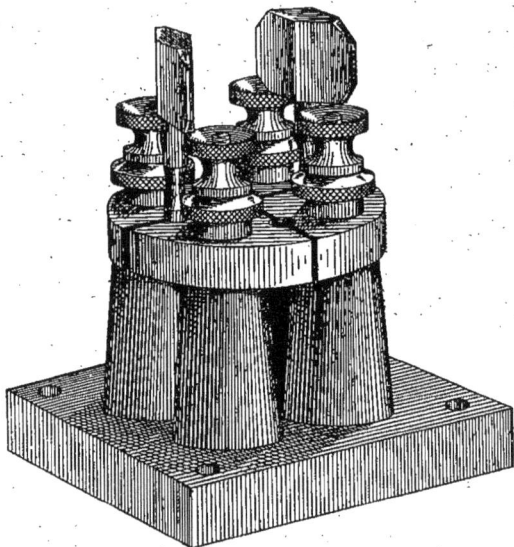

Fig. 105. — Clef d'inversion à fiches.

employé lorsqu'on ne veut pas faire de changements fréquents. La pile doit être reliée à deux blocs opposés et le circuit aux deux autres ; les fiches sont toujours placées sur un même diamètre, quand l'appareil sert seulement d'inverseur.

Un inverseur, dont la construction peut être, au besoin, réalisée avec les ressources du laboratoire, est celui représenté figure 106. Il consiste en un plateau d'ébonite, de bois paraffiné, ou même, simplement, de paraffine, dans lequel sont percés, sur deux rangées parallèles, six trous formant godets à mercure. Un cavalier, formé par deux pièces de cuivre à trois branches, reliées par une traverse isolante, peut osciller dans les deux godets du centre, de façon à les relier aux deux godets de droite ou à ceux de gauche; des bornes reliées à chaque godet facilitent les connexions. Quand les godets sont remplis de mercure et le cavalier en place, on peut réaliser différents groupements : former un double commutateur à trois directions, ou bien un inverseur;

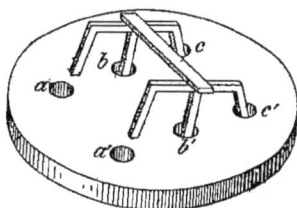

Fig. 106. — Inverseur à mercure.

il faut, dans ce dernier cas, réunir les godets extrêmes, deux à deux, en *diagonale*, et placer les fils d'arrivée du courant aux bornes du milieu, les fils du circuit étant reliés aux autres bornes; dans ces conditions, en faisant basculer le cavalier, on obtient le renversement du courant.

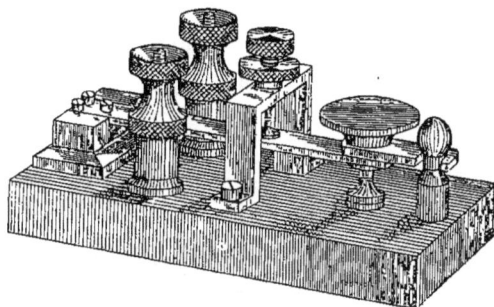

Fig. 107. — Clef de court-circuit.

Dans certaines mesures, il faut pouvoir fermer, rapidement, en court-circuit, un galvanomètre ou un appareil quelconque, pour éviter le passage d'un courant trop intense, ou de sens différent de celui qu'on doit mesurer. La clef de la figure 107 permet de réaliser cette condition facilement. Elle est destinée surtout à *ouvrir* le circuit, seulement pendant le temps de l'expérience ; à la position de repos, le ressort se trouve relevé et met les deux bornes en court-circuit ; en abaissant le ressort, par une pression sur le bouton, on ouvre le circuit et on peut, au besoin, garder cette position au moyen du verrou d'arrêt qui tourne et s'accroche en avant.

Quelquefois on a besoin de séparer un galvanomètre du circuit, mais, en même temps, il faut le remettre en court-circuit sur lui-même ; par exemple, dans l'emploi des galvanomètres à cadre mobile. La clef (fig. 108) donne la disposition usitée dans ce cas : une clef de court-circuit ordinaire est munie d'un contact inférieur, de telle sorte que l'abaissement du ressort ouvre le court-circuit du galvanomètre et relie celui-ci au circuit extérieur.

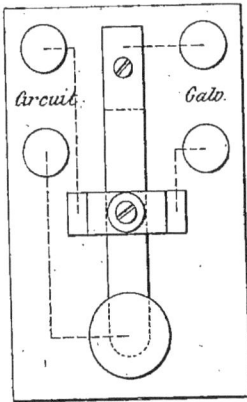

Fig. 108. — Clef de court-circuit pour galvanomètre à cadre mobile.

Les mesures des condensateurs, par décharge, exigent le passage très rapide de la position de charge à celle de décharge ; dans la clef de Sabine, la plus employée, ce passage est obtenu par la détente d'un ressort. Le modèle (fig. 109) est une clef de Sabine modifiée par M. Carpentier. Le ressort, constitué par une lame d'ébonite, tenue par un pilier de même matière, oscille entre deux vis à bouts de platine, portées par des traverses en laiton munies de bornes ; en face des vis, se trouve un collier de laiton, muni de contacts en platine reliés à la borne du ressort ; deux leviers, manœuvrés par les touches A et B, que l'on voit au-devant, accrochent le ressort à des hauteurs différentes ; enfin, un ressort métallique, placé entre les deux leviers, appuie sur l'extrémité du ressort en ébonite et l'empêche de *vibrer* lorsqu'on l'abandonne brusquement.

Le condensateur à essayer étant relié à la borne de la lame d'ébonite, l'une des bornes du galvanomètre à la

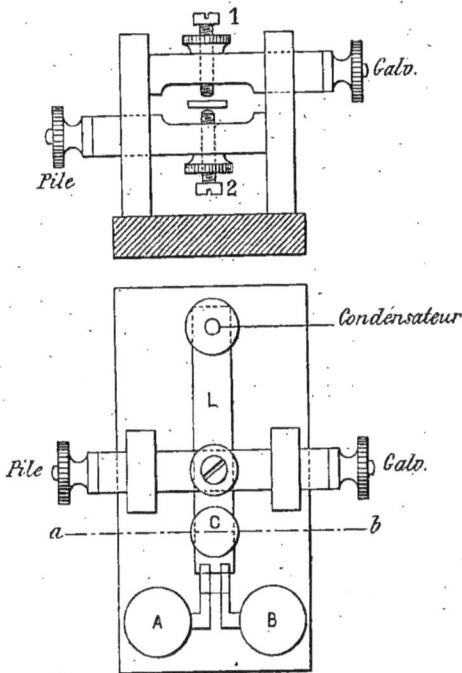

Fig. 109. — Clef de décharge.

vis supérieure, l'autre vis à un pôle de la pile de charge, si on abaisse le ressort, le condensateur se charge ; en appuyant sur la touche de gauche, on libère le ressort, qui cesse d'appuyer sur le contact de pile et s'arrête entre les vis ; enfin, en appuyant sur le ressort de droite, on établit la communication entre la lame et le contact du galvanomètre, la décharge se produit. On peut passer directement de la charge à la décharge en appuyant immédiatement sur la touche de droite, dans ce cas, le condensateur n'est isolé que pendant le temps, très court, de la détente du ressort d'ébonite.

Pour cette clef, comme pour toutes celles dans lesquelles le contact s'établit par pression entre un ressort et une vis, il est essentiel de toujours s'assurer que le contact est bien réglé et que les surfaces sont bien propres, car il suffit de fort peu de chose pour rompre un contact de cette nature. Lorsque, dans une mesure, on se trouve en présence d'anomalies, il faut chercher de ce côté tout d'abord; un grand nombre de déboires se trouvent ainsi évités.

Pour faire varier facilement le nombre des éléments d'une pile, on met toute la batterie en tension, on attache un conducteur à une des extrémités et on relie des éléments, choisis selon la loi de variation qu'on veut avoir, aux plots du commutateur (fig. 110); au moyen d'une

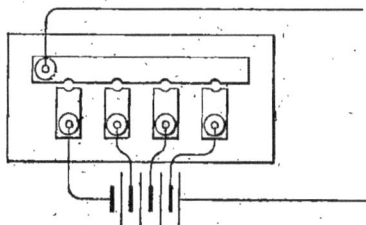

Fig. 110. — Commutateur de 1 à *n* élément.

fiche, on met un de ces plots en communication avec la bande de laiton qui porte elle-même le second conducteur; de cette manière on prend, sur la batterie, le nombre d'éléments correspondant au plot sur lequel se trouve la fiche.

Dans l'emploi des accumulateurs, on cherche à faire varier le nombre des éléments, tout en demandant à chacun le même travail, c'est-à-dire qu'au lieu de mettre les éléments hors circuit, on les met en dérivation sur

les autres ; c'est à ce besoin que répond le commutateur
(fig. 111). Tous les pôles positifs des éléments sont reliés
aux plots d'une rangée, les pôles négatifs aux plots correspondants de l'autre rangée. Lorsqu'il n'y a aucune

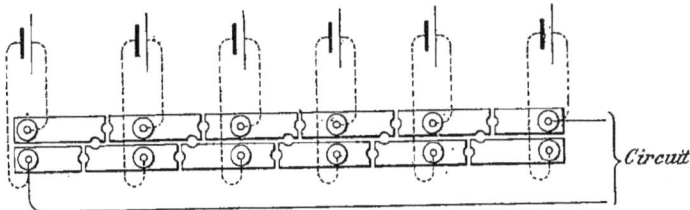

Fig. 111. — Commutateur de groupement.

fiche, tous les éléments sont isolés les uns des autres.
Avec des fiches dans chaque rangée de plots, les accumulateurs sont en quantité. Les fiches mises dans la ligne
de trous, entre les deux rangées de plots, mettent tous
les éléments en tension. L'inspection de la figure montre
que l'on peut grouper les éléments en m séries de n éléments ; pour assurer l'égalité du débit, il faut choisir m
tel que mn soit le nombre total d'éléments dont on dispose ; ainsi, avec 12 éléments, on pourra faire les groupements suivants :

$$\frac{m}{n} = \frac{1}{12}, \frac{2}{6}, \frac{3}{3}, \frac{4}{3}, \frac{6}{2}, \frac{12}{1}.$$

Le numérateur exprimant toujours le nombre d'éléments
en tension, c'est-à-dire, à un coefficient près, la force
électromotrice, et n le nombre d'éléments en quantité,
on remarque immédiatement que si r est la résistance
intérieure d'un élément, la même quantité pour la batterie entière sera $\frac{m}{n} r$.

La seule condition à observer, pour éviter une mise en
court-circuit des accumulateurs, consiste à ne jamais
mettre une fiche dans les trous du centre, lorsqu'il y en

a une sur le côté ; du reste, on peut faire l'écartement des trous tel qu'il rende impossible une fausse manœuvre de ce genre.

§ 50. — Sources de courant.

On doit toujours, dans un laboratoire, disposer de sources d'électricité appropriées aux mesures ; les piles et accumulateurs sont tout indiqués pour cet usage.

Parmi les piles les plus employées sont les piles Daniell et Leclanché. Pour les mesures courantes, qui n'exigent qu'une faible intensité, mais dont on peut avoir besoin à tout instant, les mesures de résistances, par exemple, la pile Daniell et ses dérivés : Callaud, Meidinger, etc., sont les plus commodes parce qu'elles fournissent un courant plus constant que la pile Leclanché. La forme la plus pratique paraît être celle de Meidinger, dans laquelle un ballon renversé, rempli de cristaux de sulfate de cuivre, assure une durée de fonctionnement très grande ; dans le cas des mesures de résistances, on peut conserver les éléments Meidinger, montés, pendant plus de six mois sans avoir à s'en occuper. Pour les batteries de force électromotrice plus élevée, dans lesquelles on emploie 100 éléments et plus, on prend généralement des éléments Callaud, dont l'entretien est plus facile ; ces batteries doivent être isolées avec grand soin, elles sont disposées sur des étagères en bois paraffiné, qui reposent elles-mêmes sur le sol par l'intermédiaire d'isolateurs à huile, semblables à ceux sur lesquels on installe les accumulateurs.

On trouve aujourd'hui, très couramment, dans le commerce, des piles sèches, genre Leclanché, dans lesquelles le zinc forme le récipient. Ces éléments qui se construisent en toutes dimensions, ont une résistance intérieure très faible et une constance relativement grande, quand on ne leur demande qu'une intensité faible, *par rapport à leur régime*. Plus portatives que les éléments Daniell, ces piles peuvent rendre de très grands services. Pour les mesures qui exigent un voltage assez élevé, on peut employer des petits éléments de ce genre, qui ont une résistance intérieure moindre que les Callaud, mais il faut éviter soigneusement de les mettre en court-circuit.

En outre des éléments de piles affectés à un service déterminé, que l'on place à poste fixe, à proximité de l'endroit où ils doivent servir, il faut toujours disposer d'un certain nombre d'éléments de rechange constamment prêts à être employés, soit pour remplacer les premiers, soit pour un usage quelconque.

Les accumulateurs ont un rôle de plus en plus important dans les laboratoires ; destinés tout d'abord à fournir les courants trop intenses pour les piles, la constance remarquable du courant qu'ils fournissent, quand le débit est faible relativement à leur régime, les a fait employer dans toutes les circonstances dans lesquelles cette constance est indispensable. On sait, en effet, que, pour un faible débit, la force électromotrice n'est affectée que par les variations de température. On peut maintenir le courant constant à moins de 1 p. 100 près, pendant plusieurs heures ; aussi, quels que soient les inconvénients des accumulateurs, ils sont indispensables dans tout laboratoire où on a fréquemment à faire des étalonnages d'instruments et des mesures variées.

L'isolement des accumulateurs doit être fait avec soin, au moyen des isolateurs à huile spéciaux ; on peut encore l'obtenir, pour des batteries de peu d'éléments, en portant ceux-ci sur des cales en bois, dans une cuvette de grandeur convenable, au fond de laquelle se trouve une couche de 2 à 3 cm d'huile minérale. A cause des dégagements de vapeurs acides, qui se produisent pendant la charge, il ne faut jamais installer les batteries d'accumu-

lateurs dans les salles de mesures, pour éviter la corro-
sion des instruments.

Lòrsque les courants employés doivent être fournis par
des machines, il faut les placer à proximité du laboratoire, mais cependant assez loin pour que leur action
perturbatrice soit négligeable. Dans le cas où on fait
seulement usage de galvanomètres à cadre mobile, cette
distance peut être assez faible, mais on se trouve vite
arrêté par des considérations d'ordre mécanique, à cause
des vibrations.

DEUXIÈME PARTIE

APPAREILS INDUSTRIELS

CHAPITRE PREMIER

APPAREILS POUR COURANT CONTINU

§ 51. — Indications générales.

Nous rangeons ici tous les instruments qui portent, en eux-mêmes, les organes nécessaires pour donner, par une simple lecture, la grandeur à mesurer ; ce résultat étant produit par une graduation préalable de l'appareil.

Les appareils étalonnés sont généralement formés par la combinaison d'un galvanomètre, ou d'un électromètre, avec des résistances appropriées, et, pour les enregistreurs et les compteurs, avec un mécanisme de lecture ou d'intégration.

Les organes d'observation : galvanomètres ou électromètres, présentent un certain nombre de détails, d'ordre mécanique et électrique, qui se retrouvent indifféremment dans tous les modèles ; il est bon de les examiner tout d'abord.

Suspension et force antagoniste. — Tous les appareils étalonnés renferment une partie mobile, parcourue ou non par le courant ; cette partie mobile peut être sup-

portée, soit par un fil de cocon ou un fil métallique, soit,
ce qui est plus fréquent, par des pointes ou des couteaux
reposant sur des crapaudines de formes convenables.
Nous avons décrit ces organes (§.2), nous n'y reviendrons
pas ; nous nous contenterons de rappeler ici que la délicatesse de la suspension est d'autant plus grande que
les forces en jeu sont plus petites, et que l'on doit
prendre, par suite, plus de précautions avec les appareils
à faible force directrice. Les instruments dont la partie
mobile repose sur des pointes déliées sont particulièrement fragiles, on doit éviter les chocs susceptibles d'altérer les pointes.

La force antagoniste du phénomène à mesurer peut
être, comme nous l'avons également vu, la pesanteur, la
torsion d'un ressort, une action électromagnétique.

Tous les instruments sur lesquels agit la pesanteur ne
peuvent être employés qu'avec leur axe horizontal,
c'est-à-dire le plan du cadran vertical ; en outre, la
déviation, sauf le cas d'une multiplication, par engrenages ou autrement, ne peut pas dépasser 90°. Ces
instruments sont les plus constants dans leurs indications.

Par l'emploi des ressorts, ou des forces magnétiques,
on peut placer l'instrument dans une position quelconque,
*pourvu, toutefois, que le mobile soit parfaitement équi-
libré.* Les ressorts permettent un angle de déviation
quelconque. Pour les forces magnétiques, l'angle de
déviation est limité à 90°, comme avec la pesanteur.

Il arrive assez fréquemment qu'on multiplie la déviation au moyen d'un système de roues dentées, de poulies, etc. ; dans ce cas, le pivotage de tous les axes doit
être très soigné, mais, particulièrement, celui du dernier
mobile, qui a le plus grand angle de déviation. Il est
indispensable, quelle que soit la force antagoniste adoptée,
de faire agir une faible force directrice sur le dernier

mobile ; on évite ainsi les irrégularités dues au jeu des différentes parties de la transmission et aux frottements sur le dernier axe.

Amortissement. — Les appareils étalonnés, destinés à donner des indications rapides, doivent être aussi amortis que possible, pour que les lectures soient faciles ; ce résultat n'est pas toujours atteint, voici les principaux moyens qui y conduisent.

Le frottement joue évidemment un rôle capital dans un grand nombre d'appareils, particulièrement dans ceux à faible force directrice. Il agit, non seulement en absorbant la puissance vive du mobile, mais encore, d'une façon nuisible, en arrêtant celui-ci à une position différente de celle qu'il prendrait sous la seule action des forces à mesurer. Il est bon de s'assurer, lorsqu'il n'y a pas d'autre amortissement, que le frottement n'arrête pas trop rapidement les oscillations, car, s'il est très énergique, ses effets nuisibles sont très grands. Dans certains appareils, on produit un frottement *intermittent*, sur l'index de l'équipage mobile, de façon à réduire plus rapidement l'amplitude des oscillations ; ce moyen est assez bon, car le frottement n'existe qu'au moment où on le veut et n'intervient pas pour empêcher le retour à la position d'équilibre.

La résistance de l'air offre un moyen commode à appliquer, lorsque les forces en jeu sont assez faibles, et quand on dispose d'un espace suffisant pour munir le mobile d'ailettes larges et légères. C'est un moyen qui n'affecte en rien la position d'équilibre, pourvu que l'amortisseur soit bien à l'abri des courants d'air.

On peut rendre l'amortissement plus grand en munissant le mobile d'un petit piston qui pénètre dans un cylindre, sans frottement mais avec le jeu strictement nécessaire.

Le frottement des liquides donne un amortissement plus énergique, sous un faible volume; malheureusement, l'équipage mobile ne peut être que très rarement plongé en entier dans le liquide, de telle sorte que l'amortisseur, disque ou ailette, doit être relié à l'équipage par une tige, sur laquelle les phénomènes capillaires produisent un effet analogue au frottement; un tel système subit des *déplacements de zéro* assez gênants. On peut remédier à ce défaut en coupant la tige de liaison de l'amortisseur et de l'équipage, et en réunissant les parties coupées par deux anneaux, dont les points de contact sont taillés en couteaux; le système est ainsi articulé à la coupure de façon à permettre de petits *déplacements relatifs ;* les grandes oscillations entraînent l'amortisseur, mais les déplacements dus aux actions capillaires ne sont pas transmis à l'équipage, ou au moins très atténués.

Les courants de Foucault sont peut-être le moyen d'amortissement le plus parfait, en ce sens qu'ils n'affectent nullement la position d'équilibre et qu'ils peuvent atteindre toutes les valeurs, de façon à s'adapter à toutes les grandeurs de la force directrice et du moment d'inertie.

L'amortissement par les courants de Foucault peut être la conséquence même du fonctionnement de l'appareil, ou être produit par des organes accessoires. Dans le premier cas, la partie mobile peut constituer un circuit fermé, oscillant dans un champ magnétique intense, ou être un aimant renfermé dans une masse conductrice, dans laquelle se développent les courants induits. Dans le second cas, on ajoute à l'équipage mobile un organe accessoire, disque, cylindre ou cadre fermé, placé dans un champ intense ; *il est indispensable que le champ amortisseur ajouté n'ait aucune influence sur la partie active de l'appareil.*

Bobines. — D'une manière générale, le bobines de galvanomètres doivent avoir une résistance aussi faible que possible, à égalité d'action, bien entendu, de façon à éviter les échauffements qui peuvent non seulement troubler les mesures, lorsque la résistance doit rester constante, mais encore altérer l'isolement et même amener la destruction de l'appareil. Il ne faut pas oublier, en effet, que la plupart des instruments étalonnés exigent un nombre d'ampère-tours assez élevé, qui ne peut être atteint qu'au prix d'une dépense notable d'énergie.

Selon la nature de l'instrument, les matériaux avec lesquels il est construit et son mode d'emploi, il faut régler le rapport de la surface de refroidissement à l'énergie dépensée, de telle sorte que l'échauffement ne dépasse pas la limite admissible. On conçoit qu'il est difficile de donner des règles précises sur ce rapport ; disons seulement, comme limite, qu'une bobine à couche de fil peu épaisse, ayant une surface de 100 cm^2 *par watt dépensé*, peut varier de 2 à 3°, lorsque le courant la traverse pendant une heure ; si cette bobine est en cuivre, on, peut avoir de ce fait une variation de résistance de plus de 1 p. 100.

Nous avons calculé (p. 70) le nombre de tours et la résistance d'une bobine enroulée avec un fil de diamètre d, nous pouvons en déduire le nombre d'ampère-tours, C, donné par une différence de potentiel E :

$$C = \frac{nE}{g} = E \, \frac{d^2}{8\rho\sigma}. \qquad (1)$$

Le nombre d'ampère-tours *augmente* avec le diamètre du fil et en *raison inverse* de sa résistivité ; d'ailleurs

$$\frac{d^2}{\rho},$$

est, à une constante près, l'inverse de la résistance par.

unité de longueur du fil employé ; donc, *pour un voltage déterminé, le nombre d'ampère-tours obtenu est indépendant du nombre de tours, il ne dépend que de la résistance par mètre du fil employé*. Ceci est important à rappeler pour les bobines de voltmètres.

D'autre part, l'énergie dépensée dans la bobine a pour valeur :

$$W = \frac{E^2}{g} = C^2 \frac{8\sigma}{1,118\,S} \rho \frac{(d+2e)^2}{d^2}. \tag{2}$$

Il y a donc intérêt à employer du fil ayant la plus faible résistivité possible, et pour lequel le rapport :

$$\frac{d+2e}{d},$$

soit aussi faible que possible. Or, on sait que l'importance *relative* de la couche isolante e est d'autant plus grande que le diamètre est plus petit; on en conclut facilement que les bobines de voltmètres, enroulées toujours avec du fil fin, sont dans de moins bonnes conditions, à ampère-tours constants, que celles des ampèremètres. Si l'on ajoute à la plus grande dépense d'énergie, la moins grande conductibilité calorifique, résultant de la présence de l'isolant, on voit que la fabrication des bobines de voltmètres demande beaucoup plus de soin que celle des ampèremètres.

La construction des bobines d'ampèremètres pour courants continus ne présente pas de difficultés sérieuses. Pour les courants intenses, la bobine est souvent formée d'un seul tour, ou même d'une fraction de tour ; dans ces conditions, l'action des parties voisines du conducteur n'est pas négligeable et il n'est guère possible de faire la graduation de l'instrument avant la mise en place. Ajoutons ici que les actions magnétiques *extérieures*, ont la même influence sur les ampèremètres et les voltmètres du même système, car les ampère-tours et les champs magnétiques ont la même valeur dans les deux cas.

Les *voltmètres électromagnétiques* ne sont pas autre chose que des galvanomètres, que l'on met en dérivation sur les points entre lesquels on veut mesurer une différence de potentiel. Il suffit que la résistance de ces galvanomètres soit très grande, par rapport à celle du circuit sur lequel on fait la mesure, de façon à ne pas altérer *pratiquement* le régime du courant. Ces galvanomètres, devant être mis en dérivation, reçoivent un courant dont l'intensité est en raison inverse de leur résistance propre ; si celle-ci varie, la variation produit une erreur relative de même grandeur. Il y a donc intérêt à employer, pour les bobines de voltmètres, des fils dont le coefficient de variation avec la température soit aussi faible que possible.

Nous avons vu (§ 29) que ces fils ont une résistivité très élevée, il en résulte qu'il est impossible de les utiliser pour l'enroulement des bobines de voltmètres, lorsque ceux-ci exigent un grand nombre d'ampère-tours ; il faudrait une trop grande dépense d'énergie dans les bobines et l'échauffement résultant pourrait mettre l'appareil en danger.

Une solution, fréquemment employée et très commode, consiste à enrouler la bobine du galvanomètre avec un fil de cuivre d'un diamètre un peu plus fort que celui donné par l'équation (1) pour E et C connus. La différence de potentiel, nécessaire pour obtenir le même nombre d'ampère-tours, baisse alors, et il suffit, pour ramener le courant à la valeur convenable, d'intercaler, en série avec la bobine, une résistance constituée par un fil à coefficient faible ou nul. La résistance totale du voltmètre est plus basse qu'elle n'aurait été avec le fil calculé, mais *le coefficient de variation n'est plus que la résultante des coefficients propres de la bobine et de la résis-*

tance additionnelle. On peut, par ce moyen, réduire le coefficient de variation total à des valeurs acceptables en pratique, telles, par exemple, que l'erreur commise ne dépasse pas 1 p. 100 dans les limites des variations ordinaires de la température ambiante. Ainsi, si on admet que la température d'une salle de machines ou d'un laboratoire varie entre 10 et 40°, on voit qu'un voltmètre enroulé en fil de cuivre variera de 12 p. 100 environ; cet exemple fait comprendre l'intérêt d'une solution qui permet de réduire le coefficient. De plus, on ignore généralement la température d'étalonnage des voltmètres, et leur température au moment de la mesure, ce qui rend à peu près illusoires les calculs de correction; il vaut mieux s'arranger pour que les erreurs ne puissent pas dépasser une valeur admissible.

Remarquons, en outre, qu'il est généralement plus avantageux d'employer cette solution, que celle qui consiste à enrouler directement un fil de résistivité plus grande et de coefficient moindre. En effet, toutes choses égales d'ailleurs, dans le second cas, l'énergie est dépensée entièrement dans la bobine, ce qui peut amener un échauffement dangereux; dans le premier cas, au contraire, la chaleur dégagée dans la bobine n'est qu'une fraction de l'énergie totale, et, comme il est presque toujours facile de construire la résistance additionnelle de telle sorte qu'elle ne s'échauffe pas sensiblement, on voit qu'on a intérêt à employer toujours le fil le plus conducteur pour enrouler les bobines de voltmètres.

Pour compenser entièrement la variation de résistance due à la température, on a proposé de former le circuit avec du cuivre dont le coefficient est positif, et du charbon dont le coefficient est négatif, en telle proportion que le coefficient apparent soit nul; cette méthode, très ingénieuse, a le grave défaut d'utiliser un corps, le charbon, dont la résistivité ne reste pas assez constante.

Enfin, on peut corriger, dans une certaine mesure, cette variation de résistance, en *shuntant* le galvanomètre avec des résistances à coefficient plus élevé et en le *mettant en circuit* avec des résistances à coefficient faible ; on arrive à dériver ainsi une fraction du courant total, d'autant plus faible que la température est plus élevée, et, par suite, le courant qui traverse le galvanomètre, reste sensiblement constant, pour une force électromotrice constante, malgré la diminution du courant total du voltmètre.

§ 52. — Voltmètres et ampèremètres à aimants.

On donne le nom de voltmètres à tous les instruments dont la graduation est ainsi faite, qu'elle indique le nombre de volts qu'il y a aux bornes de l'appareil, lorsqu'on fait la mesure. Un galvanomètre, dont la résistance est connue, peut donner la mesure d'une différence de potentiel, quand on connaît l'intensité du courant qui le parcourt ; mais on peut aussi, comme nous l'avons vu plus haut, supposer la résistance constante et faire la graduation directement en volts au lieu de la faire en ampères.

La seule restriction à apporter, c'est que la dérivation formée par le galvanomètre trouble le régime et qu'il faut, pour éviter les perturbations qui peuvent en résulter, que la résistance du voltmètre soit aussi grande que possible, *relativement* à celle du circuit sur lequel on fait la mesure. Il est facile de comprendre, par exemple, que la mesure de la force électromotrice d'une batterie de piles Leclanché, de 500 à 600 ohms de résistance intérieure, faite au moyen d'un voltmètre ordinaire, dont la résistance est souvent plus basse que 2 000 ohms, donnera des résultats erronés, non seulement à cause de la polarisation inévitable, mais encore, et surtout, à cause de la chute de potentiel due à la grande résistance intérieure de la pile. L'emploi du même voltmètre sera, au contraire, parfaitement légitime sur une batterie d'accumulateurs dont la résistance ne dépasse pas 4 à 5 ohms.

Les actions mécaniques qui s'exercent entre un aimant permanent et un circuit parcouru par un courant, ont servi de base à un grand nombre de voltmètres, que l'aimant soit mobile ou qu'il soit fixe.

Les voltmètres à aimants mobiles se rapprochent de la boussole des tangentes, lorsque la force directrice de l'aiguille aimantée est produite par le champ terrestre seul, ou par l'action combinée de la terre et d'un aimant fixe, comme dans le voltmètre industriel de Kelvin.

Dans d'autres appareils, la force directrice est produite par un ressort, ou un contrepoids, et la bobine agit seule sur l'aimant mobile. Le voltmètre à torsion de Siemens, rentre dans cette catégorie ; il se compose essentiellement d'un *aimant à cloche*, analogue à celui du galvanomètre sensible décrit (§ 12). Cet aimant est suspendu verticalement au centre d'une bobine plate dont le grand côté est vertical. L'aimant mobile porte un index qui se déplace devant un repère ; un ressort hélicoïdal, commandé par un bouton, permet d'agir sur l'aimant, pour contre-balancer l'action électromagnétique de la bobine et ramener l'index en face du repère. La torsion imprimée au ressort donne une valeur proportionnelle au couple exercé par la bobine sur l'aimant ; or, ce couple est lui-même proportionnel à l'intensité du courant et, par suite, à la force électromotrice. La résistance du circuit est assez grande et réglée de telle sorte que chaque degré de torsion du ressort soit obtenu pour une fraction ou un nombre connu de volts. Cet appareil a été très employé en Allemagne.

Le reproche général que l'on peut faire aux instruments à aimants mobiles, repose sur la faible valeur du champ magnétique produit par les bobines, ce qui oblige à les éloigner beaucoup des masses de fer, des circuits parcourus par des courants, des machines et, en général, de tous les corps susceptibles de troubler le champ magnétique ambiant. D'autre part, les petites dimensions de l'aimant, nécessaires pour ne pas surcharger la suspension, rendent sa constance précaire ; en réalité, ces instruments ont besoin d'être fréquemment réétalonnés ; ils disparaissent d'ailleurs peu à peu.

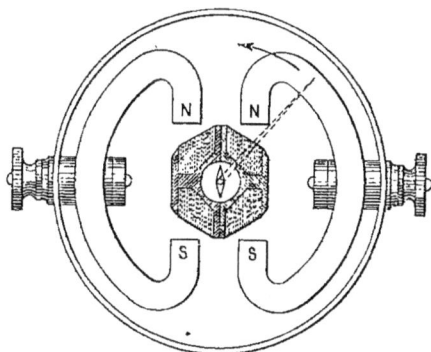

Fig. 112. — Voltmètre Deprez-Carpentier.

Un grand nombre de voltmètres à aimants sont formés par une aiguille ou une palette de fer doux, polarisée par un aimant fixe puissant ; une bobine agit sur cette palette et la fait dévier en entraînant avec elle un index dont la position, sur un cadran divisé, indique la différence de potentiel aux bornes de l'instrument. De ce nombre sont les voltmètres de Deprez, Deprez et Carpentier (fig. 112), Ayrton, etc.

Cette disposition a l'avantage de placer l'équipage mobile dans un champ magnétique beaucoup plus intense que celui de la terre (100 à 200 gauss), ce qui élimine, presque totalement, l'action des variations magnétiques ambiantes; mais, pour la même raison, il faut que le champ magnétique, créé par la bobine, soit intense, ce qui conduit à dépenser dans celle-ci une puissance assez grande et peut amener des échauffements.

La vogue de ces appareils, qui a été très grande au début, diminue de jour en jour, et il faut bien reconnaître que leurs défauts y ont été pour beaucoup; cependant les aimants sont susceptibles d'une constance beaucoup plus grande qu'on ne l'a cru un moment.

Les galvanomètres à cadre mobile sont aussi employés comme voltmètres. Depuis Weston qui a, le premier, réalisé, industriellement, des appareils basés sur ce principe, tous les constructeurs font des voltmètres et des ampèremètres à cadre mobile; ce sont, aujourd'hui, les instruments les plus répandus pour le courant continu.

Le cadre mobile porte deux pivots d'acier, qui reposent sur des chapes en agate; des ressorts spiraux, *en métal non magnétique*, lui amènent le courant, et des bobines de résistance, placées dans le socle, permettent la mesure de voltages plus ou moins élevés, suivant les besoins. La bobine mobile se déplace dans le champ magnétique uniforme, créé, par un aimant, entre un cylindre et deux armatures cylindriques concentriques. L'aimant, en C ou en fer à cheval, est très long par rapport à sa section. Quelquefois, l'appareil entier est enveloppé dans une boîte en fonte; l'intensité du champ est un peu diminuée, mais l'instrument est soustrait aux variations magnétiques extérieures.

Dans le modèle représenté figures 113, 114 et 115, le cadre mobile est circulaire et enveloppé entre deux bagues, en cuivre électrolytique, qui assurent l'amortissement des oscillations, quelle que soit la résistance du circuit extérieur. Le cylindre de fer doux est remplacé par une bille d'acier, et les pôles de l'aimant sont creusés suivant un cylindre concentrique à la bille et au cadre.

Cette disposition diminue un peu l'intensité du champ, mais elle facilite la construction, et permet d'obtenir, à bas prix, des appareils d'un très bon usage.

Les appareils des autres constructeurs diffèrent par des détails : cadre mobile rectangulaire, forme de l'aimant et des

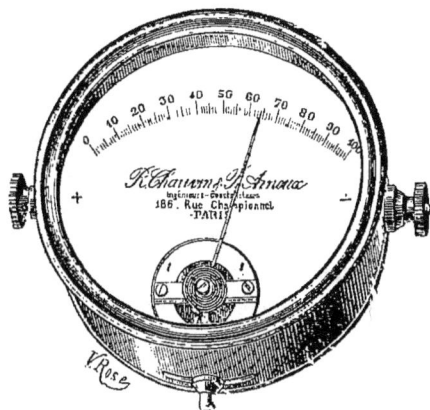

Fig. 113. — Voltmètre Chauvin et Arnoux.

pièces polaires, etc. Lord Kelvin a supprimé les pivots, faisant supporter le poids du cadre par la seule rigidité des ressorts spiraux ; mais, au fond, les services rendus par tous ces instruments sont les mêmes.

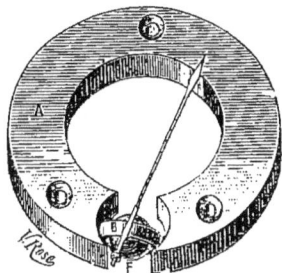

Fig. 114. — Détails des voltmètres Chauvin et Arnoux.

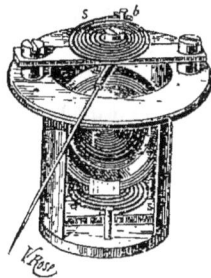

Fig. 115. — Montage du cadre mobile.

Les voltmètres à cadre mobile présentent l'avantage d'avoir une résistance assez élevée, 100 à 150 ohms par volt, et comme le cadre mobile, qui seul est enroulé en fil de cuivre, n'a qu'une résistance assez faible, les résistances additionnelles sont toujours assez élevées. On fait celles-ci en maillechort ou en manganin, de telle sorte que le coefficient total de variation est négligeable dans la plupart des cas, surtout lorsqu'on mesure des forces électromotrices au delà de 100 volts, qui exigent de grandes résistances. Ces voltmètres ont, en outre, une grande constance et leur graduation peut être faite assez exacte pour qu'ils servent comme appareils étalons, dans les laboratoires industriels, pour la vérification des autres instruments ou pour des mesures précises.

Lorsque l'axe de rotation du cadre mobile est horizontal et l'index vertical, ces voltmètres constituent d'excellents appareils de tableau (voy. § 57).

Tous les galvanomètres à bobines fixes peuvent être enroulés, en gros fil ou en lame, de façon à servir comme ampèremètres.

Les galvanomètres à cadre mobile ne peuvent pas servir directement à la mesure des grandes intensités. Il est impossible, en effet, de donner au cadre mobile, et aux ressorts qui le dirigent, des dimensions suffisantes pour leur permettre de recevoir des courants intenses; on tourne la difficulté en les *shuntant* par des résistances très faibles, placées en dehors de l'instrument, ou dans son socle, et dont la valeur et la section sont appropriées au courant à mesurer.

Dans ces appareils, le galvanomètre a un cadre mobile très peu résistant, qui est mis en dérivation sur une résistance formée de barres ou lames, plus ou moins nombreuses, reliées aux deux extrémités par deux gros blocs de cuivre (fig. 116).

Les barres ou lames sont quelquefois en cuivre, plus souvent en alliage à faible coefficient.

Comme le circuit du galvanomètre est composé de cuivre et de l'alliage des ressorts, son coefficient est intermédiaire

entre les deux, il en résulte que le shunt ne suit pas la
même loi de variation que le cadre, par suite les indications
ne sont exactes que pour la température de réglage.

Malgré les précautions prises, les ampèremètres à cadre

Fig. 116. — Shunt d'ampèremètre Chauvin et Arnoux.

mobile n'atteignent pas la précision des voltmètres.
L'échauffement inévitable du shunt amène des erreurs,
souvent plus grandes qu'on ne le croit, et d'autant plus
graves qu'elles proviennent d'appareils qui sont très exacts.
quand on ne fait que des mesures de courte durée.

Cependant ces appareils ont, pour l'industrie, un très
grand avantage : ils permettent de placer le galvanomètre assez loin du circuit à grande intensité, puisqu'ils
sont indépendants de leur shunt, auquel il suffit de les
relier par des *conducteurs quelconques, mais ayant la
même résistance que ceux qui ont servi à l'étalonnage.*

Nous avons déjà dit, en parlant des galvanomètres à
cadre mobile, quel devait être, autant que possible, le
rapport de la section de l'aimant à celle de l'entrefer et à
la longueur. Dans ces galvanomètres, l'action démagnétisante de la bobine mobile est à peu près nulle, il n'en
est pas de même dans ceux à bobine fixe et, pour éviter
la désaimantation rapide, il faut placer les bobines de
telle sorte que les lignes de force, du champ qu'elles
produisent, rencontrent les aimants sous le plus grand
angle possible et dans le voisinage du point neutre.
Malgré cette précaution, il arrive, fréquemment, que le
champ créé, au voisinage immédiat de l'aimant, est assez

puissant pour produire une aimantation permanente et
faire dévier les lignes de force de celui-ci ; on observe
alors dans l'appareil une modification qui paraît quelquefois correspondre à une *augmentation* du magnétisme.

A l'emploi, il faut avoir soin de ne jamais mettre les
appareils à aimants permanents dans le voisinage des
dynamos et de toutes les machines environnées d'un
champ magnétique puissant. Il arrive fréquemment que
des variations brusques de ces instruments sont dues à
la négligence ; il n'est pas rare de voir des électriciens,
ayant à déplacer un voltmètre ou un ampèremètre, les
poser sur les inducteurs d'une dynamo ! Le contact immédiat d'une masse de fer agit, *momentanément*, en
dérivant une partie du flux magnétique, ce qui fausse les
lectures et peut aussi amener des erreurs *permanentes*,
en changeant la distribution et l'intensité du champ.
Enfin, on doit éviter de placer des appareils à aimants
dans un milieu à température très élevée, car, indépendamment de la variation de résistance électrique des
bobines et de la variation temporaire d'aimantation, il
se produit des désaimantations assez sensibles.

Le voisinage des conducteurs parcourus par des courants intenses est nuisible pour tous les appareils dans
lesquels le champ magnétique est faible. On sait, par
exemple, qu'un courant de 1000 ampères donne un
champ de 20 gauss à 10 cm de distance. Les galvanomètres à palette de fer doux, bien qu'ils aient un champ
de 100 à 200 gauss, doivent être tenus à une certaine
distance de ces conducteurs.

Les galvanomètres à cadre mobile, bien que beaucoup
moins sensibles à cette action, sont néanmoins affectés,
à cause de l'*aimantation induite, dans les pièces polaires*,
par le champ parasite.

L'aimantation *diminue* quand la température s'élève,
mais, dans les galvanomètres à cadre mobile, cet effet est

presque exactement compensé par l'affaiblissement du couple des ressorts (§ 4).

Les appareils à aimants permanents, dont nous venons de parler, se comportent différemment vis-à-vis des pertes d'aimantation. Ceux dans lesquels la force antagoniste est l'action du champ terrestre seule, ne sont influencés que par les variations de celui-ci; l'aimant peut perdre son intensité sans que les indications soient altérées, sauf que les frottements deviennent plus importants, à mesure que la force directrice diminue. Lorsque la force directrice est empruntée à un poids ou à un ressort, les indications *baissent* avec l'aimantation, l'appareil *retarde*. Les lectures *augmentent* au contraire, quand un aimant fixe agit sur une palette de fer doux, l'appareil *avance*. Enfin, les galvanomètres à cadre mobile *retardent* quand l'aimantation diminue.

Ce que nous venons de dire concerne les qualités dues à la forme seule de l'aimant et de l'appareil dans lequel il est placé. Un autre point, également important pour la constance, tient à la nature de l'acier employé et à la trempe (voy. § 13).

M. Weiss a utilisé les propriétés opposées des galvanomètres à aimants pour remédier à la désaimantation. Il construit des galvanomètres à cadre mobile dans lesquels la force directrice est due à la fois à l'action de l'aimant sur une pièce de fer doux et aux ressorts; par une proportion convenable des deux forces, il arrive à faire que la diminution du couple déviant, causée par l'affaiblissement de l'aimant est compensée par la diminution du couple directeur.

§ 53. — Appareils à fer doux.

Les attractions et répulsions auxquelles le fer est soumis, dans un champ magnétique, ont donné lieu à la création d'un très grand nombre de voltmètres et ampère-mètres industriels.

Dans certains appareils (fig. 117), un électro-aimant, en fer à cheval, agit sur une palette de fer doux, placée entre ses pôles, et tend à la diriger suivant ses lignes de force, pendant qu'un ressort s'oppose à ce mouvement.

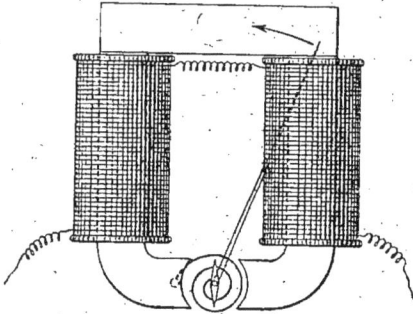

Fig. 117. —Galvanomètre à électro-aimant.

Dans un grand nombre d'autres appareils, l'électro-aimant est remplacé par une bobine *sans fer*, au centre de laquelle est placée la palette ou l'aiguille de fer doux. Cette dernière peut présenter la forme d'un ellipsoïde de révolution, suspendu, perpendiculairement à son grand axe, par deux fils de torsion, dans le prolongement l'un de l'autre (voltmètre marin de Kelvin); ou encore (fig. 118), être une palette circulaire, portée par des pivots et ayant la pesanteur comme force antagoniste; c'est, en principe, la disposition des galvanomètres ordinaires dans laquelle l'aiguille aimantée est remplacée par la palette de fer doux. Ce que nous avons dit de l'électrodynamomètre de Bellati (§ 21), peut s'appliquer à ce genre de voltmètres.

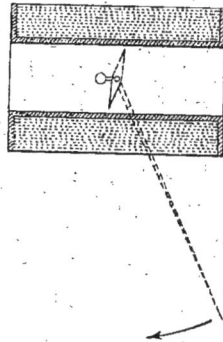

Fig. 118. — Galvanomètre à palette de fer doux.

L'attraction, parallèle à l'axe, exercée par un solénoïde sur un noyau de fer doux qui plonge, en partie,

dans son intérieur, a été utilisée pour la construction
des voltmètres ; l'action est transmise, au moyen de
leviers, à un axe horizontal, muni d'un index [Shallen-
berger (fig. 119) ; Hartmann, Kelvin] ; ou, quelquefois, le
noyau de fer est porté par un aréomètre plongé dans

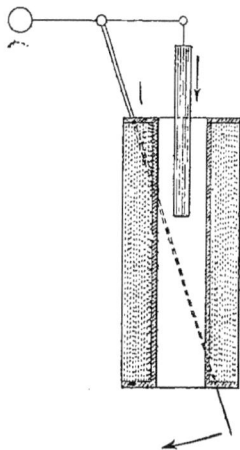

Fig. 119. — Galvanomètre.
à faisceau de fils de fer doux.

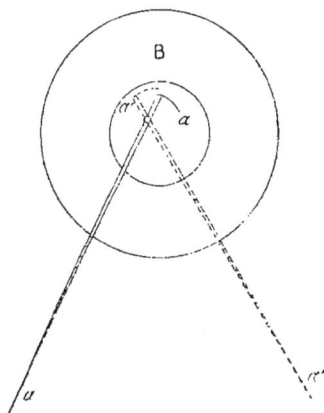

Fig. 120. — Galvanomètre
Hummel.

un liquide (De Lalande) ; ou est suspendu par un ressort
hélicoïdal, et porte un index qui se déplace devant une
graduation verticale, comme dans un peson (Hartmann).

Enfin, dans ces dernières années, on a construit un
grand nombre de voltmètres basés sur les attractions et
répulsions produites au centre des solénoïdes. Dans le
voltmètre de Hummel, par exemple (fig. 120), une
petite lame de fer, en forme de secteur cylindrique a,
est portée par un axe décentré par rapport à la bobine B ;
au repos, l'aiguille occupe la position a, mais, sous l'action du courant, la palette tend à embrasser le flux maximum, et à se placer plus près des spires de la bobine,
elle vient vers a'. La bobine B a son axe horizontal et
la force antagoniste est la pesanteur.

On conçoit que ces dispositions peuvent être variées à l'infini ; ce qu'il est nécessaire de connaître, ce sont les conditions de bon fonctionnement de ces appareils.

On sait qu'une masse de fer, placée dans un champ magnétique, ne s'aimante pas proportionnellement à l'intensité de celui-ci, sauf pour les faibles forces magnétisantes, pour lesquelles la proportionnalité est *pratiquement* suffisante. Mais, de plus, la même force magnétisante ne produit pas la même induction, il faut tenir compte de l'état antérieur de la masse de fer : c'est le phénomène bien connu de l'*hystérésis*. Un galvanomètre à fer doux donne des lectures différentes, selon que le courant passe d'une valeur faible à une plus élevée, ou réciproquement. L'écart entre deux lectures, correspondant au même courant, est maximum quand l'une est faite avec le courant croissant de zéro à cette valeur, et la seconde avec le courant décroissant depuis le maximum que peut supporter l'appareil.

Dans un appareil à fer doux, soumis seulement à l'action du champ créé par la bobine, il est impossible de s'affranchir entièrement de l'hystérésis, mais on peut rendre son action négligeable en donnant au circuit magnétique une forme aussi ouverte que possible ; en réduisant et en divisant les masses de fer ; enfin, en employant une force magnétisante assez faible.

Il est facile de voir que ces conditions éliminent immédiatement tous les appareils à grande force directrice. En effet, ceux-ci sont toujours entachés de grosses erreurs dues à l'hystérésis ; mais, d'autre part, les instruments à faible force directrice et à champ magnétique peu intense, exigent des pivotages plus délicats et sont plus sensibles aux actions extérieures.

Il faut, avant d'installer ces appareils sur les tableaux, *s'assurer qu'aucun conducteur, traversé par un courant intense, n'est assez près pour causer des perturbations.*

Les appareils à fer doux n'ont qu'un intérêt restreint, ce qui les fait encore employer, c'est leur prix généralement peu élevé. Ils peuvent être construits comme voltmètres ou comme ampèremètres.

§ 54. — Appareils thermiques.

Nous avons vu précédemment (§ 22) les conditions théoriques du fonctionnement des appareils thermiques. Les appareils industriels basés sur ce principe, bien que très peu nombreux comme modèles, au début, ont pris une place importante, grâce surtout aux courants alternatifs.

Les appareils les plus connus, jusqu'à ces derniers temps, ont été ceux de Cardew et de Hartmann.

Dans le modèle de Cardew (fig. 121 et 122), le fil employé est un alliage de platine et d'argent, il a un diamètre de 0,06 à 0,07 mm. Fixé par une de ses extrémités dans la boîte inférieure, il s'enroule au bout du tube sur une poulie isolée et revient dans la boîte où il est attaché à un fil isolé, enroulé sur un tambour mobile W. Ce tambour est relié a un engrenage multiplicateur qui entraîne l'axe portant l'index, la dilatation du fil est ainsi grandement amplifiée. Un ressort maintient le fil toujours tendu, et l'oblige à entraîner le tambour. Enfin, un second fil, de même nature, mais simplement tendu par un ressort, est en série avec le fil actif et sert de résistance additionnelle. Le tube qui renferme

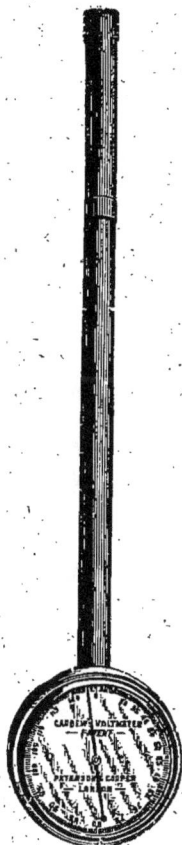

Fig. 121.
Voltmètre Cardew.

ARMAGNAT. Inst. de mesures. 21

lès fils est composé de deux parties, l'une en fer, l'autre
eu laiton; de façon à ce que l'ensemble ait un coefficient de
la dilatation égal à celui du fil, afin d'éviter les déplacements
de zéro dus à la variation de la température ambiante.

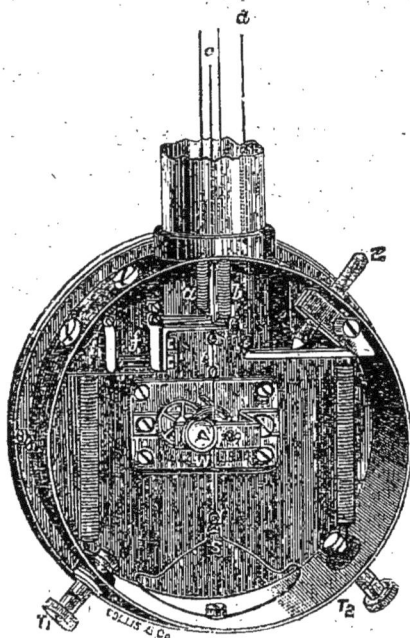

Fig. 122. — Détails de voltmètre Cardew.

Le voltmètre Cardew est assez robuste, malgré la délicatesse apparente des fils fins qu'il renferme; il n'est pas
influencé par les phénomènes magnétiques et électriques; enfin, il peut rester indéfiniment sur le circuit,
puisque l'échauffement n'est pas à redouter. Par contre,
il doit fonctionner dans la position pour laquelle il été
gradué; le refroidissement, par *convection*, n'est évidemment pas le même lorsque le tube est horizontal ou vertical. Ce voltmètre exige un courant qui n'est pas négligeable : 0,4 ampère environ.

Un inconvénient, très grave, de la température élevée atteinte dans cet instrument, c'est qu'il suffit d'un excès de courant assez faible pour le brûler.

Dans le modèle de Hartmann (fig. 123), on utilise la variation de la flèche du fil chauffé et il y a un second fil, électriquement inactif, qui est fixé au milieu du

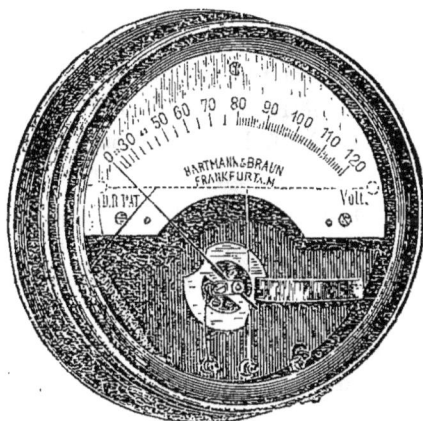

Fig. 123. — Voltmètre thermique Hartmann.

premier; sa longueur varie selon la flèche du fil chaud et il prend lui-même une flèche encore plus amplifiée. Un fil souple s'attache au milieu de ce second fil, passe sur un treuil calé sur l'axe et vient se fixer sur un ressort qui le maintient tendu. Sur l'axe qui porte l'aiguille se trouve fixé un léger disque d'aluminium, mobile entre les pôles d'un aimant; les oscillations sont ainsi rapidement amorties.

Les voltmètres Hartmann n'exigent qu'un courant moitié moindre que les Cardew, soit 0,2 ampère, environ.

Dans d'autres instruments on trouve des combinaisons variées de ces deux modèles. Le voltmètre d'Arcioni, par exemple, renferme un fil qui s'enroule plusieurs fois sur un système de deux poulies isolantes, à la façon d'une moufle, de sorte que l'échauffement fait varier la distance des deux poulies et leur écartement est amplifié par des leviers et transmis à l'axe. Dans cet appareil les brins du fil sont *électriquement en série* et *mécaniquement en parallèle*, ce qui a permis de réduire le diamètre du fil et l'intensité qui n'est plus que de 0,10 à 0,12 ampère.

Dans les voltmètres électromagnétiques, l'échelle des lectures peut être augmentée à volonté, en ajoutant, *en série* avec le galvanomètre, des résistances, fixes ou indépendantes, destinées à affaiblir le courant qui le traverse. Il suffit, pour transformer ainsi un voltmètre de sensibilité donnée en un autre de sensibilité $(n + 1)$ fois plus grande, d'ajouter une résistance n fois égale à celle du voltmètre ; on multiplie le chiffre, lu sur le cadran, par $(n+1)$ pour connaître la différence de potentiel aux bornes. On nomme souvent cette résistance *réducteur* du voltmètre, et on désigne le réducteur par le rapport n de sa résistance à celle du voltmètre.

La condition essentielle pour qu'un réducteur donne des indications exactes, est que son coefficient de variation et son échauffement soient aussi faibles que possible, car, si le voltmètre a un coefficient élevé, l'erreur qu'il donne à une certaine température peut être amoindrie lorsqu'on emploie le réducteur.

Avec les voltmètres à fil chaud, genre Cardew, la graduation est faite en profitant de l'échauffement, par conséquent avec une résistance *qui varie selon le voltage;* il en résulte qu'un réducteur, pour être exact, doit suivre la même loi. Il faut donc faire ce dernier avec des fils semblables à ceux du voltmètre, et les placer dans des conditions telles que leur échauffement soit le même ; c'est ce que l'on réalise en plaçant les fils dans des tubes analogues à ceux du voltmètre Cardew.

Dans les appareils du genre Hartmann, le fil chaud ne représente qu'une *faible fraction de la résistance*, l'autre partie étant constituée par un fil à coefficient négligeable ; il en résulte qu'on peut employer, comme réducteur, une résistance inerte, ainsi que pour les voltmètres ordinaires.

Les appareils thermiques ne peuvent être employés comme ampèremètres qu'en les shuntant ; les essais faits jusqu'ici pour créer des ampèremètres thermiques, recevant le courant total, ont été infructueux, tant à cause de la dépense considérable d'énergie, que de l'*inertie calorifique* des conducteurs de grandes dimensions.

Les appareils destinés à être employés comme ampèremètres doivent être en fil plus gros, de façon à exiger une différence de potentiel moindre (voy. § 22), cependant les meilleurs exigent encore, au moins, 0,1 volt ; dans ces conditions les shunts absorbent beaucoup d'énergie.

Parmi les dispositions destinées à réduire la différence de potentiel, on peut citer celles d'Arcioni, qui consiste à faire arriver le courant, au fil actif, par différents points de sa longueur, ce qui fait que, contrairement au voltmètre du même, les brins du fil sont *mécaniquement en série* et *électriquement en parallèle*.

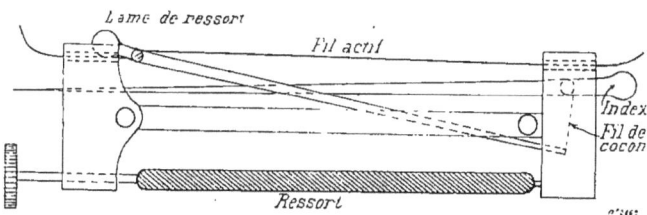

Fig. 124. — Schéma du voltmètre thermique Arnoux.

Dans les appareils de MM. Chauvin et Arnoux (fig. 124), le fil actif est en *cuivre* et les connexions établies avec soin. La différence de potentiel aux bornes est de 0,1 volt,

environ. Les deux pièces qui déterminent la longueur
initiale du fil sont maintenues par un fil de même nature
et de mêmes dimensions que le fil actif ; grâce à cette
disposition, la longueur initiale est toujours celle qui correspond à la température ambiante.

Les appareils thermiques n'ont que peu d'intérêt pour
le courant continu : ils dépensent beaucoup et leur précision est assez faible. Selon que leur graduation est faite
avec des courants de très courte durée, ou en régime
permanent, on constate entre eux des différences d'environ 2 p. 100.

Le même appareil, sous voltage constant, donne des
indications qui *diminuent* lorsque l'appareil reste en circuit. Cet effet est dû à l'échauffement du support, il se
produit dans les appareils les mieux compensés, c'est-à-
dire dont le zéro reste absolument fixe, malgré les variations de la température ambiante. Pour éviter ce défaut
M. Gaiffe emploie un support en acier-nickel Guillaume,
dont la coefficient de dilatation est nul ; mais alors le zéro
n'est pas indépendant de la température ambiante.

§ 55. — Electrodynamomètres et wattmètres.

Les électrodynamomètres sont surtout employés pour
la mesure des intensités. Le type classique est l'électrodynamomètre Siemens (fig. 125). Une bobine fixe A, formée de deux circuits, de sections différentes, appropriées
aux intensités à mesurer, est portée par un bâti en bois B ;
une bobine mobile C, en forme de cadre rectangulaire,
oscille à l'*extérieur* de la bobine fixe, elle est suspendue
par un fil de soie. Les deux extrémités du fil du cadre
mobile, plongent dans deux godets superposés, remplis
de mercure, destinés à amener le courant. Enfin, un ressort hélicoïdal D, commandé par un bouton moleté E,
s'oppose au déplacement imprimé au cadre mobile par le

courant. Les bobines, fixe et mobile, sont à 90° l'une de l'autre ; elles sont reliées en tension et, par conséquent, parcourues par le même courant; quel que soit le sens de celui-ci, la déviation est toujours de même sens. La torsion du ressort, nécessaire pour ramener le cadre mobile à sa position d'équilibre, indiquée par un repère, donne une

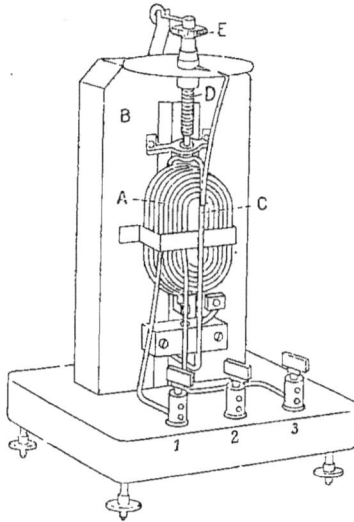

Fig. 125. — Electrodynamomètre Siemens.

valeur proportionnelle au *carré* de l'intensité du courant, de telle sorte qu'il suffit de déterminer, une fois pour toutes, la constante de l'appareil, par la mesure d'un courant d'intensité connue. On a, en appelant θ l'angle de torsion et H une constante :

$$I^2 = H\theta.$$

Pour éliminer l'action du champ magnétique terrestre, il faut orienter la *bobine fixe*, de manière à ce que son axe soit perpendiculaire au méridien magnétique, ou bien il faut faire une seconde lecture, avec le courant en sens contraire, et prendre la moyenne *géométrique* des résultats.

Dans l'électrodynamomètre Carpentier (fig. 126), pour éviter les contacts à mercure, le cadre mobile est fait en

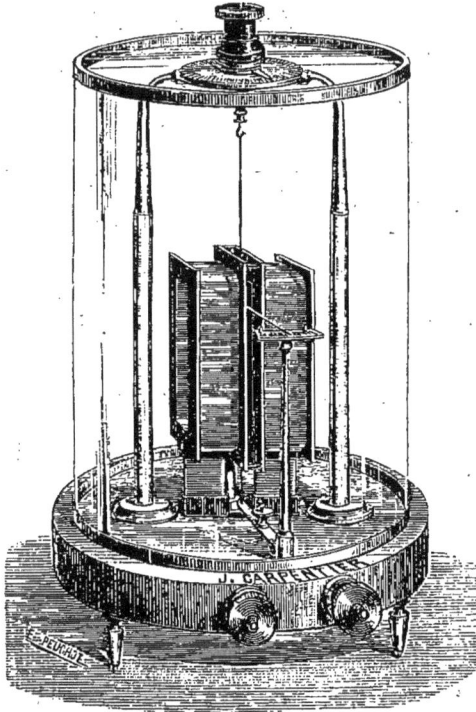

Fig. 126. — Electrodynamomètre Carpentier.

fil fin, et placé *en dérivation* sur le cadre fixe ; dans ces conditions, le courant, dans le circuit mobile, n'est qu'une faible fraction du courant total, et on peut l'amener au cadre par les fils, ou les ressorts fins, qui le suspendent ; la disposition est analogue à celle des galvanomètres à cadre mobile, l'aimant permanent étant remplacé par les bobines fixes. La mesure se fait, comme dans le Siemens, par la torsion du ressort supérieur ; le couple est également proportionnel au carré de l'intensité du courant.

Les électrodynamomètres sont rarement employés comme voltmètres, avec le courant continu, parce qu'ils ont, à sensibilité égale, une résistance beaucoup moindre que les galvanomètres à cadre mobile. La transformation en voltmètre se fait quelquefois avec les électrodynamomètres à lecture directe, rarement avec ceux à torsion.

Si, dans un voltmètre à cadre mobile et à déviation, on remplace l'aimant permanent par une bobine sans fer, enveloppant le cadre mobile, on obtient un appareil dont les déviations sont fonction du carré de l'intensité du courant qui traverse le système des deux bobines. A part la substitution ci-dessus, la construction des deux appareils est la même, mais il y a quelques différences dans le fonctionnement. Le champ magnétique créé par la bobine fixe est beaucoup plus faible que celui de l'aimant et il est, à peu près, parallèle, tandis que dans l'entrefer de l'aimant il est divergent. De ces différences, il résulte que l'amortissement est nul et que la sensibilité de l'instrument varie avec l'angle des deux bobines ; elle est maximum quand cet angle est de 90° et elle varie, à peu près, comme le sinus de cet angle.

La mesure de la puissance dépensée dans un circuit, est devenue une opération courante. Lorsqu'on emploie des courants continus, deux lectures simultanées, faites sur un ampèremètre et un voltmètre, donnent la puissance ; néanmoins, dans beaucoup de cas, on préfère mesurer directement, à l'aide d'un seul appareil.

Tout les wattmètres étalonnés sont basés sur le principe des électrodynamomètres : la bobine fixe est parcourue par le courant total I_1, et la bobine mobile par une dérivation I_2, proportionnelle à la différence de potentiel aux bornes ; dans ces conditions, l'instrument donne évidemment le produit :

$$I_1 I_2 = \frac{E I_1}{r},$$

en appelant r la résistance du cadre mobile. Ce produit
est égal, à une constante près, à l'énergie dépensée ; il
suffit de déterminer, une fois pour toutes, cette constante.

En principe, tous les électrodynamomètres peuvent
servir de wattmètres ; il suffit de donner à la bobine
mobile un plus grand nombre de tours de fil et d'y
ajouter des résistances, de façon à la mettre dans les
conditions d'une bobine de voltmètre.

Un certain nombre de ces instruments sont à torsion ;
on ramène, à l'aide d'un ressort, commandé par un
bouton moleté, le cadre mobile à être perpendiculaire
au cadre fixe, malgré l'action du courant, et la torsion du
ressort est directement proportionnelle à la puissance
mesurée ; tels sont les wattmètres de Zypernowsky et de
Carpentier. Les précautions à prendre, dans l'emploi de
ces instruments, sont les mêmes que pour les électrodynamomètres ; il faut orienter le champ magnétique du
cadre fixe, à 90° du champ magnétique *ambiant*, ou bien
faire deux lectures, l'une avec un sens du courant, l'autre
après renversement. Il faut en outre, et cette remarque
est d'autant plus importante que l'appareil est destiné à
une intensité plus grande, placer les conducteurs, qui
amènent le courant, de telle sorte qu'ils n'agissent pas
sur le cadre mobile, c'est-à-dire les faire courir parallèlement, et assez près l'un de l'autre, jusqu'à une
distance suffisante de l'appareil.

Dans d'autres modèles, la lecture se fait directement
sur un cadran divisé en watts, devant lequel se déplace
un index, entraîné par le cadre mobile.

Dans le wattmètre de Kelvin (fig. 127), le cadre mobile
à fil fin est formé de deux bobines circulaires, enroulées

en sens inverse, qui forment un système astatique porté par deux pivots ; deux ressorts spiraux relient ce système au circuit et le dirigent à 45° environ du plan du circuit fixe ; celui-ci est formé d'un gros fil de cuivre, replié en S, de manière à envelopper les deux cercles du cadre mobile. Sous l'action du courant principal, qui

Fig. 127. — Wattmètre à lecture directe de Kelvin.

traverse les bobines à gros fil, et du courant dérivé, qui passe par les bobines à fil fin, le système dévie en indiquant la puissance mesurée. Cet appareil est destiné à être placé sur les tableaux de distribution. Les suivants sont plutôt des appareils de précision.

La variation de sensibilité avec l'angle des deux bobines est surtout gênante dans les wattmètres, où la déviation devrait être proportionnelle à la puissance. Pour atteindre ce résultat les wattmètres de l'A. E. G. ont leurs bobines fixes, FF, logées dans l'évidement d'un faisceau de tôles de fer E (fig. 128 et 129). La courbe qui limite l'ouverture a été déterminée de façon à ce que le cadre mobile coupe toujours normalement les lignes

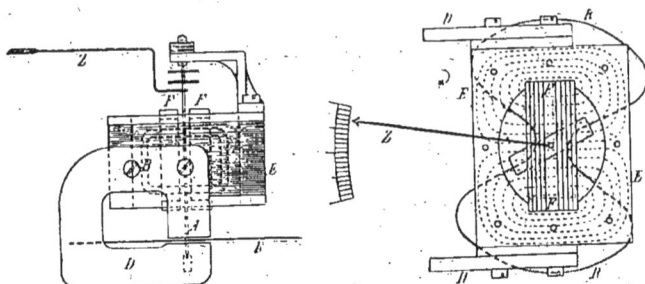

Fig. 128 et 129. — Wattmètre à lecture directe de l'A. E. G.

de force, de façon à rendre les divisions du cadran égales. L'emploi du fer n'apporte, paraît-il, aucun dérangement dans les mesures. L'amortissement est obtenu par le passage d'une lame légère, en forme de 8, entre les pôles d'un aimant.

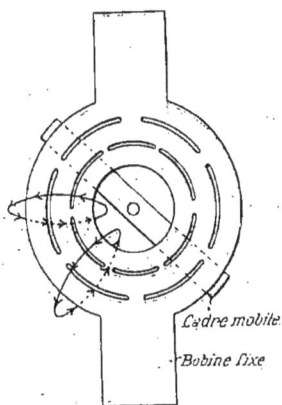

Cadre mobile
Bobine fixe

Fig. 130. — Disposition du circuit fixe du wattmètre Siemens et Halske.

Dans le wattmètre de Siemens et Halske (fig. 130), le même résultat est obtenu en donnant, aux portions horizontales du circuit fixe, une forme épanouie, autour de l'axe de rotation, et en empêchant, au moyen de fentes circulaires, le courant de passer suivant un diamètre. L'amortisseur, qui est composé d'un petit piston glissant, sans frottement, dans un cylindre courbé, est préférable au précédent, car il est sans influence sur le cadre mobile, dans les mesures faites en courant continu.

On peut relier les wattmètres aux circuits sur lesquels on fait les mesures, de deux façons différentes. Dans la

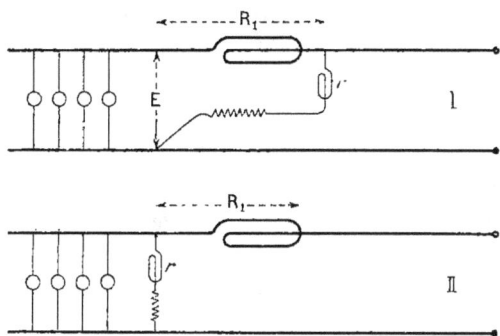

Fig. 131. — Schémas des connexions des wattmètres.

première, le circuit dérivé s'attache avant l'entrée du courant dans le circuit des ampères (fig. 131, I), de telle sorte qu'il reçoit un courant :

$$\frac{E + R_1 I}{r} \qquad (1)$$

l'erreur relative commise est :

$$\frac{R_1 I_1}{E}.$$

Dans le second cas, le circuit dérivé est bien attaché aux bornes de E, mais le circuit des ampères reçoit aussi le courant dérivé ; l'intensité totale qu'il mesure est :

$$I_1 = I + \frac{E}{r}, \qquad (2)$$

ce qui donne une erreur relative égale à :

$$\frac{R}{r},$$

en appelant R, la résistance du circuit à partir du point où s'attache le circuit dérivé.

Selon les valeurs relatives de R et r, ou de R_1, I et E, on adopte le montage qui donne la valeur minimum de l'erreur relative. Il est toujours utile de connaître la grandeur de cette erreur, pour la corriger s'il y a lieu.

Quel que soit le mode de montage adopté, il faut toujours avoir soin de relier directement le cadre mobile à la bobine fixe, comme on le voit sur la figure 131, afin d'éviter qu'il y ait, entre ces deux parties de l'instrument, une différence de potentiel dangereuse ou gênante. *Beaucoup de wattmètres ont été brûlés parce que la résistance additionnelle était placée entre la bobine mobile et la bobine fixe, au lieu d'être entre la bobine mobile et le conducteur opposé.*

Les wattmètres sont généralement accompagnés de boîtes de résistances destinées à faire varier l'échelle des mesures ; on peut, en effet, mesurer avec le même instrument des puissances très variées, selon que l'on augmente plus ou moins la résistance du circuit dérivé.

Ces boîtes de résistances sont construites d'une façon analogue aux boîtes ordinaires ; cependant, lorsqu'elles sont destinées à mesurer des tensions élevées, il faut laisser, entre les plots, des distances suffisantes pour que des étincelles ne puissent pas jaillir ; il faut également sectionner les résistances afin que la différence de potentiel, entre deux fils voisins, soit insuffisante pour compromettre l'isolement ; enfin, les bobines de résistance doivent avoir une surface de refroidissement appropriée à l'énergie qu'elles absorbent. Ces conditions sont celles que nous avons déjà exposées en parlant des résistances pour hautes tensions. Une disposition, très recommandable, est celle des résistances sur feuilles de mica (§ 32).

§ 56. — Electromètres.

Les *électromètres* sont, aujourd'hui, assez employés comme voltmètres étalonnés, surtout pour les hautes tensions; on les appelle souvent *voltmètres électrostatiques*.

La petitesse des forces électrostatiques rend assez difficile la réalisation d'appareils industriels basés sur ce principe. Ce n'est qu'en multipliant les éléments semblables à ceux de son électromètre à quadrants, et employant une suspension en fil métallique très fin, que lord Kelvin est parvenu à créer son voltmètre électrostatique multicellulaire, pour les basses tensions.

L'équipage mobile de ce voltmètre (fig. 132) est composé d'un certain nombre d'aiguilles d'électromètres, en forme de 8, réunies sur une tige verticale, suspendue par un fil métallique très fin. Des secteurs fixes, en laiton, formant autant de boîtes qu'il y a d'aiguilles, représentent les quadrants. Les secteurs étant reliés à un pôle

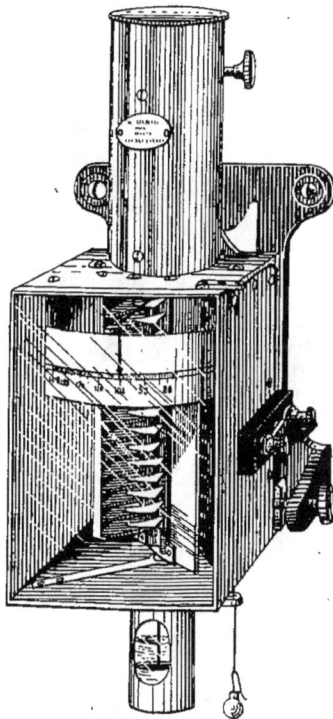

Fig. 132. — Voltmètre multicellulaire de lord Kelvin.

et l'équipage à l'autre pôle d'une machine, ou à deux points d'un circuit, l'attraction qui s'exerce, entre les deux parties, détermine une déviation de l'index porté par l'axe, et la lecture, faite sur un cadran gradué, donne la mesure en volts. L'amortissement est obtenu par le frottement, dans un liquide, d'un disque *porté par un anneau*, et non pas relié d'une manière rigide. Ces voltmètres sont construits pour des tensions depuis 70 volts.

L'appareil de Hartmann (fig. 133) conserve la même disposition des aiguilles et des quadrants, mais le fil de suspension est logé dans l'intérieur du petit tube qui réunit les aiguilles, de sorte qu'il n'y a pas de colonne extérieure. De plus, l'amortissement est obtenu à l'aide d'un aimant agissant sur un léger disque.

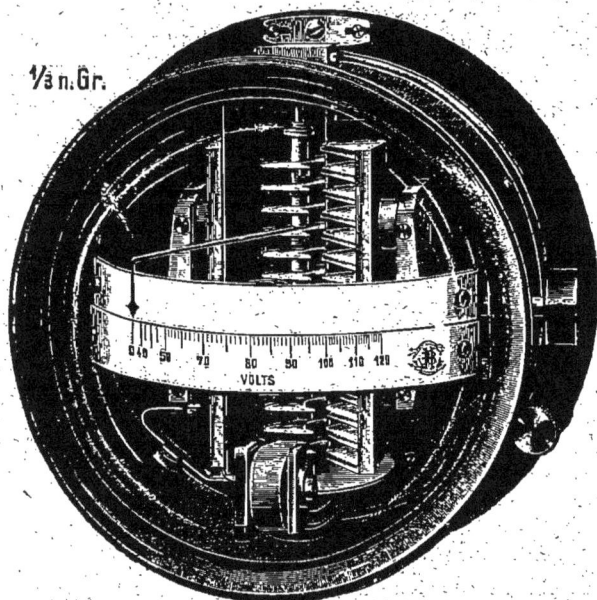

Fig. 133. — Voltmètre multicellulaire-Hartmann.

Pour les tensions de 1000 à 12 000 volts, lord Kelvin a réalisé un appareil (fig. 134), qui rappelle également l'électromètre à quadrants. L'aiguille, en forme de 8 un peu dissymétrique, est verticale et portée par deux couteaux; les quadrants fixes sont deux quarts de cercle opposés, ils agissent sur l'aiguille par attraction. La force antagoniste est la pesanteur; des petits poids que l'on suspend à la partie inférieure de l'aiguille, permettent de changer la sensibilité de l'instrument. Deux petits contrepoids, mobiles sur des tiges filetées, permettent de régler l'équilibre de l'aiguille, avant la mise en place des poids qui déterminent la sensibilité.

L'électromètre apériodique de Carpentier (fig. 135),

Fig. 134. — Voltmètre électrostatique de lord Kelvin.

établi pour des tensions de 800 à 3 000 volts, est basé sur le même principe que l'électromètre à miroir du même constructeur. Le cadre, mobile autour d'un axe horizontal, est porté par des pointes en iridium, dans des chapes en acier ayant la forme d'un V très ouvert; un index vertical permet de lire, sur un cadran divisé, la

tension en volts. L'amortissement est produit par les
courants induits dans le cadre ; l'aimant permanent, en
U renversé, ne sert qu'à cet usage, par suite, les variations d'aimantation n'ont aucune influence sur la graduation de l'appareil. La force antagoniste est due à un
contrepoids fixé sur le cadre.

Fig. 135. — Voltmètre électrostatique Carpentier.

Pour les tensions très élevées, la balance électrostatique de lord Kelvin (fig. 136), permet d'atteindre
jusqu'à 100 000 volts continus et, environ, 50 000 volts
alternatifs. Elle est basée sur l'attraction qui s'exerce
entre deux plateaux parallèles. La force antagoniste est
encore la pesanteur. Dans cet appareil les surfaces sont
toutes arrondies et les distances assez grandes pour
éviter les décharges disruptives.

Les forces en jeu dans les électromètres sont très
faibles, il est nécessaire que les pivotages soient extrême-

ment sensibles, et il faut en prendre bien soin ; on doit
éviter les chocs qui pourraient les écraser. Les électromètres n'ont pas de cause de déréglage, sauf les accidents mécaniques. Ils ne sont pas influencés par les
variations magnétiques, ni par les courants voisins, à
condition, toutefois, que le *champ électrostatique* dans

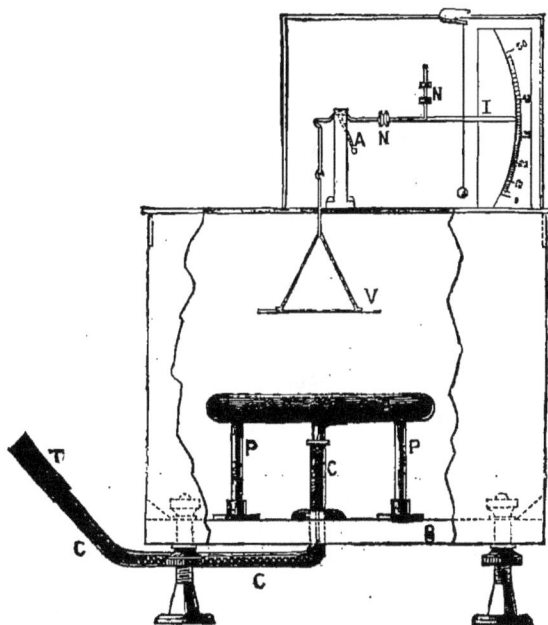

Fig. 136. — Voltmètre électrostatique pour 50 000 volts.

lequel ils se meuvent soit bien fermé. Ils partagent
cependant, avec les autres instruments à *faible force
directrice*, une sorte de perturbation assez grave quand
on n'y prend pas garde. L'index mobile qui indique le
voltage sur le cadran divisé, est, généralement, placé
derrière une glace qui permet la lecture ; il arrive, très
fréquemment, que cette glace est électrisée, elle attire
alors l'index, en faussant les indications de l'instrument,

hors de toute proportion. Pour remédier à ce défaut, il
suffit de *mouiller* le verre ou, plus simplement, de *hâler*
dessus. C'est un petit inconvénient auquel on fera bien
de songer *toutes les fois qu'on aura nettoyé* la glace de
fermeture des appareils ; le frottement peut développer,
dans un point quelconque, une électrisation très énergique.

On a proposé, et on emploie quelquefois, le moyen
suivant pour remédier d'une façon permanente à ce
défaut : recouvrir la glace d'une couche, *transparente* et
conductrice, formée de gélatine et d'acide sulfurique,
recouverte ensuite d'un vernis protecteur également
transparent.

Un moyen, qui réussit aussi assez bien, consiste à former une sorte de grillage devant l'appareil, en traçant
quelques lignes métalliques sur le verre, par dorure ou
autrement.

Il faut veiller à ce que les *contacts* des électromètres
soient bien établis et, au besoin, il faut prendre les précautions indiquées page 279.

§ 57. — Dispositions spéciales.

L'emploi des appareils de mesures dans l'industrie a
conduit à modifier les formes primitives, afin de les
mettre mieux en harmonie avec les besoins de la pratique.

Une modification, souvent employée, consiste à enfermer l'appareil dans une boîte métallique ne laissant voir
que le cadran divisé et le bout de l'index (fig. 137). Cette
boîte, qui a pour but de protéger l'instrument contre les
accidents mécaniques, est souvent faite en fonte de fer,
de façon à protéger également contre les variations
magnétiques ambiantes ; c'est le cas de l'appareil Weston,
ci-contre. La boîte de fonte crée évidemment des dérivations magnétiques, mais, comme ces dérivations sont

constantes, elles ne troublent pas les mesures. Ces boîtes métalliques ont des formes très variées.

La lecture des appareils ordinaires n'est pas très aisée à la lumière artificielle, aussi on a été conduit à faire des

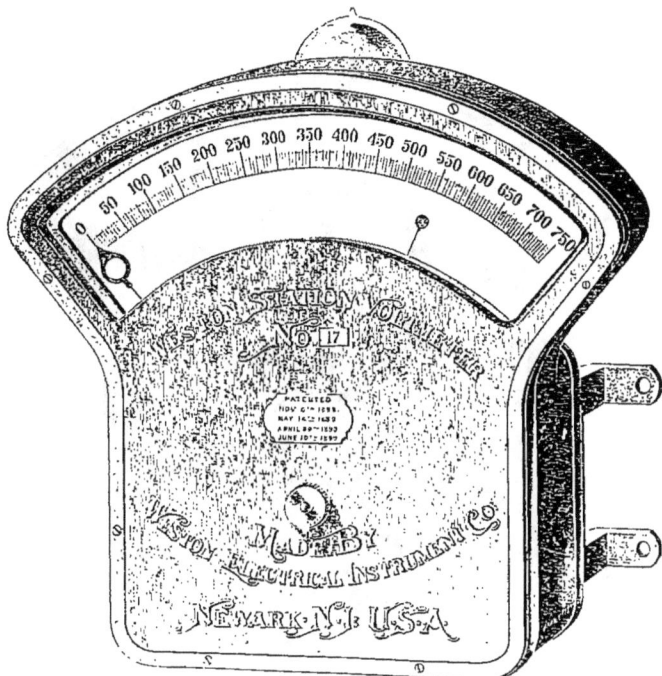

Fig. 137. — Voltmètre Weston à cadran transparent ; vu de face.

instruments à cadrans transparents, éclairés par derrière. Les figures 138 et 139 indiquent deux dispositions employées. La première est celle de Weston; c'est l'appareil ci-dessus (fig. 137), vu par derrière et montrant les glaces qui assurent l'éclairement, à peu près uniforme, du cadran. Dans la seconde (fig. 139) — Siemens et Halske — la lampe est placée dans un tube qui traverse le boisseau de l'appareil; elle paraît moins bonne que celle de Weston, à cause de l'échauffement qui doit se transmettre assez facilement aux parties actives du galvanomètre.

Quand les galvanomètres doivent être placés au-dessus des appareils de manœuvre, leur lecture n'est pas commode; de plus les modèles qui se posent à plat, sur le

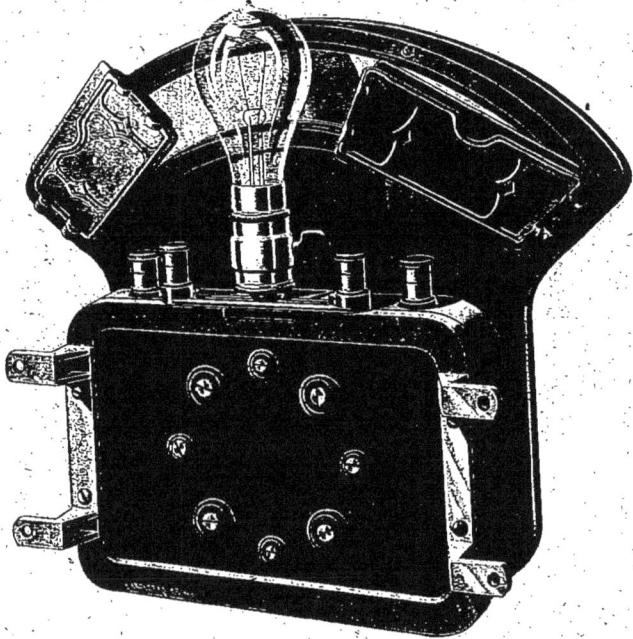

Fig. 138. — Voltmètre Weston à cadran transparent ; vu par derrière.

tableau, tiennent assez de place et, s'ils sont nombreux, il faut aller assez loin pour les observer. C'est pour pallier à ces défauts que l'on fait des appareils dans lesquels les lectures se font sur le profil. Le voltmètre de Kelvin (fig. 140), en est un spécimen. L'axe de rotation du cadre mobile est parallèle au plan du tableau, de sorte que l'instrument n'occupe qu'un faible espace sur celui-ci. En outre, le cadran étant incliné peut être facilement observé, quand on est placé au-dessous.

La disposition de Hartmann et Braun est équivalente,
mais, de plus, l'appareil peut être incliné à volonté, selon
qu'on doit l'observer de près et au-dessous, ou à distance (fig. 141).

Dans les installations à potentiel constant, les voltmè-

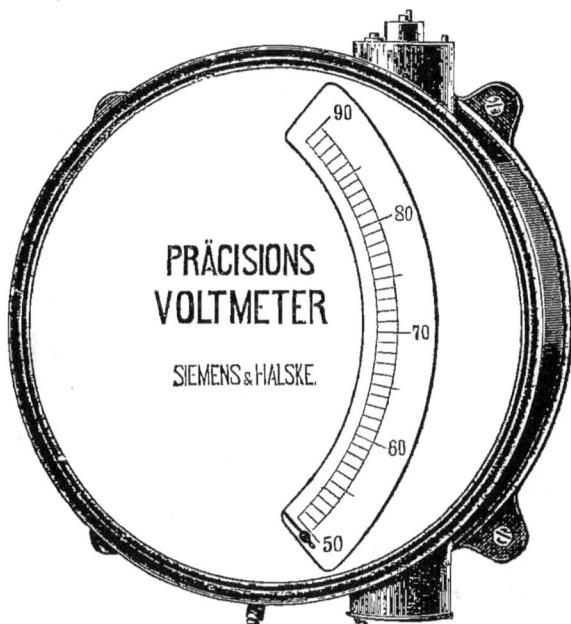

Fig. 139. — Voltmètre Siemens à cadran transparent.

tres ne sont utilisés que dans une région très restreinte de
l'échelle et il est avantageux d'avoir, à ce point, des divisions aussi larges que possible, afin de rendre les lectures plus exactes et plus visibles, même à distance. Avec les
appareils à cadre mobile la disposition généralement
adoptée, consiste à donner, aux ressorts, une tension
initiale telle que la déviation commence à se produire
seulement quand le voltage est arrivé assez près du
régime. On arrive ainsi, en réduisant la résistance du

voltmètre, à faire que l'échelle ordinaire correspond seulement à une fraction du voltage limite; par suite, les divisions sont plus grandes.

D'autres dispositions peuvent être employées, comme, par exemple, celle de lord Kelvin (fig. 142). L'appareil est à faisceau de fer doux, dans le genre de celui de la figure 119. Au zéro, la

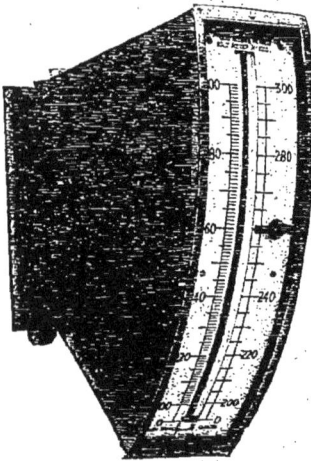

Fig. 140. — Voltmètre à lecture sur champ, de lord Kelvin.

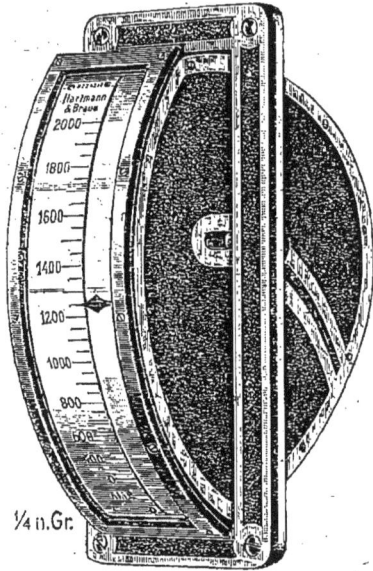

Fig. 141. — Voltmètre à lecture sur champ, de Hartmann.

force antagoniste est faible, de sorte que dès qu'une faible différence de potentiel est établie aux bornes, l'index dévie, mais il rencontre bientôt un contrepoids qu'il doit soulever pour aller plus loin. Grâce à cette force additionnelle, il faut que le voltage s'élève beaucoup pour que la déviation continue; on obtient ainsi un voltmètre dans lequel l'angle de la déviation utilisable ne correspond plus qu'à 20 volts.

Il suffit de signaler les dispositions spéciales, comme celle

des appareils doubles (fig. 143), où un voltmètre et un
ampèremètre sont réunis pour faciliter leur emploi sur les
automobiles. Cette application, qui est surtout commode
avec les appareils à cadre mobile, est réalisée par

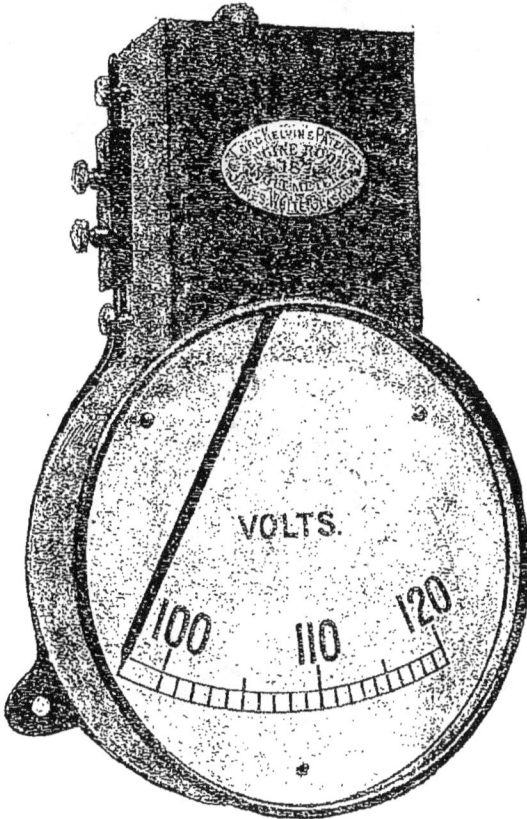

Fig. 142. — Voltmètre à échelle restreinte.

tous les constructeurs : Chauvin et Arnoux, Hartmann,
Weston.

L'appareil de la figure 144 est un très petit galvanomètre à cadre mobile, dans lequel le cadre a 5 mm de

Fig. 143. — Ampèremètre et voltmètre accouplés.

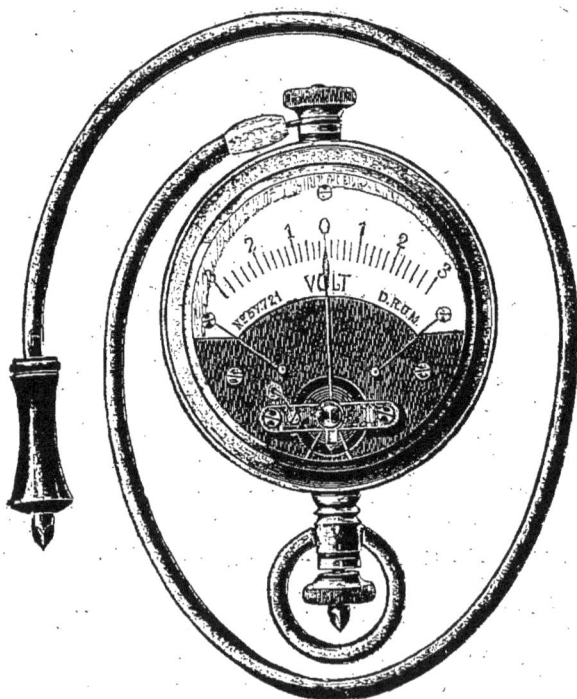

Fig. 144. — Voltmètre montre Hartmann.

côté et est porté par des pivots ; il est dirigé par des ressorts : c'est un appareil portatif par excellence.

Les voltmètres de station centrale doivent indiquer non
seulement le voltage à l'usine, mais, plus souvent encore,
la différence de potentiel qui existe aux bouts des feeders

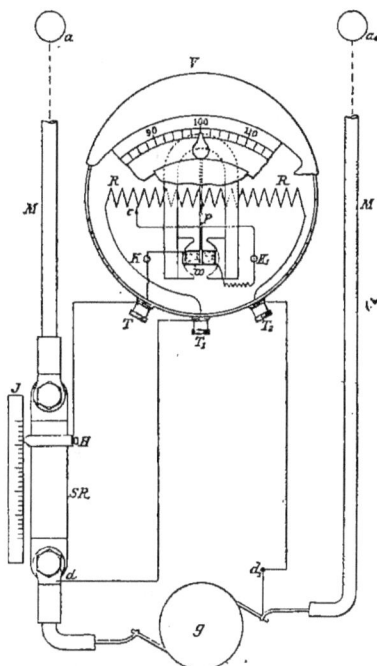

Fig. 145. — Voltmètre avec compensation de la perte de charge.

de la distribution. Ce résultat s'obtient souvent en plaçant, parallèlement aux feeders, des fils pilotes, destinés uniquement à relier le voltmètre aux points choisis.

On peut retrancher du voltage, lu sur le tableau, la
chute de potentiel Rl, causée par le courant I, dans
le feeder de résistance R. Cette opération peut se faire
automatiquement, comme l'avait proposé, le premier,
Hopkinson. Parmi les nombreuses solutions présen-

tées, nous prendrons celle de M. Heap, comme exemple simple.

Sur l'un des feeders M (fig. 145) est placée une résistance SR. Le voltmètre a son cadre mobile relié, d'une part, à la borne T_2, par l'intermédiaire de la résistance R et, d'autre part, à la borne T et au point H, du shunt SR. La partie gauche de R est également reliée au shunt, en d. Quand le courant I est nul dans SR, les points d et H sont au même potentiel; par conséquent, la partie comprise entre c et T_1 n'est parcourue par aucun courant et le voltmètre indique le voltage aux bornes de g.

Dès qu'un courant passe dans SR, il envoie une dérivation entre c et T_1, et celle-ci diminue le courant qui traverse le cadre mobile; le voltmètre indique alors, si le réglage du point H a été bien fait, la différence de potentiel aux bouts des feeders M.

§ 58. — Essai des appareils industriels.

La loi qui relie la déviation et l'intensité, ou la différence de potentiel, est, en général, assez complexe dans les appareils étalonnés; on n'a d'ailleurs pas besoin de la connaître, la graduation se faisant d'une manière empirique. Il est cependant utile de connaître l'allure générale de cette loi, pour choisir l'appareil le mieux approprié à l'application que l'on a en vue.

La condition exigée d'un bon appareil étalonné, c'est que l'erreur *relative* soit inférieure à une valeur donnée, dans les points où l'on a le plus souvent des mesures à faire.

Si nous appelons $\Delta\alpha$, la plus petite déviation perceptible de l'appareil; ΔI, la variation correspondante de l'intensité; I, l'intensité totale pour l'angle α; le facteur ΔI représente l'*erreur absolue* de la mesure et le rapport

$\dfrac{\Delta I}{I}$, l'*erreur relative* (voy. § 70). Nous pouvons donc écrire, en appelant ε l'erreur relative :

$$\varepsilon = \frac{f(\alpha + \Delta\alpha) - f(\alpha)}{f(\alpha)},$$

ou, à la limite :

$$\varepsilon = \frac{f'(\alpha)}{f(\alpha)}\, d\alpha.$$

On peut représenter la loi de déviation des appareils

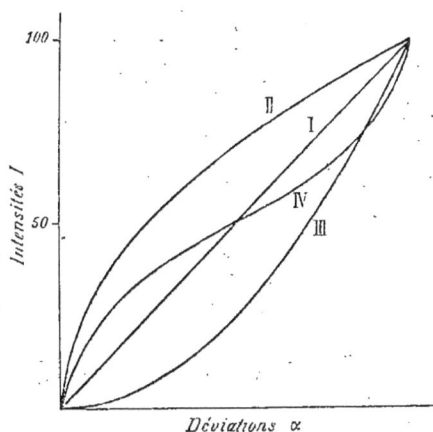

Fig. 146. — Différentes formes des courbes de graduation.

de mesures, indépendamment de toute donnée analytique, de la façon suivante : les intensités ou les f. é. m. sont portées sur l'axe des ordonnées, et les déviations α sur l'axe des abscisses; les points obtenus, réunis par une courbe, donnent immédiatement la loi de l'appareil; on peut, connaissant la plus petite déviation perceptible, $\Delta\alpha$, tirer facilement l'erreur relative ε, en fonction de I ou de α.

Dans les appareils proportionnels (fig. 146, I), l'erreur absolue est constante dans toute l'étendue de l'échelle; par conséquent, l'erreur relative décroît constamment

quand α et I augmentent (fig. 147, I). Les ampèremètres et voltmètres à cadre mobile ont ordinairement
une division de ce genre.

Les courbes II (fig. 146 et 147) s'appliquent à la plupart des électrodynamomètres, aux voltmètres thermiques ;
les divisions de ce genre d'appareils sont de plus en plus
espacées, à mesure que la déviation augmente, l'erreur

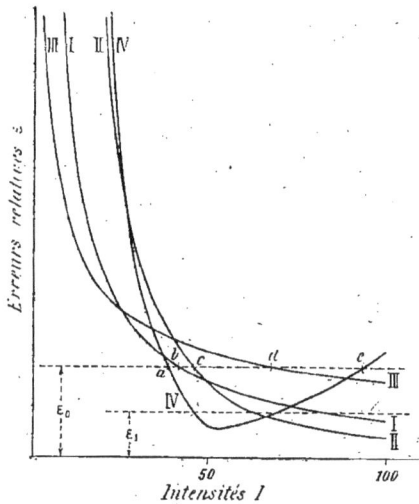

Fig. 147. — Courbes d'erreurs relatives.

absolue décroît quand I augmente, et l'erreur relative,
plus grande au début que pour la courbe 1, devient plus
petite vers la fin de la graduation.

Avec la graduation représentée (fig. 146 et 147, III),
les divisions se resserrent constamment quand la déviation
augmente, par suite, l'erreur absolue augmente également, mais l'erreur relative, plus petite au début que
dans les cas précédents, diminue moins vite et finit par
être plus grande à intensité égale. Les galvanomètres à
aimants mobiles, genre boussole des tangentes, donnent
des graduations de cette forme.

La courbe IV (fig. 146) donne le type de graduation
d'un très grand nombre d'instruments, parmi lesquels on
peut citer tous ceux à fer doux et à aimants fixes, les
électromètres industriels. Les divisions, assez serrées au
début, vont en augmentant, puis décroissent à nouveau;
l'erreur absolue passe par un minimum, l'erreur relative
également, de telle sorte qu'il existe une région plus
favorable pour faire les lectures. Pour tous les appareils
destinés à fonctionner entre des limites assez rapprochées, sur distributions à courant ou à potentiel constant,
par exemple, il y a intérêt à régler la sensibilité de façon à
amener la valeur moyenne dans cette région.

Dans la figure 147, nous avons tracé les courbes représentant les erreurs *relatives* en fonction des intensités.
Soit ε_0 l'erreur maximum tolérée dans un appareil, nous
voyons aussitôt que c'est la courbe I qui donne la plus
grande échelle de mesure, bien que dans la courbe II
l'erreur soit plus petite à la fin. Avec la courbe IV, la
région utilisable est limitée entre les points a et e. Si, au
contraire, l'erreur limite avait été ε_1, c'est la courbe II
qui aurait donné la plus grande échelle utile; en outre,
bien que la courbe III soit tracée pour la même amplitude et la même intensité, on voit qu'elle ne donne jamais
la précision des autres.

Lorsqu'on possède un ampèremètre ou un voltmètre
étalonné, il est bon de se rendre compte de ses qualités
et de ses défauts, pour en tirer le meilleur parti possible;
dans ce but il faut connaître, ou mesurer d'une façon
quelconque :

1° La résistance à une température donnée;

2° La nature du métal de la bobine, ou, tout au moins,
le coefficient de variation de la résistance avec la température;

3° L'échauffement produit par le passage du courant;

4° L'exactitude de la graduation dans les différents cas,

soit que le courant varie d'une valeur à une autre, ou qu'il passe de zéro à une valeur donnée. Cet essai doit permettre de se rendre compte à la fois de la sensibilité du pivotage et de l'hystérésis, s'il y en a;

5° La rapidité des indications et l'amortissement.

La mesure de la résistance est surtout essentielle pour les voltmètres, elle se fait au moyen d'une boîte de résistances ordinaire. On peut, en faisant des mesures à deux températures assez éloignées l'une de l'autre, avoir une première idée du coefficient de variation.

Les ampèremètres peuvent supporter sans inconvénient un échauffement sensible à la main; il suffit que la température ne soit pas assez élevée pour altérer les isolants et pour que la dilatation d'organes, toujours délicats, n'amène pas de frottements.

Pour les voltmètres, il faut, en outre, que la variation de résistance soit inférieure à l'erreur admise, sauf, bien entendu, le cas des voltmètres thermiques. Pour s'assurer qu'un voltmètre remplit bien cette condition, on mesure d'abord la résistance à la température ambiante, puis on fait passer le courant maximum, pendant un temps très court, 30 secondes par exemple, et on mesure la résistance immédiatement après la rupture; si la variation de résistance est faible et fait supposer un échauffement inférieur à 50°, ce que l'on connaît approximativement grâce à la valeur du coefficient de variation, on recommence à faire passer le courant pendant un temps plus long; on voit de cette manière quelle est l'influence du courant.

Si, après la mise en circuit pendant plus d'une heure, on trouve une variation de résistance négligeable et un échauffement sans danger, on peut conclure que le voltmètre est apte à *rester sur le circuit*, c'est-à-dire à recevoir le courant pendant un temps quelconque. Dans le cas contraire, il faut se rendre compte du temps nécessaire pour causer une erreur sensible, et il faut faire les mesures dans un temps plus court.

Pour vérifier la graduation et s'assurer que les frottements et l'hystérésis n'apportent pas de perturbation dans le fonctionnement de l'appareil, le moyen le plus simple et le plus pratique consiste à étalonner un galvanomètre à cadre mobile et à miroir, en volts ou en ampères, à l'aide de la méthode bien connue (voy. § 86), puis à placer l'appareil à étudier en série ou en dérivation, suivant qu'on a affaire à un ampèremètre ou à un voltmètre. Ensuite, disposant d'une source d'électricité très constante, et suffisante pour fournir le courant nécessaire à la déviation maximum, on intercale dans le circuit le galvanomètre étalon, l'appareil à étudier et un rhéostat capable de faire varier l'intensité du courant.

Dans le cas d'un appareil incapable de rester sur le circuit, il n'y a qu'une seule façon de procéder : on fait passer le courant *pendant le temps strictement nécessaire à la lecture des deux instruments.* L'hystérésis ne peut pas intervenir, puisque, le courant partant toujours de zéro, le cycle parcouru a toujours la même origine. Cependant, si l'appareil est ou doit être indifférent au sens du courant, il est bon de faire deux séries de lectures, une dans chaque sens, et, si l'une seulement est exacte, il faut indiquer la direction du courant pour laquelle ce résultat est obtenu.

Avec les instruments destinés à rester sur le circuit, on procède différemment. Le rhéostat intercalé doit permettre de faire descendre l'intensité jusqu'au point le plus bas où la graduation permet la lecture exacte. On lance le courant, toutes les résistances étant dans le circuit, c'est-à-dire avec l'intensité minimum, puis on augmente graduellement celle-ci, *sans jamais dépasser une valeur pour y revenir.* Pendant cette marche ascendante, on fait des lectures assez nombreuses pour avoir une vérification exacte de l'instrument, une dizaine par exemple, assez régulièrement espacées sur toute l'échelle. Arrivé au point maximum de la graduation, on redescend à zéro par une manœuvre inverse, en faisant de nouvelles lectures.

En portant en ordonnées les volts ou les ampères vrais (fig. 148), en abscisses, les indications de l'appareil et en joignant tous les points de la marche ascendante par un

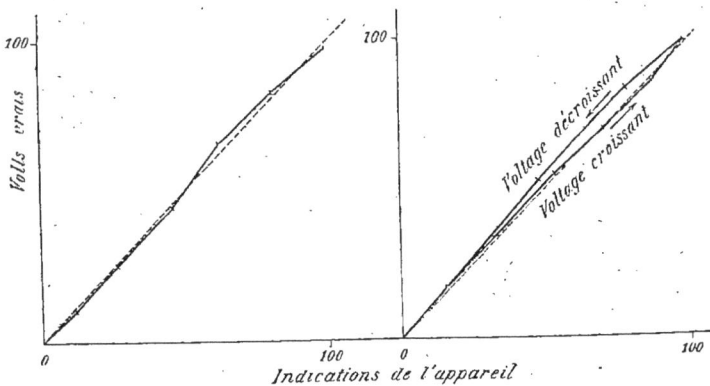

Fig. 148. — Courbes de vérification.

trait continu, tous ceux de la marche descendante pour un autre trait, on obtient deux lignes droites, en coïncidence parfaite s'il n'y a ni hystérésis ni frottement. Si le frottement est cause de quelques perturbations, les points sont très irrégulièrement distribués; il suffit de frapper légèrement sur l'instrument pour voir varier la position de l'index. Si, au contraire, il y a de l'hystérésis, les deux courbes sont régulières et plus ou moins espacées.

Il faut remarquer que le cycle ainsi décrit, passant par les points extrêmes de la graduation, les deux courbes *enveloppent* toutes les valeurs que peut indiquer l'appareil pour un cycle quelconque; par conséquent, l'hystérésis sera négligeable, si l'écart des deux courbes est toujours inférieur à l'erreur admise.

Enfin, si la courbe a été tracée en prenant la même échelle pour les volts ou ampères vrais, et pour les chiffres lus, l'instrument est exact, lorsque la ligne qui joint tous les points est une droite inclinée à 45°; en traçant à côté de la ligne à 45°, deux autres droites inclinées, en plus ou en moins, de l'erreur admise, on aura les limites entre lesquelles doivent se trouver les points de la graduation, pour que l'appareil soit acceptable.

Pour arriver à plus de précision, on porte encore en abscisses les indications de l'appareil, mais en ordonnées on inscrit la *différence* entre les valeurs vraies et les valeurs lues, de sorte que les points au-dessus de l'axe des x indiquent un retard de l'appareil, c'est-à-dire la valeur qu'il faut *ajouter* à la lecture. La limite d'erreur relative admissible s'indique par deux lignes également inclinées au-dessus et au-desous de l'axe des x; l'inclinaison dépend de l'échelle adoptée.

Cette méthode d'essai par cycle permet de déceler des causes d'erreur qui échappent à un examen superficiel. Pour les frottements, par exemple, un instrument peut être dévié de sa position d'équilibre et y revenir très exactement, lorsque l'écart a été très grand, tandis qu'il ne se déplace même pas pour une variation plus petite, qui cependant devrait donner une déviation appréciable.

Un appareil à sens de courant indifférent doit évidemment être essayé dans un cycle variant de $+ I$ à $- I$.

Après s'être assuré que les frottements ne sont pas d'une grandeur nuisible, on peut s'occuper de la rapidité des indications et de l'amortissement. Il y a souvent avantage à avoir un instrument à indications rapides, car il suit les variations du courant avec une grande facilité; cependant, dans le cas de courants très irréguliers, comme ceux donnés par une dynamo conduite par un moteur à gaz, il vaut mieux avoir affaire à un appareil *à oscillations lentes et très amorties,* qui donne la valeur moyenne du courant et élimine les variations périodiques qui rendent les lectures impossibles avec les galvanomètres non amortis.

Les appareils où l'hystérésis est notable peuvent donner des indications assez exactes, si on a soin de s'en servir *en partant chaque fois du zéro.* En les laissant sur le circuit, on risque de commettre des erreurs considérables, lorsque le cycle parcouru par le courant a passé par des valeurs inconnues. Ces erreurs sont d'autant plus graves qu'on ne connaît, à aucun moment, leur sens et leur grandeur.

Dans un essai d'appareil, *on doit toujours indiquer la méthode employée.*

CHAPITRE II

APPAREILS POUR COURANTS ALTERNATIFS

§ 59. — Ampèremètres et voltmètres.

Dans un courant alternatif, les valeurs moyennes, de l'intensité et de la différence de potentiel, sont toujours nulles, quand le courant est une fonction harmonique du temps; en effet, les valeurs négatives sont alors égales aux valeurs positives.

Cependant, *par définition*, on donne les noms de : *force électromotrice moyenne*, *différence de potentiel moyenne* et *intensité moyenne*, à la valeur moyenne de *chaque phase;* par exemple :

$$I_m = \frac{2}{T} \int_0^{\frac{T}{2}} I\, dt.$$

On donne les noms de : *force électromotrice efficace*, *différence de potentiel efficace*, et *intensité efficace*, à la racine carrée du carré moyen de la valeur considérée :

$$I_{eff} = \sqrt{\frac{1}{T} \int_0^T I^2 dt}.$$

Lorsque le courant mesuré à la forme sinusoïdale simple, ces valeurs deviennent :

$$I = I_0 \sin \frac{2\pi}{T}\, t,$$
$$I_{eff} = 0{,}707\, I_0,$$
$$I_m = 0{,}636\, I_0,$$

c'est-à-dire qu'il y a entre la valeur *efficace* et la valeur *moyenne*, une différence d'environ 10 p. 100. Avec les courants de forme plus complexe, cette différence est plus ou moins grande, mais elle existe toujours et elle cause des divergences entre les appareils, selon qu'ils sont gradués pour l'une ou l'autre de ces valeurs.

Les différences entre I_m et I_{eff} s'observent très bien avec les courants *redressés*, qui peuvent être mesurés avec des galvanomètres à aimants permanents, donnant I_m, et avec des électrodynamomètres ou des électromètres, qui donnent I_{eff}.

Un galvanomètre à aimant permanent, amorti, parcouru par un courant alternatif, prend toujours un mouvement en synchronisme avec ce courant; mais, en pratique, dès que la période du courant est petite par rapport à celle du galvanomètre, ce qui est le cas le plus général, l'amplitude des oscillations est tellement réduite, qu'on peut considérer l'équipage comme immobile.

Quand, au contraire, la période du courant est plus longue que celle du galvanomètre, ce dernier tend à suivre exactement la forme du courant qui le traverse et on peut, par une méthode photographique ou stroboscopique, observer cette forme; c'est là le principe des *oscillographes* (§ 116).

Tous les instruments, dans lesquels la déviation est proportionnelle au carré de I ou de E, peuvent être employés avec les courants alternatifs, puisqu'ils reçoivent du courant étudié des impulsions toujours de même sens. Si, comme cela a lieu généralement, la période du courant est petite, par rapport à celle de l'équipage, celui-ci prend une déviation permanente, qui est fonction *du carré de la valeur efficace*.

Les appareils à fer doux (fig. 118, 119 et 120) peuvent aussi être employés avec les courants alternatifs. Si le fer est dans des conditions analogues à celles que nous avons trouvées pour le Bellati (§ 21), l'appareil donne la *valeur efficace*. Si le fer est susceptible d'être saturé dans le champ créé par la bobine, l'appareil donne la *valeur moyenne*. La vérité est généralement entre les deux et c'est là une des raisons pour lesquelles ces instruments doivent être gradués spécialement pour les courants alternatifs.

Pour corriger l'erreur due à la variation de la fréquence, on a proposé de shunter ces appareils avec une bobine de self-induction, celle-ci dérive une fraction du courant d'autant plus petite que la fréquence est plus grande, ce qui tend à faire *avancer* le galvanomètre.

L'hystérésis intervient aussi dans ces appareils pour les faire retarder et cela d'autant plus que la masse de fer est plus grande ; aussi les appareils à grande masse doivent-ils être éliminés des mesures de courants alternatifs.

Les appareils à fer doux doivent être disposés de façon à éviter les courants induits dans le fer ; autrement les phénomènes se compliquent de ceux que l'on trouve dans les galvanomètres d'induction (§ 21 et 60).

Les ampèremètres à courants alternatifs doivent, en plus des conditions nécessaires pour les courants continus, avoir leur circuit enroulé sur une bobine en matière isolante ou, tout au moins, *coupée parallèlement aux lignes de force;* cette disposition a pour but d'éviter les courants de Foucault, dont l'effet est de diminuer le champ magnétique au centre de la bobine.

Les ampèremètres les plus employés pour les courants alternatifs sont : les électrodynamomètres à torsion, du genre Siemens (§ 55); la plupart des galvanomètres à faible masse de fer doux (§ 53); les appareils thermiques (§ 54) et les appareils à induction (§ 60).

Dans les électrodynamomètres où les deux bobines sont en série, il y a coïncidence de phase et les indications sont exactes, quelle que soit la fréquence. Quand les bobines sont en dérivation, au contraire, il n'y a coïncidence de phase qu'autant que les deux bobines ont la même *constante de temps* $\frac{L}{R}$ (§ 20).

Pratiquement, il suffit que cette constante soit assez petite pour ne pas altérer le rapport des intensités dans les deux circuits; alors le décalage des deux courants n'introduit qu'une très petite erreur dans le résultat.

Nous avons vu les facilités que donne l'emploi des shunts pour la mesure du courant continu. Avec l'alternatif, cette disposition est assez rarement employée, sauf pour les appareils thermiques. On obtient les mêmes avantages par l'emploi de *transformateurs* (§ 61), et la dépense d'énergie peut être réduite.

Le problème de la mesure des forces électromotrices alternatives est plus complexe. Il est impossible de construire des appareils sans *induction* et sans *capacité*, de telle sorte qu'il n'y a pas un seul instrument rigoureusement exact pour cette mesure. Cependant, avec les fréquences assez basses, employées industriellement, la capacité des électromètres est négligeable : ces appareils sont les seuls qui devraient être employés. Rappelons ici que les électromètres *symétriques* ne donnent pas la force électromotrice efficace, dès que le couple directeur électrique devient sensible; il y a lieu de tenir compte de ce fait dans les mesures qui exigent la force électromotrice efficace.

Les appareils calorifiques, genre Cardew, dont la self-induction est très faible, sont comparables aux électromètres, mais ils ont les mêmes défauts que nous avons signalés à leur sujet pour les courants continus.

On emploie couramment des voltmètres dont la self-induction L n'est pas négligeable, voyons dans quelles limites leur usage est admissible.

Un voltmètre de résistance g reçoit un courant d'intensité :

$$i = \frac{E}{g},$$

il suffit donc que g soit constant pour déduire E de i; avec les courants alternatifs, il faut remplacer g par l'impédance :

$$\rho = g\sqrt{1 + \frac{\omega^2 L^2}{g^2}},$$

pour avoir le rapport entre la force électromotrice *efficace* et l'intensité *efficace*. L'impédance ρ n'est pas constante, elle varie avec la fréquence $\frac{\omega}{2\pi}$; les indications de l'appareil ne sont donc acceptables que si la variation de ρ est plus petite que l'erreur maximum imposée.

Lorsque $\frac{L}{g}$ est petit, l'erreur $\frac{1}{n}$, commise en prenant g au lieu de ρ, a pour valeur

$$\frac{1}{n} = \frac{\omega^2 L^2}{2g^2}.$$

Prenons par exemple $n = 100$, $\omega = 2\pi \times 100$, nous voyons que la condition sera remplie, si la constante de temps du voltmètre est inférieure à 0,00022 seconde.

Les voltmètres qui satisfont à la condition ci-dessus et aussi à celles exigées des ampèremètres, peuvent servir indifféremment sur alternatif ou continu.

Les voltmètres les plus employés pour les courants alternatifs, sont les électromètres Kelvin, Carpentier, Hartmann, etc.; les voltmètres calorifiques; les galvanomètres à fer doux et les électrodynamomètres à lecture directe.

Pour les voltages élevés on emploie beaucoup les *transformateurs* et les *bobines de self-induction*, à la place des résistances additionnelles, mais les appareils doivent être gradués pour la fréquence à laquelle ils sont destinés.

§ 60. — Appareils d'induction.

Les appareils d'induction ne peuvent être employés qu'avec les courants alternatifs.

Les instruments, du genre de celui de Fleming, dans lesquels l'équipage mobile est un disque de cuivre, parcouru par les courants induits par la bobine fixe, ont un couple proportionnel à I^2; mais leur sensibilité varie avec la fréquence ; il faut les graduer avec un courant de même forme et de même fréquence que celui à mesurer.

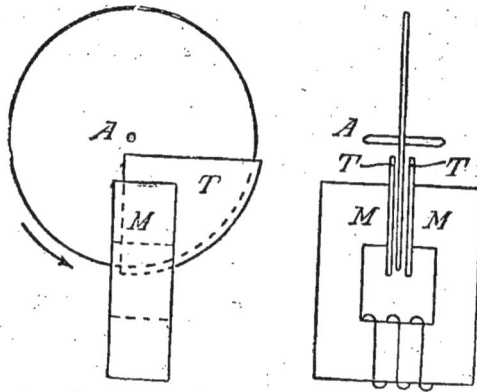

Fig. 149 et 150. — Schéma des appareils à induction de l'A. E. G.

On a vu la théorie élémentaire de cet appareil au paragraphe 21. Pour les instruments les plus employés aujourd'hui, le phénomène est un peu plus complexe, mais la théorie conduit à la même conclusion : il existe une fréquence pour laquelle le couple déviant est maximum. Grâce à cette propriété, on peut, comme nous l'avons vu, obtenir des appareils peu affectés par les petites variations de vitesse des alternateurs.

Les appareils industriels sont presque tous basés sur les propriétés des champs tournants; les figures 149 et 150 permettent d'en comprendre le fonctionnement.

Un disque métallique, porté par l'axe A, passe entre les pôles de l'électro M. Quand un courant alternatif traverse cet électro, le champ alternatif créé engendre des courants induits dans le disque, mais, comme ces courants sont symétriques, par rapport aux pôles de M, la résultante des forces électrodynamiques est nulle, le disque reste en place. Si on vient placer deux écrans conducteurs T, dissymétriques par rapport aux pôles, ces

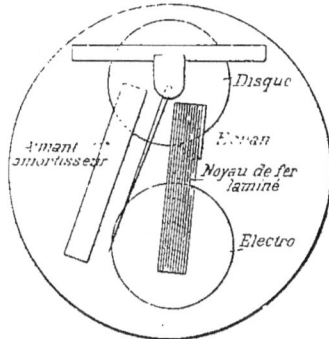

Fig. 151. — Voltmètre à induction de l'A. E. G.

écrans seront le siège de courants induits dont l'action, sur ceux du disque, déterminera un couple de rotation.

Les appareils sont très simples et c'est ce qui explique la vogue dont ils jouissent, surtout à l'étranger. Les ampèremètres et voltmètres sont semblables, aux enroulements près (fig. 151). Ils se composent d'un disque d'aluminium monté sur un axe porté par deux pivots. Deux ressorts spiraux, enroulés en sens contraire (voy. § 4), déterminent la direction du zéro. L'électro a son noyau et ses pôles en feuilles de tôle minces et l'écran conducteur est simplement constitué par une pièce de laiton, placée sur un des côtés des pièces polaires. L'amortissement de cet appareil est assuré par un aimant permanent qui agit sur le disque.

Dans les appareils de Siemens et Halske (fig. 152), la partie mobile est un tambour qui passe entre les 4 pôles intérieurs d'un anneau formé de tôles de fer. Un noyau de fer fixe, placé au milieu du tambour, concentre le champ. Deux des électros, pris sur le même diamètre, reçoivent le courant et les deux autres ont un enroulement fermé sur lui-même. Un champ tournant est ainsi créé et

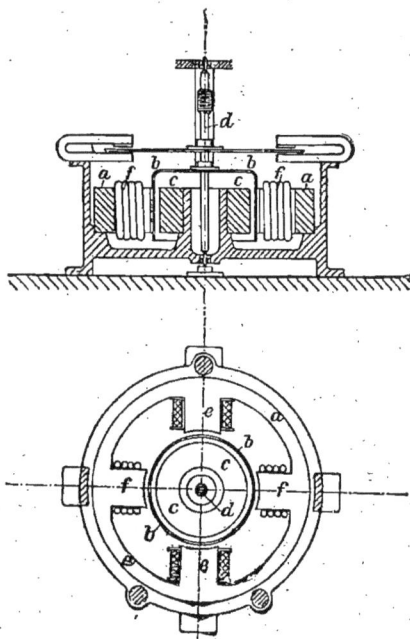

Fig. 152. — Schéma des appareils à induction de Siemens.

tend à faire tourner le tambour. L'amortissement est produit par l'action d'un aimant sur un disque spécial.

Les appareils employés comme ampèremètres sont, généralement, enroulés en fil relativement fin et ils reçoivent le courant secondaire d'un transformateur (fig. 153).

Employés comme voltmètres, ils sont munis d'une bobine de self-induction destinée à réduire l'intensité du courant.

Les mêmes appareils peuvent être facilement trans-

formés en wattmètres. Il suffit, dans l'appareil de Siemens, d'enrouler le circuit volts sur une des paires
d'électros et le circuit ampères sur l'autre. Il faut obtenir
un décalage de 90° entre les deux courants, ce qui oblige

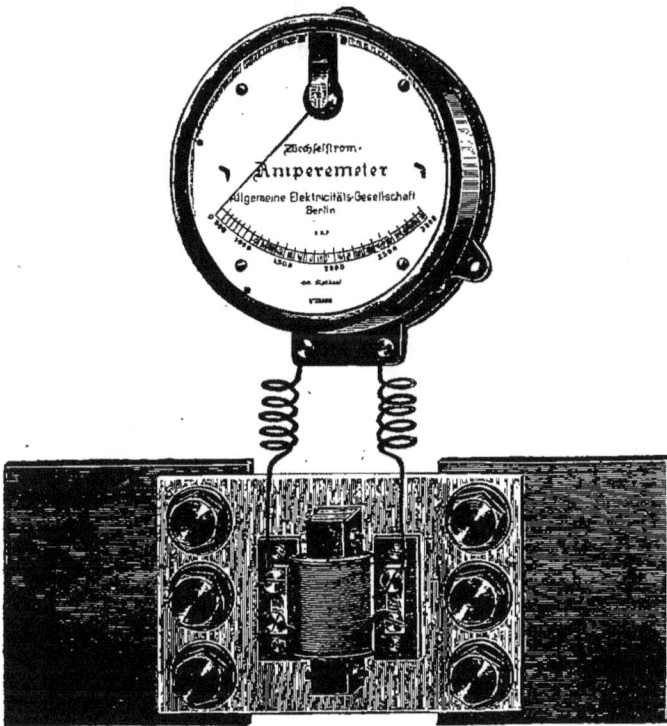

Fig. 153. — Ampèremètre à induction avec son transformateur.

à mettre une très forte self-induction dans le circuit volts,
ou à faire usage d'un dispositif spécial (§ 61).

Dans le modèle de la figure 151, on ajoute deux électros, symétriques par rapport au premier, et on envoie le
courant total dans l'électro central et le courant dérivé
dans les deux autres. On place des écrans seulement sous
les pôles des électros des volts (fig. 154).

§ 61. — Transformateurs et bobines de self-induction.

Les transformateurs et les bobines de self-induction
remplacent fréquemment les résistances et les shunts,
dans les appareils de me-
sures pour courants alternatifs.

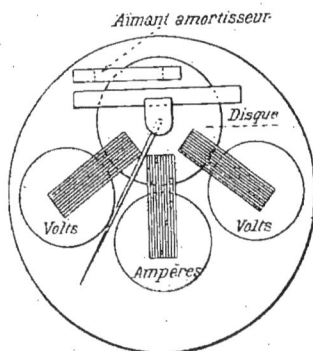

Un appareil donné étant
muni d'une résistance, ou
d'un shunt destiné à lui
permettre de mesurer une
différence de potentiel
ou un courant n fois plus
fort, dépense n fois plus
d'énergie.

Avec les transforma-
teurs et les bobines de
self-induction, il n'en est

Fig. 154. — Wattmètre à induction
de l'A. E. G.

pas de même : ces appareils absorbent aussi de l'énergie,
mais celle-ci est loin de croître aussi vite que la puissance
à mesurer.

Indépendamment de l'économie, l'emploi des transformateurs présente les avantages suivants :

Le même appareil peut être adapté à des mesures très
différentes de grandeur et peut également servir à la
mesure sur plusieurs circuits. On peut, par exemple,
employer un seul électromètre pour faire les mesures de
E et de I.

Les appareils de mesures peuvent être établis sur un
type uniforme, facile à construire et à manœuvrer, tandis
que les transformateurs, de grandeurs appropriées au
courant à mesurer, peuvent être placées à l'endroit le
plus commode, aussi loin qu'il est nécessaire des appareils de mesures.

Les instruments sont complètement isolés du circuit, ce qui est un très grand avantage avec les courants à haute tension.

On peut, avec les transformateurs, réaliser les combinaisons suivantes :

1° Mesure de la différence de potentiel U_1, qui existe aux bornes du primaire, au moyen de la force électromotrice secondaire E_2, observée à l'aide d'un électromètre, $U_1 \gtrless E_2$;

2° Mesure de U_1 par la différence de potentiel aux bornes du secondaire U_2, en employant un voltmètre pour courant alternatif quelconque ; on peut encore avoir : $U_1 \gtrless U_2$;

3° Mesure de U_1 par l'intensité secondaire i_2 ;

4° Mesure de l'intensité primaire i_1 par la force électromotrice secondaire E_2 ;

5° Mesure de i_1 par la différence de potentiel secondaire U_2 ;

6° Mesure de i_1 par l'intensité secondaire i_2 ; $i_1 \lessgtr i_2$.

Prenons un transformateur théorique, dans lequel la dépense d'énergie est négligeable, à cause de sa faible résistance primaire et de l'absence d'hystérésis, qui a son circuit secondaire ouvert, ou fermé sur une grande résistance.

On sait que, dans un semblable appareil, on a un *rapport constant*, entre la différence de potentiel primaire U_1 et la force électromotrice secondaire E_2, *quelle que soit la fréquence;* ce rapport est égal à celui du nombre de tours dans les bobines primaire et secondaire $\frac{N_1}{N_2}$. Dans ce cas U_1 et E_2 sont en phase.

Un semblable appareil peut être employé avec un électromètre quelconque, son pouvoir multiplicateur est constant (1°).

Si la résistance du circuit extérieur du secondaire n'est

pas infinie, il faut que la résistance propre du secondaire soit très petite devant celle du voltmètre employé et que celle-ci soit très grande, vis-à-vis de la self-induction (2°).

Le même transformateur donne, entre l'intensité primaire i_1 et la force électromotrice secondaire E_2, ou la différence de potentiel U_2, un rapport qui est *en raison inverse de la fréquence*. Donc l'électromètre ou le voltmètre doivent être *gradués pour chaque fréquence* (4° et 5°). L'intensité i_1 est en retard de $\frac{\pi}{2}$ sur E_2.

En réalité, les résistances des circuits, de même que l'hystérésis, ne sont pas souvent négligeables, de sorte qu'il faut, dans le cas de l'emploi de l'électromètre et du voltmètre (1° et 2°), adopter un pouvoir multiplicateur plus petit que le coefficient de transformation $\frac{N_1}{N_2}$ et cela d'autant plus que la fréquence augmente.

Une solution, plus généralement adoptée, consiste à placer l'appareil de mesure sur le transformateur et à graduer le tout avec un courant de la fréquence qu'il s'agit de mesurer. On évite ainsi la détermination du pouvoir multiplicateur. C'est ce que l'on fait généralement dans les cas 3° et 6°.

L'existence des pertes par effet Joule et par hystérésis a pour effet, également, de modifier les phases relatives des différents facteurs : Ainsi E_2 *avance* sur U_1 et i_2 *retarde* de moins en moins sur i_1, jusqu'à atteindre un retard égal à $\frac{\pi}{2}$. Ce changement de phase est indifférent pour les voltmètres et les ampèremètres, il est capital pour les wattmètres.

Pour obtenir le transformateur théorique, il faudrait mettre un volume considérable de cuivre, afin de réduire les pertes par effet Joule, et pas de fer, afin d'éliminer l'hystérésis. En pratique, on est conduit à mettre du fer, ce qui augmente très rapidement la puissance spécifique du transformateur, et on réduit le cuivre.

Un instrument qui est gradué au moyen du courant à mesurer, peut avoir un transformateur de petit volume, puisque les pertes interviennent aussi bien dans la graduation que dans la mesure ; c'est ce qui a lieu pour l'appareil de la figure 153. Il n'en est pas de même quand le

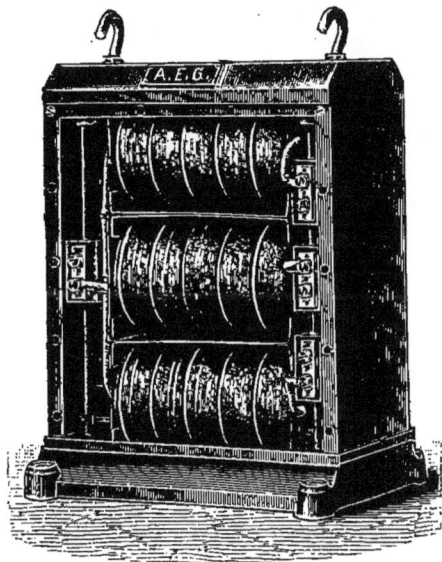

Fig. 155. — Transformateur pour mesures.

transformateur doit être employé avec un appareil et une fréquence quelconques. Les transformateurs de ce genre sont de véritables transformateurs industriels ; celui de la figure 155 pèse 39 kg ; il transforme un courant triphasé de 6 000 à 110 volts et il peut absorber, sans échauffement appréciable, 150 watts.

Les bobines de self-induction sont souvent employées comme réducteurs de voltmètres ; elles agissent là comme des résistances, afin de réduire le courant, mais elles ne dépensent qu'une très faible fraction de l'énergie qu'absorberait la résistance. Comme dans les transformateurs, cette dépense est d'autant plus réduite que la masse de cuivre est plus grande, et qu'il y a moins de fer. *Le pouvoir multiplicateur augmente avec la fréquence.*

Quand les bobines de self-induction sont employées pour *retarder* la phase d'un courant, le retard est d'autant plus grand que la dépense d'énergie est moindre, *mais on n'arrive jamais, en pratique, au décalage théorique de* $\frac{\pi}{2}$.

Dans les wattmètres et les compteurs d'énergie, il est nécessaire que le courant dérivé et le courant principal soient exactement en phase, si l'appareil est un électro-dynamomètre, ou exactement en quadrature, c'est-à-dire avec une différence de phase de $\frac{\pi}{2}$, si on emploie des appareils d'induction.

Ce résultat ne peut pas être obtenu directement avec les transformateurs et les bobines de self-induction, comme nous venons de le voir. Les procédés employés, pour corriger ce défaut, reposent sur l'emploi de bobines de self-induction et de résistances, sur la combinaison des courants primaire et secondaire d'un transformateur ou, enfin, sur l'emploi de courants induits fermés sur eux-mêmes.

Parmi les dispositions employées citons celles de Hartmann, qui consiste à shunter la bobine à fil fin de l'appareil au moyen d'une résistance sans self-induction. Cette résistance dérive une fraction du courant, en *avance* de phase sur la fraction qui traverse la bobine. Comme cet ensemble est placé en série avec une bobine ayant une self-induction élevée, on voit que, si la somme des deux courants n'est pas exactement en retard de $\frac{\pi}{2}$, sur la différence de potentiel à mesurer, le retard *relatif* du courant, dans la bobine à fil fin, permet d'arriver à la valeur exacte. Siemens et Halske emploient, dans le même but, des dispositions analogues où des bobines, avec ou sans self-induction, forment un pont de Wheatstone.

Ces procédés sont très employés pour les wattmètres d'induction.

Avec les wattmètres électrodynamiques, qui ont un transformateur pour les volts et un pour les ampères, on emploie des moyens analogues pour obtenir que les deux courants soient exactement décalés de π.

L'emploi des condensateurs, avec les bobines ayant de la self-induction, permet d'obtenir, très facilement, toutes les différences de phase que l'on désire. Pour les appareils de mesure, cette solution est à rejeter complètement, parce qu'elle introduit dans la mesure la capacité du condensateur qui, vis-à-vis des courants alternatifs, est une quantité mal connue. En outre, il ne faut pas oublier qu'une self-induction et un condensateur forment un système ayant une période d'oscillation propre, laquelle peut être celle du courant à mesurer ou d'un de ses harmoniques ; la résonance intervient alors et fausse complètement les résultats, même quand l'harmonique visé est à peine sensible sur la période principale du courant.

§ 62. — Wattmètres.

La puissance développée, ou absorbée, dans un circuit, par un courant alternatif, est, à chaque instant, égale à EI ; la puissance moyenne est donc :

$$P = \frac{1}{T} \int_0^T EI dt.$$

E et I pouvant être des fonctions différentes de t, il faut, pour effectuer la mesure, employer des instruments donnant des indications proportionnelles à EI ; les électrodynamomètres, employés comme wattmètres, sont dans ce cas.

Quand E et I sont de la forme simple :

$$E = E_0 \sin \omega t,$$

la puissance P devient :

$$P = E_{eff} I_{eff} \cos \Phi ;$$

Φ étant l'angle de décalage entre E et I; on a, en appelant l la self du circuit et R sa résistance :

$$\operatorname{tg} \Phi = \omega \frac{l}{R}.$$

Les wattmètres donneraient exactement la puissance P, si la self-induction, du circuit qui mesure E, n'introduisait un décalage φ entre le courant i du circuit dérivé et la différence de potentiel E ; en outre, l'impédance varie avec la fréquence, comme pour les voltmètres.

Dans le cas du courant sinusoïdal ci-dessus le wattmètre *indique* une puissance :

$$P_m = \frac{1}{T} \int_0^T \frac{E_0 \sin(\omega t - \varphi)}{\sqrt{g^2 + \omega^2 L^2}} \, I_0 \sin(\omega t - \Phi) \, dt,$$

ou :

$$P_m = E_{eff} I_{eff} \cos \Phi \, \frac{1 + \operatorname{tg} \varphi \operatorname{tg} \Phi}{1 + \operatorname{tg}^2 \varphi},$$

la puissance réelle est donc égale à :

$$P = P_m \frac{1 + \operatorname{tg}^2 \varphi}{1 + \operatorname{tg} \varphi \operatorname{tg} \Phi}. \tag{1}$$

Ce facteur de correction est presque toujours inutile, car on ne connaît que très rarement tg Φ. Or, ce terme est quelquefois très considérable, de telle sorte que, dans tous les cas où l'on peut craindre que Φ soit voisin de 90°. Il vaut mieux renoncer à l'emploi des wattmètres.

Il arrive très fréquemment que, sans atteindre le décalage maximum, les circuits à mesurer présentent une self-induction assez considérable, par exemple avec des arcs munis de bobines de réaction. Il est très important de donner, au circuit dérivé du wattmètre, une self-induction aussi faible que possible, ce qui réduit, presque proportionnellement, l'erreur commise, car nous pouvons remarquer ici que, pour des valeurs relativement faibles de Φ, l'erreur peut s'écrire sous la forme :

$$\varepsilon = \frac{P_m - P}{P} = \text{tg}\,\varphi\,\text{tg}\,\Phi - \text{tg}^2\,\varphi. \qquad (2)$$

L'erreur est nulle quand tg φ est nulle ou égale tg Φ. Avec les wattmètres ordinaires de l'industrie, $\text{tg}^2\varphi$ est négligeable lorsque l'erreur ε commence à être sensible, on a donc très simplement :

$$\varepsilon = \text{tg}\,\varphi\,\text{tg}\,\Phi. \qquad (3)$$

On peut donner aux formules (1) et (3) une forme plus concrète et se prêtant mieux au calcul. Si, au moyen d'un voltmètre et d'un ampèremètre, on mesure la *puissance* apparente P_a :

$$P_a = E_{eff}.\,I_{eff}.$$

On peut déterminer cos Φ et, par suite, tg Φ. La formule (1) ne permet d'obtenir ce résultat que par des approximations successives puisque cos $\Phi = \dfrac{P}{P_a}$; mais étant donné que le terme n'a pas, en pratique, une signification mathématique exacte (§ 117), il suffit de s'en tenir à la première approximation et on obtient, après avoir éliminé les termes trop petits :

$$P = P_m \pm \text{tg}\,\varphi\,\sqrt{P_a^2 - P^2}; \qquad (4)$$

Le signe — s'applique quand le retard de E sur I est plus grand que φ ; le signe + quand Φ est négatif ou plus petit que φ, c'est-à-dire quand là *capacité* du circuit l'emporte sur la self-induction.

Le décalage φ peut être dû simplement à la *self-induction* du circuit dérivé du wattmètre, ou *à la différence des actions de la self-induction et de la capacité*. Si cette dernière est plus grande, tg φ peut être négative et la puissance indiquée *plus petite* que la puissance réelle. Ce cas se rencontre assez fréquemment en pratique, il est bon d'en être prévenu.

Quant le circuit renferme des bobines ayant de la capacité, on peut, pour les raisons exposées plus haut (§ 32), écrire la valeur de tg φ, sous la forme :

$$\mathrm{tg}\,\varphi = \frac{\omega\,[\mathrm{L} - \Sigma\,(\mathrm{CR}^2)]}{\Sigma\mathrm{R}}. \tag{5}$$

Cette équation montre, et c'est là le fait intéressant, qu'il est possible de faire des wattmètres donnant exactement la puissance mesurée. Toutefois cette compensation ne peut pas être assez rigoureuse, pour que l'on puisse affirmer que l'erreur est nulle quand tgΦ est très grand.

Comme exemple de l'influence de la capacité, nous pouvons citer un wattmètre dont le cadre mobile avait 217 ohms de résistance, avec un coefficient de self-induction de 0,0205 henry. Trois résistances, ayant respectivement :

> 1 025 ohms et 0,00105 microfarad,
> 2 482 » 0,00356 »
> 8 680 » 0,00300 »

permettaient de donner à l'instrument des sensibilités de 10, 30 et 100 watts par degré. Dans ces conditions, pour la fréquence 66, les résistances et tg φ devenaient :

> constante 10, ΣR = 1 242, tg φ = + 0,00650
> 30, = 3 724, = − 0,00027
> 100, = 12 404, = − 0,00770

Tous les wattmètres électrodynamiques, même ceux à lecture directe, peuvent, sous les réserves ci-dessus, servir à la mesure de P, dans les circuits ayant de la réactance.

Les wattmètres d'induction donnent de bons résultats sur les circuits où Φ est nul, car il est facile de régler la self-induction de la bobine dérivée de façon à obtenir le retard de 90° du courant dérivé sur le courant principal. D'ailleurs, comme ces appareils ne peuvent être gradués que sur un courant alternatif de même fréquence que celui qu'ils doivent mesurer, les indications sont forcément concordantes.

Mais, dès que Φ atteint une valeur élevée, l'erreur devient sensible. Les équations (1) à (4), sont encore applicables, en faisant φ égal à l'angle de retard, du courant dérivé sur la différence de potentiel, diminué de 90°.

Les wattmètres d'induction sont, avant tout, des appareils de tableaux et, pour les mesures exactes, on fera bien de recourir aux électrodynamomètres.

§ 63. — Essai des appareils pour courants alternatifs.

Tous les essais d'appareils pour courants alternatifs, doivent être faits avec le courant auxquels ils sont destinés. A défaut de ce courant, il faut faire plusieurs essais avec des fréquences différentes, pour connaître l'influence de ce facteur. Dans tous les cas l'erreur croît avec la fréquence.

Un instrument très exact avec un courant d'une certaine fréquence et de forme sinusoïdale, peut donner des erreurs sensibles dès que la forme change. On est averti de ce fait lorsque la graduation change beaucoup avec la fréquence.

La graduation et la vérification des appareils pour cou-

rants alternatifs exigent l'emploi de courants très réguliers, comme en fournissent les alternateurs commandés
par des *moteurs électriques* et des *accumulateurs*. Les
alternateurs actionnés par des machines à vapeur donnent
rarement une fixité suffisante. Les moteurs à gaz sont en
général plus irréguliers.

L'emploi des *commutatrices*, dans lesquelles le même
induit reçoit du courant continu et fournit du courant
alternatif, est assez commode, mais, malheureusement,
ces machines donnent un courant assez différent de la
sinusoïde et souvent compliqué d'harmoniques très élevés.

Le seul étalon normal pour l'intensité des courants
alternatifs est l'électrodynamomètre, lorsque les deux
bobines sont en série et enroulées sur des noyaux non
conducteurs. On doit toujours se servir de cet instrument
pour contrôler les ampèremètres à courants alternatifs.
La balance de Kelvin et les électrodynamomètres, genre
Siemens, sont les seuls instruments dont on puisse se
servir sans vérification préalable de l'influence de la fréquence et de la forme du courant.

Pour les voltmètres, la méthode d'essai la plus simple
consiste à mettre un électromètre à miroir, de sensibilité
appropriée, en dérivation avec le voltmètre à essayer,
puis à noter les indications simultanées des deux instruments, pour plusieurs valeurs de force électromotrice
continue. Ces indications doivent être relevées pour les
deux sens du courant, afin d'éliminer la différence de
potentiel au contact dans l'électromètre, et pour voir s'il
y a de l'hystérésis dans l'appareil mesuré.

Plaçant ensuite les deux appareils sur un courant alternatif, de fréquence connue et constante, on règle le courant pour reproduire les mêmes déviations *moyennes* de
l'électromètre. Si le voltmètre essayé peut être employé
indifféremment sur continu ou sur alternatif, les indica-

tions doivent rester semblables dans les deux cas ; sinon, il faut faire une graduation spéciale pour chaque courant.

L'électromètre employé doit toujours être maintenu dans les limites de déviation où le couple directeur électrique est négligeable.

Quand le voltmètre essayé a un peu d'hystérésis, les indications ne sont pas les mêmes pour les deux sens du courant, mais la moyenne concorde bien avec le courant alternatif; dans ce cas, la fréquence est indifférente. Mais, quand la différence entre les graduations est due aux courants induits dans une partie quelconque du voltmètre, cet effet change avec la fréquence et avec la forme du courant, l'appareil doit donc être gradué spécialement pour chaque cas. Inutile de dire que cet essai doit s'ajouter à ceux que nous avons indiqués pour les appareils à courant continu.

La mesure de la self-induction et de la capacité du voltmètre, ou, plus simplement, de la différence :

$$L - \Sigma (CR^2),$$

permet de connaître, à peu près, la grandeur de l'erreur à craindre pour une fréquence donnée. On peut, à défaut de cette mesure, faire varier la constante de temps du voltmètre en introduisant dans le circuit des résistances ayant une capacité aussi faible que possible. Si les indications sont inversement proportionnelles aux résistances l'erreur produite par cette cause est négligeable ; c'est ce qui arrive le plus fréquemment, quand il n'y a de phénomènes d'induction que dans le circuit.

Pour les wattmètres, où la self-induction et la capacité apportent des perturbations beaucoup plus considérables, il faut procéder de même, en remarquant, toutefois, que le moyen qui consiste à faire varier les constantes de temps, est beaucoup plus incertain, car une très faible variation dans le décalage Φ peut masquer entièrement le fait observé, sans que, pour cela, le facteur $L - \Sigma (CR^2,)$ soit négligeable. Dans cet essai, pour diminuer autant que possible la capacité des résistances employées, il faut les composer du plus grand nombre possible de bobines.

Il vaut mieux procéder indirectement en mesurant L et $\Sigma (CR^2)$, par les méthodes indiquées plus loin (§ 93 à 97).

Quand on possède un wattmètre électrodynamique bien étudié, on peut s'en servir pour déterminer le facteur de correction d'autres appareils; mais il faut avoir soin de faire cette détermination sur un circuit ayant une forte réactance. Dans ces conditions, la mesure de la puissance n'est pas exacte, mais comme l'erreur est fortement augmentée, on arrive à la connaître avec plus de précision que si Φ était petit.

On déduit Φ de la puissance indiquée par le wattmètre étalon et du produit des facteurs E et I, mesurés avec des appareils donnant les valeurs *efficaces*.

Il y a lieu de remarquer que cette méthode permet d'employer, comme avec le courant continu, une *puissance fictive*, E et I étant pris sur des circuits différents, par exemple sur deux transformateurs alimentés par un faible courant.

C'est la méthode la plus pratique pour graduer les wattmètres d'induction et ceux qui ont des transformateurs.

CHAPITRE III

ENREGISTREURS ET COMPTEURS

§ 64. — Enregistreurs.

Il arrive fréquemment qu'on a besoin de connaître, à un moment quelconque, l'intensité d'un courant ou la différence de potentiel qui existait à un instant donné. On peut relever ces valeurs à des intervalles égaux et tracer une courbe avec les résultats obtenus, mais il est plus simple, et plus commode, d'enregistrer les variations mécaniquement.

Les appareils étalonnés sont toujours à enregistrement mécanique, néanmoins, pour ne pas séparer ce qui se rattache à cette question, nous examinerons également, ici, l'enregistrement photographique qui s'applique plutôt aux appareils à miroir, lesquels ne sont pas étalonnés d'une manière invariable.

Le but des enregistreurs est surtout de donner la grandeur d'un phénomène en fonction du temps. Il y a lieu de considérer dans l'enregistrement photographique, trois choses : l'appareil indicateur du phénomène, qui est généralement un galvanomètre ou un électromètre à miroir, l'appareil indicateur du temps et, enfin, la source de lumière.

Les enregistreurs photographiques sont peu employés dans l'industrie. Les modèles réalisés, destinés à des études spéciales, sont trop coûteux et ordinairement mal appropriés aux expériences courantes ; aussi, dans la plupart des cas, on se contente d'installer un appareil avec les objets dont on dispose. Nous ne donnons ici que les indications générales, relatives aux principales conditions à remplir.

Les appareils de mesure peuvent être quelconques, mais, autant que possible, on choisit ceux dont les déviations sont proportionnelles aux phénomènes à mesurer. On a intérêt, également, à les prendre apériodiques, *aussi près que possible de l'apériodicité critique*, et à *mouvement rapide*, pour suivre facilement toutes les variations et pour ne pas introduire leurs oscillations propres. La sensibilité de l'appareil doit être réglée de façon à ce que la déviation maximum reste dans les limites convenables, pour que la proportionnalité soit conservée et pour que l'image donnée par le miroir soit toujours nette.

La distance focale du miroir employé importe peu. Il est préférable d'employer des lentilles plan-convexes, argentées sur une face, qui ne donnent qu'une seule image. Quelquefois, on a besoin d'une image fixe pour servir de repère, on peut l'obtenir au moyen d'un second miroir, ou en employant un miroir plan devant lequel se trouve une lentille plan-convexe (§ 9), dont la face plane est tournée vers le miroir; cette face plane réfléchit une partie des rayons et donne une image fixe.

Le diamètre des miroirs est limité par la condition de profondeur du foyer, comme nous l'avons déjà vu; il est d'ailleurs rarement nécessaire d'avoir recours à de grands diamètres, car ce n'est presque jamais la lumière qui fait défaut, sauf le cas de phénomènes très rapides.

Lorsque l'instrument est contenu dans une cage fermée par une glace à faces parallèles, il faut avoir soin, pour éviter des images accidentelles, d'incliner cette glace de manière à projeter les rayons qu'elle réfléchit en dehors de la région utile.

L'image lumineuse, destinée à produire l'enregistrement, doit être un point, pour que le tracé soit net ; cette solution n'est jamais atteinte. En pratique, on emploie souvent un diaphragme, percé d'un petit trou, que l'on place devant la source lumineuse et dont le miroir donne une image sur la feuille sensible. Il y a évidemment intérêt à ne pas grossir l'image du trou, c'est-à-dire qu'il faut éviter de faire la distance entre la feuille sensible et le miroir plus grande que la distance entre le miroir et le diaphragme.

Une disposition assez bonne consiste à placer, devant la lumière, un écran percé d'une fente étroite, dont l'image, projetée sur la plaque sensible, est perpendiculaire au déplacement du miroir. Un autre écran, également percé d'une fente étroite, est placé devant la plaque sensible, perpendiculairement à l'image.

M. Boys remplace la deuxième fente par une lentille cylindrique placée de telle sorte que le foyer conjugué de la source lumineuse se trouve sur la plaque sensible. Dans ces conditions, tant que le miroir et le second écran restent fixes, on obtient l'image d'un point ; si l'écran se déplace en fonction du temps, et si le miroir suit le phénomène à observer, on obtient une courbe continue.

La surface sensible doit se déplacer perpendiculairement au mouvement de déviation et, autant que possible, proportionnellement au temps ; ce mouvement est préférable à celui de l'écran cité plus haut. Dans ce but, lorsque la surface sensible, comme c'est généralement le cas, est une feuille de papier au gélatino-bromure d'argent, on l'enroule sur un cylindre mû par un mouvement d'horlogerie, ou on la tend sur un châssis animé d'un mouvement rectiligne.

Lorsque le mouvement est uniforme et les déviations proportionnelles aux grandeurs à mesurer, il est facile de se servir du tracé obtenu pour faire l'intégration du phénomène, par rapport au temps, ce qui est fréquemment le but cherché. Si cette double condition n'est pas remplie, il faut déterminer, une fois pour toutes, par une graduation préalable, la loi de déviation de l'appareil, et déterminer, à chaque instant, la fonction du temps.

L'indication du temps peut se faire au moyen d'une pendule ordinaire, munie de contacts convenablement espacés; ceux-ci, au moyen d'un électro, interceptent la lumière à intervalles égaux et interrompent ainsi le tracé. Si le mouvement est rapide, l'interrupteur peut être commandé par un électro-diapason.

La disposition inverse a été employée également avec succès : elle consiste à ne faire agir la lumière que pendant un temps très court, à intervalles égaux, par exemple, en se servant de l'étincelle d'une bobine d'induction, dont le trembleur a été remplacé par un pendule à oscillations assez lentes. Le tracé est discontinu, néanmoins, si on a bien choisi la durée d'oscillation du pendule, les courbes pointillées obtenues sont très comparables aux courbes à trait continu. On peut, lorsque le phénomène à étudier est croissant ou décroissant, sans jamais comporter de retour en arrière, se dispenser de l'emploi du mouvement d'avance du papier; l'inscription se fait sur une seule ligne droite, il suffit de relever ensuite les points successifs pour tracer une courbe en fonction du temps.

La source lumineuse employée peut être quelconque, il suffit de se rappeler les règles que nous avons énoncées pour l'éclairement des images projetées à l'aide des miroirs (§ 11). Il n'y a que dans le cas des phénomènes très rapides qu'il est nécessaire d'avoir un *éclairement* très intense de l'image, il faut avoir recours aux foyers à grand *éclat ;* mais il est inutile, comme nous l'avons déjà dit, d'augmenter l'*intensité lumineuse.* Les foyers de

lumière à employer sont par ordre d'*éclat,* c'est-à-dire
de qualité, dans le cas qui nous occupe :

  Bougies, lampes à essence et à pétrole ;
  Lampes à incandescence ;
  Magnésium et étincelles électriques ;
  Arc électrique.

Il est bien entendu qu'il s'agit ici d'éclat actinique.

Pour condenser la lumière, on peut faire usage de lentilles, en suivant les conditions précédemment énoncées.
L'emploi de ces sources lumineuses n'offre aucune difficulté, il suffit de les placer de telle sorte que la lumière
qu'elles émettent ne puisse tomber directement sur la
feuille sensible.

Avec l'étincelle d'induction, il faut obtenir une étincelle courte et très chaude ; on y arrive en mettant, en
dérivation sur l'induit, une bouteille de Leyde de capacité aussi grande que le permettent la longueur d'étincelle nécessaire et les dimensions de la bobine ; on fait
éclater cette étincelle entre deux pointes de magnésium,
ce qui la rend ainsi beaucoup plus brillante et plus actinique.

Enregistreurs mécaniques. — Le problème de l'enregistrement mécanique est assez délicat parce que, en
général, les instruments auxquels on doit l'appliquer
n'ont qu'une faible force directrice et que le frottement,
de la plume ou du style, sur le papier, peut troubler leur
fonctionnement.

Pour réduire le frottement au minimum, on fait tracer
la courbe par un style délié, frottant, aussi peu que possible, sur une surface recouverte de noir de fumée, ou par
une plume chargée d'encre, ou un siphon léger, frottant à
peine sur une feuille de papier blanc. On peut aussi faire
un tracé discontinu : l'index est entraîné librement par
l'appareil de mesure et, à intervalles égaux, une came

vient l'appuyer sur le papier, sans modifier sa déviation, elle l'abandonne ensuite pour qu'il puisse suivre les variations du phénomène à enregistrer; à chaque mou-

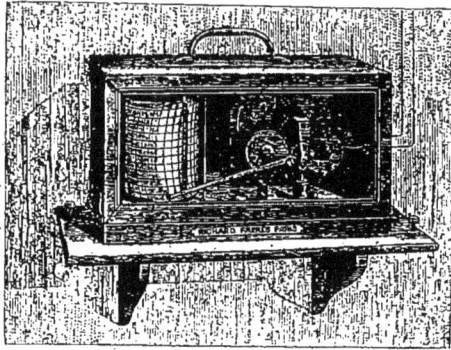

Fig. 156. — Enregistreur Richard.

vement de la came, un point de la courbe est tracé. A moins que le phénomène ne soit soumis à des variations très rapides, ce mode d'enregistrement donne de bons résultats.

Pour l'enregistrement continu, les plumes employées sont de formes assez différentes. On connaît la plume

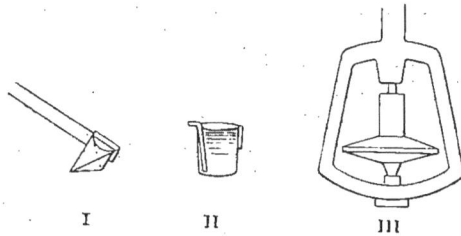

I   II   III

Fig. 157. — Différentes formes des plumes d'enregistreurs.

Richard (fig. 157, I); c'est une sorte de godet en forme de pyramide triangulaire ouverte sur un côté; le sommet, qui est légèrement fendu, frotte sur le papier et l'encre y vient par capillarité.

La plume Dittmar est composée d'un petit réservoir cylindrique (fig. 157, II), muni d'un bec auquel est fixé un tube capillaire qui plonge jusqu'au fond du réservoir.

Les enregistreurs Chauvin et Arnoux ont une plume molette (fig. 157, III), formée de deux coquilles légères, entre lesquelles est serré un disque poreux. L'ensemble peut tourner autour de l'extrémité de l'index. L'encre qui remplit la coquille imbibe le disque et celui-ci, en *roulant* sur le papier, produit le tracé. Cette disposition permet d'avoir peu de frottement.

Les deux dernières plumes sont assez lourdes et donnent de l'inertie à l'équipage.

Les appareils de Richard : ampèremètre, voltmètre, wattmètre, caractérisent le mode d'enregistrement continu.

Le voltmètre de la figure 156 est un appareil à grande force directrice. Un électro-aimant en fer à cheval attire une armature pivotante et celle-ci porte un index muni d'une plume Richard. Le tracé se fait sur un cylindre qui renferme intérieurement le mouvement d'horlogerie. Dans cet instrument, comme dans la plupart des enregistreurs mécaniques, les ordonnées sont tracées en arcs de cercle, il en résulte que l'intégration des courbes ne peut se faire qu'au moyen d'appareils spéciaux, ou après traduction en coordonnées rectilignes. Cette particularité n'a aucune importance lorsqu'il s'agit seulement de contrôler la régularité de marche d'une machine ou de connaître les phases de son fonctionnement.

Nous n'avons décrit cet instrument que comme type; il en existe beaucoup d'autres, basés sur les mêmes principes, mais il faut bien noter qu'ils sont tous destinés aux usages industriels, c'est-à-dire qu'ils enregistrent des variations relativement lentes : ils ne pourraient servir, en aucune façon, à étudier des phénomènes rapides, la forme d'un courant alternatif, par exemple.

Armagnat. Inst. de mesures.   25

Pour les appareils très sensibles, où la force directrice est faible, on peut employer le système de Callendar, qui consiste à se servir du galvanomètre comme relais et à actionner la plume au moyen d'un moteur indépendant. Cette disposition s'applique surtout aux appareils de zéro.

Dans le pont de Wheatstone, par exemple, l'index du galvanomètre oscille entre deux contacts fixes et très rapprochés; s'il bute sur l'un ou sur l'autre, il met en action un organe qui rétablit l'équilibre en déplaçant un curseur sur un fil et qui, en même temps, enregistre le déplacement.

Aux essais dont nous avons parlé pour les appareils étalonnés : voltmètres, ampèremètres, etc., il faut, dans le cas des enregistreurs, ajouter l'étude du mouvement d'horlogerie, ou tout au moins, il faut s'assurer que les déplacements sont proportionnels aux temps, dans les mêmes limites de précision que celles que l'on exige de l'appareil indicateur. L'erreur *journalière* sur le temps ne doit pas être supérieure à celle d'une montre ordinaire. Enfin, il faut se rendre compte de l'influence du frottement en produisant des variations cycliques plus ou moins rapides et, surtout, se servir de cet essai pour *apprendre* à régler le frottement de la plume ou du style sur le papier.

§ 65. — Compteurs.

Une question très importante pour l'industrie électrique réside dans la connaissance exacte de la quantité d'énergie produite ou absorbée; l'électricien a besoin de savoir la quantité qu'il a produite et fournie, le client, celle qu'il a reçue; cette question est une de celles qui ont donné lieu au plus grand nombre d'inventions. Quelques-uns seulement des compteurs imaginés sont entrés dans

la pratique courante, ils reposent tous sur un petit nombre de principes; nous allons en décrire quelques types,
en les choisissant parmi les modèles qui sont ou ont été
les plus répandus.

Le but de tous les compteurs d'électricité est de *totaliser* la *quantité d'énergie*, W, qui est fournie; c'est-à-
dire qu'ils doivent effectuer constamment l'intégration
du produit EI :

$$W = \int EI \, dt.$$

Le compteur rationnel est donc un *joulemètre* ou un
watt-heuremètre; en se basant sur certaines données pratiques, on a pu arriver à créer des compteurs différents,
mais qui, en réalité, mesurent encore de l'*énergie*.

Si on admet, par exemple, que le client n'emploie
qu'un seul groupe de lampes, dont la consommation
horaire est connue, il suffit de mesurer la durée d'emploi :

$$W = EI \int dt;$$

l'appareil est un simple *compteur de temps*.

Dans la plupart des installations d'éclairage, la distribution se fait à potentiel constant, ou réputé tel; le problème se réduit à :

$$W = E \int I \, dt :$$

il faut alors faire usage d'un appareil capable d'intégrer
$I \, dt$: c'est un *coulombmètre* ou un *ampère-heuremètre*, c'est-
à-dire un *compteur de quantité*.

On a beaucoup discuté sur la valeur relative des *watt-
heuremètres* et des *ampères-heuremètres*. Les uns, se
basant sur le fait que l'on doit payer l'*énergie* consom-
mée, tenaient pour les premiers. Les autres, trouvant,
avec juste raison, que les variations de voltage sont toujours gênantes pour le client et qu'on doit les éviter, pré-
conisaient le compteur de quantité.

En fait, pour les grosses installations, la question n'a que peu d'importance; pour les petites, elle est assez considérable. Les compteurs d'énergie sont tous dérivés du wattmètre : ils renferment un circuit principal et un circuit dérivé; or, celui-ci est *toujours en action*, que le courant soit *employé ou non*. Il résulte de ce fait une dépense d'énergie constante, qui est *relativement* considérable pour les petits débits.

Les compteurs chimiques, très employés en Amérique au début de l'électricité, sont aujourd'hui presque universellemennt abandonnés; on a recours, pour produire l'intégration de $I dt$, comme d'ailleurs celle de $EI dt$, à des appareils mécaniques. Selon la manière dont s'effectue cette intégration, on peut diviser les compteurs mécaniques en :

1° *Compteurs moteurs*, sans heuremètre;

2° *Compteurs avec heuremètre* et intégration *continue*;

3° *Compteurs avec heuremètre* et intégration *discontinue*.

Dans la première catégorie sont rangés tous les compteurs dans lesquels l'action, électromagnétique, électrodynamique ou calorifique, a pour effet de produire un mouvement dont la vitesse ω est proportionnelle à I ou EI, de telle sorte que si on compte le nombre de tours faits par le mobile, on effectue la somme de ωdt et, par suite, celle de $I dt$ ou $EI dt$; dans ces appareils on n'a pas à tenir compte du temps.

Dans la seconde et la troisième catégorie, une horloge compte le temps pendant qu'un autre organe effectue la mesure, continue ou intermittente, de l'appareil galvanométrique.

Bien que les compteurs mécaniques soient très différents les uns des autres, ils ont un certain nombre de points communs, sur lesquels il faut appeler d'abord l'attention.

Les frottements ne peuvent pas être nuls, de là une certaine dépense d'énergie dans le compteur lui-même. De plus, le frottement au départ est toujours plus grand et, par suite, il produit une certaine inertie qui fait que le compteur ne démarre pas pour les faibles charges. On est obligé, pour remédier à ce défaut, d'avoir recours à divers artifices, dont nous verrons plus loin des exemples. Ces dispositions faussent un peu les indications et, comme les *vibrations* diminuent les frottements, il peut arriver que les compteurs *démarrent à vide*, indiquant ainsi une consommation qui ne s'est pas produite. En outre, le dispositif de démarrage peut retarder notablement l'arrêt du compteur, quand le courant est coupé. Il y a lieu de vérifier les erreurs causées par ces différents points.

Parmi les causes de dépense dans les compteurs, il faut signaler d'abord les frottements des pivots. Ceux-ci sont, en général, assez faibles, mais, par suite de l'usure, ils peuvent devenir assez gênants. On réduit leur importance en rendant les organes mobiles aussi légers que possible et même, quelquefois, en les allégeant au moyen d'une *suspension magnétique* (Evershed).

Les frottements des balais sont une partie importante des résistances passives et leur valeur dépend surtout du bon entretien du collecteur; aussi il est bon de disposer ces organes dans un endroit facilement accessible, afin qu'on puisse les nettoyer sans toucher au reste du compteur.

Deux modes de lecture sont employés : les cadrans à aiguilles et les chiffres sauteurs. La première disposition, la plus usitée, exige un peu d'habitude, mais elle est très simple; la seconde est très facile à lire, mais elle complique un peu les organes et elle exige une force notablement plus grande pour bien fonctionner.

Dans ces derniers temps diverses dispositions ont été

ajoutées aux compteurs. Les unes, dérivées des distribu-
teurs automatiques bien connus, sont destinées à limiter
la dépense d'énergie à la quantité payée d'avance. En
mettant une pièce de monnaie dans une ouverture, pratiquée à cet effet, on prépare le compteur à mesurer une
certaine quantité d'énergie et, une fois celle-ci consom-
mée, le courant est coupé automatiquement.

D'autres dispositions ont pour but d'appliquer, avec un
seul compteur, un *tarif variable* suivant l'heure ou la
puissance dépensée. L'examen de ces différents systèmes
nous entraînerait trop loin.

Installation des compteurs. — Chaque modèle comporte des détails de montage différents; comme ceux-ci
sont généralement fournis avec les instruments, nous ne
nous y attacherons pas; nous ne nous occuperons ici
que des conditions générales. Les compteurs qui ne sont
que des coulombmètres, s'installent, comme les ampèremètres ordinaires, sur un des conducteurs principaux
de la canalisation. Si celle-ci est à trois fils, il faut deux
compteurs, ou un compteur à deux enroulements. Les
enroulements du ou des compteurs doivent toujours être
placés sur les conducteurs extrêmes, jamais sur le conducteur moyen, il est facile de le comprendre.

Les compteurs d'énergie se placent comme les wattmètres; les observations que nous avons faites au sujet
de ces instruments s'appliquent également ici.

Dans les distributions à trois fils, les connexions sont
un peu plus compliquées; il faut, ou employer deux
compteurs, un pour le fil négatif et un pour le fil positif,
ou faire totaliser les deux courants par le même appareil.
Le schéma (fig. 158) représente un compteur Thomson
dans ce cas; les deux courants passent dans deux circuits égaux, bien isolés l'un de l'autre, et la bobine
mobile est en dérivation sur les mêmes conducteurs, elle

reçoit donc un courant de force électromotrice *double* de celle du fonctionnement des appareils, cette disposition a pour but de corriger, en partie, les différences qui peuvent exister entre les deux circuits, au point de vue du voltage.

Dans les distributions à 5 fils, le montage est encore plus compliqué; il y a quatre enroulements distincts,

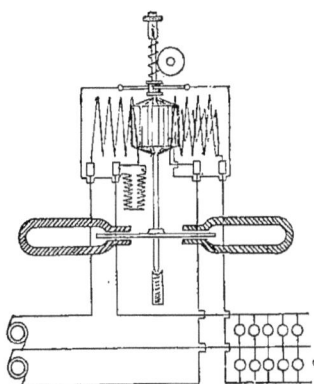

Fig. 158. — Montage des compteurs   Fig. 159. — Montage des compteurs
     Thomson sur circuits à 3 fils.   Thomson sur circuits à 5 fils.

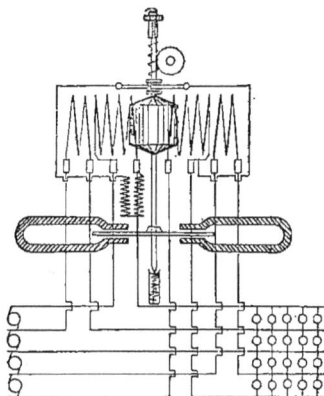

égaux deux à deux, les conducteurs extrêmes passent chacun dans des bobines dont l'action est *double* de celle des conducteurs moyens; bien entendu, on ne s'occupe pas du conducteur neutre. Enfin, la bobine mobile, munie d'une résistance élevée, est encore en dérivation sur les conducteurs extrêmes. Quelquefois cette bobine est branchée sur deux conducteurs voisins.

Dans les compteurs Aron à trois fils, les deux bobines mobiles peuvent être montées en série, et mises en dérivation sur les conducteurs extrêmes, comme ci-dessus, ou être placées chacune sur un des ponts (fig. 160).

Pour vérifier les compteurs, on procède d'une manière analogue à celle employée pour les appareils à lecture

directe, en faisant varier le régime de marche et en
notant, pendant un temps exactement mesuré, les indications des appareils à lecture directe et du compteur à
essayer. Il n'est pas nécessaire d'attendre que les aiguilles
du compteur d'électricité se soient déplacées d'une quan-

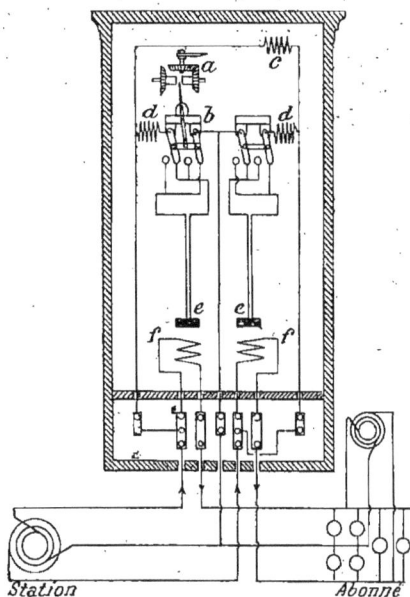

Fig. 160. — Montage des compteurs Aron sur circuits à 3 fils.

tité nettement mesurable; on peut noter le mouvement
sur un mobile plus rapide, par exemple, sur le disque
amortisseur du compteur Thomson.

Quel que soit le soin apporté à la vérification sur place
des compteurs, il ne faut pas espérer une grande précision dans les résultats; un bon essai doit être fait au
laboratoire, au moyen d'appareils bien étalonnés, et en
faisant, pendant un temps assez long, des observations
fréquentes des appareils à lecture directe.

Quelle précision peut-on atteindre avec les compteurs?

La question est délicate et ne saurait être résolue nettement. En pratique, avec un compteur en place, *chez un
client,* il ne faut guère espérer plus de 2 p. 100, car il
faut bien se rappeler que les compteurs, comme tous les
instruments de mesures, sont d'autant plus exacts qu'ils
sont employés plus près du maximum ; or, il arrive très
fréquemment qu'un compteur n'a qu'à enregistrer une
très faible consommation, alors les erreurs peuvent
atteindre 5 p. 100 et plus. Ce que l'on doit éviter surtout,
car c'est ce qui frappe le plus les clients, ce sont les
compteurs qui indiquent une consommation, alors que le
circuit est ouvert. Un compteur, bien construit, qui serait
installé à demeure, dans un laboratoire, pourrait probablement atteindre une précision moyenne de 1 p. 100,
mais il ne faudrait pas lui demander plus.

§ 66. — Compteurs de temps.

Les compteurs de temps ont eu, au début des applications industrielles de l'électricité, une certaine vogue,
due principalement à leur robustesse, à la simplicité de
leur emploi et à leur bas prix. Aujourd'hui la fabrication
des compteurs a beaucoup augmenté, les prix ont diminué
et les avantages relatifs des compteurs de temps sont
devenus assez discutables ; ils continuent néanmoins à
être en usage dans certaines villes, pour les installations
de peu de lampes, en particulier.

Le compteur de temps Aubert est un simple mouvement d'horlogerie marchant 200 heures ; un électro,
intercalé dans le circuit de l'appareil d'utilisation, déclenche le mouvement dès que le courant passe dans le
circuit, et l'arrête dès que celui-ci est ouvert ; le mouvement se déroule donc pendant tout le temps du fonctionnement de la lampe, ou du groupe d'appareils auquel il
est relié. Il suffit de lire ce temps sur le cadran, pour

savoir quelle a été la consommation. Il est évident qu'il
faut autant de compteurs qu'il y a d'appareils devant
fonctionner indépendamment les uns des autres; mais,
pour les petites installations, et si le fournisseur d'électricité exerce une surveillance convenable sur les appa-

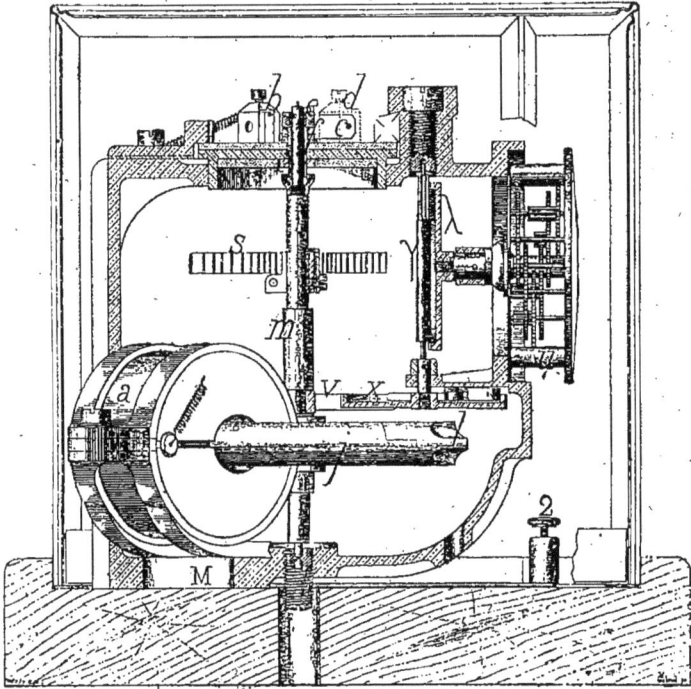

Fig. 161. — Compteur de temps Frager.

reils employés par le consommateur, la simplicité du
modèle rachète bien des inconvénients.

Dans le compteur Frager (fig. 161), il n'y a pas de ressort; c'est une dérivation du courant qui fournit le travail
moteur. Un balancier, à axe vertical, réglé pour battre la
seconde, fait avancer, au moyen d'un cliquet, le mouvement d'horlogerie; ce balancier a une portion de sa cir-

conférence en fer doux; celle-ci plonge dans un solénoïde à fil fin *a*, qui l'attire jusqu'à ce que le courant
soit rompu par un ressort commandé par le mouvement
du balancier lui-même. Le courant communique ainsi
une impulsion à chaque oscillation du balancier; dès que
le courant est interrompu, les oscillations s'amortissent
et s'arrêtent rapidement; le compteur indique donc bien
le temps pendant lequel le circuit est fermé.

Dans l'installation de ces instruments, on ajoute d'ordinaire un coupe-circuit, fusible ou mécanique, destiné à
empêcher la fraude que l'on pourrait faire en alimentant
un plus grand nombre de lampes que celui qui est prévu.

On a proposé également un certain nombre de dispositions pour enregistrer sur un nombre variable de
lampes, mais alors l'avantage principal des compteurs de
temps, la simplicité, disparaît et il vaut mieux prendre
un compteur de quantité ou d'énergie.

§ 67. — Compteurs de quantité.

Parmi les compteurs chimiques, le premier en date,
et le seul dont l'application ait été faite sur une grande
échelle, est celui d'Edison. Il se compose de deux voltamètres à sulfate de zinc, dont les électrodes, formées de
plaques de zinc, sont reliées en série avec une résistance
en maillechort, l'ensemble étant lui-même mis en dérivation sur une lame de maillechort, de section convenable pour que l'intensité de courant dans le voltamètre
soit le centième ou le millième du courant total. La quantité d'électricité est mesurée par la variation du poids
des électrodes; un des voltamètres sert de contrôle à
l'autre. Un thermomètre métallique vient fermer le circuit d'une lampe à incandescence, placée à la partie inférieure, dès que la température s'abaisse jusqu'à faire
craindre la congélation du liquide.

Le plus grand inconvénient des compteurs chimiques réside dans l'obligation fastidieuse de la pesée, qui non seulement exige un certain temps, mais encore se fait loin du client et lui inspire une grande méfiance ; la

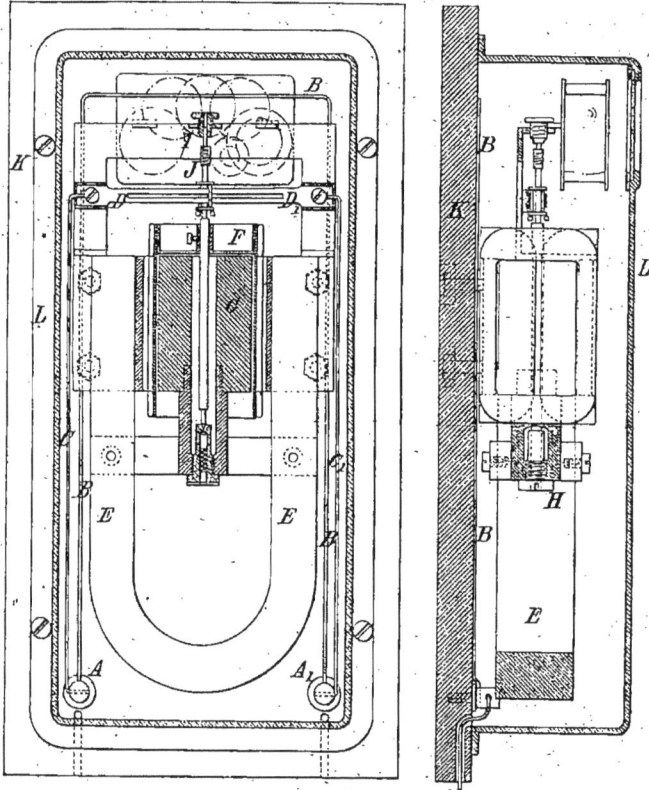

Fig. 162 et 163. — Compteur O'Keenan.

régularité des résultats n'est pas assez satisfaisante pour que, malgré les perfectionnements apportés depuis quelques années, ces appareils reprennent une place importante dans l'usage courant.

Un grand nombre de compteurs mécaniques peuvent

être construits indifféremment comme compteurs de quantité ou d'énergie.

Le compteur O'Keenan peut être pris comme exemple de compteur de quantité, bien que, comme on va le voir, ce soit un volt-heuremètre. Il se compose d'un moteur électrique à champ constant, dont l'induit est mis en dérivation sur une faible résistance R, parcourue par le courant à mesurer I.

Un moteur, théoriquement parfait, doit tourner à vide sans dépense d'énergie, par suite, il doit prendre une vitesse telle que la force électromotrice qu'il développe soit égale à la différence de potentiel aux bornes qu'on lui oppose :

$$A\omega = RI,$$

A étant la force électromotrice développée pour la vitesse angulaire 1.

En réalité, il y a des résistances passives à vaincre, mais elles sont très faibles, de sorte qu'on peut écrire :

$$N = \int \omega dt = \frac{R}{A} \int I dt;$$

le nombre de tours N indique donc bien la quantité d'électricité qui a traversé l'appareil.

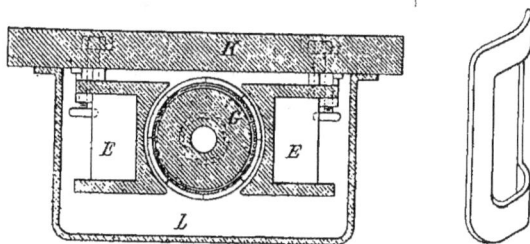

Fig. 164 et 165. — Compteur O'Keenan.

Les figures 162 à 165 indiquent, à peu près, la forme pratique de compteur O'Keenan. L'aimant E est muni de pièces polaires concentriques à un cylindre fixe G, en fer doux. Dans l'étroit entrefer ménagé tourne une armature formée d'un tube cylindrique non conducteur, sur lequel sont groupées les bobines (fig. 165). L'armature est reliée au circuit par de légers balais D qui frottent sur un collecteur. Une lame de maillechort B est placée en dérivation sur les bornes AA_1.

Le compteur de 5 ampères a un shunt de 0,1 ohm et la résistance de l'induit est 12 ohms, sa dépense propre est donc seulement de 0 à 2,5 watts, selon la charge.

§ 68. — Compteurs d'énergie.

Parmi les compteurs-moteurs employés aujourd'hui,

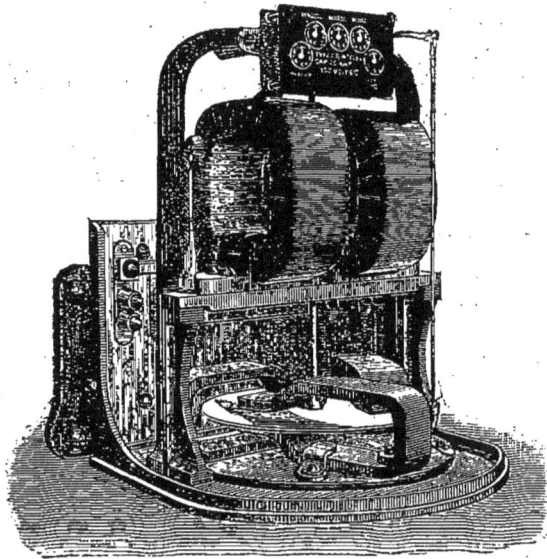

Fig. 166. — Compteur Thomson.

les uns sont des moteurs à rotation continue, les autres des moteurs oscillants.

Le compteur Thomson est un des types les plus carac-
téristiques de la première catégorie (fig. 166). Il est composé d'un petit moteur électrique, sans fer, et d'un frein
électromagnétique. Sur un arbre vertical est fixé un
induit en tambour, à fil fin, mis en série avec une résistance sans induction et le tout est placé en dérivation aux
bornes du circuit à mesurer. Deux bobines en gros fil, ou
en lame, reçoivent le courant total à mesurer et forment
les inducteurs du moteur. Dans ces conditions le couple
moteur est proportionnel à E I.

A la partie inférieure, l'arbre porte un disque horizontal, tournant entre les branches d'aimants permanents ;
le couple résistant, produit par les courants de Foucault,
est proportionnel à la vitesse ω. On peut écrire, en appelant A une constante :

$$EI = A\omega.$$

Si on compte le nombre de tours effectués par le disque,
pendant un temps quelconque :

$$n = \int \omega dt = \frac{1}{A} \int EI dt \,;$$

l'appareil mesure donc, directement, l'énergie dépensée
entre les points sur lesquels il est branché.

Diverses précautions sont prises pour assurer l'exactitude des indications, pour tous les régimes. Dans ce qui
précède, nous avons fait abstraction des frottements.
Pour les rendre négligeables, on fait porter l'axe mobile
sur des pointes reposant dans des chapes de saphir ; on
réduit la vitesse au minimum, par l'emploi d'aimants puis-
sants, de façon à éviter l'usure des saphirs. Enfin, on
dispose, dans les bobines servant d'inducteurs, un enroulement en série avec l'induit, lequel crée un faible champ,
nécessaire pour éviter les erreurs dues aux frottements
et pour faciliter le démarrage, lorsque le régime est très
faible.

Le moteur, étant sans aimant et sans fer, ne subit pas
de variations, mais les aimants qui agissent sur le disque
ont une action directe sur l'étalonnage de l'appareil ;
lorsqu'ils diminuent d'intensité, le couple antagoniste
s'abaisse et le compteur *avance*, il tend à marquer une
dépense trop grande.

Les compteurs oscillants, assez employés en Allemagne,

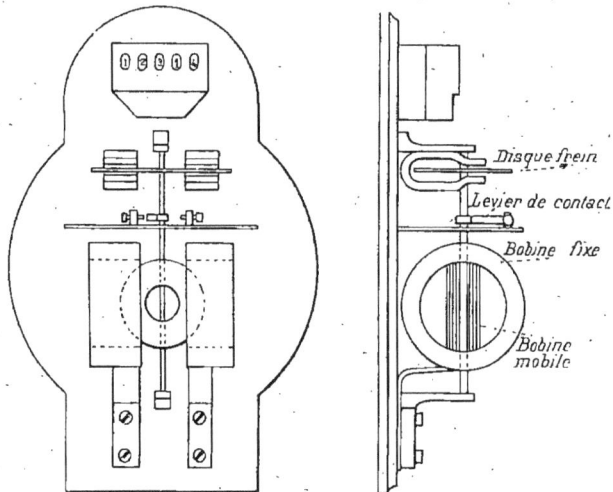

Fig. 167. — Schéma du compteur oscillant A. E. G.

ont pour but d'éviter les défauts dus aux balais des
compteurs-moteurs ordinaires. A l'emploi, on constate,
en effet, que les balais, sous l'influence des poussières ou
de l'oxydation du collecteur, produisent des frottements
anormaux et introduisent des résistances variables dans
le circuit. Les compteurs oscillants emploient des contacts
fixes, mais il n'est pas encore démontré qu'il y ait là un
grand avantage.

L'un des modèles les plus connus est celui de l'A E G
(fig. 167). A l'intérieur des bobines fixes d'un wattmètre
est placée la bobine mobile, montée sur un axe qui porte

en même temps le disque frein. La bobine mobile peut seulement osciller autour d'une certaine position.

Lorsque les bobines sont parcourues par le courant, la bobine mobile est déviée par l'action du couple développé, mais, comme ci-dessus, elle ne peut prendre qu'une vitesse réglée par l'action de l'aimant sur le frein. La course totale est donc parcourue pendant un temps très variable, mais elle correspond toujours à la même quantité d'énergie.

Arrivée à bout de course, la bobine mobile rencontre des contacts et ferme le circuit d'un relais, ce qui a pour effet de *renverser* le *sens relatif* des connexions et de faire ainsi retourner la bobine en arrière. En même temps, le relais actionne les rouages du compteur et les fait avancer. En réalité, la bobine mobile est double, les enroulements étant opposés dans les deux moitiés, et c'est par la mise en court-circuit d'une des bobines que le sens du mouvement est renversé.

Cette disposition s'emploie avec des cadrans à chiffres sauteurs et, de plus, les rouages et les cadrans peuvent être placés à une distance quelconque du compteur proprement dit.

Le type le plus caractéristique des compteurs avec heuremètre, à intégration continue, est certainement le compteur Aron.

La durée d'oscillation d'un pendule, soumis seulement à l'action d'une force constante, est donnée par la formule connue :

$$T = \pi \sqrt{\frac{K}{W_1}},$$

le nombre d'oscillations effectuées pendant le temps t est :

$$n = \frac{t}{\pi} \sqrt{\frac{W_1}{K}}.$$

ARMAGNAT. Inst. de mesures.   26

Si, à la force constante W_1, nous ajoutons une force proportionnelle au courant I, en remplaçant la lentille du pendule par un barreau aimanté et en plaçant au-dessous un solénoïde qui *attire* l'aimant, le nombre N d'oscillations, correspondant au même temps t, deviendra :

$$N = \frac{t}{\pi} \sqrt{\frac{W_1 + aI}{K}} = \frac{t}{\pi} \sqrt{\frac{W_1}{K}} \sqrt{1 + \frac{aI}{W_1}} .$$

On peut écrire, en remplaçant $\frac{t}{\pi} \sqrt{\frac{W_1}{K}}$ par sa valeur n.

$$N = n \sqrt{1 + \frac{aI}{W_1}} .$$

Si on a soin que la force électromagnétique soit faible, par rapport à l'action de la pesanteur W_1, c'est-à-dire que le pendule ait une durée d'oscillation peu différente de T, $\frac{aI}{W_1}$ est toujours plus faible que 1, on peut développer en série et ne prendre que le premier terme :

$$N = n \left(1 + \frac{aI}{2W_1} \right) .$$

Considérons les nombres n et N pendant un temps infiniment petit dt,

$$dn = \frac{1}{T} dt,$$

$$dN = \frac{1}{T} \left(dt + \frac{a}{2W_1} I dt \right),$$

en intégrant et faisant la différence $N - n$, il vient :

$$N - n = \frac{a}{2W_1 T} \int I dt .$$

Il suffit donc de connaître la différence entre le nombre d'oscillations effectuées par le pendule sous l'action seule de la pesanteur et sous celle du courant.

Les compteurs Aron sont basés sur ce principe et les premiers modèles ont fonctionné, comme il vient d'être dit, en enregistrant la différence de marche entre deux pendules, l'un libre, l'autre influencé par le champ de la bobine.

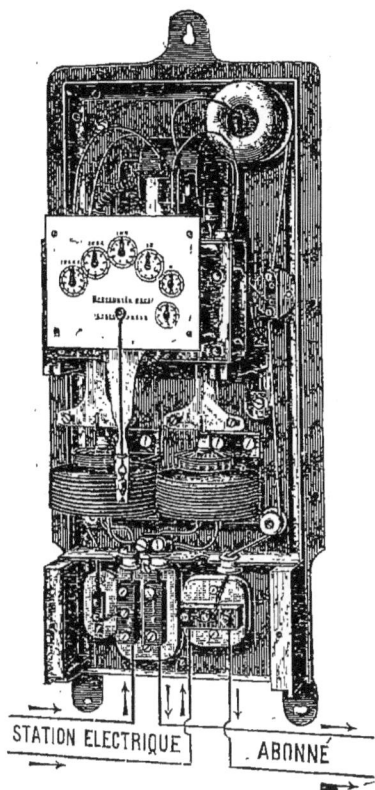

Fig. 168. — Compteur pendulaire Aron.

Le grand défaut de cette disposition, c'est que la marche à vide des pendules ne pouvait jamais être rigoureusement semblable, ce qui faussait les indications.

Dans les nouveaux modèles, on emploie encore deux pendules semblables, munis chacun d'une bobine à fil fin

qui oscille devant une bobine fixe (fig. 168). Les connexions sont telles que l'un des pendules est *avancé*,
l'autre *retardé*, par l'action du courant. La théorie est
simple : il suffit de remplacer I par EI, dans les équations
ci-dessus, et on a, pour les deux pendules :

$$N = n\left(1 + \frac{aEI}{2W_1}\right), \qquad N' = n\left(1 - \frac{aEI}{2W_1}\right),$$

pendant l'unité de temps, et finalement :

$$N - N' = n\,\frac{aEI}{W_1}.$$

Afin d'éliminer les inégalités des deux pendules, on
inverse périodiquement leur rôle : celui qui avançait
retarde, et réciproquement. Comme on enregistre à chaque instant les *différences* de vitesse des deux pendules,
l'erreur de réglage est annulée.

Dans ces compteurs, les pendules sont actionnés par
un mouvement d'horlogerie remonté automatiquement.

Le compteur Frager appartient au groupe des compteurs à intégration discontinue ; il se compose d'un pendule entretenu électriquement, qui agit comme compteur
de temps et qui commande, par un train d'engrenages
convenable, le mouvement circulaire de la came de lecture ; celle-ci fait un tour complet toutes les 100 secondes.

L'appareil de mesure est un wattmètre, dont la bobine
à fil fin porte un index. La came rencontre cet index en
un point variable suivant la valeur de la puissance à mesurer à ce moment ; cette came est tracée de telle sorte
qu'elle reste en contact avec l'index pendant une fraction
de tour exactement proportionnelle à la puissance mesurée. Pendant ce contact seulement, la came entraîne un
compteur de tours, qui indique alors un chiffre proportionnel à EI. La came abandonnant l'index, celui-ci

prend la position qui correspond à la puissance actuelle
et, au bout de 100 secondes, la came fait une nouvelle
lecture qui vient s'ajouter à la précédente; l'appareil
totalise ainsi, à la façon dont les enregistreurs intermittents tracent les courbes ; il faut supposer que pendant
chaque intervalle de 100 secondes, EI reste constant ou à
peu près.

Les compteurs à intégration discontinue disparaissent
peu à peu, on ne trouve plus guère en usage que celui de
Siemens, dont le principe est analogue au précédent.

§ 69. — Compteurs pour courants alternatifs.

Tous les compteurs d'énergie peuvent être employés
pour les courants alternatifs ; ils doivent être dans les
mêmes conditions et ils sont susceptibles de rendre les
mêmes services que les wattmètres (§ 62). La self-induction du circuit dérivé peut être combattue, dans les compteurs moteurs, en ajoutant, à l'intérieur des bobines fixes,
une spire fermée en court-circuit. Cette spire étant alors
le siège de courant induits, *retarde* le champ des bobines
fixes et corrige le retard dû à la self-induction dans la
bobine mobile (Frager).

Certains appareils ne peuvent être employés qu'avec les
courants alternatifs, ce sont les compteurs à induction.
Parmi les ampère-heuremètres, celui de Shallenberger est
un des plus usités en Amérique. Il se compose (fig. 169)
de deux bobines plates dont les axes sont à 45° l'un de
l'autre. La bobine extérieure, parcourue par le courant à
mesurer, développe, dans la bobine intérieure, un courant induit qui, par suite de la self-induction de celle-ci,
se trouve en retard sur le courant inducteur. La bobine
induite est un simple bloc de cuivre rouge, évidé au
centre.

La résultante des champs créés par les deux bobines, tourne dans l'espace, et si l'on met au centre du système, dans l'évidement du bloc, un disque de cuivre rouge, mobile sur un axe, l'ensemble constitue un moteur à

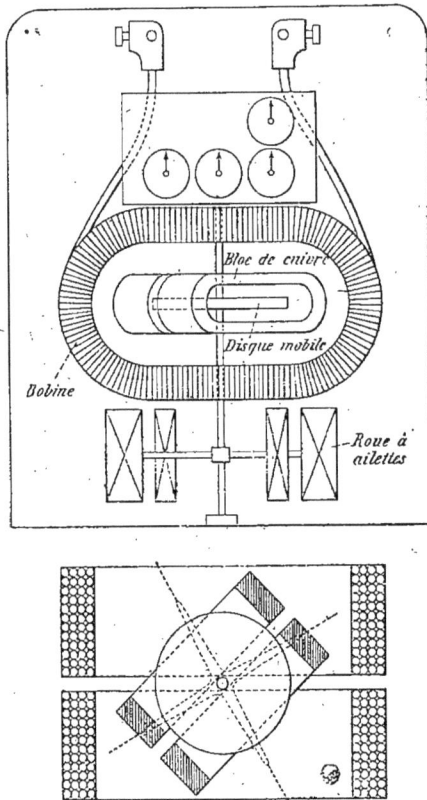

Fig. 169. — Compteur à induction Shallenberger.

champ tournant, dans lequel le couple moteur est proportionnel au *carré* de l'intensité efficace. Pour obtenir une vitesse simplement proportionnelle à l'intensité, on fixe, sur l'axe qui porte le disque, des palettes en mica qui offrent au mouvement une résistance qui croît comme le

carré de la vitesse. Ce compteur n'enregistre que l'inten-
sité du courant, il faut donc, comme dans tous les coulombmètres, que la différence de potentiel reste constante
et qu'il n'y ait aucun décalage entre E et I ; ce compteur
ne peut donc être employé que sur les circuits d'incandescence.

Tous les wattmètres à induction : Siemens (fig. 152),
A. E. G. (fig. 154), sont faciles à transformer en compteurs. Comme la partie mobile n'est pas reliée au circuit,
il suffit de supprimer les ressorts spiraux qui *dirigent*
cet organe et de faire engrener l'axe avec un des mobiles
du rouage compteur.

L'aimant permanent n'intervient plus alors comme
amortisseur, mais comme frein, et on arrive, ainsi que
pour les compteurs-moteurs, à une vitesse de rotation
telle que le couple résistant, causé par les courants de
Foucault, soit égal au couple moteur.

Le réglage des compteurs d'induction se fait à l'aide
des dispositions qui permettent d'obtenir un retard de
phase d'un quart de période exactement (§ 61).

Les compteurs d'énergie pour courants alternatifs ont
leur circuit dérivé toujours relié au circuit de distribution, de sorte que, même quand le compteur ne fonctionne pas, le courant dérivé le traverse. Cette condition
exige un réglage parfait de la symétrie des électros, car
le plus léger défaut produit un couple qui tend à faire
tourner le compteur. On se sert d'ailleurs de cette propriété pour produire un faible couple, destiné à faciliter
le démarrage.

Les compteurs pour courants alternatifs à haute tension sont souvent montés sur deux transformateurs, afin
de les isoler complètement du circuit.

Pour les courants polyphasés on emploie souvent des
compteurs multiples, formés par la réunion, sur un seul
axe, des organes mobiles de plusieurs compteurs. On

doit prendre des précautions pour que ces appareils ne s'influencent pas mutuellement.

Pour les courants triphasés, en particulier, on emploie beaucoup de compteurs doubles, montés en général suivant le schéma de la méthode des deux wattmètres (§ 114).

TROISIÈME PARTIE

MÉTHODES DE MESURES

CHAPITRE PREMIER

MÉTHODES DE MESURES

§ 70. — Erreurs.

Dans les chapitres précédents, nous avons étudié les appareils de mesures, pris individuellement, en indiquant leur usage et leur mode d'emploi. Nous avons maintenant à examiner les méthodes qui exigent la combinaison de plusieurs appareils, chacun de ceux-ci devant servir et être réglé comme nous l'avons vu.

Une chose des plus importantes à connaître, dans toutes les mesures, c'est la précision du résultat obtenu; or, celle-ci dépend des erreurs qui ont été commises au cours des mesures, tant par le fait des instruments et des méthodes, que par celui des observateurs.

A propos des galvanomètres nous avons défini ce qu'on appelle la *sensibilité* d'un appareil ; nous avons vu que, plus la sensibilité augmente, plus l'erreur que l'on peut commettre dans l'observation diminue. Cette erreur, qui peut être aussi bien positive que négative, est une erreur *fortuite ou accidentelle*. Mais l'appareil employé peut, malgré sa sensibilité, comporter des erreurs de graduation ou d'étalonnage, qui affectent la précision des mesures ; ces erreurs sont appelées *systématiques*, elles ont, pour un instrument donné, un signe et une grandeur invariables.

Prenons comme exemple une mesure de résistance au pont de Wheatstone. Cette mesure exige l'emploi d'une boîte de résistances et d'un galvanomètre, et, si l'on veut obtenir une grande exactitude, il faut noter la température au moyen d'un thermomètre. Les erreurs dont il y aura lieu de tenir compte sont, d'une part, les erreurs *accidentelles* dues à l'observation du galvanomètre et du thermomètre ; d'autre part, les erreurs systématiques, dues au réglage imparfait de la boîte et aux défauts d'étalonnage du thermomètre. Si nous négligions de noter la température, nous aurions une autre erreur *systématique*, provenant d'un défaut dans la méthode employée ; les erreurs systématiques de ce genre peuvent être de signe quelconque.

Les erreurs systématiques ne s'éliminent pas. Lorsque les observations ont été faites avec soin, au moyen d'appareils connus et susceptibles d'être ultérieurement contrôlés, par des méthodes bien définies, on peut, par la discussion des résultats, connaître la grandeur et le sens des erreurs commises ; dans ce cas, il est prudent de rejeter tous les résultats trop éloignés de la vérité présumée.

Il en est tout autrement des erreurs accidentelles ; comme elles peuvent se trouver aussi bien positives que négatives, le calcul des probabilités démontre, et l'expérience confirme, que, dans un grand nombre de mesures de la même quantité, la somme des erreurs positives est sensiblement égale à celle des erreurs négatives, de telle sorte que la moyenne des résultats obtenus s'approche d'autant plus de la vérité que le nombre des mesures est plus grand. Il est bon d'ajouter que la précision n'augmente que *proportionnellement à la racine carrée du nombre de mesures*.

La différence entre la valeur trouvée dans une mesure et la moyenne de la série entière s'appelle l'erreur *apparente*. En faisant la somme des erreurs apparentes, abstraction faite du signe, et en divisant cette somme par le nombre de mesures, on obtient l'erreur *moyenne*. Les probabilités démontrent que l'erreur moyenne ainsi obtenue est, lorsque les erreurs sont bien accidentelles et non systématiques, sensiblement égale à celle que l'on aurait trouvée en prenant, au lieu de la valeur moyenne des mesures, la valeur vraie de la quantité mesurée ; on peut donc dire que cette dernière est égale à la moyenne, plus ou moins l'erreur moyenne.

Prenons, comme exemple, les résultats suivants d'une observation, toutes les corrections étant faites pour éviter les erreurs systématiques :

Valeur mesurée		Erreur apparente	
Valeur mesurée	451,20	Erreur apparente	— 0,61
»	452,15	»	+ 0,34
»	452,00	»	+ 0,19
»	451,90	»	+ 0,09
»	451,75	»	— 0,06
»	452,03	»	+ 0,22
»	451,97	»	+ 0,16
»	451,50	»	— 0,31
Somme =	3614,50		1,98
Moyenne =	451,81	Erreur moyenne ±	0,247

Le résultat cherché est : $451,81 \pm 0,247$.

Il est rare que les mesures électriques soient assez précises pour qu'on ait lieu d'employer les méthodes plus exactes que nous enseigne le calcul des probabilités ; il n'est pas nécessaire d'en parler ici.

La différence numérique entre le résultat d'une mesure et la valeur vraie de la quantité mesurée, est ce que l'on nomme l'erreur *absolue*. Le rapport de l'erreur absolue à la grandeur mesurée est l'erreur *relative*. On peut, à la place de la valeur vraie, qui est inconnue, prendre la valeur moyenne. Dans l'exemple précédent, 0,247 est l'*erreur moyenne absolue ;* le quotient :

$$\frac{0,247}{451,81} = 0,00054,$$

est l'*erreur moyenne relative.* Cette dernière est, pratiquement, la plus intéressante, car l'*erreur absolue* doit toujours être rapprochée de la *valeur absolue* pour avoir un sens physique. Dans la mesure industrielle d'une différence de potentiel, il importe peu que l'erreur absolue soit de 10 volts, si on mesure 3 000 volts, tandis qu'il est inadmissible de commettre la même erreur sur 100 volts. Dans le premier cas, l'erreur relative est seulement 0,33 p. 100, elle atteint 10 p. 100 dans le second.

Sauf indication contraire, il faudra toujours entendre *erreur relative,* quand nous parlerons d'erreur. Pour nous conformer à un usage assez répandu, nous exprimerons toujours les erreurs relatives en tant pour cent.

La connaissance préalable de l'erreur relative, qui peut être commise dans une expérience, est importante; car elle permet de donner à la mesure de chacun des éléments du résultat, la précision nécessaire et suffisante ; elle permet aussi de limiter les calculs au nécessaire. Supposons qu'une mesure quelconque, dont la précision est environ 1 p. 100, nous donne comme résultat : $\frac{5}{7}$, nous nous bornerons à écrire le troisième chiffre significatif :

$$\frac{5}{7} = 0,714 ;$$

si, dans les mêmes conditions, le résultat avait été $\frac{50\,000}{7}$, nous calculerions encore le troisième chiffre :

$$\frac{50\,000}{7} = 7\,140.$$

Dans les méthodes qui vont suivre, nous indiquerons toujours l'erreur *relative* que l'on pourra atteindre, en tenant compte à la fois des erreurs systématiques, dues à l'imperfection des instruments, et des erreurs accidentelles.

Le résultat d'une mesure est souvent donné en fonction de divers résultats partiels, il faut savoir se rendre compte de l'influence de l'erreur de chacun d'eux sur l'erreur finale.

Représentons par y le résultat cherché, par x le phénomène qui sert à la mesure (déviation d'un galvanomètre, etc.) ; la relation entre x et y est :

$$y = f(x).$$

L'erreur absolue, Δx, commise sur x, produit une erreur Δy sur le résultat et on a :

$$y + \Delta y = f(x + \Delta x).$$

L'erreur absolue du résultat est donc :

$$\Delta y = f(x + \Delta x) - f(x),$$

et l'erreur relative :

$$\frac{\Delta y}{y} = \frac{f(x + \Delta x) - f(x)}{f(x)}.$$

En pratique, quand les erreurs que l'on considère sont de l'ordre des centièmes, ou inférieures, on peut remplacer la différence Δx par la différentielle dx, et écrire :

$$dy = f(x)\, dx.$$
$$\frac{dy}{y} = \frac{f'(x)\, dx}{f(x)}. \tag{1}$$

L'équation (1), étendue à plusieurs variables, permet de se rendre compte, par avance, de la précision relative d'une mesure, quand on connaît la grandeur des erreurs

qui peuvent être commises dans chacune des observations élémentaires. Il suffit de différentier la fonction par
rapport à chacune des variables :

$$\frac{dy}{y} = \frac{f'_u(u, v,...)\,du + f'_v(u, v,...)\,dv + ...}{f(u, v,...)}.\qquad(2)$$

Prenons, comme exemple, une mesure de puissance
dans un circuit de résistance R, parcouru par un courant
d'intensité I. Cette puissance est :

$$P = RI^2.$$

Le résultat est une fonction de deux mesures distinctes, R et I ; l'erreur finale est alors, en appliquant
l'équation (2) :

$$\frac{dP}{P} = \frac{I\,dR + 2R\,dI}{RI} = \frac{dR}{R} + 2\,\frac{dI}{I}.$$

Mais nous savons que $\frac{dR}{R}$ est l'erreur relative, e_1, de
la mesure de résistance ; $\frac{dI}{I}$ est également l'erreur relative, e_2, de la mesure de I, par conséquent nous pouvons
écrire :

$$\frac{dP}{P} = e_1 + 2\,e_2.$$

Si chacune des mesures peut être faite avec la même
précision, et si 1 p. 100 est l'erreur limite admise sur P,
on voit qu'il faut mesurer R et I à 0,33 p. 100 près. Ce
résultat, pour une expérience très simple, montre bien
pourquoi la précision finale des mesures électriques est
assez faible, et pourquoi aussi il ne faut pas abuser des
décimales.

Des équations (1) et (2), nous pouvons tirer immédiatement quelques considérations, qu'il est bon d'avoir présentes à l'esprit, pour simplifier les calculs.

Lorsque le résultat est la *somme* de deux quantités,

l'erreur relative est, au plus, égale à la plus grande erreur relative commise sur chaque facteur ; ce maximum est atteint lorsque les erreurs sont égales.

Dans les mesures composées, il peut arriver que l'erreur commise sur une quantité corrige l'erreur de l'autre, mais il peut aussi arriver que les deux erreurs s'ajoutent ; c'est ce dernier cas que l'on considère toujours dans le calcul, car il donne la valeur *limite* de l'erreur *possible*.

La *différence* de deux quantités donne une erreur relative d'autant plus grande qu'elle-même est plus *petite ;* c'est pourquoi, dans les mesures qui comportent la différence de deux facteurs mesurés, on obtient toujours des résultats beaucoup moins exacts que dans chacune des mesures élémentaires. Il faut éviter l'emploi des méthodes *par différences*, ou, tout au moins, rendre les différences aussi grandes que possible.

Le *produit* et le *quotient* de deux quantités donnent des erreurs relatives égales à la somme des erreurs commises sur chaque quantité.

Quand le résultat est la *puissance m* d'un facteur, l'erreur relative est m fois plus grande que celle de ce facteur ; par raison inverse, dans le cas d'une *racine* m^n, l'erreur est m fois plus petite.

§ 71. — Méthodes générales.

On appelle *mesures absolues*, celles dans lesquelles le résultat est obtenu directement en fonction des mesures fondamentales de longueur, de masse et de temps.

La mesure des intensités, au moyen d'une boussole des tangentes, ou d'un électrodynamomètre, est une mesure absolue quand les constantes ont été déterminées à l'aide des seules dimensions géométriques ; dans ce cas, l'appareil prend lui-même le nom d'absolu.

Les mesures absolues sont rarement employées dans l'industrie, elles sont très délicates, exigent des appareils construits spécialement et elles donnent, si on veut simplifier le mode opératoire, ou la construction des instruments, des résultats beaucoup moins précis que les méthodes de comparaison. Les unités électriques les mieux connues : ohm, volt et ampère, renferment encore des erreurs de l'ordre de 0,05 p. 100 ; ce seul fait montre bien la difficulté des mesures absolues.

Les mesures courantes se font par comparaison ; soit, directement, avec une autre quantité de même nature, comme la mesure des résistances au pont de Wheatstone ; soit, indirectement, avec des quantités de nature différente : mesure d'une résistance par le rapport $\dfrac{E}{I}$, d'une différence de potentiel à une intensité.

Les méthodes de mesures peuvent se diviser en deux catégories : *méthodes de zéro* et *méthodes de déviation*.

Dans la première, l'instrument d'observation, galvanomètre ou électromètre, sert simplement à constater un état d'équilibre, il ne doit pas dévier, de telle sorte que, si sa sensibilité est assez grande, l'erreur de la mesure est simplement due aux grandeurs comparées ; la graduation du galvanomètre n'intervient pas. On sait qu'il est plus facile d'obtenir un galvanomètre sensible, que d'éviter les erreurs de graduation ou de lecture ; c'est ce qui donne aux méthodes de zéro une grande supériorité pour la précision des résultats.

La mesure des résistances au pont de Wheatstone est une méthode de zéro ; on peut, par ce moyen, comparer deux résistances avec une précision presque illimitée, les erreurs commises sont alors uniquement dues à l'inexactitude de la boîte employée et à l'ignorance de la température exacte.

Dans les méthodes de déviation, l'erreur d'observation

ou de lecture devient prépondérante ; elle est, comme
nous l'avons vu, indépendante de la sensibilité, quand
les déviations observées sont égales ; les défauts de graduation interviennent aussi dans le résultat. L'avantage
qu'ont ces méthodes, d'être plus rapides et de suivre en
quelque sorte le phénomène à mesurer, leur fait accor-
der la préférence dans la plupart des mesures industrielles ; mais, dans les observations précises, de phénomènes constants, on a plus souvent recours aux méthodes
de zéro. La mesure d'une résistance en fonction de E et
I est une méthode de déviation.

§ 72. — Calcul et classement des résultats.

Une des conditions essentielles pour obtenir de bons
résultats, dans une mesure quelconque, c'est de classer
soigneusement ses observations.

Plusieurs cas peuvent se présenter : 1° l'opérateur se
trouve en présence d'une mesure inconnue ; 2° la méthode
est familière ; 3° les observations de même nature se
répètent.

Dans le premier cas il ne faut pas craindre de noter
toutes les circonstances observées, même quand elles n'ont
pas un rapport immédiat avec le phénomène. Il est
important de noter les numéros des appareils employés,
afin de pouvoir reproduire les expériences, en cas de
besoin. Enfin, tous les résultats numériques doivent être
notés en ordre et bien mis en évidence. Il est bon de
s'assurer que la sensibilité des appareils est suffisante,
en notant la grandeur des perturbations apportées par un
changement connu de chacun des facteurs ; on évite ainsi
une erreur trop fréquente, qui consiste à tenir compte
d'un facteur sans importance dans le phénomène.

Quand on fait une mesure par une méthode et avec
des appareils familiers, il faut toujours noter les résultats

dans le même ordre. Grâce à cette précaution, on aperçoit plus aisément les anomalies et les erreurs.

Enfin, quand des observations semblables doivent être répétées, il faut préparer un tableau pour noter tous les résultats, de façon à ce que les grandeurs de même nature se présentent groupées dans une seule colonne. On gagne ainsi beaucoup de temps, la clarté est plus grande et les erreurs sont plus facilement évitées.

Quelles que soient les circonstances, il est toujours bon de calculer immédiatement les résultats, tout au moins d'une façon approchée ; c'est le moyen le plus sûr d'éviter les erreurs d'observation. Dans ce but, l'emploi de la règle à calcul est tout indiqué.

Une règle à calcul ordinaire donne, avec un peu d'habitude, une précision supérieure à o,3 p. 100 ; cela suffit pour les mesures courantes. Les mesures plus précises peuvent être faites en calculant, non pas sur le nombre total, mais sur les *différences.* Quand, par exemple, on a une série de mesures, réunies sur un tableau, et peu différentes entre elles, il suffit de faire le calcul exact pour le premier résultat, puis de calculer, à la règle, la différence relative des résultats partiels suivants; ces différences relatives, additionnées ou soustraites. selon la forme de l'équation appliquée, donnent la différence relative du résultat.

Quand les résultats partiels diffèrent seulement de 2 à 3 p. 100, on obtient ainsi très rapidement des résultats exacts, qui permettent de voir si les observations sont bonnes.

CHAPITRE II

MESURE DES RÉSISTANCES

§ 73. — Pont de Wheatstone.

La mesure des résistances repose sur diverses combinaisons de galvanomètres et de boîtes. La disposition appelée pont de Wheatstone est une des plus répandues. Quatre conducteurs de résistances a, b, R et x (fig. 170) étant réunis en losange, si on relie les sommets 1 et 2 à une pile de force électromotrice E et de résistance intérieure β, les circuits $a + x$ et $b + R$, sont parcourus, chacun, par un courant en raison inverse de sa résistance. Le long de chacun de ces conducteurs, la chute de potentiel est proportionnelle à la résistance ; quand on vient à

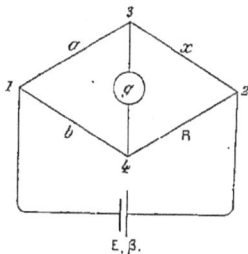

Fig. 170. — Schéma du pont de Wheatstone.

réunir les points 3 et 4 par un *pont* de résistance g, celui-ci est parcouru, par un courant dont l'intensité dépend de la différence de potentiel entre 3 et 4 ; mais, quand les résistances sont telles que :

$$\frac{a}{b} = \frac{R}{x},$$

les points 3 et 4 sont au même potentiel et le *pont* g n'est parcouru par aucun courant. En formant le *pont* avec un galvanomètre sensible, on constate que celui-ci reste au zéro, quand la condition précédente est remplie. On se sert de cette propriété pour mesurer les résistances ; en effet, il suffit de connaître trois résistances pour en déduire la quatrième :

$$x = R \, \frac{b}{a}.$$

Par extension, on donne souvent le nom de *pont* à deux branches contiguës du losange, dont le rapport, connu et invariable, est le facteur par lequel il faut multiplier la troisième résistance pour trouver l'inconnue. Les branches a et b sont dans ce cas ; elles constituent dans les boîtes de résistances les *bras de proportion* ou le *pont*.

Le galvanomètre servant simplement à constater l'absence du courant entre 3 et 4, l'exactitude de la mesure de x n'est limitée que par la précision des résistances a, b et R. Cependant, la sensibilité du galvanomètre n'étant pas illimitée, il arrive quelquefois que la précision des résistances est supérieure à l'erreur que fait commettre le défaut de sensibilité. Pour déterminer cette erreur, il faut connaître l'intensité du courant, qui traverse la branche g, quand l'équilibre n'est pas atteint. L'application des lois de Kirchhoff donne :

$$i_g = \frac{E (Ra - bx)}{\Delta} \qquad (1)$$

et

$$\Delta = \beta (b + a) (R + x)$$
$$+ g (b + R) (a + x)$$
$$+ \beta g (a + b + R + x)$$
$$+ bR (a + x) + ax (b + R).$$

i_g est évidemment nul quand $R \, a = bx$; mais, à ce moment, une petite variation dx de x, détruit l'équilibre, et le courant, dans le galvanomètre, peut s'écrire :

$$i_g = \frac{E}{\Delta_1} \, bdx, \qquad (2)$$

en appelant Δ_1 le dénominateur de l'équation (1), simplifié en considérant l'égalité $R\,a = b.x$ comme réalisée, malgré le déréglage dx.

Le galvanomètre employé permet d'observer une déviation minimum d_o, à laquelle correspond une intensité i_o (§ 18).

$$i_0 = \frac{d_0}{J}.$$

Tant que l'intensité i_g sera plus petite que i_o, on constatera l'équilibre du galvanomètre, bien que le rapport des résistances diffère de :

$$\frac{a}{b} = \frac{R}{x};$$

l'erreur absolue dx que l'on pourra commettre, sera :

$$dx = \frac{\Delta_1}{b\,\mathrm{EJ}}\, d_0,$$

et l'erreur relative, en remplaçant Δ_1, par sa valeur,

$$\frac{dx}{x} = \frac{d_0}{\mathrm{EJ}}\ \frac{1}{ab\mathrm{R}}\ [g\,(b+\mathrm{R}) + \mathrm{R}\,(a+b)]$$
$$\times [\beta\,(b+a) + a\,(b+\mathrm{R})]. \qquad (3)$$

Cette équation montre que l'erreur relative est en raison inverse de la force électromotrice employée, ainsi que de la sensibilité du galvanomètre.

Pour un galvanomètre donné, l'erreur relative est proportionnelle à la plus petite déviation mesurable d_o ; ceci est très important, car d_o varie avec les observateurs et souvent aussi avec les conditions extérieures. Avec la plupart des galvanomètres à miroir, on peut, lorsque l'image du spot est nette et bien au point, observer des déplacements inférieurs au millimètre. Cependant, les galvanomètres à aimants mobiles, dont l'astaticité n'est pas parfaite, présentent quelquefois des déplacements de

zéro assez rapides pour rendre l'observation, au millimètre près, illusoire. Les vibrations du sol amènent aussi
des déplacements de zéro du même ordre de grandeur.
Les galvanomètres à cadre mobile sont plus stables que
les précédents ; on peut, facilement, observer le quart
de millimètre, ce qui les rend, à durée d'oscillation égale,
équivalents aux galvanomètres Thomson de construction
courante.

Il est important, à la fois pour la rapidité des mesures
et pour leur exactitude, d'employer un galvanomètre à
oscillations aussi rapides que le permet la sensibilité
nécessaire, autrement la déviation et le retour au zéro se
font très lentement et on s'expose à croire l'équilibre
atteint alors que la déviation ne s'est pas encore produite.
Cet effet est très manifeste avec les galvanomètres à cadre
mobile (§ 13); lorsqu'on veut obtenir des sensibilités très
grandes, la résistance d'amortissement croît énormément,
de telle sorte que, fermés sur un pont de Wheatstone, ces
galvanomètres sont beaucoup trop amortis, ils ralentissent trop les déplacements du cadre. Le résultat est de
rendre, pour les très grandes sensibilités, les galvanomètres à cadre mobile, inférieurs aux galvanomètres
Thomson, mais, pour les mesures courantes, ils leur sont,
au contraire, beaucoup supérieurs.

L'équation (3) montre également que l'erreur relative,
minimum pour un galvanomètre de résistance nulle, augmente ensuite proportionnellement à celle-ci, toutes
choses égales d'ailleurs. Dans le choix du galvanomètre,
il y a lieu de tenir compte, à la fois, de la *sensibilité* et
de la *résistance* de celui-ci.

A *sensibilité égale*, il y a *toujours* intérêt à prendre le
galvanomètre de *moindre résistance*.

Pour des galvanomètres *semblables*, dont la sensibilité
croît à peu près comme $\sqrt{g}$, il faut, autant que possible,
choisir celui dont la résistance est égale à la résistance

extérieure, non compris la pile ; c'est-à-dire qu'on doit avoir :

$$g = \frac{(a+b)(x+R)}{a+b+x+R}.$$ (4)

Cette condition est très rarement réalisable, il n'y a guère que dans les mesures très précises que l'on cherche à s'en rapprocher le plus possible. Comme alors on fait très souvent $a = b = R = x$, ou à très peu de chose près, il faut avoir $g = x$; il suffit de choisir le fil en conséquence.

Dans la pratique courante, avec les boîtes de résistances, les valeurs des branches changent constamment ; on peut déduire de (4), que, pour des bras de proportion a et b donnés, le galvanomètre doit avoir une résistance, au plus égale à $a + b$.

La position relative du galvanomètre et de la pile dans les diagonales 1-2 ou 3-4, n'est pas indifférente ; il faut toujours chercher la disposition qui rend la résistance, prise suivant une diagonale, aussi égale que possible à la résistance de la pile ou du galvanomètre.

Supposons, par exemple, un galvanomètre de 5 000 ohms, une pile de 20 ohms, a et b, chacune 10 ohms et enfin, R et x égales à 1 000 ohms. La résistance entre 1 et 2 est de 505 ohms, entre 3 et 4 elle est 18,8 ohms, il faut donc mettre le galvanomètre entre 1 et 2 et la pile entre 3 et 4. Si nous avions $g = 2$ ohms, $\beta = 20$ ohms, a et $b = 1$, R et $x = 100$, il faudrait, au contraire, placer le galvanomètre entre 3 et 4, où la résistance est seulement de 1,88 ohm, tandis qu'elle 50,5 entre 1 et 2.

Les points d'attache sont rarement déterminés par les considérations précédentes. Dans l'emploi des boîtes de résistances, les valeurs des quatre bras varient trop souvent, il faudrait continuellement changer les connexions ;

d'ailleurs, dans la plupart des boîtes, les points d'attache sont gravés à côté de chacune des bornes. Avec les ponts à fil, on fixe ordinairement le galvanomètre au curseur mobile, dans le but d'éviter les très petites étincelles qui pourraient se produire à la rupture du circuit, et qui altéreraient la surface du fil.

§ 74. — Emploi des ponts à fil.

La façon la plus simple de réaliser un pont de Wheatstone, consiste à comparer la résistance inconnue x à une résistance connue a, en déterminant le *rapport* entre ces deux quantités ; c'est ce que l'on fait au moyen du pont à fil (fig. 83 et 84, § 35).

Un fil homogène et de résistance convenable, tendu

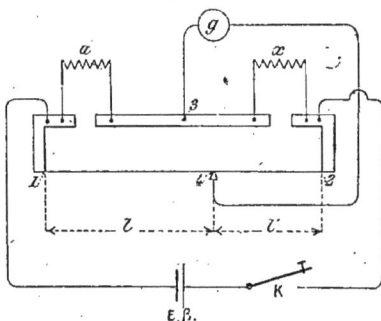

Fig. 171. — Schéma du pont à fil.

entre les points 1 et 2 (fig. 171), remplace les branches b et R de la figure 170. Le galvanomètre est relié au curseur 4 et à la borne 3 placée entre les résistances a et x ; le courant arrive aux extrémités du fil. Si on néglige la résistance des barres de connexion, on peut remplacer le rapport des résistances b et R, par le rapport des longueurs l et l' des deux parties du fil comprises entre le curseur et chacune des extrémités.

L'emploi du pont à fil est des plus simples ; les connexions étant effectuées comme ci-dessus (fig. 171), au moyen d'une clef K on ferme le circuit de la pile, puis on abaisse le curseur 4 et, si le galvanomètre dévie, on déplace le curseur le long du fil, jusqu'à obtenir l'équilibre ; à ce moment on a :

$$x = a\frac{l'}{l}.$$

Pour obtenir de bons résultats il faut que le fil ait une résistance aussi grande que possible, de manière à rendre négligeables les résistances des conducteurs de jonction. Il faut également ne comparer que des résistances du même ordre de grandeur, de telle sorte que le rapport $\frac{l'}{l}$ ne dépasse pas les limites de $\frac{1}{5}$ à $\frac{5}{1}$. En effet, si faibles que soient les résistances m et m' des conducteurs extrêmes, dès que l'une des résistances devient très petite, par rapport à l'autre, on a, en réalité :

$$\frac{x}{a} = \frac{l' + m'}{l + m};$$

cette expression diffère d'autant plus de la première que l' s'éloigne plus de l.

La résistance que l'on peut donner au fil est limitée, en pratique, par cette considération qu'un fil de grand diamètre a une section plus uniforme et s'altère moins qu'un de petit diamètre. On emploie généralement un fil de platine iridié de 0,5 à 1 mm, sur une longueur de 1 m ; la résistance est comprise entre 0,5 et 2 ohms.

On emploie aussi, pour les mesures de très grande précision, des méthodes dans lesquelles le fil du pont sert seulement d'appoint pour obtenir l'équilibre parfait. Parmi celles-ci, la suivante, due à MM. Mascart et Benoît, a servi à la mesure des étalons prototypes de l'ohm légal ; c'est une méthode de substitution.

Trois résistances auxiliaires *a*, *b* et R (fig. 172), aussi égales que possible à la résistance à mesurer *x* et à l'étalon ε, sont reliées au pont à fil comme l'indique le schéma. En *x* on place, sucessivement, la bobine étalon et la bobine à mesurer.

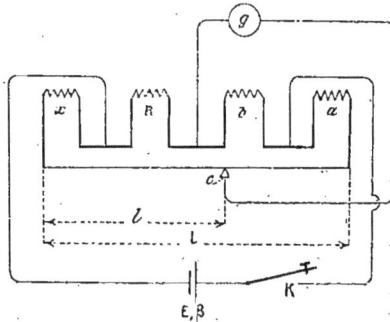

Fig. 172. — Méthode de MM. Mascart et Benoît.

Une première mesure est faite avec l'étalon, on déplace le curseur *c* jusqu'à obtenir l'équilibre parfait du galvanomètre. Il faut avoir recours à un galvanomètre très sensible et, comme il est nécessaire d'obtenir de très petits déplacements du curseur, il faut que celui-ci soit commandé par une vis micrométrique. L'équilibre étant obtenu pour une longueur *l*, lue sur la règle graduée, on peut écrire, en appelant *m* et *m'* les résistances, inconnues mais constantes, des pièces de cuivre et des contacts extrêmes du pont, *r* la résistance par unité de longueur du fil :

$$\frac{R}{b} = \frac{\varepsilon + l_1 r + m}{a + (L - l_1)\,r + m'}.$$

Pour éliminer l'inégalité des résistances R et *b*, on inverse la position de ces branches et on fait une nouvelle mesure qui donne :

$$\frac{b}{R} = \frac{\varepsilon + l'_1 r + m}{a + (L - l'_1)\,r + m'}.$$

Deux mesures semblables, faites avec la résistance à mesurer x, donnent :

$$\frac{R}{b} = \frac{x + lr + m}{a + (L - l)\,r + m'},$$

$$\frac{b}{R} = \frac{x + l'r + m}{a + (L - l')\,r + m};$$

de ces équations on tire la valeur de la *différence* entre x et ε, ce qui permet, lorsque cette différence est petite, d'atteindre une très grande exactitude ; on a :

$$x = \varepsilon + [(l_1 + l'_1) - (l + l')]\,r.$$

Dans le pont qui a servi aux mesures de l'ohm légal, le fil avait environ 0,0001 ohm par millimètre et le vernier du curseur permettait la mesure à 0,1 mm près ; l'incertitude de chaque mesure ne dépassait donc pas 0,00001 ohm, c'est-à-dire 0,001 p. 100.

Pour des mesures aussi précises, il est important de répéter chaque opération deux fois, en renversant le sens du courant, ce qui élimine les forces électromotrices parasites qui prennent naissance dans les branches et aux contacts. Il faut employer le galvanomètre le plus sensible possible, pour pouvoir, à déviation égale, réduire l'intensité du courant au minimum ; enfin, pour que les résistances de contact soient presque négligeables, il faut employer le mercure.

§ 75. — Emploi des boîtes à pont.

La méthode la plus pratique, et d'ailleurs la plus employée, consiste à faire usage des boîtes de résistance avec bras de proportions, semblables à celles qui ont été décrites précédemment (§ 34).

Les conditions de construction obligent souvent à disposer les résistances formant les branches, a, b et R

(fig. 170), dans des positions où il n'est pas toujours
facile de retrouver le schéma ; de plus, les conducteurs
intérieurs, destinés à relier les circuits, ne sont pas toujours indiqués sur l'ébonite, ce qui rend la tâche encore
plus malaisée ; il est cependant d'un usage assez général
de graver, auprès des bornes, le nom des fils qui doivent
y aboutir. Souvent, dans un but d'ornementation, sans
intérêt pratique, les constructeurs disposent, sur la
boîte, des bornes d'attache absolument inutiles ; les
débutants devront éviter de les confondre avec les autres.

Dans presque toutes les boîtes existantes, le galvanomètre est relié aux extrémités des bras de proportion,
aux points 3 et 4, et la pile vient s'attacher, d'une part,
entre les bras de proportion, d'autre part, entre la résistance inconnue x et le rhéostat R ; enfin, deux clefs à
ressort servent à fermer, indépendamment l'un de l'autre,
les circuits de la pile et du galvanomètre.

La manœuvre d'une boîte avec pont s'effectue à peu
près comme celle d'une balance dans une pesée. Les connexions sont d'abord établies comme l'indiquent les noms
gravés auprès des bornes, ou, à défaut, selon le schéma
ci-dessus. Tous les contacts doivent être parfaitement
propres et bien serrés ; ceux qui relient la résistance à la
boîte, parce qu'ils peuvent causer des erreurs quelquefois plus grandes que la résistance à mesurer ; ceux de la
pile et du galvanomètre, parce qu'ils diminuent la sensibilité lorsque leur résistance est trop grande. On doit
enfin, avant de commencer la mesure, s'assurer que
toutes les fiches sont propres et bien les resserrer pour
assurer le contact.

Quand on ignore la grandeur de la résistance à mesurer,
il est nécessaire de procéder systématiquement, pour
perdre le moins de temps possible. Deux résistances a
et b sont placées dans les bras de proportion, une autre
résistance R dans le rhéostat ; on abaisse d'abord la clef

de pile, puis, pendant un temps très court, celle du galvanomètre; si ce dernier dévie peu ou pas du tout, on est près de l'équilibre et on peut prolonger l'abaissement de la clef du galvanomètre, car on ne risque pas d'endommager cet instrument par le passage d'un courant trop fort; il ne reste plus qu'à finir le réglage de R. Si, au contraire, la déviation a été très forte, il y a lieu de chercher une valeur plus approchée de R ou un rapport plus favorable des bras de proportion. Une expérience préalable, faite avec une *durée de contact extrêmement courte*, en prenant R égal à o ou à l'infini, a montré quel sens de déviation correspondait à une valeur trop forte ou trop faible de R, on sait donc immédiatement si l'on doit augmenter ou diminuer R, pour obtenir l'équilibre ; il faut chercher si la résistance inconnue peut être équilibrée par le rhéostat et si la valeur obtenue est assez grande. Quant R est insuffisant, il faut augmenter le rapport $\frac{a}{b}$; il faut le diminuer quand l'équilibre est obtenu pour une valeur trop petite de R.

Dans cette période de tâtonnements, il est utile, surtout pour les débutants, de réduire la sensibilité. Deux moyens sont employés, le premier, qui consiste à shunter le galvanomètre, n'est pas très efficace ; en effet, par ce moyen on réduit la sensibilité du galvanomètre, mais aussi on diminue sa résistance dans le même rapport; or, il suffit de considérer l'équation (1), pour voir que l'intensité i_g. augmente, et peut, si g est très grand, compenser à peu près l'effet dû à la diminution de sensibilité. Il est préférable de mettre une résistance *en série* avec le galvanomètre, le résultat est plus certain.

Un moyen également certain, et que nous recommandons beaucoup, consiste à intercaler un rhéostat *dans le circuit de la pile*; on peut arriver ainsi à affaiblir énormément l'intensité i_g, mais aussi, ce qui est très important, on affaiblit le courant dans toutes les résistances du pont, ce qui a le grand avantage de diminuer l'échauffement produit par le passage réitéré du courant.

Pour finir le réglage, on peut admettre, en pratique, qu'il faut toujours avoir en R la plus grande valeur possible, sous réserve des conditions de sensibilité ; cette règle a pour principal avantage de faire faire les mesures de valeurs semblables toujours dans les mêmes conditions. Avec les boîtes couramment employées, on se servira des rapports suivants :

$$\frac{a}{b} = \frac{1}{100} \text{ pour } x = \qquad 0 \text{ à} \qquad 100 \text{ ohms.}$$

$$\frac{1}{10} \qquad\qquad 100 \text{ à} \quad 1\,000 \qquad »$$

$$1 \qquad\qquad 1\,000 \text{ à} \quad 10\,000 \qquad »$$

$$10 \qquad\qquad 10\,000 \text{ à} \quad 100\,000 \qquad »$$

$$100 \qquad\qquad 100\,000 \text{ à} \quad 1 \text{ mégohm.}$$

Comme dans les boîtes dont nous parlons, où les bras de proportion sont ordinairement composés de 3 ou 4 paires de bobines égales, les mêmes rapports peuvent être obtenus avec des résistances différentes, il y a lieu de choisir la valeur de $a + b$ qui s'approche le plus de la résistance du galvanomètre.

Prenons comme exemple, une boîte dont le pont est composé de six bobines :

$$1\,000 - 100 - 10 - 10 - 100 - 1\,000 ;$$

les rapports peuvent être obtenus de la façon suivante :

$$\frac{1}{100} = \frac{10}{1\,000},$$

$$\frac{1}{10} = \frac{10}{100} = \frac{100}{1\,000},$$

$$1 = \frac{10}{10} = \frac{100}{100} = \frac{1\,000}{1\,000},$$

et inversement pour les autres. Avec un galvanomètre ayant 200 ohms de résistance, nous devrons employer de préférence les rapports :

$$\frac{10}{100}, \quad \frac{100}{100} \text{ et } \frac{100}{10}.$$

Au contraire, avec un galvanomètre de 2 000 ohms, il faudrait prendre :

$$\frac{100}{1000}, \quad \frac{1\,000}{1\,000} \text{ et } \frac{1\,000}{100},$$

pour obtenir la plus grande sensibilité.

Pour finir le réglage, le rhéostat, si on en a introduit un dans le circuit de la pile ou du galvanomètre, doit être supprimé, ou réduit à la plus petite valeur nécessaire pour éviter l'échauffement.

Les derniers tâtonnements avant l'équilibre, sont absolument semblables à ceux de la manœuvre d'une balance ; on agit successivement sur les mille, les centaines, les dizaines et les unités, jusqu'au moment où le passage du courant ne fait plus dévier le galvanomètre, ou, plus généralement, quand une variation d'une unité fait changer le sens de la déviation ; la résistance R à noter est alors comprise entre ces deux valeurs. Quand R est petit, il y a quelquefois intérêt à connaître la fraction d'unité qu'il faudrait ajouter pour obtenir l'équilibre exact; on procède ainsi : le courant fourni par la pile étant supposé constant, on note la déviation permanente du galvanomètre quand la résistance est trop faible, soient R et d la résistance et la déviation ; on met alors 1 ohm de plus à la boîte et on observe la déviation d', qui doit être de sens opposé. Comme les déviations observées sont petites, au besoin on réduit la sensibilité pour qu'il en soit ainsi, comme aussi, dans le cas de faibles écarts relatifs de R, on peut admettre qu'il y a proportionnalité entre les déviations et les résistances, la valeur de x est donnée par :

$$x = \frac{a}{b}\left(R + \frac{d}{d+d'}\right).$$

Dès que R atteint 1 000 ohms, il est inutile de se servir de ce moyen, la précision étant déjà suffisante par la valeur entière de R. Il est également inutile de calculer le rapport des déviations au delà de la première décimale, car, si R est égal ou supérieur à 100, on obtient ainsi le millième relatif; si R est plus petit que 100, la loi de proportionnalité n'est plus assez exacte.

Dans toutes les mesures de résistances, il est bon de fermer *d'abord le circuit de la pile*, puis *ensuite le circuit du galvanomètre*; on évite ainsi les déviations brusques que celui-ci peut subir pendant la période variable du courant. Dans la mesure des électros renfermant une grande masse de fer, ou dans celle des câbles ayant une grande capacité, il faut même laisser un intervalle assez long entre la fermeture de la pile et celle du galvanomètre : près d'une minute dans certains cas extrêmes.

A la rupture, c'est par le circuit du galvanomètre qu'il faut commencer.

Quand on est certain que la période variable est négligeable et quand, d'autre part, on craint l'échauffement des résistances, *il vaut mieux procéder de la façon inverse*.

Pour les mesures exactes, il est toujours nécessaire de tenir compte de la température, pour la résistance à mesurer d'abord, ensuite pour la boîte elle-même, si elle a un coefficient de variation non négligeable. Les bobines en fil de maillechort, dont le coefficient est en moyenne 0,04 p. 100, subissent, par le seul fait des écarts de température des variations supérieures à 0,5 p. 100 de l'été à l'hiver. En général, la température t_1 à laquelle la *moyenne* des bobines est exacte, est gravée sur la boîte ;

si t est la température de la boîte, ou, à défaut, la température ambiante, lorsque celle-ci est stable, et si nous appelons a_1 le coefficient de variations des bobines, la valeur exacte de x à la température t, est :

$$x = \frac{a}{b} R [1 + a_1 (t - t_1)].$$

Quelle force électromotrice peut-on employer avec les boîtes de résistances à pont ? Cette question d'un intérêt capital, n'est pas susceptible d'une solution générale ; néanmoins les quelques considérations suivantes pourront un peu éclaircir la question.

Le courant venant de la pile se bifurque dans les deux bras de proportion a et b, les quantités de chaleur dégagées dans chacune des bobines sont en raison inverse de a et b, donc, à moins que l'on ait le rapport 1, les échauffements sont inégaux et si la température d'une des bobines s'élève, l'équilibre est rompu, sauf le cas où les bobines sont en fil à coefficient nul.

Les quatre branches du pont sont dans des conditions de refroidissement différentes ; il suffit que la plus mal partagée soit dans des conditions acceptables pour que les autres le soient également. Le refroidissement des bobines de résistances est presque nul, il en résulte, lorsque les mesures sont fréquentes et portent sur des valeurs presque semblables, un échauffement sensible, capable d'amener des erreurs importantes ; c'est ainsi que nous avons fréquemment constaté des erreurs supérieures à 0,5 p. 100, provenant du rapport de a à b, après de longues séries de mesures. Un autre facteur important est la *durée* de chaque mesure ; celle-ci est déterminée par l'habileté de l'opérateur et, aussi, par la durée d'oscillation du galvanomètre.

Quand la sensibilité du galvanomètre est plus que suffisante, on peut diminuer l'intensité du courant et, par

suite, réduire l'échauffement. La force électromotrice qui
donne une sensibilité et un échauffement acceptables,
pour une certaine valeur de x, ne convient pas toujours
pour une autre valeur; la solution la plus parfaite serait
donc de proportionner E à chaque mesure, ce moyen
n'est pas toujours pratique.

Les valeurs élevées de x, exigent des forces électromotrices élevées, nous avons d'ailleurs vu que les bobines
de résistances peuvent supporter des voltages qui croissent à peu près comme $\sqrt{R}$; mais, la même valeur de E
qui convient très bien à une bobine de 10 000 ohms,
amènera fatalement la destruction d'une bobine de 1 ohm,
à moins, cependant, que la résistance intérieure β de la
pile, soit assez grande pour ramener l'intensité à la
valeur convenable; c'est pour cette raison que nous
recommandons de préférence l'introduction d'un rhéostat
dans le circuit de la pile.

En étudiant les conditions de fonctionnement des
boîtes de résistances les plus employées nous sommes
arrivés à cette conclusion, d'apparence paradoxale,
qu'une source d'électricité donnant 32 volts, mais ayant
une résistance intérieure de 2 000 ohms, donnerait, dans
le plus grand nombre de circonstances, l'intensité maximum, sans causer d'échauffement préjudiciable à l'exactitude des mesures. Ce cas étant une limite, toutes les fois
qu'on aura à employer un galvanomètre peu sensible,
pour des mesures d'étendue très variable, il faudra chercher à s'en approcher; avec les boîtes en fil à coefficient
nul, on est moins limité, cependant il faut craindre
l'échauffement des bobines.

Dans la plupart des cas on emploie des forces électromotrices beaucoup plus faibles : souvent 1 ou 2 volts. Il
ne faut pas oublier que la résistance intérieure de la pile
ne doit pas être trop faible, car on risque alors de voir
l'intensité devenir trop élevée quand la résistance mesurée

est très petite ; au contraire, quand on mesure de grandes résistances, la valeur de β n'affaiblit pas l'intensité d'une manière sensible.

Dans la pratique courante, 1 ou 2 éléments Meidinger suffisent ; leur résistance intérieure, qui est environ de 10 ohms, remplit bien la condition ci-dessus ; ils peuvent rester montés plusieurs mois ; enfin, ils fournissent un courant assez constant pour permettre l'emploi de l'interpolation par déviation, ce qui est rarement le cas avec les éléments Leclanché.

§ 76. — Méthode différentielle.

Quand les deux circuits d'un galvanomètre différentiel sont mis en dérivation l'un sur l'autre, de manière à être parcourus par le courant, en sens opposés, si l'équipage reste immobile, lorsque le courant passe, c'est que les intensités sont égales, et les résistances identiques.

Prenons, par exemple, un galvanomètre différentiel (fig. 173), dont les deux circuits ont des résistances égales ; relions les circuits en 1, de façon que l'action du courant soit opposée dans chacun d'eux ; plaçons en R et en *x*, un rhéostat et la résistance à mesurer, réunis en 2. Si le galvanomètre reste au zéro quand le courant passe, les intensités sont égales,

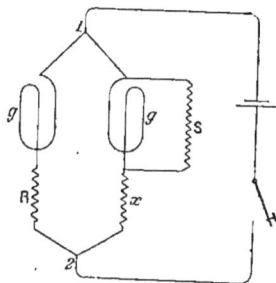

Fig. 173. — Méthode du galvanomètre différentiel.

$$\frac{1}{g+R} = \frac{1}{g+x} :$$
$$R = x.$$

Quand le circuit *g* est shunté par une résistance S, le

pouvoir multiplicateur et la résistance deviennent :

$$m = \frac{g + S}{S}, \qquad g_1 = \frac{gS}{g + S} = \frac{g}{m}.$$

Pour que, dans les conditions de la figure 173, il y ait encore équilibre, il faut que l'intensité en x, soit m fois l'intensité en R :

$$\frac{m}{R + g} = \frac{1}{x + \dfrac{g}{m}} = \frac{m}{mx + g},$$

donc :

$$R = mx.$$

Ceci montre qu'il est possible, avec un rhéostat R de valeur limitée, d'augmenter notablement l'échelle des mesures ; en effet, si x est plus petit que R, on met le shunt du côté de la résistance x, on le met du côté du rhéostat R quand c'est celui-ci qui est le plus faible.

Avec un rhéostat R, analogue à celui des boîtes à pont, c'est-à-dire variant de 1 à 10 000 ohms, et avec un galvanomètre différentiel muni d'un shunt dont les résistances sont : $\frac{1}{9}$ et $\frac{1}{99}$, d'un seul circuit, on a un ensemble équivalent à une boîte à pont avec un galvanomètre ordinaire.

Deux conditions limitent principalement l'exactitude de cette méthode : l'égalité plus ou moins parfaite de l'action des deux circuits sur l'équipage et l'égalité des résistances ainsi que l'exactitude du shunt. La précision du rhéostat R intervient, comme dans le pont de Wheatstone, mais elle est presque toujours plus grande qu'il n'est nécessaire, étant données les causes d'erreurs précédentes.

L'égalité des deux circuits se vérifie en mesurant la constante d'un des circuits seul, puis la constante des deux circuits réunis en opposition, c'est-à-dire en tension et de manière que leurs actions se détruisent. Le *rapport* de ces deux constantes donne la valeur de l'*erreur relative* commise de ce chef ; bien entendu on règle l'égalité, quand la construction du galvanomètre le permet. Pour connaître le circuit dont l'action est prépondérante, il suffit d'observer le sens de la déviation quand les deux circuits sont opposés.

L'égalité des résistances se vérifie en mettant les deux circuits en dérivation ; si le galvanomètre reste au zéro, il y a égalité ; dans le cas contraire, on corrige le défaut, si cela est possible, en ajoutant des résistances au circuit le plus faible.

L'erreur causée par l'inégalité des résistances est d'autant plus grande que la résistance x est plus petite par rapport à g. L'erreur due à la différence d'action est constante.

L'inexactitude du shunt amène des erreurs importantes, car les moindres différences de température du galvanomètre et de son shunt produisent des variations de m, inconnues mais généralement grandes.

Sans shunt, il est toujours facile de déterminer la valeur exacte de x, il suffit de faire deux mesures, R_1 et R_2, en intervertissant les positions relatives de R et x ; on a alors :

$$x = \frac{R_1 + R_2}{2}.$$

Lorsque, par suite de la division insuffisante du rhéostat R, il est impossible d'atteindre l'équilibre parfait, on procède par interpolation, comme avec le pont de Wheatstone, en mesurant les déviations de sens contraires produites par deux résistances R' et R' + 1.

Dans cette méthode, les erreurs systématiques, dues aux galvanomètres différentiels, sont généralement plus grandes que les erreurs accidentelles causées par le défaut de sensibilité ; c'est probablement pour cette raison que l'emploi des galvanomètres différentiels est assez restreint, sauf en Allemagne, où ils sont encore répandus.

§ 77. — Mesure des faibles résistances.

Lorsque les résistances à mesurer sont inférieures à un ohm, les méthodes précédentes donnent souvent des résultats inexacts, à cause de la résistance des contacts qui établissent la liaison de la résistance à mesurer avec les autres ; on emploie diverses méthodes destinées à éliminer ces contacts, ou, tout au moins, à les rendre négligeables.

Dans le pont à neuf conducteurs de Thomson, la résis-

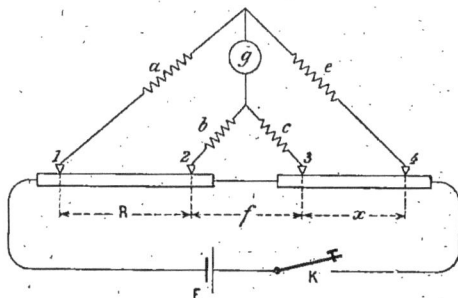

Fig. 174. — Schéma du pont de Thomson.

tance inconnue x (fig. 174) est reliée en série avec une barre R, de maillechort ou d'un autre alliage, dont la résistance, par unité de longueur, est connue ; R et x sont reliées à une pile E au moyen d'une clef K.

Quatre résistances, a, b, c et e sont disposées comme l'indique la figure et réunies par un galvanomètre g. L'ensemble représente un pont de Wheatstone, auquel on a ajouté les branches b, c et f ; b et c forment une seconde paire de bras de proportion, d'où le nom de *pont double* donné quelquefois à cette disposition.

Si l'on cherche la condition nécessaire pour que le galvanomètre reste au zéro, on voit que, au moment où cet équilibre est atteint, le courant en a est de même intensité qu'en e; l'intensité I, en R, est égale à celle de la branche x; enfin, dans les branches b c, l'intensité a pour valeur :

$$i = \mathrm{I}\, \frac{f}{b+c+f}.$$

Puisque le courant est nul en g, les points de liaisons de g doivent être au même potentiel, on doit donc avoir, entre 1 et g d'une part, 4 et g d'autre part, le même rapport des chutes de potentiel qu'entre b et c :

$$\frac{a}{e} = \frac{\mathrm{R}\mathrm{I}+bi}{x\mathrm{I}+ci} = \frac{\mathrm{R}(b+c+f)+bf}{x(b+c+f)+fc}.$$

Quand on a $c\,a = e\,b$, et quand f est *négligeable* devant a, b, c, e, on peut écrire :

$$x = \mathrm{R}\,\frac{e}{a}\,;$$

le même résultat est atteint quand les quatre résistances sont égales entre elles ou deux à deux ; en pratique on fait généralement $a = b$, et $c = e$.

On obtient l'équilibre en faisant, pour une valeur déterminée de $\frac{e}{a}$, varier R par le déplacement d'un des points de contact, 1 ou 2, sur la barre étalonnée; la résistance R est alors exprimée en fonction de la longueur de la barre comprise entre les points 1 et 2. On peut, lorsqu'on dispose de différents rapports $\frac{e}{a}$, faire, au moyen d'une seule barre étalonnée, des mesures comprises entre des limites très étendues. Le moyen le plus simple, et le plus commode, pour composer les quatre branches a, b, c, e, consiste à prendre deux séries de bras de proportion de pont de Wheatstone, ce qui permet de faire varier simultanément a et b, c et e, et de prendre pour $\frac{e}{a}$ des rapports décimaux.

Les résistances des contacts sont assez bien éliminées dans cette disposition, si l'on a soin de placer les points de dérivation 3 et 4, *en dedans* des conducteurs qui amènent le courant principal. Les contacts 3 et 4 ont eux-mêmes une résistance qui n'est pas toujours très petite, mais, devant les valeurs de c et e, cette résistance est négligeable.

Un exemple fera mieux comprendre la disposition à employer. Soit à mesurer la résistance, par unité de longueur, d'une barre métallique : la jonction f de la barre à mesurer avec l'étalon R, ainsi que la jonction avec la pile, seront faites aux bouts de la barre, au moyen de contacts, aussi bons que possible, mais sans chercher à les rendre négligeables. Deux couteaux, maintenus à une distance connue et reliés chacun aux points 3 et 4, sont alors mis en contact avec la barre, entre les connexions extrêmes ; dans ces conditions la différence de potentiel entre les couteaux n'est pas modifiée par les résistances des contacts.

La méthode est une *réduction à zéro* du galvanomètre, mais elle procède par *déviation* quant à la mesure de R, de telle sorte que la précision est limitée par la longueur de la barre mesurée. Lorsque le rapport $\frac{a}{e}$ varie de 10 en 10, si on mesure une résistance un peu plus grande que celle qui correspond à la barre R entière, il faut changer le rapport, ce qui rend la longueur mesurée 10 fois plus petite ; l'erreur de lecture est maximum dans ce cas. Cette règle n'est pas absolue, car, à l'erreur de lecture proprement dite, s'ajoute souvent l'incertitude de position due au manque de sensibilité du galvanomètre ; ce défaut de sensibilité s'atténue quelquefois par le changement de rapport et il en résulte une précision plus grande de la mesure.

Pour connaître l'erreur relative il faut connaître l'intensité du courant qui traverse le galvanomètre, quand l'équilibre est rompu par une augmentation dx de la résistance x. La loi de Kirchhoff permet de calculer cette intensité, mais au moyen d'un calcul un peu long. On peut arriver au même résultat de la façon suivante : quand l'équilibre est bien établi, une augmentation infiniment petite dx de x, n'amène aucun changement appréciable de l'intensité I, mais, vis-à-vis des autres circuits, cette augmentation agit comme le ferait l'introduction d'une faible force électromotrice Idx dans la branche x. Le courant engendré dans ces conditions passe au travers des résistances c, e et du galvanomètre g shunté par $a + R + b$; puisque nous admettons que l'intensité I n'a pas changé, nous pouvons négliger la branche f et celle de la pile. On trouve ainsi que l'erreur relative est, pour les appareils ordinaires où $a = b$ et $c = e$:

$$\frac{dx}{x} = \frac{2e + g\left(1 + \dfrac{e}{a}\right)}{Ix} \frac{d_0}{J}.$$

Comme on est obligé de donner aux branches a, b, c, e des valeurs, assez élevées pour éliminer, autant que possible, les résistances des contacts 1, 2, 3 et 4, il faut employer un galvanomètre dont la constante J (§ 18) soit élevée et augmenter l'intensité I.

Les faibles résistances que l'on mesure par ce moyen, sont, presque toujours, capables de supporter des courants intenses, on n'est limité dans cette voie que par la barre étalonnée R. En général, les instruments spéciaux à ces mesures, peuvent supporter facilement plusieurs ampères ; le diamètre et la nature de la barre employée fournissent à cet égard des renseignements suffisants.

La plus grande difficulté pratique de cette méthode tient aux erreurs fréquentes que l'on commet dans les

connexions ; il existe aujourd'hui un assez grand nombre
d'appareils dans lesquels ces erreurs sont évitées en réduisant les liaisons au strict minimum ; l'appareil décrit
précédemment (fig. 85) en est un modèle. Il suffit, dans
cet instrument, de relier la résistance à mesurer, d'une
part, aux bornes appelées *courant* qui amènent en effet le
courant dans la résistance ; d'autre part, les bornes *dérivation* aux deux points entre lesquels on doit faire la mesure ; enfin, on attache les conducteurs de la pile et du
galvanomètre aux bornes indiquées. La manipulation est
ensuite analogue à celle d'un pont de Wheatstone à fil,
sauf que l'on fait varier le rapport $\frac{c}{a}$ par le simple déplacement du curseur diamétral.

Le galvanomètre différentiel permet également la mesure des faibles résistances. Les connexions sont alors
différentes de celles de la figure 173. On place chacun
des circuits du galvanomètre en dérivation sur une des
résistances à comparer, x et R, et de façon que les actions
se détruisent. On amène le galvanomètre au zéro soit,
en déplaçant un des points de contact sur la résistance
étalon, soit en mettant une résistance *en série* dans le
circuit dérivé qui reçoit le courant le plus fort. Dans le
premier cas les résistances x et R sont égales ; dans le
second, elles sont dans le même rapport que les *résistances totales* de chacun des circuits du galvanomètre.

A côté de ces méthodes qui exigent des appareils et
des montages un peu compliqués, il en existe de plus
simples, qui peuvent rendre de grands services en pratique.

On peut, à l'aide d'un galvanomètre quelconque, à
miroir ou à index, comparer deux résistances *du même
ordre de grandeur*. Il suffit de les relier en série et de les
faire parcourir par le même courant. Le galvanomètre
étant mis en dérivation, successivement, sur chacune

d'elles, dévie de quantités différentes si les résistances
ne sont pas égales ; mais, si on peut faire varier une des
deux, on amènera les déviations à être égales et on aura
$R = x$. Cette méthode simple est applicable quand on
possède une barre métallique, étalonnée, sur laquelle on
peut prendre des longueurs convenables.

Un autre moyen, d'un emploi également facile quand
on dispose d'une boîte de résistances et d'un étalon de
faible résistance, consiste à amener l'égalité de déviation
en augmentant, ou en diminuant, la résistance du circuit
dérivé ; soit g la résistance du galvanomètre, r, celle
de la boîte quand le galvanomètre est en dérivation
sur l'étalon R, r' la valeur correspondante pour x,
on a :

$$x = R \frac{g + r'}{g + r},$$

Enfin, avec les galvanomètres à miroir ou à déviations
proportionnelles, on laisse la résistance du circuit dérivé
constante, et on compare les déviations d et d' obtenues en mettant le galvanomètre sur R et sur x, ce qui
donne :

$$x = R \frac{d'}{d}.$$

Dans ce dernier cas, le galvanomètre doit être très
résistant par rapport à R et x.

Une autre méthode, qui n'est d'ailleurs que l'extension de la précédente, consiste, lorsqu'on dispose d'un
voltmètre et d'un ampèremètre étalonnés, de graduation
convenable, à lancer, dans la résistance à mesurer et dans
l'ampèremètre, un courant dont l'intensité est indiquée
par ce dernier : le voltmètre, placé en dérivation sur la
résistance inconnue, indique en même temps la différence
de potentiel ; la valeur cherchée est :

$$x = \frac{E}{I}.$$

§ 78. — Mesure des grandes résistances.

Lorsque les résistances à mesurer atteignent et dépassent le mégohm, la méthode du pont de Wheatstone devient d'un emploi difficile ; il y a d'ailleurs peu de boîtes de résistances permettant de dépasser 10 mégohms ; dans ce cas, on emploie les *méthodes de déviation*.

Une pile, de force électromotrice E et de résistance β, a un de ses pôles relié directement à un galvanomètre g, l'autre pôle est également relié au galvanomètre, mais par l'intermédiaire de la résistance à mesurer. Le galvanomètre étant shunté et son pouvoir multiplicateur étant m_1, on observe une déviation d_1. Si on répète ensuite la même observation avec une résistance *connue* R, une autre pile E_2, β_2, et un nouveau pouvoir multiplicateur m_2, on obtient une seconde déviation d_2. Le galvanomètre employé étant proportionnel, on a :

$$\frac{d_1}{d_2} = \frac{E_1}{E_2} \cdot \frac{R + \beta_2 + \frac{g}{m_2}}{x + \beta_1 + \frac{g}{m_1}} \cdot \frac{m_2}{m_1}.$$

Comme en pratique, cette méthode s'applique toujours à des résistances R et x assez grandes, vis-à-vis de β et g, on peut négliger ces facteurs et écrire :

$$x = \frac{E_1}{E_2} \cdot \frac{m_2 d_2}{m_1 d_1} \, R.$$

La précision des résultats est limitée, comme dans toutes les méthodes de déviation, par la grandeur de d_1 et d_2 ; mais le rapport $\frac{E_1}{E_2}$ doit aussi être connu exactement.

Pour éliminer cette dernière cause d'erreur, on fait souvent les deux mesures en employant la *même force électromotrice*, ce qui rend le rapport égal à 1 ; mais ce moyen exige, surtout lorsqu'on fait usage de galvanomètres très sensibles et de grandes forces électromotrices, l'emploi d'une résistance R très élevée et d'un shunt dont le pouvoir multiplicateur soit très grand.

Pour pouvoir négliger β et $\frac{g}{m}$, il faut donner à R une

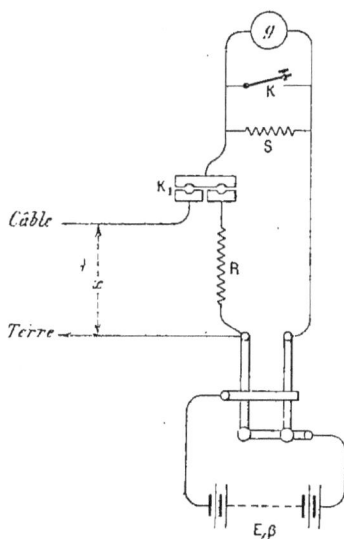

Fig. 175. — Mesure des isolements. (Il est préférable de placer la grande résistance R entre la pile et la clef d'inversion.)

valeur d'au moins 10 000 ohms ; on emploie plus fréquemment 100 000 et même 1 méghom. Avec les galvanomètres apériodiques, qui sont assez peu sensibles, on se contente en général d'un shunt $\frac{1}{9}$ et $\frac{1}{99}$. Pour les résistances très élevées, qu'on a souvent à mesurer pour la réception des câbles, on fait usage de galvanomètres Thomson, avec shunt jusqu'à $\frac{1}{999}$.

Pour la mesure des isolements, la disposition des appareils est généralement la suivante (fig. 175). Le galvanomètre g, relié à son shunt S, est protégé, contre les courants trop intenses de la fermeture, par une clef de court-circuit K. Un commutateur à fiches K_1 permet de relier le galvanomètre, soit avec le câble dont on veut mesurer l'isolement, soit avec la résistance de comparaison R; la résistance R et la terre sont réunies sur une des bornes d'une clef d'inversion dont les autres bornes sont connectées au galvanomètre et à la pile. Il est évident qu'une résistance quelconque peut être mesurée par ce moyen, il suffit de l'intercaler entre les points marqués câble et terre.

Pour faire la mesure, on commence par placer la fiche de K_1 sur le plot marqué *câble*, puis, la clef K étant fermée, c'est-à-dire le galvanomètre en court-circuit, on abaisse une des touches de l'inverseur pour envoyer le courant dans la résistance x, le shunt S étant au *plus grand pouvoir multiplicateur*. Ceci fait, on ouvre la clef K, le galvanomètre dévie, on note la déviation d_1 et le pouvoir multiplicateur m_1; si la déviation est trop petite, on referme la clef K, on modifie le shunt et on recommence. En opérant de même avec R, on obtient d_2 et m_2[1].

Lorsqu'on mesure un isolement, il faut, autant que possible, employer une force électromotrice de l'ordre de grandeur de celle à laquelle est soumis l'isolant pendant l'usage. Cependant, pour les câbles à hautes tensions, il n'est pas facile de faire des mesures avec quelques milliers de volts; on se contente d'*éprouver* le câble sous la tension de marche, puis on le mesure ensuite avec 100 ou 200 volts. On a intérêt à employer des tensions élevées pour faire ces mesures, car il se produit presque toujours des polarisations, dont la force électromotrice s'op-

---

[1] Afin d'éviter de mettre la pile en court-circuit, ou d'envoyer dans le galvanomètre une intensité trop grande, il est bon de placer la résistance R entre la pile et la clef d'inversion, et de mettre une liaison directe entre celle-ci et la clef K_1. La résistance R étant toujours en circuit doit être retranchée de la valeur de x, lorsque celle-ci est faible.

pose au passage du courant ; il en résulte une *résistance apparente* plus élevée que la résistance réelle. Comme ces forces électromotrices de polarisation n'atteignent guère plus de 1,5 volt, au bout d'un temps variable, mais assez long, en prenant $E = 100$ volts, on obtient des résultats assez exacts. Dans beaucoup de cas, surtout pour les mesures faites au dehors, on se contente de piles portatives donnant 40 à 50 volts ; l'erreur possible, de 3 p. 100, causée par la polarisation est négligeable.

Un autre avantage, très important, des hauts voltages, c'est que les défauts peuvent être décelés, alors qu'ils passent souvent inaperçus avec une tension trop basse.

Pour obtenir des résultats assez comparables dans les mesures d'isolement, il faut toujours *électriser* le câble pendant le même temps, c'est-à-dire qu'il faut le faire traverser par le courant pendant un temps déterminé ; on prend souvent une minute. Ce n'est qu'au bout de ce temps qu'il faut lire la déviation d_1, laquelle est alors notablement plus petite qu'au début ; quand le résultat contraire est obtenu, il y a lieu de craindre un défaut.

L'influence de la température sur la résistivité des isolants est, comme l'on sait, très considérable, aussi il ne faut pas s'étonner si des résultats d'expériences consécutives présentent entre eux des différences plus grandes que l'erreur calculée d'après les conditions de l'expérience. Pour les essais de câbles sous-marins, on plonge ceux-ci dans une cuve d'eau, à température fixe, $25°$, et on les y laisse vingt-quatre heures ; on obtient ainsi une concordance assez grande. Dans la mesure des isolements des circuits la précision est infiniment moindre, tant à cause de la température, que par la variation incessante de la résistance mesurée ; on obtient souvent des erreurs supérieures à 10 p. 100, c'est pourquoi l'usage des ohmmètres à lecture directe est presque toujours suffisant (§ 79).

La précaution qui consiste à fermer le galvanomètre

en court-circuit, au moment où on va relier le câble à la
pile, est absolument justifiée par ce fait que la charge
instantanée du condensateur, formé par le câble et la
terre, provoque un lancé dangereux pour le galvanomètre.

Une autre méthode est quelquefois employée pour les
grandes résistances, elle consiste à mesurer la *perte de
charge* d'un condensateur, de capacité connue, fermé sur
la résistance à mesurer. Si le condensateur était théoriquement parfait, c'est-à-dire sans absorption et d'isolement infini, si la résistance x elle-même était constante,
on aurait, comme nous l'avons vu en parlant des condensateurs :

$$x = \frac{t}{C \log_e \frac{E_0}{E_t}},$$

en appelant E_0 la tension initiale de la charge, E_t la
charge restante au temps t et C la capacité.

Malheureusement, les meilleurs condensateurs sont
loin d'avoir un isolement parfait et une absorption nulle ;
en outre, par le fait des polarisations, les isolants ont
une résistance apparente qui varie à la fois avec la *tension*
et la *durée* de la charge. Cette méthode donne toujours
des résultats différents des autres ; quand on l'emploie,
il faut avoir soin de prendre un condensateur dont la
perte de charge propre est infiniment plus faible que
celle donnée par la résistance à mesurer.

Cette méthode peut être prise en sens inverse, c'est-à-
dire en mesurant le temps nécessaire pour *charger* un
condensateur au travers de la résistance x. Sous cette
forme (*méthode d'accumulation*), on l'emploie quelquefois
pour la mesure des résistances trop grandes pour être
observées au galvanomètre, par déviation. On peut faire
à ce cas les mêmes objections que ci-dessus.

Dans ces deux dispositions, la mesure du rapport $\frac{E_0}{E_t}$

peut se faire au moyen d'un électromètre très bien isolé ;
on observe alors le temps t, nécessaire pour obtenir une
chute déterminée de potentiel, ce qui permet de déter-
miner, une fois pour toutes, $\log_e \dfrac{E_0}{E_t}$ et, par suite, simplifie les calculs.

On peut aussi mesurer au galvanomètre balistique les
quantités renfermées dans le condensateur au temps o et
au temps t, le rapport est alors celui des élongations ;
t reste constant et il faut calculer à chaque fois

$$\log_e \frac{q_0}{q_t}.$$

§ 79. — Ohmmètres.

Bien que la mesure des résistances soit encore considérée par beaucoup d'électriciens comme une opération
de laboratoire, le développement des installations électriques a rendu nécessaire l'emploi d'instruments gradués
directement en ohms, pour la mesure rapide et grossière
des isolements, par exemple.

En principe, un galvanomètre quelconque peut être
aussi bien gradué en ohms qu'en volts, il suffit de connaître la différence de potentiel aux bornes pour déduire de
l'intensité mesurée la résistance cherchée. Sur ce principe, un certain nombre d'instruments ont été réalisés.

Dans les uns, la force électromotrice, supposée constante, est empruntée à une pile de 20 à 100 volts. Dans
d'autres appareils, la force électromotrice est donnée par
une petite machine magnéto, qu'une manivelle permet
de faire tourner avec une vitesse à peu près constante.
Souvent aussi, on prend directement la force électromotrice sur le circuit à mesurer et l'appareil, établi à
demeure entre les points dont on veut mesurer l'isolement, est gradué pour ce cas particulier.

. Les galvanomètres employés dans cette méthode peuvent être absolument quelconques, il suffit qu'ils soient assez constants pour supporter une graduation. Lorsqu'il s'agit d'appareils portatifs, on prend généralement des galvanomètres astatiques. Pour les appareils fixes, au contraire, on se sert de préférence de galvanomètres construits comme les *voltmètres*.

Les galvanomètres gradués en ohms sont sujets à toutes les causes d'erreurs des galvanomètres ordinaires ; de plus, les variations de la force électromotrice les affectent directement ; en pratique, on voit fréquemment des appareils de ce genre donner des erreurs de 5o p. 100 et plus.

En employant la disposition indiquée par Maxwell, on peut arriver à éliminer entièrement la force électromotrice. Deux cadres galvanométriques sont placés à 9o° l'un de l'autre, lorsqu'ils sont parcourus tous deux par des courants, le champ résultant, au centre, a une direction qui dépend uniquement du rapport des intensités ; si ces cadres ont des résistances R et R′, et s'ils sont placés en dérivation l'un sur l'autre, les courants sont inversement

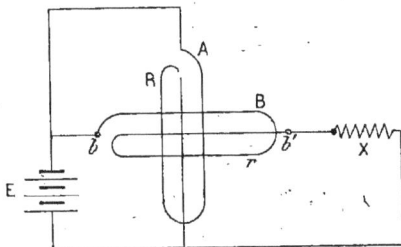

Fig. 176. — Schéma des ohmmètres.

proportionnels à R et R′. L'une des résistances étant fixe et connue, la direction de la résultante donne la valeur de l'autre.

Le schéma ordinaire de ces instruments est le suivant : la bobine A (fig. 176), de résistance *fixe* R, reçoit un courant $I = \dfrac{E}{R}$; la bobine B, dont la résistance est r, reçoit un courant variable avec X :

$$I' = \frac{E}{r + X}.$$

Au besoin, des shunts, placés entre b et b', permettent de réduire encore cette intensité I'. Les actions des bobines étant proportionnelles aux intensités, on voit que, pour une force électromotrice *quelconque*, la résultante (fig. 177) passe de la valeur OA à la valeur et à la direction OR, lorsque I' passe de o à $\dfrac{E}{r}$, c'est-à-dire quand X varie de l'infini à o ; il suffit donc de connaître la direction exacte de la résultante.

Dans l'ohmmètre d'Evershed, l'une des bobines est cylindrique ; la seconde, qui est extérieure, a la forme d'un cadre rectangulaire, dont le plan est parallèle à l'axe de la bobine cylindrique. Un axe, pivotant entre pointes, porte des petites aiguilles aimantées, formant un équipage astatique analogue à celui des galvanomètres ; cet équipage s'oriente dans la direction de la résultante et entraîne un index qui se meut devant un

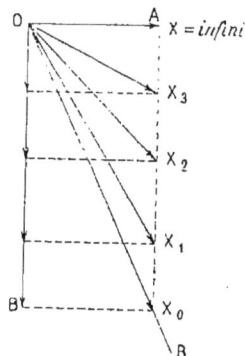

Fig. 177. — Composition des forces dans l'ohmmètre à bobines fixes.

cadran gradué en ohms. Pour que l'appareil soit rigoureusement exact, il faut qu'aucune autre force n'entre en jeu, que celles dues à l'action des bobines. En réalité, les aiguilles aimantées ne constituent pas un système réellement astatique, elles sont influencées par le champ magnétique extérieur, qui est ordinairement du même ordre de grandeur que celui créé par le courant, et l'index n'indique pas exactement la position de la résultante des champs des deux bobines ; le voisinage des masses magnétiques amène également des perturbations. Néanmoins, si on prend la précaution d'orienter les aiguilles dans le méridien magnétique, *lorsque la résultante est minimum*, c'est-à-dire quand X est infini (fig. 177), et si on éloigne suffisamment l'ohmmètre des masses de fer, des machines et des circuits, les résultats sont pratiquement exacts.

Dans cet appareil, la force électromotrice est fournie par une petite magnéto mue à la main, la vitesse n'a pas besoin d'être régulière, puisque la force électromotrice n'intervient pas lorsque l'équipage est complètement astatique. En pratique, il vaut mieux une force électromotrice plus élevée que plus faible, et on cherche toujours à dépasser la valeur qui donne, à la résultante minimum OA, une grandeur suffisante pour rendre négligeables les forces magnétiques ambiantes ; il n'y a donc pas d'inconvénient à tourner trop vite, le seul risque est d'échauffer un peu les bobines par un courant trop intense. La magnéto de cet ohmmètre a un induit en forme de double T de Siemens, et le courant est redressé par un commutateur ; cette construction a l'inconvénient de fausser les mesures lorsque le circuit à mesurer présente de la capacité ou de la self-induction.

L'ohmmètre Carpentier présente le même dispositif, avec un renversement analogue à celui qui fait la différence entre les galvanomètres à aimants mobiles et ceux à cadre mobile. Dans cet ohmmètre, les deux bobines ont été séparées (fig. 178), elles sont superposées au lieu d'être enchevêtrées. Les bobines, solidaires entre elles et calées à 90°, sont portées entre deux pointes d'iridium, reposant dans des chapes en agate. L'ensemble est placé dans un champ magnétique très intense, créé par des aimants en U et renforcé par des cylindres en fer doux, concentriques aux cadres, destinés à réduire la longueur d'entrefer. On voit que le système constitue deux galvanomètres juxtaposés, dont les cadres sont à 90° l'un de l'autre. Le courant arrive aux cadres par des boudins de fil d'argent très fin, formant ressorts, mais que l'on fait aussi souples que possible. Au repos, l'équipage mobile doit être en équilibre indifférent, ou à peu près.

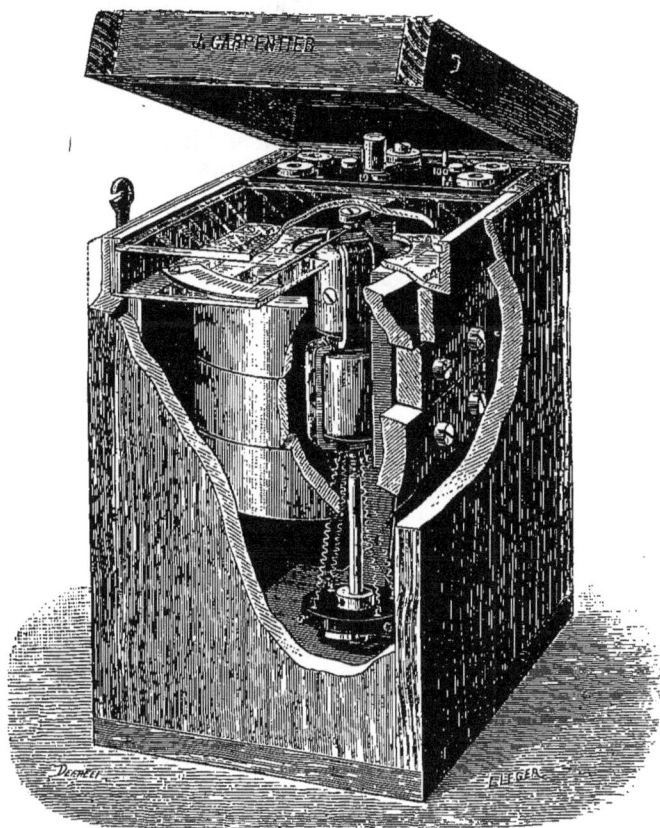

Fig. 178. — Ohmmètre à bobines mobiles, de Carpentier.

Le schéma de montage est le même que celui de l'appareil précédent (fig. 176). La substitution du champ magnétique intense des aimants au champ des bobines a pour effet de rendre cet ohmmètre indifférent aux varia-

tions magnétiques extérieures et d'augmenter les forces
en jeu ; toutefois, la présence des ressorts fait que le système n'est pas astatique ; par conséquent, il faut dépasser
une certaine valeur de la force électromotrice pour obtenir des résultats concordants. Cet appareil est réglé pour
fonctionner avec des forces électromotrices de 100 à
300 volts ; dans ces conditions, il donne des mesures
exactes à 5 p. 100 près. La force électromotrice est fournie
également par une petite magnéto, mais l'induit de celle-
ci renferme huit sections, ce qui est suffisant pour que
le courant soit pratiquement continu. Enfin, grâce à la
présence des aimants, il est possible de faire les mesures
en mettant les deux instruments, ohmmètre et magnéto,
à côté l'un de l'autre, ce qui permet à une seule personne
de faire toutes les opérations.

Ces deux instruments, — Evershed et Carpentier —
destinés à la vérification rapide des isolements, sont gradués de 0 à 50 000 ohms ; mais, par l'emploi de shunts,
on peut étendre les mesures jusqu'à 5 megohms.

§ 80. — Cas particuliers.

On a quelquefois besoin de mesurer la résistance de
l'*unique* galvanomètre dont on dispose, divers moyens
sont employés ; l'un des plus commodes est une adapta-
tion du pont de Wheatstone, due à lord Kelvin.

Dans cette méthode, on fait usage d'une boîte de résistances à pont ordinaire ; on intercale le galvanomètre à
mesurer dans la branche x et on ferme le *pont* au moyen
d'une clef de court-circuit (fig. 179). Le galvanomètre est
toujours traversé par le courant, mais, quand les quatre
branches sont dans le rapport habituel, la fermeture et
l'ouverture de la clef K sont sans action sur l'intensité
dans le galvanomètre, puisque les points 3 et 4 sont au
même potentiel ; au contraire, si le rapport n'est pas

exact, le pont est traversé par un courant et l'intensité en
g change ; c'est une *méthode de faux zéro*.

Pratiquement, cette mesure s'effectue avec une boîte
ordinaire dans laquelle on a
réuni les bornes *galvanomètre*
au moyen d'un fil de résistance
négligeable ; le galvanomètre
étant placé aux bornes *résistance*. On place la pile comme
d'ordinaire, mais comme il faut
pouvoir réduire la différence de
potentiel entre 1 et 2, de façon
à maintenir la déviation du galvanomètre dans les limites de
l'échelle, on dispose une résis-

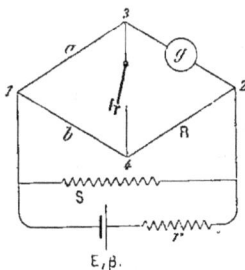

Fig. 170. — Résistance d'un
galvanomètre, méthode de
lord Kelvin.

tance *r* et un shunt S susceptibles de varier facilement
et dans des limites assez étendues.

La manœuvre est très simple ; on ferme d'abord le circuit de la pile, puis on règle *r* et S de façon à obtenir
une déviation du galvanomètre, aussi grande que le permet l'échelle employée.

On a d'abord mis en *a*, *b* et R les valeurs présumées.
Abaissant la clef K, on observe la déviation du galvanomètre ; si elle augmente, c'est que la résistance R est trop
grande. En procédant par tâtonnements, comme pour le
pont de Wheatstone, on arrive à trouver la valeur R pour
laquelle l'abaissement de la clef K ne fait plus varier la
déviation ; à ce moment :

$$g = R\,\frac{a}{b}.$$

Pendant ces tâtonnements, la déviation change en même
temps que R et peut devenir trop petite, c'est pour cette
raison qu'il faut former *r* et S, ou tout au moins l'un des
deux, au moyen de rhéostats facilement réglables. C'est

surtout à la fin du réglage qu'il faut rendre la déviation aussi grande que possible.

Dans la *méthode de demi-déviation*, on place dans le circuit d'une pile constante, shuntée si besoin est, une grande résistance R en série avec le galvanomètre *g*. La déviation *d*, ramenée à une grandeur convenable au moyen du shunt de la pile, est notée ; puis on shunte le galvanomètre jusqu'à réduire la déviation à la moitié ; le galvanomètre étant supposé proportionnel, le shunt S est alors égal à la résistance *g* cherchée. Lorsque la résistance R n'est pas très grande par rapport à *g*, l'introduction du shunt S modifie l'intensité totale, la valeur vraie de *g* est :

$$g = S \cdot \frac{R}{R-S}.$$

Ces méthodes, malgré tout le soin apporté à leur emploi, ne donnent pas des résultats comparables à la mesure directe au pont de Wheatstone ; on ne doit s'en servir que lorsqu'on ne dispose pas d'un autre galvanomètre sensible.

La *résistance intérieure des piles* est aussi une quantité que l'on a fréquemment besoin de connaître, malheureusement la polarisation apporte à cette mesure des difficultés nombreuses.

Une méthode des plus simples, applicable aux piles qui polarisent peu, consiste à relier la pile à mesurer avec un galvanomètre de grande résistance *g* et de sensibilité convenable pour donner une déviation d_1 suffisante. La pile étant shuntée par une résistance S, telle que la déviation d_2 soit la moitié de d_1, on a évidemment S égal à la résistance intérieure, β, cherchée, en négligeant le courant dans le galvanomètre. En pratique, on a généralement pour β des valeurs fractionnaires de l'ohm ; les boîtes de résistances ne permettent pas toujours d'obtenir une valeur S = β, il vaut mieux alors noter les deux déviations d_1 et d_2 observées, leur rapport étant assez voisin de 2, et calculer β :

$$\beta = \frac{Sg(d_1 - d_2)}{d_2(g + S) + Sd_1}.$$

Quand g est très grand par rapport à S, on écrit plus simplement :

$$\beta = S \frac{d_1 - d_2}{d_2}.$$

Cette formule est généralement employée, car on peut, presque toujours, faire $g \geqq 100$ S.

La méthode, très employée industriellement, qui consiste à mesurer, au moyen d'un voltmètre de résistance élevée, la force électromotrice à circuit ouvert, puis la différence de potentiel aux bornes, quand la pile est fermée sur une résistance S, n'est qu'une des formes de la précédente. Quand la résistance S est connue, on a, en appelant E et e, la force électromotrice et la différence de potentiel mesurées :

$$\beta = S \frac{E - e}{e}.$$

Quand S est inconnu et qu'on connaît l'intensité I dans le circuit, on a :

$$\beta = \frac{E - e}{I}.$$

Cette méthode donne une résistance *apparente* de la pile, toujours plus grande que la résistance réelle, et d'autant plus que la polarisation est plus énergique. Néanmoins, au point de vue industriel, les valeurs e et R ou I obtenues sont plus intéressantes, car elles permettent de connaître la puissance utile :

$$\frac{e^2}{R} \text{ ou } eI,$$

fournie par la pile dans des conditions déterminées.

La *méthode de Munro* est encore une des formes de la méthode de déviation, dans laquelle on mesure les valeurs de d_1 et d_2 au moyen d'un condensateur, ce qui réduit notablement l'effet de la polarisation.

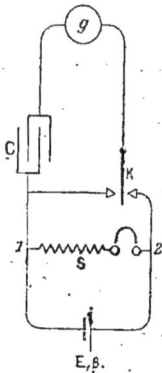

La pile à mesurer est reliée à un condensateur C (fig. 180), d'une part directement, d'autre part par l'intermédiaire d'une clef K et du galvanomètre g ; un shunt S peut être placé entre les bornes de la pile, *de préférence au moyen de contacts à mercure.* Tout étant disposé, le shunt S ouvert, on abaisse la clef K, le galvanomètre reçoit le courant de charge qui lui communique une impulsion ε_1 proportionnelle à CE. Quand le galvanomètre est revenu au zéro, on ferme *brusquement* le shunt S ; la différence de potentiel entre 1

et 2 s'abaisse et le condensateur se décharge d'une quantité CE $\dfrac{\beta}{\beta+S}$, laquelle donne une élongation ε_2, de sens opposé ; on tire de ε_1 et ε_2 :

$$\beta = S\frac{\varepsilon_2}{\varepsilon_1 - \varepsilon_2}.$$

On doit toujours se rapprocher de $\varepsilon_1 = 2\varepsilon_2$, pour réduire l'erreur de lecture au minimum.

Bien que le temps de charge du condensateur soit très court, il arrive souvent, avec les piles très polarisables et quand la durée d'oscillation du galvanomètre est longue, que la polarisation donne à ε_2 une valeur trop forte, par suite β est aussi trop élevé. On conçoit facilement qu'il doit en être ainsi, car, à la décharge instantanée du condensateur, proportionnelle à CE $\dfrac{\beta}{\beta+S}$, s'ajoute la décharge provoquée par l'affaiblissement de E sous l'action de la polarisation ; l'erreur est d'autant

plus grande que la vitesse de polarisation $\frac{dE}{dt}$ est elle-
même plus grande. On peut éliminer en partie ce défaut,
comme l'a proposé M. Fabry, en laissant le condensateur
relié à la pile pendant un temps très court, au moment
de la décharge; la disposition à employer consiste à fermer le shunt S, la clef K étant abaissée, puis aussitôt à
isoler celle-ci; quand les deux mouvements sont bien
réglés, on doit obtenir des résultats plus précis.

Dans la *méthode de Mance*, considérée, par beaucoup
de personnes, comme la plus
exacte, pour les piles polarisables, la pile est placée dans
la branche *x* du pont de Wheatstone (fig. 181); le galvanomètre,
muni d'une résistance *r* et d'un
shunt S, reste à sa place habituelle; enfin, la branche de la
pile est formée par un fil sans
résistance appréciable et une

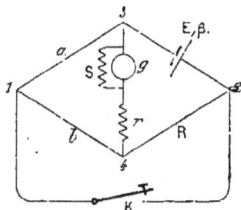

Fig. 181. — Résistance intérieure des piles, méthode de
Mance.

clef de court-circuit K. Comme on le voit, cette disposition rappelle beaucoup celle de Kelvin pour la mesure
des galvanomètres.

Tant que la clef K est ouverte, le galvanomètre est
parcouru par un courant i_g ; en faisant abstraction de r
et S :

$$i_g = \frac{E\,(a+b)}{(\beta+R)\,(g+a+b)+g\,(a+b)};$$

dès que la clef K est fermée, les points 1 et 2 sont réunis,
et l'intensité devient :

$$i'_g = \frac{E\,a\,(b+R)}{\beta\,(g+a)\,(b+R)+\beta Rb+ga\,(b+R)+abR}.$$

Pour que $i'_g = i_g$, il faut et il suffit que l'on ait, comme dans le pont de Wheatstone :

$$\beta = R\,\frac{a}{b}\,;$$

c'est encore une *méthode de faux zéro*.

Au moyen d'une boîte à pont, on établit les connexions indiquées (fig. 181), puis on règle r et S de façon à avoir une déviation convenable. Abaissant ensuite la clef K, on observe le galvanomètre ; si la déviation augmente, R est trop grand. Ce que l'on constate, en réalité, ce n'est pas le repos du galvanomètre, car la fermeture de K augmente notablement l'intensité fournie par la pile et, par conséquent, augmente la polarisation, de telle sorte que, si l'on est très près de l'équilibre, mais avec R en excès, la déviation augmente d'abord un peu, puis diminue plus ou moins vite selon la constance de la pile mesurée ; ce phénomène rend assez difficile l'observation de l'équilibre ; en réalité cette méthode n'est pas plus exacte que les autres.

Pour obtenir des résultats aussi bons que possible, il faut observer très soigneusement le spot, prendre une valeur trop grande de R, la diminuer progressivement jusqu'au moment où le crochet que fait le spot, à l'opposé du zéro, disparaît. Il faut bien se rappeler que, si près que l'on soit de l'équilibre, la déviation *diminue toujours*.

Il faut évidemment faire la déviation aussi grande que possible, dans ce but, pour faciliter la mesure, on déplace souvent le zéro en dehors de l'échelle, pour augmenter la déviation totale. Dans le même but, et aussi pour éliminer la variation lente causée par la polarisation, on a proposé de faire la mesure au moyen d'un galvanomètre balistique, en intercalant un condensateur dans la branche du galvanomètre (*Lodge*), ou une bobine d'induction sans fer, dont le secondaire est relié au galvanomètre, le pri-

maire occupant le pont entre 3 et 4 (d'*Infreville*). Dans
ces deux dispositions le galvanomètre reste au zéro quand
l'équilibre est obtenu, que l'on abaisse ou non la clef K;
néanmoins la polarisation amène, comme dans la méthode
de Munro, des variations qui ne sont pas dues à la résistance mesurée; de plus, ces deux méthodes exigent des
galvanomètres balistiques très sensibles, il vaut mieux,
toutes choses égales d'ailleurs, employer la méthode de
Munro, qui donne plus de sensibilité.

§ 81. — Calcul des conductibilités et des résistivités.

La *conductibilité* d'un corps est, à proprement parler,
l'inverse de sa résistance; mais, par suite d'un usage déjà
ancien, on désigne généralement sous ce nom, le *rapport inverse* de la *résistivité* de ce corps à celle d'un autre
corps pris comme étalon. Dans la plupart des marchés
pour la fourniture des conducteurs électriques, au lieu
de définir la résistivité que devra avoir le métal à une
température donnée, on stipule que sa conductibilité
devra être, par exemple, de 98; ce qui revient à dire
que le conducteur devra avoir une résistance au plus
égale à $\frac{100}{98}$ de celle qu'il aurait s'il était constitué par du
cuivre pur.

Les progrès de la métallurgie ont permis d'obtenir
des cuivres de plus en plus purs, de telle sorte que ce
qui était pris comme étalon, il y a quelques années, est
dépassé aujourd'hui; pour éviter les modifications inces-
santes que le progrès aurait amenées, l'usage a prévalu
de prendre comme étalon le cuivre étudié par Matthiessen, dont la résistivité, à 0°, est, exprimée en ohm international :

$$1,5922 \text{ microhm-cm,}$$

avec un coefficient de variation très voisin de :

$$0,004 \text{ par degré.}$$

On fait aujourd'hui des cuivres dont la conductibilité dépasse 102, celle de l'étalon étant 100. Cette méthode, peu rationnelle, n'a que l'avantage de désigner clairement la qualité du métal employé, néanmoins il serait préférable de toujours substituer à cette quantité l'indication plus précise de la résistivité.

La conductibilité ainsi définie a pour expression :

$$\gamma_1 = 100 \, \frac{\rho_0}{\rho},$$

en appelant ρ_0 la résistivité du cuivre étalon et ρ celle de l'échantillon mesuré.

Si l'échantillon est du cuivre pur, ou à peu près, les coefficients de variation sont sensiblement égaux et on peut considérer la conductibilité comme indépendante de la température. Si l'échantillon est un alliage, il faut avoir soin de définir la température.

Dans le cas de la mesure des fils de cuivre, la correction de température peut être évitée en prenant pour terme de comparaison un fil de cuivre dont la conductibilité est connue, et qui est placé dans les mêmes conditions de température.

Soient γ_0, d_0, l_0, la conductibilité, le diamètre et la longueur du fil pris comme terme de comparaison ; γ_1, d_1, l_1 les mêmes quantités relatives à l'échantillon essayé ; la mesure ayant donné les résistances R_0 et R_1, la conductibilité γ_1 a pour valeur :

$$\gamma_1 = \frac{R_0}{R_1} \, \gamma_0 \, \frac{d^2{}_0 l_1}{d^2{}_1 l_0}.$$

Quand il s'agit de la mesure de barres de quelques millimètres de diamètre, l'opération peut encore être

simplifiée, si l'on a préalablement déterminé la conductibilité exacte d'une barre du même diamètre ; le cas se
présente fréquemment dans les usines de fabrication du
cuivre.

On met en série la barre à mesurer, la barre étalon et
une pile ou mieux des accumulateurs destinés à fournir
un courant constant. Au moyen d'un galvanomètre de
grande résistance, fonctionnant comme voltmètre, on
mesure la différence de potentiel entre deux points pris
sur la barre étalon, puis on cherche, sur la barre à
mesurer, deux autres points entre lesquels existe la
même différence de potentiel; les résistances étant
égales, ainsi que les sections des barres, les conductibili-
tés sont proportionnelles aux longueurs mesurées sur
chaque échantillon. Si, par exemple, la conductibilité de
l'étalon est 99,5, et si l'on a pris sur cette barre une
longueur de 99,5 cm, la longueur correspondante de
l'autre échantillon, exprimée en centimètres, donnera
immédiatement la conductibilité cherchée. On applique
quelquefois cette disposition au pont de Thomson, en
faisant la barre étalon en cuivre pur.

On sait que la *résistance* R d'un conducteur est donnée, à la température θ, par l'équation :

$$R = \rho\, \frac{l}{S}\,(1 + a\theta),$$

on en déduit la *résistivité* ρ, à zéro.

$$\rho = \frac{R}{1 + a\theta}\, \frac{S}{l}.$$

Cette détermination exige la mesure électrique d'une
résistance R, mesure qui se fait, selon la grandeur de R,
par l'une des méthodes indiquées précédemment. L'observation de la température doit être faite au moyen d'un
thermomètre assez sensible, à $\frac{1}{10}$ de degré près, si l'on

veut obtenir une exactitude de l'ordre de o,1 p. 100, la
résistance à mesurer et la boîte doivent être placées dans
une salle à température assez constante et plusieurs
heures avant la mesure ; la température indiquée est celle
de l'air ambiant.

La mesure de l et S exige un grand soin, la plupart des
erreurs viennent de là.

La longueur l se mesure, pour les fils fins, en les éten-
dant, sans les allonger, et au moyen d'un mètre exact ;
la longueur mesurée étant généralement assez faible,
cette mesure n'offre aucune difficulté. Pour les moyens
diamètres, il faut, suivant que l'on mesure R avec un pont
de Wheatstone, ou un pont de Thomson, prendre une assez
grande longueur, quelquefois 100 ou 200 mètres, ou un
mètre seulement. Dans le premier cas, on enroule le conducteur sur un tambour en bois, dans une hélice tracée
à la surface ; la longueur du fil enroulé est vérifiée, une
fois pour toutes, au moyen des dimensions du tambour et
par une mesure directe. Dans le second cas, le fil, bien
redressé, est placé sur une planchette sur laquelle deux
couteaux, à poste fixe, sont à une distance bien connue ;
ces couteaux sont reliés aux points de dérivation du pont
de Thomson. Pour les grosses barres, on emploie toujours cette dernière disposition.

La section S est plus délicate à mesurer, à cause des
irrégularités qui se présentent dans la longueur du conducteur. Pour les grandes dimensions, la mesure se fait
au moyen d'un pied à coulisse ou d'un palmer, à moins de
o,1 mm près ; il faut faire la mesure sur plusieurs sections, également réparties sur toute la longueur et
prendre la moyenne. Quand la section est circulaire, il
est nécessaire de mesurer également plusieurs diamètres
équidistants, pour éliminer les irrégularités qui se produisent toujours. Il est bon de faire observer que l'erreur
relative commise sur le diamètre est doublée dans la

section ; c'est dire que cette mesure a besoin d'être très soignée.

Pour les fils fins, la question se complique de la difficulté que l'on a d'éviter les déformations mécaniques, allongement, écrasement produit par le palmer ou en dénudant le fil de son isolant. C'est surtout dans les fils fins que le diamètre est irrégulier et c'est là qu'il faut apporter le plus de soin. On peut mesurer le diamètre au moyen d'un sphéromètre en coupant, aux deux extrémités du fil des échantillons très courts que l'on place sous un verre plan d'épaisseur connue.

La mesure peut également se faire au microscope.

On emploie quelquefois, pour les fils fins, un moyen détourné qui consiste à *peser* une longueur connue et à calculer la section, en supposant la densité connue. Ce moyen est mauvais, il peut conduire à des erreurs supérieures à 2 p. 100, car la densité varie avec le travail auquel a été soumis le métal ; un fil très fin et écroui est toujours plus dense qu'un gros fil pris dans la même masse. On peut, à la rigueur, déterminer la densité de l'échantillon lui-même, mais ce moyen est trop long et trop délicat, il exige des observateurs très habitués aux manipulations de la physique.

On a souvent aussi à mesurer la résistivité des diélectriques. Quand ceux-ci se présentent sous la forme d'un échantillon de petites dimensions, il est plus facile de déterminer exactement ces dimensions, mais, en revanche la mesure de la résistance exige des galvanomètres extrêmement sensibles. Il faut, en outre, prendre des précautions pour éviter que les dérivations par la surface, qui sont souvent prépondérantes, causent des erreurs dans la mesure.

La mesure peut se faire par la méthode de déviation, au moyen du montage de la figure 175, modifié comme on le voit (fig. 182). L'échantillon à mesurer, amené sous

la forme d'une plaque, d'épaisseur assez petite, est placée entre deux plaques métalliques A et B ; le contact
de ces plaques avec l'échantillon est assuré par un dressage soigné des faces, et, si cela est nécessaire en collant
les faces en regard au moyen d'une colle liquide qui
conserve toujours assez de conductibilité pour assurer la

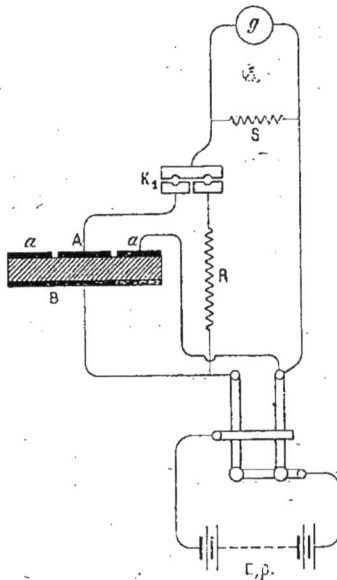

Fig. 182. — Emploi de l'anneau de garde. (Il est préférable de placer la
grande résistance R entre la pile et la clef d'inversion.)

communication électrique; ce procédé, qui ne doit pas
être employé quand la colle est capable de pénétrer dans
l'isolant, a le défaut d'introduire une substance polari-
sable, mais, devant les très grandes valeurs de E nécessaire, cet inconvénient est très atténué.

La plaque A est plus petite que la plaque B, elle est
environnée d'une autre plaque *aa*, comparable à l'anneau
de garde de l'électromètre absolu ; cette plaque de
garde est reliée au pôle opposé de la pile, elle a pour

but de ramener directement à celle-ci, le courant dérivé par les bords de l'échantillon, qui peut causer des erreurs très considérables. Dans ces conditions le courant mesuré par le galvanomètre, est bien celui qui a traversé le diélectrique ; la section du conducteur mesuré est égale à la surface de la plaque A. Il faut se placer, néanmoins, dans une atmosphère très sèche, de façon à réduire, autant que possible, les dérivations par la surface, il faut aussi noter très exactement la température qui a, pour les diélectriques, une importance très considérable.

Quand l'échantillon recouvre un fil d'une certaine longueur, la résistance à mesurer est relativement plus faible, mais les dimensions du corps sont moins bien déterminées.

Le fil étant circulaire et l'isolant concentrique, le rapport $\frac{l}{S}$ est, suivant la formule connue,

$$\frac{l}{S} = \frac{1}{2\pi L} \log_n \frac{r_2}{r_1},$$

en appelant L la longueur du fil isolé, r_1 et r_2, les rayons, intérieur et extérieur, de l'isolant.

L'échantillon à mesurer est plongé dans l'eau et on procède comme nous l'avons dit pour les essais de câbles. Il est important de garnir de paraffine les deux bouts du fil et de les maintenir hors de l'eau ; on peut aussi enrouler sur ces bouts, à l'extérieur de la paraffine, quelques tours de fil reliés à la pile, comme ci-dessus, et qui agissent comme anneau de garde. Dans les échantillons de cette forme on peut avoir de grosses erreurs dues au décentrage du fil dans l'isolant.

CHAPITRE III

MESURE DES FORCES ÉLECTROMOTRICES

§ 82. — Méthodes d'opposition.

La différence de potentiel RI, produite par un courant I, traversant une résistance R, peut toujours être comparée à une autre différence de potentiel, ou à une force électromotrice, par les moyens qui ne modifient pas le produit RI, c'est-à-dire à l'aide des électromètres et des condensateurs. On peut aussi, et c'est là la base des méthodes d'opposition, placer, en dérivation sur la résistance R, un circuit composé d'une pile de force électromotrice E, et d'un galvanomètre. Si la pile est placée de telle sorte que sa force électromotrice soit de sens *opposé* à la différence de potentiel, le courant qui traverse le circuit dérivé est dû à la différence entre E et RI ; on peut, en agissant sur R ou sur I, rendre ce courant nul, alors ou a évidemment :

$$E = RI.$$

Selon que l'on mesure I ou qu'on l'élimine, on obtient deux méthodes différentes.

Pour la mesure des forces électromotrices plus faibles que celle de l'étalon, de même que pour les sources facilement polarisables, on fait usage d'une pile auxiliaire, de force électromotrice e, constante et supérieure à celle à mesurer.

Deux boîtes de résistances A et B (fig. 183) sont reliées

en série et traversées par le courant fourni par la pile
auxiliaire *e*. Aux extrémités
de A, se trouve placé le circuit dérivé composé de l'étalon E, dans la clef K et du
galvanomètre *g*. Il faut avoir
soin de placer en 1 les *pôles
de même nom* des deux piles.
On fait varier les résistances A et B jusqu'au moment

Fig. 183. — Schéma de la méthode
d'opposition.

où, en abaissant la clef K, on n'observe plus de déviation
du galvanomètre; à ce moment

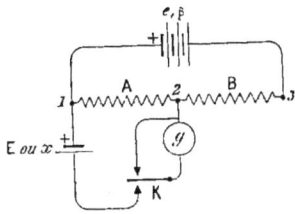

$$E = AI \quad \text{et} \quad I = \frac{e}{A+B+\beta},$$

β étant la résistance intérieure de la pile *e*.

Une opération semblable, faite avec la force électromotrice inconnue *x*, donne :

$$x = A'I' \quad \text{et} \quad I' = \frac{e}{A'+B'+\beta}.$$

Pour éliminer β, il faut employer une source de très
faible résistance intérieure, ou bien faire :

$$A + B = A' + B'$$

de façon à avoir toujours la même intensité. Pour plus
de sécurité, on combine souvent les deux moyens, par
l'emploi d'accumulateurs, dont la résistance β est très
faible, et en faisant usage de résistances dont la somme
reste constante.

Pratiquement, on emploie, pour former A et B, deux
boîtes de résistances identiques, capables de varier,
chacune, depuis 1 jusqu'à 10 000 ohms; on fait la somme
A + B constante et égale à 10 000. Quelquefois, pour la
commodité des mesures courantes, on prend d'abord A

égal à un multiple simple de E, un multiple décimal si
possible et on règle B jusqu'à obtenir l'équilibre du galvanomètre. A ce moment la somme $A + B$ représente à
peu près la force électromotrice e. Après substitution de
x à E, on rétablit l'équilibre en ayant soin d'ajouter en
A toutes les bobines qu'on supprime en B et réciproquement; s'il n'y a pas eu d'erreur, la somme $A' + B'$ est
égale à $A + B$. La valeur cherchée de x est égale à A'
divisé par le multiple choisi, ce qui simplifie les calculs.

Pour constater l'égalité de E et AI, on peut employer,
en g, un galvanomètre ou un électromètre. Le dernier
semble plus logique dans la circonstance, malheureusement, il n'existe pas d'électromètre *pratique*, assez sensible pour constater les très faibles différences de potentiel en jeu; il faut donc avoir recours à l'emploi de
galvanomètres sensibles.

Quand l'équilibre est obtenu, il ne passe évidemment
aucun courant dans l'étalon E ou la pile x, il n'y a pas à
craindre de polarisation; mais, pendant le réglage, le
produit AI peut différer beaucoup de E; si le circuit
était fermé en permanence, la polarisation pourrait se
produire; l'interposition de la clef K a pour but d'obvier
à cet inconvénient. Au moment de faire la mesure on
observe le galvanomètre, puis abaissant la clef K, *pendant un temps très court*, on constate une déviation; on
modifie A et B en conséquence, puis on recommence. Si,
pour un contact très court, le galvanomètre ne bouge pas,
c'est qu'on est très près du réglage parfait, le courant
qui traverse le galvanomètre et l'étalon est très faible, on
peut, sans inconvénient, prolonger la durée du contact
de manière à être bien sûr que le courant est nul; s'il ne
l'est pas, on finit le réglage de A et B. En procédant
ainsi, on arrive à faire des mesures très précises, sans
modifier en rien la force électromotrice de l'étalon et de
la pile x.

Dans cette mesure, les erreurs systématiques sont dues aux défauts de réglage des boîtes A et B, et à l'incertitude, quelquefois très grande, sur la valeur de E.

Les erreurs accidentelles sont causées par le défaut de sensibilité du galvanomètre et par les variations de la force électromotrice e pendant la mesure. On élimine assez facilement cette dernière erreur en faisant des séries de mesures alternées, E, x, E, etc. Soit, par exemple, trois mesures; la première sur E, donne A et B, la seconde sur x, donne A$'$ et B$'$, enfin, la troisième faite avec E donne, en prenant A, une valeur de B différente, B_1. La variation de B à B_1 indique une variation de e; si la résistance intérieure β est négligeable, on a, en supposant la variation de e parfaitement continue,

$$\frac{E}{x} = \frac{A}{A'} \cdot \frac{A' + B' + A + B}{2A + B + B_1}.$$

L'intensité du courant qui passe dans le galvanomètre est déterminée, pour une différence AI — E, par la résistance du galvanomètre lui-même, plus celle de l'étalon ou de la pile x :

$$i_g = \frac{AI - E}{r + g}.$$

L'exactitude de la mesure est donc variable avec la résistance intérieure de E ou de x. On a intérêt à prendre, toutes choses égales d'ailleurs, un galvanomètre très sensible; en outre, comme la résistance r est souvent très grande, toutes les fois que l'on a à choisir entre deux galvanomètres, différant *seulement par l'enroulement*, il faut prendre le plus résistant qui s'adapte à des mesures plus variées.

L'erreur relative, commise avec un galvanomètre dont dont la constante est J, est, en prenant la plus petite déviation perceptible égale à l'unité,

$$\frac{dE}{E} = \frac{r + g}{EJ}.$$

Avec un galvanomètre à cadre mobile, un étalon Clark
modèle ordinaire du commerce, et en employant pour *e*
des accumulateurs, on obtient facilement des mesures à
0,1 p. 100 près, sauf quand *x* est très petit par rapport
à E.

Quand la force électromotrice à mesurer est *plus
grande* que E, et quand il n'y a pas à craindre de polarisation, on se sert du courant fourni par cette source
(*méthode d'opposition partielle*). On remplace *e* par la
force électromotrice *x*, le montage restant identique pour
toutes les autres parties. Le réglage de l'équilibre s'obtient en faisant varier A et B. On peut procéder de deux
manières, si la résistance β est négligeable devant A + B,
on fait :

$$A = nE,$$

et on règle en agissant sur B. La somme A + B, divisée
par *n*, donne immédiatement la force électromotrice
inconnue *x*,

$$x = \frac{A + B}{n}.$$

On prend pour *n* un nombre simple, multiple de 10 autant
que possible.

Si β n'est pas négligeable, il faut faire deux mesures
en prenant des valeurs différentes A et A′, auxquelles
correspondent B et B′,

$$\frac{E}{A} = \frac{e}{A + B + \beta} \quad \text{et} \quad \frac{E}{A'} = \frac{e}{A' + B' + \beta}$$

$$e = E \frac{(A' + B') - (A + B)}{A' - A}.$$

Sous cette forme c'est la *méthode* classique *de Poggendorff*.

Le mode opératoire et les conditions de sensibilité
sont les mêmes que ci-dessus.

Les méthodes d'opposition sont les plus parfaites pour

la *comparaison* des forces électromotrices ; leur précision absolue est seulement limitée par l'incertitude des étalons.

§ 83. — Potentiomètres.

Pour faire adopter les méthodes d'opposition dans l'industrie, il a fallu simplifier l'outillage ; de là sont nés les *potentiomètres*.

Les principes qui servent de base à presque tous les potentiomètres industriels, construits actuellement, ont été indiqués par M. Crompton. Ils consistent :

1° Dans l'emploi de résistances traversées par une intensité constante ; le courant étant fourni par une pile auxiliaire et réglé par comparaison avec un étalon de force électromotrice.

2° Le potentiomètre renferme une série de résistances fixes, telles que le produit RI est supérieur à la force électromotrice des étalons employés ; en général, cette valeur est comprise entre 1 et 2 volts.

3° On mesure toujours des valeurs inférieures à RI ; les valeurs supérieures sont ramenées à cette limite par un *réducteur de potentiel.*

Dans les potentiomètres de Feussner et de Siemens, il n'y a pas de réducteur de potentiel, on ajoute des résistances élevées, directement en série avec les résistances fixes du potentiomètre.

Il y a deux types principaux de potentiomètres : les modèles à fil et les modèles à bobines. Les premiers sont plus simples de construction, mais leur circuit n'a jamais qu'une résistance assez faible, ce qui rend la *constance* de la pile auxiliaire un peu moins sûre ; ils n'exigent pas des galvanomètres aussi sensibles que les potentiomètres dont la résistance est grande. La seconde disposition permet de donner au circuit une très grande résistance et elle se prête à un réglage plus rigoureux : c'est la forme la meilleure pour les appareils de laboratoire.

Le modèle à fil est celui des potentiomètres de Crompton, Chauvin et Arnoux, etc. La disposition générale de ces appareils peut être représentée par celle du potentiomètre de Crompton (fig. 184 et 185).

Un fil de 25 cm de longueur est tendu sur une planchette, au-dessus d'une règle divisée en 1 000 parties; la

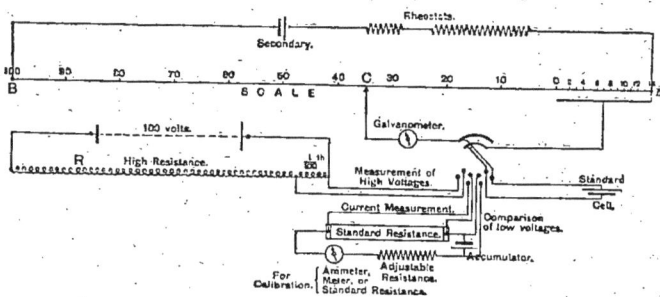

Fig. 184. — Schéma du potentiomètre Crompton.

résistance du fil est d'environ 2 ohms; un curseur se déplace sur ce fil. Une série de 14 bobines, chacune égale à la portion 0-100 du fil, est reliée aux plots d'un commutateur OA; les bobines sont construites avec le même fil que celui qui est tendu.

Des résistances permettent de régler le courant, fourni par un accumulateur, de façon à ce que chaque bobine, de OA, donne une chute de potentiel de 0,1 volt. Un commutateur double permet d'intercaler dans le circuit dérivé, soit l'étalon de force électromotrice, soit une force électromotrice ou une différence de potentiel quelconques, inférieures à 1,5 volt.

Le réglage de l'appareil se fait en intercalant l'étalon de force électromotrice dans le circuit dérivé. On place le commutateur des bobines OA sur le chiffre correspondant aux dixièmes de volt de l'étalon; soit, par exemple,

14 pour un Clark ayant 1,434 volt. On place le curseur mobile du fil en face du chiffre correspondant aux dix-millièmes de volt, soit sur 340. Ensuite, à l'aide des rhéostats de réglage, on amène le courant à une valeur convenable pour que le galvanomètre reste au zéro, quand on ferme le circuit dérivé. A partir de ce moment on ne touche plus aux rhéostats de réglage.

Pour la mesure, on fait l'opération inverse : faisant varier successivement le commutateur des bobines OA et le curseur du fil, on cherche à ramener le galvanomètre au zéro. Les chiffres lus à ce moment indiquent la valeur cherchée.

Le réducteur de potentiel est simplement une grande résistance divisée en fractions connues. La différence de potentiel est mesurée aux bornes d'une seule des bobines de cette boîte et on place la force électromotrice à mesurer sur un nombre de bobines choisi selon sa grandeur. Le facteur par lequel il faut multiplier les lectures est, naturellement, le rapport de la résistance totale à la résistance de la bobine mise en dérivation sur le potentiomètre

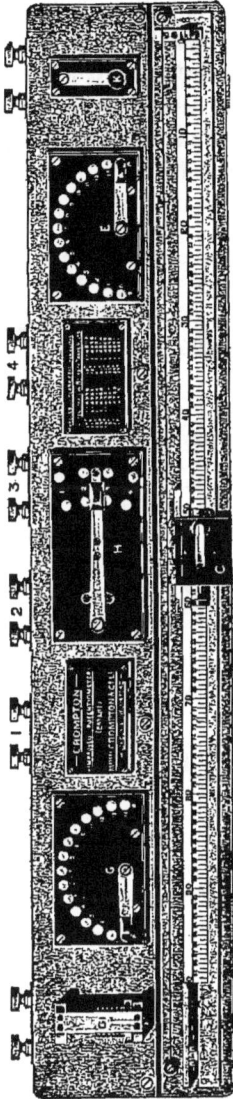

Fig. 185. — Potentiomètre Crompton.

Les appareils de Feussner, Siemens, Elliott, Carpentier, sont à bobines.

Le potentiomètre Carpentier est un appareil de laboratoire; il mesure directement de 0,0001 à 2 volts et, à l'aide d'un réducteur de potentiel, contenu également dans la boîte, il peut aller à 600 volts.

L'ensemble a, à peu près, la forme d'une machine à

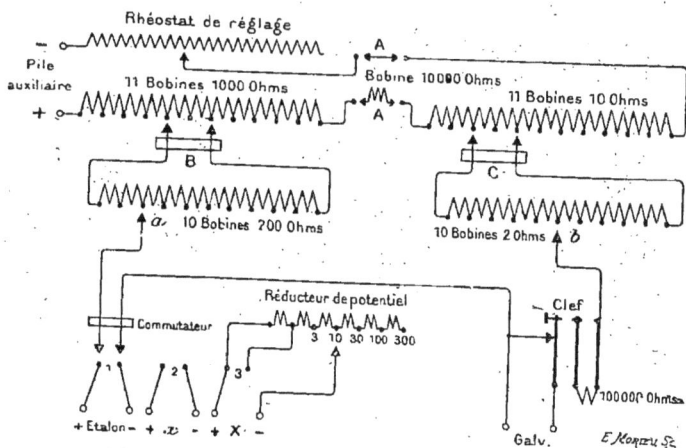

Fig. 186. — Schéma du potentiomètre Carpentier.

calculer (fig. 187); sur une paroi cylindrique se déplacent quatre curseurs représentant les dixièmes, les centièmes, les millièmes et les dix-millièmes de volt; un curseur, à gauche, correspond au volt et, à l'opposé, un autre curseur commande une clef qui sert à fermer le circuit dérivé. Comme les curseurs sont rangés dans l'ordre de la numération, la *lecture* du chiffre obtenu est très facile. Un commutateur, des résistances de réglage, le réducteur de potentiel et les bornes de jonction se trouvent à la partie supérieure.

Le schéma (fig. 186) montre la disposition employée. Le potentiomètre proprement dit se compose d'un double système analogue au pont de Thomson-Varley. Dans le

premier 11 bobines de 1000 ohms sont en série; le premier curseur, celui des dixièmes, B, porte deux contacts
qui prennent toujours, entre eux, deux bobines; ces
deux contacts sont reliés à une seconde série de 10 bobines de 200 ohms, sur les plots de laquelle se déplace le
second curseur *a*, celui des centièmes de volt. Grâce à

Fig. 187. — Potentiomètre Carpentier.

cette disposition, la partie comprise entre les deux contacts de B, équivaut à une quelconque des autres bobines
de 1000 ohms. Le déplacement du curseur *a*, sur la
série de bobines de 200 ohms, permet de diviser cet
intervalle en dix parties, ce qui fait que l'ensemble des
21 bobines équivaut à 100 bobines de 100 ohms.

Dans le second système, il y a 11 bobines de 10 ohms
et le troisième curseur, C, dont les contacts sont reliés
à une série de 10 bobines de 2 ohms; sur les plots de
cette dernière se déplace le curseur *b* des dix-millièmes
de volt. Pour la même raison que ci-dessus, ce système
équivaut à 100 bobines de 1 ohm.

La bobine de 1 volt peut être portée, par la manœuvre
du bouton correspondant, de A en A', c'est-à-dire entre

les deux systèmes précédents, ou en dehors d'eux, mais en restant toujours dans le circuit; un contact met en court-circuit les deux points où n'est pas cette bobine.

Le courant employé doit avoir une intensité de 0,0001 ampère; il peut être fourni par une source quelconque, pourvu qu'elle soit de faible résistance intérieure, et qu'elle ait entre 2 et 4 volts. Le réglage est assuré par un rhéostat de 20 000 ohms, variable de 2 en 2 ohms.

Le commutateur permet de placer le circuit dérivé sur les bornes étalon (x), (X). Dans ce dernier cas, l'appareil mesure une fraction connue, de la différence de potentiel X, prise sur un réducteur ayant les pouvoirs multiplicateurs 3, 10, 30, 100, 300. Ce réducteur a une résistance totale de 300 000 ohms. La clef de fermeture du circuit dérivé est munie d'une résistance de 100 000 ohms, destinée à protéger le galvanomètre et les étalons; quand l'équilibre est presque atteint, il suffit d'appuyer plus fortement sur le bouton pour mettre cette résistance en court-circuit.

Le réglage et l'emploi des potentiomètres à bobines sont les mêmes que pour ceux à fil.

§ 84. — Mesure en fonction d'une intensité et d'une résistance.

Pour la mesure des forces électromotrices de 1 à 2 volts, en particulier pour la vérification des piles étalons, on emploie la disposition suivante.

Un étalon d'intensité B (fig. 188), qui peut être un ampère-étalon Pellat ou une balance Kelvin, reçoit le courant constant fourni par une batterie d'accumulateurs E_1. Une résistance R, exactement connue, et un rhéostat de réglage r, à variation continue, sont placés également dans le circuit; la force électromotrice à mesurer, E, est en opposition, aux bornes de R, par l'intermédiaire d'une clef K et d'un galvanomètre *g*, comme dans les méthodes précédentes

Un observateur règle le courant au moyen de *r*, jusqu'à ce que le galvanomètre reste au zéro; à ce moment un autre observateur règle l'équilibre de la balance B. Quand les deux appareils : galvanomètre et balance sont en équilibre, on a :

$$E = RI.$$

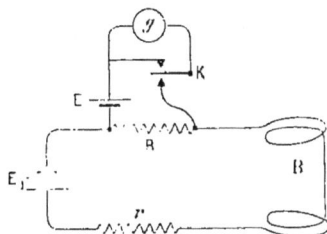

Fig. 188. — Emploi des étalons d'intensité.

Pour obtenir de bons résultats, il faut apporter tout le soin possible à l'observation de la balance, de façon à réduire l'erreur sur I au minimum; dans le même but, il faut maintenir le courant aussi constant que possible, en évitant les variations de température de l'étalon et de la résistance. Le galvanomètre *g* doit être assez sensible pour accuser nettement des différences de potentiel de l'ordre de 0,0001 volt. Enfin, il faut connaître exactement la température de la résistance et celle de l'étalon E s'il y a lieu.

La résistance doit être choisie de telle façon que l'intensité qui donne l'équilibre soit celle pour laquelle l'erreur sur I est minimum. Avec une balance centi-ampère de Kelvin, on devra chercher une intensité qui puisse être mesurée avec le curseur au bout de l'échelle ; selon le poids employé, on donnera à 1 et R les valeurs suivantes, pour mesurer un étalon Clark valant environ 1,43 volt :

I =	0,125	0,250	0,500	1	ampère.
R =	11,44	5,72	2,86	1,43	ohm.

La même mesure devra être faite avec R = 5 ohms et

$I = 0,286$ ampère, quand on fera usage d'un ampère-étalon Pellat.

Cette résistance doit être construite pour s'échauffer le moins possible, son coefficient doit être très faible ; on doit la faire en maillechort ou manganin, de section convenable pour l'intensité, et il est bon de la plonger dans un liquide isolant, qui permet de connaître plus exactement sa température, et qui augmente en même temps la capacité calorifique, de telle sorte que l'échauffement se trouve ralenti. Il faut toujours agiter le liquide dans lequel plonge cette résistance pour éviter la formation de couches dans lesquelles les températures sont inégales.

Quand la différence de potentiel n'est pas susceptible d'être altérée sensiblement par le courant mesuré par l'étalon, on emploie celui-ci comme un voltmètre ordinaire ; il suffit d'intercaler dans son circuit une résistance assez grande pour amener l'intensité du courant à la valeur convenable. Par exemple, une balance centi-ampère, munie d'une résistance additionnelle telle que l'ensemble égale 800 ohms, permet de mesurer 100 volts avec un courant de 0,125 ampère, c'est-à-dire dans de bonnes conditions, le curseur étant au bout de l'échelle. Cette solution exige évidemment des sources ayant une faible résistance intérieure et non polarisables.

La résistance additionnelle peut être réglée de telle sorte que la valeur de E soit obtenue en multipliant le chiffre de la lecture par un coefficient simple ; dans l'exemple précédent il suffit de multiplier par 2 le chiffre lu sur l'échelle fixe. Cette disposition n'est autre chose que celle des voltmètres étalonnés ordinaires.

La résistance peut aussi être quelconque, il faut alors la mesurer soigneusement et faire le produit RI.

La première disposition permet de mesurer la force électromotrice d'un étalon à 0,02 ou 0,03 p. 100 près, à la condition de prendre beaucoup de précautions et de faire la moyenne de plusieurs mesures. La seconde disposition est évidemment moins exacte ; dans les conditions les plus favorables, on atteint 0,1 p. 100. Il faut remarquer, à l'avantage de cette méthode, qu'elle donne directement cette exactitude sur le chiffre *en volts*, alors que dans la méthode du potentiomètre on obtient la même précision sur la valeur de x en fonction de E ; l'erreur sur E s'ajoute alors à celle de la mesure.

§ 85. — Emploi des électromètres et des condensateurs.

Les électromètres sont peu employés pour la mesure des forces électromotrices faibles, non parce qu'il est impossible d'obtenir une sensibilité suffisante, mais parce que les méthodes de déviation auxquelles ils sont destinés donnent une exactitude qui n'est pas en rapport avec la délicatesse du réglage nécessaire. Ces instruments sont, en général, réservés pour la mesure des forces électromotrices plus élevées, comme celles employées dans l'industrie, ou, plus fréquemment encore, pour les forces électromotrices périodiques.

On peut cependant employer les électromètres à miroir pour la mesure des faibles forces électromotrices, en se servant de la *méthode hétérostatique*. Après un réglage soigné, effectué comme nous l'avons vu, on relie les quadrants aux deux pôles d'une pile dont le milieu est à la terre, ou, mieux encore, aux deux extrémités d'une résistance parcourue par un courant constant, le milieu de cette résistance étant à la terre. Si l'on a besoin d'une grande sensibilité, la différence de potentiel entre les quadrants doit être celle qui donne le maximum de sensibilité.

Une clef d'inversion sert à relier les deux pôles de la pile à mesurer, alternativement avec la terre et avec

ARMAGNAT: Inst. de mesures. 31

l'aiguille, de façon à obtenir, pour chaque force électromotrice, deux déviations de sens opposés, et à éliminer
ainsi le défaut de symétrie et les forces électromotrices
de contact des métaux formant le circuit. Cette méthode
permet seulement la *comparaison* des forces électromotrices, il faut graduer l'instrument avec une pile
étalon, Clark ou autre.

Par ce moyen, les piles sont mesurées à *circuit ouvert*,
il n'y a aucune polarisation à craindre.

Les forces électromotrices à comparer doivent être du
même ordre de grandeur, ou à peu près, de façon à
réduire autant que possible les erreurs de lecture.

Pour les forces électromotrices élevées, on emploie
plus fréquemment la *méthode idiostatique* qui dispense
de la pile de charge; pour les courants alternatifs, cette
méthode est la seule à employer.

Si le coefficient M est négligeable, dans toute l'étendue
de l'échelle, on étalonne l'électromètre en le reliant aux
deux pôles d'une pile de force électromotrice connue ou
mesurée au moyen d'une quelconque des méthodes indiquées ici. La pile employée doit donner une déviation
assez grande à l'électromètre et il faut toujours faire deux
mesures en renversant le sens des pôles. Quand M n'est
pas négligeable, il faut, comme pour les voltmètres ordinaires, déterminer plusieurs points de la courbe. Ainsi
étalonné, l'appareil peut servir indifféremment pour les
courants continus ou alternatifs.

À moins de très grandes précautions pour assurer
l'invariabilité de tous les éléments qui interviennent dans
la sensibilité des électromètres, il vaut mieux réétalonner
ces instruments chaque fois qu'on doit s'en servir; cette
restriction ne s'applique, bien entendu, qu'aux appareils
à miroir.

La comparaison des forces électromotrices à l'aide des
condensateurs, rentre dans la catégorie des méthodes à

circuit ouvert. Un condensateur, dont la capacité n'a pas besoin d'être connue, est chargé avec la force électromotrice à mesurer, puis déchargé dans un galvanomètre balistique. En procédant de même avec une pile étalon, le rapport des élongations donne le rapport des forces électromotrices.

Le dispositif employé est le suivant (fig. 189). Un galvanomètre balistique g est relié, en 1, à une des armatures d'un condensateur C, et, en 2, au contact supérieur d'une clef de décharge K_2; la lame mobile de cette clef est elle-même reliée, en 4, à la seconde armature du condensateur; enfin, la pile E est reliée, en 1 et 3, par l'intermédiaire d'une clef d'inversion K_1.

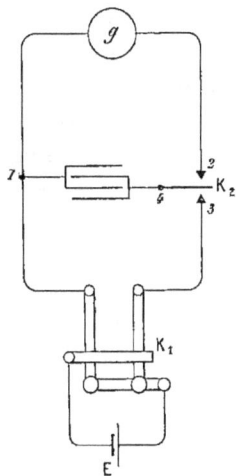

Fig. 189. — Méthode de condensateur.

Pour faire la mesure, on abaisse la clef K_2 sur le contact 3, ce qui établit la communication entre la pile E et le condensateur; celui-ci prend donc une charge C E. Abandonnant ensuite la clef K_2, la lame mobile vient toucher en 2, et le condensateur se décharge dans le galvanomètre, en produisant une élongation ε_1 proportionnelle à C E. Une seconde observation, faite en substituant la force électromotrice inconnue, x, à E, donne ε_1 proportionnelle à Cx; on en tire :

$$\frac{\varepsilon_1}{\varepsilon_2} = \frac{E}{x}.$$

Comme condition pratique, il faut avoir grand soin de prendre *toujours la même durée de charge*, en maintenant la clef K_2 abaissée pendant un temps uniforme pour toutes les mesures ; on élimine ainsi les effets nuisibles

de l'*absorption* du condensateur, effets d'autant plus graves
que le condensateur est plus imparfait. Il est également
important, pour éviter les pertes de charge causées par le
défaut d'isolement du condensateur, de faire le temps de
passage de 3 en 2 aussi court que possible ; dans la clef de
Sabine et dans les modèles analogues, ce mouvement est
obtenu par la détente brusque d'un ressort. Il est bon de
faire deux mesures à chaque force électromotrice, en
renversant le sens de la charge.

La sensibilité de la méthode est liée à la grandeur des
élongations observées, il en résulte que, pour comparer
deux forces électromotrices, il est nécessaire que celles-
ci soient entre elles dans un rapport assez peu élevé, de
façon à obtenir, pour chacune des élongations, une valeur
convenable sans sortir de l'échelle ; en pratique, on ne
peut guère dépasser le rapport de 1 à 3.

Pour comparer des forces électromotrices différentes,
deux moyens peuvent être employés. L'un, qui consiste à
faire varier la capacité C, dans un rapport connu, a
l'inconvénient d'introduire dans la mesure les erreurs de
réglage des condensateurs, erreurs souvent supérieures
à 1 p. 100. L'autre, plus exact, consiste à employer, avec
le balistique, un *shunt universel;* cet appareil peut être
facilement remplacé, en fermant le galvanomètre sur
deux boîtes de résistance, dont on fait varier le rapport
en laissant la somme constante. Cette dernière disposition
permet de comparer, avec des élongations presque égales,
des forces électromotrices variant dans le rapport de 1 à
1 000, avec une précision de 0,1 à 0,3 p. 100.

Quand le galvanomètre employé est trop sensible, on
réduit la durée d'oscillation à l'aide de l'aimant directeur,
ou, s'il est à cadre mobile, on fait varier la capacité ; on
peut aussi le shunter.

La méthode qui consiste à mesurer l'élongation produite *à la charge,* est de beaucoup inférieure à celle

décrite ci-dessus, car elle fait intervenir dans le résultat tous les défauts du condensateur. En prenant la mesure *à la décharge*, avec les précautions indiquées, on peut se servir d'un condensateur quelconque, même très médiocre.

§ 86. — Méthode de déviation étalonnage des galvanomètres à miroir.

Les méthodes que nous venons d'examiner s'appliquent toutes aux courants constants. Il arrive très fréquemment que l'on a besoin de mesurer, assez exactement, des forces électromotrices soumises à des variations irrégulières et assez rapides; dans ce cas, il faut avoir recours aux appareils étalonnés; mais ceux-ci ont, en général, une sensibilité déterminée, ils ne se prêtent pas toujours à la grandeur du phénomène à mesurer. Une solution, très employée, consiste à étalonner un galvanomètre à miroir, à déviations proportionnelles, au moyen d'une force électromotrice connue, et à s'en servir alors comme d'un voltmètre, en faisant varier la sensibilité au moyen d'un shunt et d'une boîte de résistances.

Il est évident que, là encore, on mesure une force électromotrice en fonction d'une intensité et d'une résistance; il est donc très simple d'obtenir E en faisant le produit R I; cette solution est évidemment la plus commode quand il s'agit d'une seule mesure; mais, quand l'appareil doit servir à une série de mesures, il vaut mieux compliquer un peu l'étalonnage et les calculs du début, pour simplifier les mesures par la suite. On calcule généralement la valeur du shunt et de la résistance, pour que chaque division de l'échelle représente un multiple, ou une fraction simple du volt.

Le galvanomètre *g* (fig. 190) est relié au shunt S et à la boîte de résistances R. Une clef d'inversion K permet de mettre la pile étalon E, ou la force électromotrice à mesurer, en relation avec le galvanomètre.

Le galvanomètre employé doit avoir une formule de mérite d'au moins un mégohm ; il doit être suffisamment amorti et avoir une durée d'oscillation très courte ; pour toutes ces raisons, on choisit généralement les galvanomètres à cadre mobile.

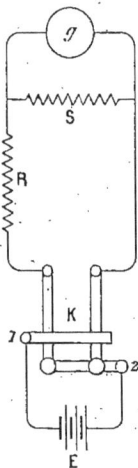

Fig. 190. — Méthode de déviation.

Comme la résistance du circuit total doit être aussi élevée que possible, pour se rapprocher pratiquement du circuit à résistance infinie, il faut placer en R une boîte de 1 à 10 000 ohms, au moins ; si l'on peut aller jusqu'à 100 000 ohms cela n'en vaut que mieux. Le shunt S est constitué, soit par le shunt ordinaire de l'instrument, soit, ce qui est plus commode, par une boîte de résistances, pouvant varier depuis 1 ohm jusqu'à la valeur de *g*. Ces deux boîtes doivent être étalonnées exactement ; de simples rhéostats ne suffisent pas.

La clef d'inversion K peut être quelconque, mais nous recommandons beaucoup, pour cette application, l'emploi de l'inverseur à mercure ; c'est le meilleur moyen d'éviter les faux contacts et les erreurs qu'ils amènent.

On prend généralement, comme étalon, l'élément Daniell du Post-Office ; on peut aussi mesurer très exactement, au potentiomètre, la force électromotrice d'une pile constante, ou mieux encore d'un accumulateur, et se servir ensuite de cette pile comme étalon ; la petite complication qui résulte de cette méthode est bien rachetée par l'exactitude des résultats. Il ne faut pas oublier que la méthode de déviation est beaucoup plus rapide que les précédentes et que, pour des mesures nombreuses, on a avantage à procéder ainsi.

Il faut d'abord faire l'étalonnage du galvanomètre. Pour cela, on met en R la plus grande résistance possible, puis, reliant la pile étalon aux points 1 et 2, on règle la déviation du galvanomètre en agissant sur le shunt S ; comme ce dernier n'est pas toujours assez subdivisé pour permettre de donner à la déviation d la valeur exacte demandée, on arrête S à une valeur telle qu'une augmentation d'une unité fait dépasser cette déviation ; à ce moment, on finit le réglage en diminuant un peu R ; cette façon de procéder permet de conserver à R la plus grande valeur possible.

On prend, pour étalonner l'appareil, une déviation d aussi grande que possible, tout en restant dans les limites où le galvanomètre est proportionnel. Quand la déviation d'un galvanomètre à cadre mobile ne dépasse pas 15 p. 100 de la distance D, de l'échelle au miroir, la proportionnalité est généralement satisfaisante, mais il est cependant utile de s'en assurer. Cette vérification se fait très facilement avec les appareils disposés; il suffit de noter R, S, g et d pour différentes valeurs de la déviation et de calculer le rapport des intensités aux déviations. Quelquefois la proportionnalité persiste jusqu'à 0,4 D ; dans ce cas, on peut réduire l'erreur de lecture en adoptant pour d une valeur plus grande. Pour se placer dans de bonnes conditions, il faut, bien entendu, que l'échelle soit perpendiculaire au rayon réfléchi à zéro. Quand le galvanomètre présente des déplacements de zéro causés soit par la viscosité du fil, soit par des variations extérieures, on inverse le sens du courant et on fait une nouvelle lecture ; on prend alors la somme des deux déviations; quand la fixité du zéro est reconnue, il suffit d'une seule lecture.

Supposons, par exemple, qu'ayant un galvanomètre de

220 ohms de résistance et un étalon Daniell donnant
1,07 volt, nous voulions obtenir 107 divisions de l'échelle,
soit 100 divisions par volt. Plaçant en R une résistance de
10 000 ohms, nous voyons que le shunt S doit être compris
entre 150 et 151 ohms, nous choisissons 150 et nous
réglons R jusqu'à 9 980, ce qui donne exactement
107 comme déviation. Ainsi étalonné, le galvanomètre
est prêt pour toutes les mesures, depuis 0,5 jusqu'à
2 volts environ ; pour changer la sensibilité, il est nécessaire de modifier R et S dans des conditions convenables.

Soit n le nombre de divisions par volt obtenu dans
l'étalonnage, avec les valeurs g, R et S ; pour obtenir
une nouvelle sensibilité, n' divisions, il faudra donner à
R et S d'autres valeurs, R' et S', telles que l'intensité,
dans le galvanomètre, reste la même pour la même
déviation ; c'est-à-dire qu'on devra avoir :

$$\left(\frac{g+S}{S}\,R+g\right)n = \left(\frac{g+S'}{S'}\,R' + g\right)n';$$

comme il y a deux variables, plusieurs couples de valeurs
peuvent satisfaire à cette égalité, mais il faut se rappeler
que R doit toujours être aussi élevé que possible et que
S ne peut ordinairement varier que ohm par ohm et non
par fractions.

Le calcul par tâtonnements, auquel on est conduit,
est une petite difficulté de la méthode ; il est bon d'y
insister.

Supposons d'abord que la valeur de R doive rester
constante et que g soit négligeable devant R ; la valeur S'_1
qui satisfait le mieux aux conditions posées, est :

$$S'_1 = \frac{gSn'}{(g+S)\,n - Sn'},$$

on choisit la valeur entière de S' qui approche le plus de
S'_1 et avec cette valeur on calcule R'.

Si la résistance R avait dû être augmentée ou diminuée dès le principe, on lui aurait donné approximativement une valeur R'_1 et on aurait eu :

$$S'_2 = \frac{g S n' R'_1}{(g + S)\, n R - S n' R'_1}.$$

Dans les deux cas on a :

$$R' = \frac{S'}{g + S'} \left[\left(\frac{g + S}{S}\, R + g \right) \frac{n}{n'} - g \right].$$

Pour permettre, dans l'exemple précédent, de mesurer une différence de potentiel entre 100 et 200 volts, il faut réduire la sensibilité de façon à avoir une division par volt, $n = 1$. Le calcul de S'_1 montre que le shunt devrait avoir environ 0,89 ohm, mais, comme la boîte employée ne renferme pas de fraction d'ohm, il faut prendre $S' = 1$; la valeur qu'il faut donner à R' est donc :

$$R' = \frac{1}{220 + 1} \left[\left(\frac{220 + 150}{150}\, 9\,980 + 220 \right) 100 - 220 \right]$$
$$= 11\,234.$$

En procédant systématiquement, comme nous venons de le faire, on réduit au minimum les tâtonnements et on est sûr de se placer dans les meilleures conditions.

Indépendamment de l'erreur de lecture, cette méthode comporte, lorsqu'il faut changer la sensibilité, les erreurs systématiques dues à l'incertitude sur la valeur exacte de g ; l'emploi d'un galvanomètre enroulé en fil de maille-chort ou de manganin réduit beaucoup cette cause d'erreur. L'erreur, commise sur la valeur de l'étalon de force électromotrice employé, est certainement la plus grande de toutes lorsqu'on fait usage de l'étalon Daniell ; néanmoins, dans ces conditions, on peut encore espérer une exactitude finale de 0,5 à 1 p. 100, ce qui est très suffisant dans bien des cas.

§ 87. — Voltages élevés.

Quand les forces électromotrices à mesurer dépassent 200 ou 300 volts, on a généralement recours aux appareils étalonnés, en particulier aux électromètres ; mais il faut graduer et vérifier ces appareils, ce qui exige des moyens particuliers.

Avec une source de courant continu et constant, de force électromotrice suffisante, et avec des boîtes de résistances dont la valeur est assez élevée, on peut employer la méthode précédente ; il suffit de placer la résistance dans des conditions telles qu'elle ne puisse être détériorée.

Quelques laboratoires seulement sont outillés pour procéder ainsi ; une méthode plus générale consiste à employer des courants alternatifs, avec transformateurs pour élever le voltage.

Pour le cas qui se présente le plus fréquemment, celui des électromètres, la disposition suivante nous a toujours fourni de bons résultats.

Le circuit secondaire d'un transformateur, qui peut être une simple bobine d'induction, est relié à une série de bobines de résistances égales entre elles ; l'électromètre à graduer, étant placé aux bornes du transformateur, reçoit une différence de potentiel élevée, tandis qu'un autre électromètre, préalablement bien étalonné, est mis en dérivation sur un certain nombre de bobines seulement. Il est bien évident qu'il suffit de multiplier les lectures faites sur l'électromètre étalon, par le rapport du nombre de bobines correspondant à chaque appareil, pour avoir le voltage aux bornes du premier.

On peut, soit laisser la force électromotrice secondaire constante, soit la faire varier en intercalant dans le primaire une bobine dont la self-induction varie par l'enfoncement d'un noyau de fer. Dans le premier cas, on fait varier les points d'attache du voltmètre à essayer, pour faire varier la différence de potentiel mesurée; dans le second cas, le rapport des indications des deux instruments reste constant.

Les bobines de résistances à employer doivent être enroulées en double et suffisamment sectionnées, tant pour réduire la self-induction négative du système, $\Sigma\,(CR^2)$, que pour diminuer la différence de potentiel entre deux fils voisins; le nombre de sections apparent peut d'ailleurs être moindre que le nombre réel, car il n'est pas toujours nécessaire, par exemple, de faire varier le rapport de 1 à 100, tandis qu'il est utile de sectionner en 100 parties, au moins, une résistance qui doit supporter 5 ou 6 000 volts; cette observation est importante, car ce qui coûte le plus cher dans ce cas, ce sont les plots de la boîte et non les résistances elles-mêmes. L'emploi des bobines enroulées en double permet d'obtenir des sections rigoureusement égales, ce qui n'est pas possible avec des bobines ayant de la self-induction, que celles-ci renferment ou ne renferment pas de fer.

CHAPITRE IV

MESURE DES INTENSITÉS

§ 88. — Mesure des faibles intensités.

Les intensités inférieures à 0,1 ampère se mesurent
directement au moyen des galvanomètres sensibles, shun-
tés ou non. Au delà de cette valeur, les shunts ordinaires
de ces instruments sont susceptibles de s'échauffer et ils
ont, en général, un pouvoir multiplicateur trop faible ; on
emploie alors des résistances spéciales, de section appropriée, comme nous le verrons plus loin.

Avec les galvanomètres à miroir et avec tous ceux à
déviations proportionnelles, il suffit de connaître l'intensité correspondant à une division pour trouver l'intensité
mesurée ; en appelant A cette valeur pour $d = 1$,

$$I = Ad.$$

Le coefficient A est l'inverse de J calculé précédemment (§ 18) ; la mesure de A se fait par la méthode indiquée à ce sujet, elle est extrêmement simple. Il faut
employer une pile de force électromotrice bien connue,
de faible résistance intérieure et capable de fournir, sans
polarisation appréciable, un courant d'environ 0,0001
à 0,001 ampère. L'étalon Daniell du Post-Office est très
convenable dans ce but. On peut aussi mesurer la force
électromotrice d'un accumulateur, par les méthodes indiquées précédemment, et se servir ensuite de celui-ci
comme étalon, la précision obtenue ainsi peut être plus
grande.

L'exactitude du résultat dépend évidemment de la grandeur de la déviation observée.

Quand le galvanomètre n'est pas proportionnel, il faut déterminer l'intensité correspondant à diverses déviations, en employant la même disposition que ci-dessus, puis on trace une courbe de

$$I = f(d),$$

sur laquelle on peut déterminer, par interpolation, la valeur de l'intensité pour une déviation quelconque.

Il est bien entendu que, s'il y a un shunt, l'intensité qui traverse le galvanomètre, doit être multipliée par le pouvoir multiplicateur du shunt.

Lorsqu'on dispose d'un bon galvanomètre différentiel, on peut employer une méthode de zéro. Le courant inconnu traverse un des circuits, pendant que l'autre est parcouru par un courant fourni par une pile constante, de force électromotrice E, dans une résistance R et, s'il est nécessaire, avec un shunt S ; cette disposition est encore la même que pour la constante des galvanomètres. Le courant inconnu I a pour valeur, au moment où le galvanomètre reste bien au zéro :

$$I = \frac{E}{R + \frac{gS}{g+S}} \, \frac{S}{g+S} \, ;$$

la résistance intérieure de la pile étant considérée comme négligeable.

Comme toutes les méthodes de zéro, celle-ci peut donner des résultats très exacts, si le galvanomètre est bien différentiel, et si E est bien connu.

Ces deux méthodes s'appliquent à tous les courants inférieurs à 0,1 ampère, si faibles qu'ils soient, pourvu que le galvanomètre employé soit assez sensible.

Avec les galvanomètres Thomson, on peut ainsi mesurer des intensités de 0,01 de microampère à 1 p. 100 près. Les galvanomètres à cadre mobile permettent de mesurer, assez exactement, des courants de l'ordre du microampère.

§ 89. — Méthodes pratiques.

Pour les courants supérieurs à 0,1 ampère, on peut prendre des barres métalliques, dont on règle la section et la longueur, de façon à obtenir, avec un échauffement négligeable, une déviation convenable au galvanomètre ; on mesure ensuite la résistance ainsi formée. Il est préférable d'employer des résistances étalonnées, construites spécialement pour l'intensité à mesurer ; de cette façon il suffit de mesurer la différence de potentiel aux bornes de la résistance pour obtenir l'intensité par un calcul très simple.

Cette méthode comporte deux opérations distinctes, dont l'une, au moins, peut être faite une fois pour toutes. D'abord la mesure *exacte* d'une résistance assez faible et la détermination de l'intensité maximum qu'elle peut supporter sans varier sensiblement ; ensuite la mesure d'une différence de potentiel.

Cette dernière mesure peut s'effectuer par l'une quelconque des méthodes exposées précédemment : par opposition, au potentiomètre, au condensateur ou par déviation.

Les différences de potentiel à mesurer, dans ce cas, sont généralement inférieures à 1 volt ; on les réduit autant que possible, dans le but de diminuer l'énergie dépensée ; celle-ci n'est généralement pas dispendieuse, sauf le cas de mesures continues, mais il est plus facile de maintenir la température constante quand la dépense est faible. Ainsi la mesure de 1000 ampères avec une résistance de 0,001 ohm, dépense 1 kilowatt ; pour rester dans des limites de température acceptables, il faut employer un courant d'eau assez fort.

Avec une résistance bien étalonnée et un étalon de force électromotrice bien connu, la méthode d'opposition fournit des résultats aussi bons que l'emploi direct des étalons d'intensité, quand il s'agit de faibles valeurs. Cette méthode peut être considérée comme *la plus parfaite* pour *les grandes intensités*, car *on n'a pas à craindre l'influence électromagnétique des conducteurs* qui amènent le courant.

La disposition à employer est celle qui s'applique aux forces électromotrices inférieures à celle de l'étalon ; le mode opératoire est le même. Une première mesure est faite avec le montage de la figure 183 (§ 82) ; on détermine exactement la force électromotrice *e* de la pile auxiliaire qui fournit le courant, puis on remplace l'étalon E,

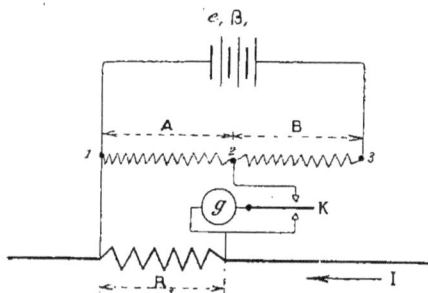

Fig. 191. — Mesure des intensités, méthode d'opposition.

par la dérivation prise sur la résistance R_1 (fig. 191) ; on rétablit l'équilibre en faisant varier A et B et en laissant leur somme constante. En employant en *e* des accumulateurs, un ou deux suffisent, on obtient un courant très constant ; l'erreur sur l'intensité peut être inférieure à 0,2 p. 100 quand E et R_1 sont exactement connus. Quand on emploie un potentiomètre la mesure est encore plus facile (§ 83).

Quand on dispose d'un condensateur, on peut comparer la force électromotrice étalon E à la différence de potentiel RI ; la précision du résultat dépend de la grandeur des élongations observées.

La méthode réellement pratique consiste à placer, en dérivation sur la résistance R_1, un galvanomètre étalonné en volts par le moyen déjà indiqué.

La condition essentielle à réaliser, c'est que la résistance du circuit galvanométrique soit assez grande, par rapport à R_1, pour que l'on puisse négliger le courant dérivé. La précision relative de cette méthode étant environ 0,5 p. 100, il faut avoir au moins

$$R + \frac{gS}{g+S} > 200 \, R_1.$$

Partant de l'étalonnage fait pour 1 volt = 100 divisions, il faut souvent augmenter cette sensibilité et faire, par exemple, 1 volt = 1 000 ou 10 000 divisions.

Le calcul des résistances R et S doit être conduit comme précédemment, en agissant d'abord sur S, de façon à conserver à R la plus grande valeur possible. Avec les galvanomètres à cadre mobile, quand l'amortissement n'est pas assuré par une armature métallique, il faut donner à S une valeur assez faible pour garder un amortissement suffisant ; dans ce cas, si la sensibilité du galvanomètre est faible, il faut donner immédiatement à S' la valeur limite et calculer R en partant de celle-ci.

Pour fixer les idées, reprenons l'exemple donné en parlant des forces électromotrices (§ 86), et supposons que le galvanomètre étalonné doit servir à mesurer 100 ampères, avec une résistance R_1 égale à 1 millième d'ohm. La différence de potentiel observée sera 0,1 volt. Pour obtenir une déviation convenable, il faudra avoir 1 000 divisions par volt, soit $n = 1 000$. Si le galvanomètre devient apériodique lorsqu'il est fermé sur une résistance de 200 ohms, nous poserons immédiatement S' = 200 et nous aurons :

$$R' = \frac{200}{230 + 200} \left[\left(\frac{220 + 150}{150} \, 9980 + 220 \right) \times \frac{100}{1000} - 220 \right] = 1077.$$

Dans ces conditions, la résistance totale du circuit galvanométrique est

$$1077 + 220 \, \frac{200}{220 + 200} = 1\,181.$$

la dérivation est inférieure à 10^{-6} du courant total c'est-à-dire absolument négligeable.

Le choix de la résistance R_1 a une importance capitale, la précision de la mesure en dépend. Il existe aujourd'hui beaucoup de résistances étalonnées qui sont des fractions de l'ohm construites spécialement pour les grandes intensités (§ 31). Lorsqu'on dispose de celles-ci, la mesure est beaucoup simplifiée, néanmoins, il est bon de s'assurer que la résistance est exactement celle indiquée, et, surtout, que le passage du courant ne cause pas un échauffement nuisible. La résistance est mesurée exactement, au pont de Thomson, par exemple, avant et après le passage du courant maximum que la résistance doit supporter ; la seconde mesure doit être faite très rapidement, aussitôt après la rupture du circuit, elle indique, à peu près, l'échauffement subi par la résistance.

A défaut de résistances étalonnées, on peut prendre des barres de maillechort, de laiton, de ferro-nickel ou de manganin, sur lesquelles on détermine, par comparaison, la résistance convenable. On doit, autant que possible, prendre la dérivation en deux points différents de ceux de l'arrivée du courant.

Une autre disposition, assez commode pour les intensités moyennes, consiste à prendre des fils de maille-

ARMAGNAT. Inst. de mesures. 32

chort ou de ferro-nickel de 1 à 4 mm de diamètre et à les couper de longueur telle que leurs extrémités recourbées plongeant dans des godets à mercure, ils aient chacun 1, 0,1 ou 0,01 ohm. Selon l'intensité à mesurer, on prend un nombre m de ces barres plus ou moins grand. On peut admettre qu'un fil de maillechort de 1 mm, supporte, sans variation gênante, 0,5 ampère ; le ferro-nickel a un coefficient plus élevé que le maillechort, mais il résiste mieux au mercure. Pour bien fixer la valeur de la résistance ainsi faite, il est bon de vernir le fil jusqu'au point où le mercure doit venir au contact ; plus le fil est long et moins l'erreur des bouts est appréciable.

Pour les grandes intensités, le moyen le plus simple, à défaut de résistances étalonnées spéciales, c'est de prendre un tube de laiton, ou de maillechort, sur lequel on fixe des contacts et que l'on fait parcourir par un courant d'eau ; un tube de laiton de 18 mm de diamètre intérieur et 20 mm extérieur, peut supporter, si l'écoulement d'eau est suffisant, plus de 1000 ampères, sans varier d'un degré. On ne trouve guère, dans le commerce, que des tubes de laiton, il faut déterminer leur valeur à différentes températures, car le coefficient du laiton varie avec chaque échantillon ; il est, en moyenne, de 0,15 p. 100 par degré.

§ 90. — Méthode électrolytique.

A défaut d'autre étalon, on peut graduer les galvanomètres au moyen des dépôts électrochimiques. Ce procédé est facilement applicable aux courants dont l'intensité est de l'ordre de l'ampère ; au-dessous, il faut un temps trop long pour obtenir un dépôt suffisant; au-dessus, il faut employer plusieurs voltamètres en dérivation, le procédé devient très dispendieux.

Un coulomb dépose 0,001118 gramme d'argent ou

0,0003287 gramme de cuivre. Il est préférable de faire l'électrolyse d'un sel d'argent qui donne, pour une même quantité, un dépôt dont le poids est trois fois plus grand ; mais le dépôt d'argent a, en outre du prix élevé des substances employées, l'inconvénient d'être assez peu adhérent, des pertes peuvent se produire pendant les lavages, ce qui rend l'opération assez délicate. On a plus souvent recours, dans la pratique, aux dépôts de cuivre, qui donnent des résultats moins exacts, mais avec plus de facilité.

La solution à électrolyser doit contenir environ 15 p. 100, en poids, de sulfate de cuivre pur du commerce ; on ne doit jamais lui laisser atteindre, par appauvrissement ou par évaporation, une densité inférieure à 1,05 ou supérieure à 1,15. On ajoute à la solution environ 5 p. 100 d'acide sulfurique, ce qui diminue l'attaque des électrodes par le bain.

L'anode et la cathode sont formées de feuilles de cuivre électrolytique, ayant environ 0,5 mm d'épaisseur et une surface calculée à raison de 50 à 100 cm² par ampère. Les bords et les angles de ces feuilles sont arrondis pour empêcher la formation, en ces points, de dépôts pulvérulents. Les électrodes, suspendues verticalement dans le bain, sont tenues par des pinces qui les relient au circuit ; ces pinces sont, bien entendu, placées en dehors du liquide et il ne faut pas tenir compte de la surface des plaques qui émerge du bain ; cette surface doit, d'ailleurs, être aussi restreinte que possible. La distance des deux électrodes dans le bain ne doit pas être inférieure à 1 cm ; il n'y a pas intérêt à la faire trop grande, ce qui augmente la résistance du bain ; entre 1 et 5 cm on obtient de bons résultats.

Les électrodes, bien dressées et polies au tripoli, sont préparées de la manière suivante : décapées d'abord dans l'acide azotique étendu d'eau, puis dans une solution d'acide sulfurique, lavées à grande eau, passées à l'alcool.

épongées avec un buvard et séchées dans l'air chaud. Dès
le premier décapage, il ne faut plus toucher la plaque
avec les doigts, pour éviter les taches grasses qui empêchent l'adhérence du dépôt.

Après refroidissement, la cathode est pesée très soigneusement et les deux électrodes sont mises dans le
bain.

Le courant employé doit être très constant, c'est pourquoi il est bon de le prendre sur des accumulateurs;
une assez grande résistance doit être intercalée dans le
circuit, pour diminuer les variations d'intensité dues au
liquide électrolysé; il faut, en outre, ajouter un rhéostat
continu, destiné à maintenir la constance du courant
malgré les petites variations du circuit. Ce dernier
réglage est fait en suivant les indications du galvanomètre à étalonner, ou d'un galvanomètre témoin.

La durée de l'opération dépend du courant à mesurer,
car il faut obtenir un dépôt d'un poids suffisant pour
que les erreurs de pesée soient négligeables. Il ne faut
pas oublier que l'on mesure une *différence* de poids et
que, par conséquent, le poids du dépôt ne doit pas être
trop petit par rapport à celui de la cathode.

Avec les dimensions et la densité du courant indiquées
ci-dessus, la cathode pèse environ 4o gr par ampère ;
une durée de une heure assure un dépôt de 1 gr environ
par ampère, ce qui peut être considéré comme un bon
rapport entre les deux poids. Les pesées doivent être
faites au milligramme près.

Le temps est mesuré au moyen d'un bon chrono-
mètre : on note le moment d'établissement du courant
et celui de la rupture ; ces observations doivent être
faites à une seconde près.

L'intensité du courant, observée au début, doit être
maintenue constante pendant toute la durée de l'opération. Si cette condition ne peut pas être exactement

remplie, il faut noter les indications du galvanomètre à des intervalles assez rapprochés et faire la moyenne.

Aussitôt le courant rompu, la cathode est sortie du bain, lavée à plusieurs reprises dans l'eau distillée, puis à grande eau, finalement plongée dans l'alcool, séchée au buvard et dans l'air chaud. Ce n'est qu'après refroidissement qu'on procède à la pesée.

La perte de poids de l'anode est toujours plus élevée que l'augmentation de la cathode, il n'y a pas lieu d'en tenir compte.

Si P et P_1 sont les poids, avant et après l'opération, T la durée de celle-ci, l'intensité moyenne du courant est :

$$I = \frac{P_1 - P}{0,0003287 \, T} \cdot$$

L'exactitude de la mesure dépasse rarement 0,5 p. 100.

CHAPITRE V

MESURE DES CAPACITÉS

§ 91. — Comparaison au galvanomètre balistique.

La charge d'un condensateur est une fonction du temps, de la force électromotrice employée et, souvent, des charges antérieures.

Nous avons vu (§ 41) que cette fonction varie beaucoup suivant la *nature* du diélectrique employé et le mode de fabrication, qu'il s'agisse d'un condensateur ou d'un câble ; il s'ensuit que la capacité ne peut être définie que si on se place dans des conditions déterminées.

Toutes les méthodes de zéro, proposées pour la mesure des condensateurs, négligent, soit la conductibilité propre, soit la variation de capacité avec le temps de charge, soit, enfin, la force électromotrice employée ; il en résulte que les chiffres qu'elles donnent sont moins précis que ceux des méthodes d'élongation ; dans la plupart des cas, ils n'ont même aucune signification précise et ne peuvent servir que pour la comparaison de condensateurs ayant des qualités presque identiques.

Pour comparer deux capacités au moyen des élongations d'un galvanomètre balistique, on réalise le montage de la figure 192. Une armature de chacun des condensateurs à comparer, C_1 et C_2, est reliée au point 3, commun au galvanomètre et à la pile de charge E. Si la capacité à mesurer est un câble dont l'armature extérieure est à la terre, le point 3 est lui-même relié à la

terre. Les deux autres armatures de C_1 et C_2 sont mises en communication avec la clef de décharge K_1, soit en les attachant successive-
ment à la borne du ressort, soit en les reliant à un commutateur à fiche K_2, dont le plot commun est en connexion directe avec K_1 ; la fiche, introduite dans l'un ou l'autre des trous, permet de prendre le condensateur que l'on veut ; ce commutateur doit être *parfaitement isolé*.

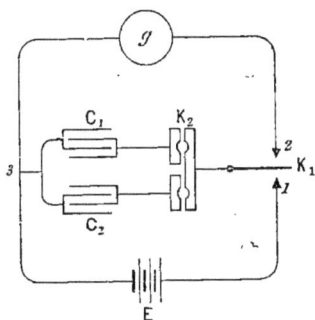

Fig. 192. — Comparaison de deux condensateurs.

La mesure proprement dite consiste à charger d'abord le condensateur C_1, pendant un temps déterminé, en abaissant la clef K_1 sur le contact 1. On abandonne ensuite le ressort de la clef de décharge qui vient en contact avec 2 ; le condensateur se décharge dans le galvanomètre, en produisant une élongation ε_1.

La même opération, répétée avec le condensateur C_2, en ayant soin d'employer la même durée de charge, donne une élongation ε_2 ; on a évidemment :

$$\frac{C_1}{C_2} = \frac{\varepsilon_1}{\varepsilon_2} .$$

La grandeur des élongations dépend de C, de E et de la sensibilité du galvanomètre employé. Quand les élongations sont trop petites, on augmente, s'il est possible, la sensibilité du galvanomètre, ou, ce qui est souvent plus facile, on augmente E. Quand les élongations sont trop grandes, on peut les diminuer à l'aide de shunts.

Avec les galvanomètres à cadre mobile, l'emploi du shunt universel (§ 16) permet de faire varier la sensibilité sans modifier l'amortissement ; par suite, le pouvoir

multiplicateur est le même avec les décharges qu'avec
les courants continus.

Les galvanomètres à aimant mobile ont un amortissement à peu près indépendant de la résistance du circuit, mais leur *coefficient de self-induction* est, en général,
plus élevé ; il peut en résulter une petite différence entre
le pouvoir multiplicateur indiqué par les résistances et
la valeur à prendre pour les décharges. Il faut déterminer, une fois pour toutes, la valeur vraie du pouvoir multiplicateur, en déchargeant dans le galvanomètre des
quantités connues d'électricité, soit en prenant un condensateur subdivisé et bien étalonné, soit en chargeant
le même condensateur avec des forces électromotrices
bien connues.

Quand les capacités C_1 et C_2 sont très différentes, on
peut amener les élongations à être presque égales, ce
qui est utile pour la précision du résultat, en faisant
varier E dans un rapport bien connu ; on peut aussi, et
ce moyen est plus exact, se servir des shunts.

Quelle que soit la sensibilité du galvanomètre, il ne
faut pas, quand l'une des capacités est susceptible de
polariser, prendre une force électromotrice inférieure à
10 volts ; ce cas est, presque toujours, celui des câbles.

Par cette méthode, on peut définir la capacité, ou
plutôt la charge, en fonction du temps ; mais, dans
l'usage courant, on se contente de déterminer cette
valeur pour une seule durée de charge, que l'on prend
presque toujours assez grande pour que là capacité
soit très près de sa valeur limite. Dans les essais de
câbles sous-marins, on prend généralement de 30 à
60 secondes.

Une précaution souvent recommandée, à tort d'ailleurs, consiste à *isoler* le condensateur pendant quelques
secondes entre la charge et la décharge. Cette recom-
mandation, qui avait probablement pour but, dans la télé-

graphie sous-marine, de permettre au câble de prendre un état de régime, a pour résultat de fausser entièrement les mesures, en faisant intervenir l'isolement du condensateur et la pénétration de la charge.

Dans toutes ces mesures, on doit veiller très soigneusement à l'isolement des divers instruments ; il faut aussi obtenir de très bons contacts, tant dans les clefs K_1 et K_2 que dans tous les points du circuit, car des *contacts imparfaits ne suppriment ni la charge, ni la décharge* du condensateur, mais ils les *ralentissent* suffisamment pour causer parfois des erreurs très graves, *dont rien ne décèle l'existence.*

La comparaison des deux capacités, pour des durées de charge bien définies, peut être obtenue, par cette méthode, avec une grande approximation, o,1 à o,2 p. 100, lorsque les condensateurs sont de qualité moyenne. Les condensateurs en papier, de même que les câbles, donnent quelquefois des erreurs supérieures à 5 p. 100, principalement à cause de la température.

§ 92. — Mesure en fonction d'une résistance et d'un temps.

Les équations (18), (19) et (20) (§ 15) donnent un moyen simple pour mesurer une quantité d'électricité, lorsqu'on connaît la durée d'oscillation et la sensibilité du galvanomètre employé ; puisque la quantité est égale à CE, on peut en tirer la valeur de C.

Dans ces équations, le rapport $\frac{\alpha}{I}$, de la déviation permanente à l'intensité qui la produit, peut être remplacé par :

$$\frac{\alpha m R}{E},$$

en appelant m le pouvoir multiplicateur du shunt, R la résistance totale du circuit et E la force électromotrice.

Si on charge le condensateur avec la même valeur E, il faut remplacer q par $\dfrac{q}{E}$, c'est-à-dire par C ; finalement on tire de ces trois équations,

$$C = \frac{T_0}{\pi} \; \frac{1}{mR} \; \frac{\varepsilon}{\alpha} \; . \tag{1}$$

$$C = \frac{T_0}{\pi} \; \frac{1}{mR} \; \frac{\varepsilon}{\alpha} \; e^{\frac{\lambda}{\pi} \, \mathrm{arc\,tg}\, \frac{\pi}{\lambda}} . \tag{2}$$

$$C = \frac{T_0}{\pi} \; \frac{1}{mR} \; \frac{\varepsilon}{\alpha} \; e . \tag{3}$$

La mesure de la capacité se résume alors dans la détermination d'un temps T_0, durée de l'oscillation simple du galvanomètre, sans amortissement ; la mesure de la résistance R ; enfin, dans la détermination de deux *rapports*, un rapport de résistance et $\dfrac{\varepsilon}{\alpha}$, rapport de deux longueurs. Il faut aussi ajouter, selon le cas, la mesure du décrément logarithmique λ, ou celle des conditions qui assurent l'apériodicité critique.

Quand la durée d'oscillation T_0 dépasse 4 ou 5 secondes, la mesure des élongations se fait avec la même précision que celle des déviations permanentes ; si, de plus, l'amortissement est très faible ou nul, on peut mesurer T_0 à 0,2 ou 0,3 p. 100 près ; au contraire, quand l'amortissement est considérable, la mesure de T_0 est très incertaine.

Avec les galvanomètres à aimant mobile, il faut choisir un équipage très peu amorti, mesurer T et λ, aussi exactement que possible, et en tirer T_0. L'emploi d'un galvanomètre fortement amorti conduit, dans cette méthode, à des résultats complètement faux.

Avec les galvanomètres à cadre mobile, on peut toujours ouvrir le circuit, de façon à mesurer T_0 ou une valeur très approchée T ; d'où on tire, comme nous l'avons vu (§ 1) :

$$T_0 = T\left(1 - \frac{\lambda^2}{2\pi^2}\right).$$

Si on emploie également le galvanomètre à circuit ouvert, la très faible valeur de λ permet de remplacer l'équation (2) par :

$$C = \frac{T_0}{\tau} \frac{1}{mR} \frac{\varepsilon}{\alpha} \left(1 + \frac{\lambda}{2} \right). \qquad (4)$$

On peut aussi déterminer exactement la résistance critique d'amortissement (§ 13), et se placer sur cette résistance ; on applique alors l'équation (3).

Le groupement des appareils est indiqué (fig. 193).

Pour la mesure de ε, les conducteurs S et R sont ouverts en 1 et 2 ; la charge et la dé-charge du condensateur s'effec-tuent au moyen de K_1, exacte-ment comme dans la méthode précédente. La durée de charge doit toujours être la même, et, en cas de répétition des expé-riences, il faut laisser, entre deux mesures consécutives, le condensateur en court-circuit,

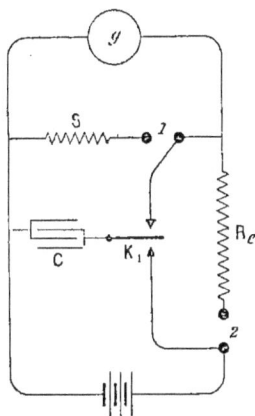

Fig. 193. — Mesure d'une capacité en fonction d'une résistance et d'un temps.

pour diminuer l'influence des charges résiduelles. S'il y a lieu d'employer un shunt pour l'amortissement, on ferme le circuit en 1.

Pour la mesure de α, on isole le condensateur en lais-sant la clef K_1 entre les deux contacts ; on ferme 1 et 2, de façon à faire passer le courant de la source E dans tout le circuit, et on règle S et R, comme on le fait pour la mesure des constantes de galvanomètres. On doit cher-cher à faire α très voisin de ε, pour réduire l'erreur du rapport.

Il est extrêmement important de s'assurer que les

déviations du galvanomètre sont bien *proportionnelles* aux intensités, car, s'il y a des différences, elles n'agissent pas de même sur les élongations et sur les déviations permanentes.

Toutes les précautions bien prises, on arrive difficilement, avec une seule mesure, à une approximation supérieure à 1 p. 100 ; ce n'est que par la répétition des expériences, dans des conditions variées, que l'on obtient plus de précision.

CHAPITRE VI

COEFFICIENTS D'INDUCTION

§ 93. — Méthode de lord Rayleigh.

Quand on mesure, au pont de Wheatstone, une résistance présentant de la self-induction, le circuit de la pile étant *fermé après* celui du galvanomètre, on observe une élongation de ce dernier ; le même phénomène se reproduit, en sens inverse, quand on *ouvre* le circuit de la pile *avant* celui du galvanomètre. Ces deux élongations sont dues à la décharge d'une quantité d'électricité proportionnelle au coefficient de self-induction L et à l'intensité I.

Considérons le pont de Wheatstone de la figure 194.

Au moment où l'équilibre est obtenu on a, comme toujours,

$$\frac{a}{b} = \frac{x}{R} \ ;$$

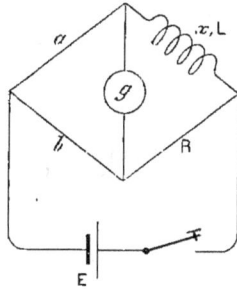

Fig. 194. — Méthode de lord Rayleigh.

mais la branche x a un coefficient de self-induction L, de telle sorte que, si nous rompons brusquement le circuit de la pile, l'induction produit un courant et la quantité totale q, qui traverse la branche x, a pour valeur :

$$q = \frac{LI}{R_1} \ ;$$

en appelant R_1 la résistance totale du circuit vis-à-vis du courant engendré en x. Il est évident, à la seule inspection de la figure, que les branche x et R sont parcourues par la quantité totale, tandis que la branche g n'en reçoit qu'une fraction ; le pouvoir multiplicateur du shunt ainsi formé étant :

$$m = \frac{g+a+b}{a+b},$$

la résistance R_1 peut s'écrire :

$$R_1 = x + R + \frac{g}{m}.$$

Le galvanomètre est traversé par une quantité q' :

$$q' = \frac{q}{m} = \frac{LI}{mR_1}.$$

Si, au moyen d'un galvanomètre balistique, on mesure la quantité q', on peut en déduire L ; cette méthode exige l'étalonnage préalable du galvanomètre. Dans la *méthode de lord Rayleigh*, on évite l'étalonnage par le moyen suivant : toutes choses restant dans l'état précédent, on ajoute, à la branche x, une résistance r, assez petite pour ne pas modifier sensiblement l'intensité I. Cette résistance agit comme le ferait l'introduction, en x, d'une force électromotrice rI, c'est-à-dire envoie, dans le circuit R_1, un courant i, dont une fraction i' seulement traverse le galvanomètre :

$$i' = \frac{i}{m} = \frac{rI}{mR_1}.$$

Le passage de q' dans le galvanomètre produit une élongation ε telle que :

$$q' = \frac{T}{\pi}\,\frac{i_1}{d_1}\,e^{\frac{\lambda}{\pi}\,\mathrm{arc\,tang}\,\frac{\pi}{\lambda}}\,\varepsilon.$$

D'autre part le courant i' produit une déviation permanente d,

$$i' = \frac{i_1}{d_1} d.$$

De ces quatre équations nous tirons :

$$L = \frac{T}{\pi} e^{\frac{\lambda}{\pi} \text{ arc tang } \frac{\pi}{\lambda}} r \frac{\varepsilon}{d},$$

le coefficient cherché est alors simplement exprimé en fonction d'une *résistance* et d'un *temps*.

Deux solutions commodes se présentent pour effectuer cette mesure. Il faut prendre, soit un galvanomètre *faiblement amorti*, de façon à pouvoir remplacer l'exponentielle par le facteur simplifié $\left(1 + \frac{\lambda}{2}\right)$ (§ 15) soit un galvanomètre réglé à l'*apériodicité critique ;* cette dernière solution n'est applicable qu'avec les galvanomètres à cadre mobile.

Le mode opératoire consiste à mesurer d'abord très exactement la résistance x ; il est même nécessaire d'obtenir l'équilibre parfait du galvanomètre, ce qui exige parfois l'adjonction, dans la branche x, d'un petit rhéostat à variation continue ; un simple bout de fil dont on fait varier la longueur, peut, au besoin, en tenir lieu. Sans changer le réglage, on *rompt brusquement* le circuit de la pile et on note l'élongation ε ; souvent, pour augmenter la sensibilité, ou éliminer l'influence de l'hystérésis, on *renverse* le sens du courant ; il faut alors introduire $\frac{\varepsilon}{2}$ au lieu de ε dans le calcul. Il est nécessaire, pour obtenir le renversement dans un temps très court, de se servir d'un inverseur à mercure analogue à celui de la figure 106.

Il est plus facile de produire le déréglage sur R que sur x, c'est ce que l'on fait généralement en faisant varier

le rhéostat R, en plus ou en moins ; il suffit de calculer r :

$$r = (R' - R) \frac{a}{b},$$

et de noter d.

Pour obtenir de bons résultats il faut, autant que possible, donner à ε et à d des valeurs élevées, ce qui exige
quelquefois pour $R' - R$ une valeur également élevée par
rapport à R ; il faut se garder de tomber dans cet excès
car la précision obtenue d'un côté serait perdue de
l'autre ; le meilleur moyen de contrôle dans ce sens consiste à vérifier la proportionnalité des déviations d aux
déréglages $R' - R$.

Quand la sensibilité balistique du galvanomètre est
trop grande, ε dépasse la longueur de l'échelle ; pour y
remédier, il faut ajouter, dans la branche g, une résistance que l'on fait varier jusqu'à obtenir pour ε une valeur
convenable ; le seul changement des bras de proportion,
a et b, produit quelquefois un résultat suffisant. Un autre
moyen, applicable aux galvanomètres à cadre mobile,
consiste à charger le cadre de masses destinées à augmenter son moment d'inertie.

Quand la sensibilité est trop faible, on a encore la
ressource de changer a et b ; on peut aussi augmenter I,
mais cette solution n'est applicable qu'aux bobines sans
fer, dans lesquelles le coefficient de self-induction est
indépendant de l'intensité. La solution la plus générale,
lorsqu'on fait usage des galvanomètres à aimants mobiles,
consiste à changer la durée d'oscillation T, au moyen de
l'aimant directeur.

Les galvanomètres à aimants mobiles ont un grand
défaut pour ces mesures, ils sont influencés par le champ
magnétique créé par la bobine, ce qui amène des erreurs,
à moins de placer le galvanomètre très loin, pour le soustraire à toute action perturbatrice. Pour obvier à cet

inconvénient on emploie fréquemment les galvanomètres à cadre mobile.

Nous savons que l'amortissement de ceux-ci est une fonction de la résistance totale du circuit sur lequel ils sont fermés. Pour des *résistances très grandes, relativement à la valeur critique*, le décrément logarithmique λ est faible et peut être déterminé expérimentalement, ainsi que T ; on se trouve alors dans le même cas que ci-dessus la même formule est applicable.

Au contraire, dès que la résistance approche de R_c, λ et T deviennent très difficiles à mesurer directement ; il faut alors déterminer expérimentalement, la constante balistique K, par la décharge d'une quantité connue d'électricité q_1, de telle sorte que l'on ait une élongation ε_1 :

$$q_1 = K\varepsilon_1.$$

Il faut, en outre, déterminer la sensibilité en courant continu, c'est-à-dire la déviation d_1 produite par une intensité i_1. La mesure, faite comme précédemment, donne :

$$L = K \frac{d_1}{i_1} r \frac{\varepsilon}{d} ;$$

la mesure de T est remplacée par celle de d_1. Bien entendu la mesure de K doit être faite avec les mêmes résistances que celles employées pour ε et d.

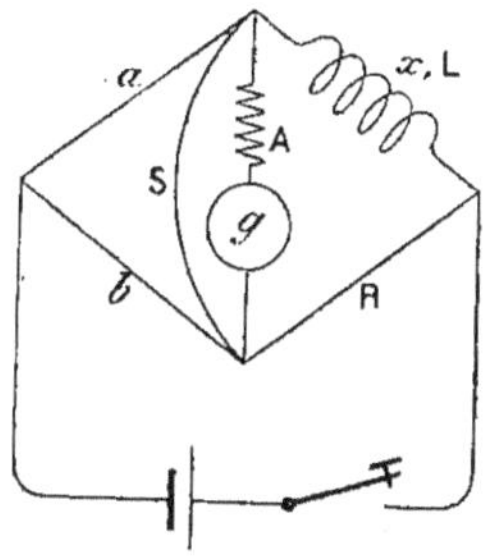

Une solution plus commode, surtout quand les mesures de ce genre sont fréquentes, consiste à déterminer la résistance critique

Fig. 195. — Méthode de lord Rayleigh avec un galvanomètre à cadre mobile.

une fois pour toutes, puis à se replacer constamment dans les mêmes conditions, en introduisant une résistance A ou un shunt S (fig. 195). Soit R_c la résistance critique.

obtenue, la condition précédente sera remplie toutes les fois qu'on aura :

$$R_e = g + A + \left(\cfrac{1}{\cfrac{1}{S} + \cfrac{1}{x+R} + \cfrac{1}{a+b}} \right);$$

le coefficient de self-induction est alors donnée par :

$$L = \frac{T_0}{\pi} \; er \; \frac{\varepsilon}{d} \cdot$$

Pour une seule mesure il faut évidemment calculer la valeur de A à employer, ou, mieux encore, il faut mettre des résistances telles que l'amortissement soit faible et mesurer λ. Pour des mesures répétées, il vaut mieux construire des courbes donnant, pour chaque valeur du rapport $\frac{a}{b}$ et de R, la valeur de A à employer ; s'il y a lieu, on fait les mêmes courbes pour deux ou trois valeurs de S, choisies de manière à faire varier la sensibilité.

Ces courbes, une fois établies, simplifient beaucoup les opérations. Il suffit de mesurer exactement x et de chercher sur le graphique la valeur de A à employer ; celle-ci introduite dans le circuit, on fait, comme ci-dessus, la mesure de ε et de d. Si la sensibilité n'est pas convenable, on essaye avec un autre rapport $\frac{a}{b}$, en introduisant la valeur correspondante de A.

Pour mesurer la self-induction des bobines ayant une très faible résistance, mais une *constante de temps assez élevée*, on peut appliquer la méthode de Rayleigh avec le pont de Thomson ; un raisonnement analogue à celui que nous avons fait précédemment nous conduirait exactement au même résultat. La mesure se fait encore en observant l'élongation ε causée par la rupture du circuit de la pile, et la déviation d produite par le déréglage R' — R du pont.

Pour employer un galvanomètre réglé à l'amortissement critique, il faut avoir (fig. 196) :

$$R_c = g + A + \frac{(a + b)(c + d)}{a + b + c + d},$$

en supposant R et x négligeables devant a, b, c et d. Il
suffit de calculer pour chaque rapport la valeur *unique*
de A à introduire dans
le circuit.

Si la résistance d'a-
mortissement est trop
petite pour permettre
le réglage de A, on
prend une valeur cons-
tante à la place de R_c et
on mesure, pour cette
valeur, la constante ba-
listique K ; on conserve
ainsi l'avantage de sim-
plifier les calculs, en se replaçant toujours dans les
mêmes conditions.

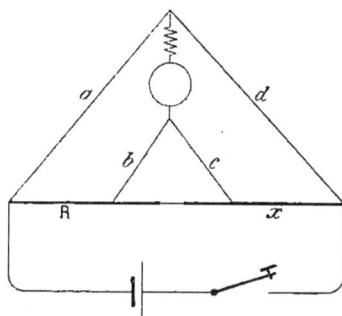

Fig. 196. — Extension de la méthode de
Rayleigh au pont Thomson.

Les meilleurs résultats sont toujours obtenus à la *rupture* ou au *renversement* du courant.

La précision de la méthode de Rayleigh peut atteindre
jusqu'à 0,3 ou 0,4 p. 100 lorsqu'on mesure une bobine
sans fer, dont la constante de temps est assez élevée pour
que la capacité des bobines de la boîte de résistances soit
négligeable.

Quand la bobine mesurée contient du fer, le résultat
est exactement :

$$\frac{\Phi - \Phi_0}{I - I_0},$$

c'est-à-dire la *variation du flux total*, divisée par la
variation du courant, de sorte que, si on opère par simple
rupture, on obtient, à cause de l'hystérésis, une valeur

inférieure à celle donnée par le renversement. *Le coefficient mesuré doit toujours être mis en regard de l'intensité
avec laquelle il a été mesuré.* Pour connaître cette intensité, on introduit un ampèremètre dans le circuit de la
pile et on calcule, par le rapport des résistances, le courant qui traverse la bobine elle-même.

La cause d'erreur la plus grave, avec les bobines contenant du fer, vient de la lenteur de la désaimantation,
c'est-à-dire de l'hystérésis proprement dite, qui fait que
le courant de décharge est souvent *plus long* que la durée
de l'élongation du galvanomètre ; quand le circuit magnétique est très fermé, ces mesures sont à peu près illusoires.

§ 94. — Méthode de Pirani.

Parmi les nombreuses méthodes de comparaison des
coefficients de self-induction aux capacités, celle imaginée
par M. Pirani est une des
plus simples.

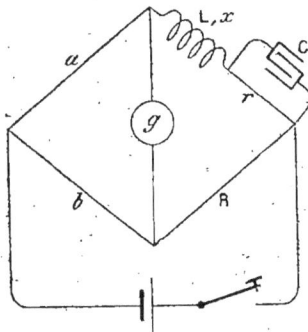

Dans un pont de Wheat-
stone ordinaire (fig. 197),
on place, dans la branche
x, la bobine de self-induction à mesurer, en série
avec une autre résistance
sans self-induction r ; sur
cette dernière se trouve
en dérivation un conden-
sateur C.

Fig. 197. — Méthode de Pirani.

Quand l'équilibre en courant permanent est obtenu,
c'est-à-dire quand :

$$\frac{a}{b} = \frac{x+r}{R},$$

l'ouverture ou la fermeture du circuit de la pile ne pro-

duisent aucune élongation du galvanomètre, à condition
que l'on ait :

$$L = Cr^2;$$

en effet, à ce moment, les quantités d'électricité envoyées
dans le circuit par le condensateur et la self-induction
sont égales et de signes contraires (§ 33).

Lorsqu'on dispose d'un condensateur subdivisé en fractions très petites, il suffit de donner à r une valeur
approximativement convenable pour obtenir le réglage
avec la capacité maximum, puis, après avoir fait l'équilibre en courant permanent, on fait varier C jusqu'à
obtenir l'équilibre dans l'état variable.

Si on dispose seulement d'un condensateur non subdivisé, il faut faire varier r; à cet effet, on forme cette
résistance au moyen d'un rhéostat étalonné et on introduit
la valeur convenable en procédant par tâtonnements successifs ; il faut à chaque variation de r refaire l'équilibre
en courant constant.

MM. Vaschy et de la Touanne ont simplifié l'opération
en en faisant une méthode de déviation. Les choses
étant disposées comme ci-dessus, on observe l'élongation ε produite quand le condensateur C est en dérivation sur r; puis, retirant le condensateur seulement
on observe une nouvelle élongation ε'; le coefficient
observé est :

$$L = Cr^2 \frac{\varepsilon'}{\varepsilon' - \varepsilon} :$$

quand ε' est de sens opposé à ε, il faut prendre $\varepsilon' + \varepsilon$.

Ces méthodes sont applicables seulement aux bobines
sans fer, ou du moins à celles dans lesquelles l'hystérésis
est négligeable ; de plus, il ne faut pas les employer
pour les coefficients élevés, car les quantités développées
par le condensateur et la self-induction sont bien égales
pour une décharge complète, mais elles sont produites

par des courants de *formes* différentes, de telle sorte que
si la décharge est lente par rapport à l'oscillation du galvanomètre, celui-ci peut recevoir une impulsion bien que
l'équilibre soit atteint.

L'avantage de ces méthodes est de supprimer l'étalonnage du galvanomètre, mais la précision obtenue est
assez faible dans la plupart des cas, 1 à 2 p. 100 environ.

§ 95. — Comparaison de deux coefficients de self-induction.

Quand deux branches adjacentes d'un pont de Wheatstone x et R (fig. 194), par exemple, présentent de la self-
induction, l'équilibre du galvanomètre est réalisé, dans la
période variable comme en courant continu, lorsqu'on a
à la fois :

$$\frac{x}{R} = \frac{a}{b} \text{ et } \frac{L_x}{L_R} = \frac{x}{R};$$

c'est la *méthode de Maxwell.*

Ce résultat peut être obtenu en plaçant, dans la
branche R, des bobines dont la self-induction peut être
réglée, ou bien, au moyen d'une seule bobine de self-
induction, en faisant varier R et en rétablissant l'équilibre
au moyen de a et b.

Les étalons de self-induction employés dans le premier
cas sont de deux sortes : les uns, formés de bobines de
dimensions convenables, peuvent être groupés au moyen
de chevilles, comme les bobines de résistance ; les autres
sont composés de deux bobines en tension, l'induction
mutuelle fait varier le coefficient de self-induction de
l'ensemble.

Les bobines *étalons de self-induction* sont enroulées
sur une carcasse en bois, en ébonite ou en ardoise, jamais
en métal pour éviter les courants de Foucault. Leurs

dimensions varient selon la résistance qu'on veut leur donner pour une self-induction déterminée ; comme il est avantageux, dans la plupart des cas, que cette résistance soit faible, on est conduit à donner à ces bobines des dimensions assez grandes.

On sait que, toutes choses égales d'ailleurs, la self-induction croît comme le carré du nombre de tours du fil enroulé sur la bobine ; par suite, la *constante de temps* $\frac{L}{R}$ de ces étalons est la même pour toutes les bobines ayant la *même forme* et les *mêmes dimensions*.

Pour éviter l'induction mutuelle entre ces étalons, on est conduit à les éloigner beaucoup, aussi l'usage des boîtes d'étalons de self-induction n'est pas à recommander, sauf les cas où l'on se sert d'un seul étalon à la fois.

Les étalons de self-induction peuvent rarement être déterminés en valeur absolue, il faut mesurer leur valeur au moyen d'une des méthodes précédentes ; dans ces conditions leur précision ne saurait être bien grande.

M. Brillouin avait indiqué, autrefois, l'emploi de deux bobines plates, concentriques, dont les plans sont susceptibles de faire un angle quelconque ; ces deux bobines, réunies en tension, ont un coefficient qui est égal à la somme des coefficients de self-induction des deux bobines, plus ou moins deux fois leur induction mutuelle, selon le sens des enroulements ; comme l'induction mutuelle est nulle quand les deux bobines sont à 90° et maximum quand elles sont parallèles, on peut, en faisant varier l'angle, faire varier aussi le coefficient de self-induction. L'*étalon gradué de Ayrton et Perry* n'est que la réalisation pratique de cette idée. Les deux bobines sont enroulées sur bois ou sur ébonite ; la plus petite tourne à l'intérieur de la plus grande, en entraînant un index dont la position, sur un cadran divisé, indique le coefficient cherché.

La mesure au moyen de cet étalon est assez simple. La

bobine à mesurer est toujours placée en x, l'étalon est ajouté dans la branche R ; les branches a et b sont : ou les bras de proportion d'une boîte ordinaire, ou bien, lorsque les résistances sont faibles, les deux segments d'un pont à fil. L'équilibre permanent étant établi, on fait varier le coefficient de l'étalon et, quand on a obtenu l'équilibre dans la période variable, on connaît le coefficient cherché. Il est facile, avec un seul étalon, d'étendre le champ des mesures, il suffit de faire varier le rapport $\frac{a}{b}$.

Quand on dispose d'une boîte d'étalons de self-induction, la manœuvre est un peu plus compliquée, car il faut, à chaque introduction d'une nouvelle bobine, refaire l'équilibre en courant permanent. Il en est de même lorsque, possédant un seul étalon, on agit par variation de R ; cette disposition s'applique très bien quand les bras de proportion sont pris sur un pont à fil ; elle exige un étalon ayant une résistance très faible, c'est-à-dire une *constante de temps élevée*.

L'emploi des étalons de self-induction donne un moyen indirect d'étalonner le galvanomètre dans la *méthode de Rayleigh*. Il suffit de substituer un étalon à la bobine à mesurer, de rétablir l'équilibre en ajoutant des résistances à cet étalon, et enfin, de noter l'élongation obtenue. Le rapport des élongations donne le rapport des coefficients de self.

§ 96. — Méthodes de répétition.

Les méthodes précédentes (§ 93, 94 et 95), s'appliquent aussi aux faibles coefficients d'induction, et la sensibilité du galvanomètre est souvent insuffisante ; pour y remédier MM. Ayrton et Perry procèdent par répétition, au moyen d'un commutateur tournant auquel ils ont donné le nom de *secohmmètre* (fig. 198).

Cet appareil se compose de deux commutateurs tournants, réunis sur un seul axe, auquel une manivelle
imprime un mouvement de rotation, au moyen d'engrenages convenables. Les deux commutateurs, représentés
schématiquement par la figure 198, inversent périodique-

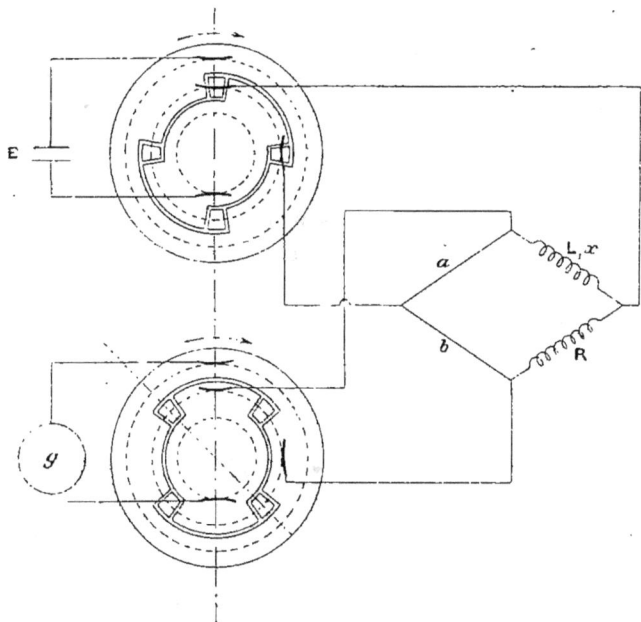

Fig. 198. — Schéma du commutateur tournant.

ment le sens du courant dans le circuit de la pile et dans
celui du galvanomètre; ils sont décalés, l'un par rapport
à l'autre, de façon à ce que l'inversion du courant ne se
fasse pas au même moment dans les deux circuits. Quand
les balais du commutateur de pile passent sur la coupure,
l'inversion du courant se produit et une décharge est
envoyée dans le galvanomètre; au renversement suivant
la décharge est de sens opposé, mais comme les connexions du galvanomètre sont renversées, l'effet produit
est de même sens, il s'ajoute au précédent.

D'une façon générale on augmente, par ce moyen, la sensibilité de la méthode, proportionnellement à la vitesse de rotation du commutateur, *pourvu, toutefois, que la vitesse soit assez petite pour que le courant puisse prendre son régime dans toutes les branches, ou à peu près.*

L'augmentation de sensibilité obtenue est d'autant plus grande que la durée d'oscillation et l'amortissement sont eux-mêmes plus grands.

L'emploi du secohmmètre est exact pour des vitesses quelconques, lorsqu'on compare les coefficients de self-induction de deux bobines sans fer ; quand il y a du fer, il faut que celui-ci soit assez divisé et à circuit magnétique très ouvert pour ne pas apporter de troubles par l'hystérésis.

Dans la *méthode de Pirani*, il ne faut employer le secohmmètre qu'avec des *vitesses assez faibles*, parce que la forme des courants de charge de la self-induction et du condensateur n'étant pas la même, il faut, pour obtenir des résultats concordants, laisser à ces deux parties le temps de se charger complètement; cet inconvénient n'est pas bien grand en pratique, car on ne se sert du secohmmètre que pour augmenter la sensibilité, c'est-à-dire quand $\frac{L}{R}$ est petit.

Si la fréquence des interruptions donnée par le commutateur tournant est voisine de l'oscillation propre du système formé par le condensateur et la self-induction, c'est-à-dire si le nombre de renversements par seconde est voisin de $\frac{1}{\pi\sqrt{CL}}$, il faut craindre la *résonance*, qui a pour effet de donner pour L, des valeurs *trop fortes* et, quelquefois, rend même l'équilibre *impossible*.

Dans toutes les méthodes de réduction à zéro, il est bien entendu que la vitesse de rotation de secohmmètre n'a pas besoin d'être constante.

§ 97. — Effet de la capacité des bobines.

La mesure des très petits coefficients de self-induction est rendue très délicate par la capacité des bobines de résistance employées; en effet, celle-ci correspond fréquemment à une self-induction négative, supérieure à celle que l'on observe. Il est nécessaire, lorsqu'on veut mesurer ces faibles valeurs, qui se rencontrent souvent dans l'étude des instruments destinés aux courants alternatifs, de faire la correction des effets des capacités ou des self-inductions des bobines de résistance employées.

Supposons que chacune des branches du pont de Wheatstone (fig. 194) présente une self-induction *apparente* l; les quantités q envoyées dans le galvanomètre sont, en employant la notation déjà utilisée (§ 93) :

$$q_a = \frac{l_a I_a}{m R_1}, \qquad q_b = \frac{l_b I_b}{m R_1},$$

$$q_x = \frac{l_x I_a}{m' R'_1}, \qquad q_R = \frac{l_R I_b}{m' R'_1}.$$

Or, l'équilibre étant déjà établi en courant permanent, il suffit, pour n'avoir pas de déviation au galvanomètre, à la rupture du circuit, que la somme algébrique de ces quantités soit nulle :

$$q_a + q_R - q_b - q_x = 0.$$

Comme, d'autre part, nous avons :

$$m = \frac{g + R + x}{R + x}, \qquad m' = \frac{g + a + b}{a + b},$$

$$R_1 = a + b + \frac{g}{m}, \qquad R'_1 = R + x + \frac{g}{m'},$$

et

$$\frac{I_a}{I_b} = \frac{b}{a},$$

nous obtenons :

$$l_a \frac{R}{b} + l_R \frac{a}{b} - l_x - l_b \frac{Ra}{b^2} = 0.$$

Appliquons cette formule à la méthode de Pirani, pratiquée au moyen d'une boîte dont les bobines présentent seulement de la capacité. Pour la branche x, l_x est de la forme :

$$l_x = L - Cr^2,$$

car on peut négliger la capacité propre de r devant celle du condensateur mis en dérivation. Pour les autres branches, on a :

$$l_a = - C_a a^2, \quad l_b = - C_b b^2, \quad l_R = - C_R R^2.$$

Le coefficient cherché est alors :

$$L = Cr^2 + \left[C_b b^2 \frac{Ra}{b^2} - C_a a^2 \frac{R}{b} - C_R R^2 \frac{a}{b} \right].$$

Le terme de correction, entre les crochets, a souvent une très grande importance, surtout dans les mesures faites avec des valeurs élevées des résistances a, b et R ; pour le réduire, il faut employer, autant que possible, des résistances faibles et choisir de préférence un grand nombre de bobines pour former la même somme. Un moyen, très souvent applicable, consiste à prendre a et b égaux ; avec des bobines semblables, on a aussi $C_a = C_b$, l'équation devient :

$$L = Cr^2 - C_R R^2.$$

Il est facile d'appliquer le même calcul aux différentes méthodes pour les corriger, s'il y a lieu, de cette cause d'erreurs.

Pour appliquer ces corrections, il faut évidemment connaître C_a, C_b et C_R, ce que l'on peut obtenir par tous les moyens employés pour la self-induction. Le procédé

suivant, assez facile à appliquer dans un laboratoire,
donne des résultats suffisants dans la plupart des cas. Il
consiste à comparer la bobine à essayer, placée dans la
branche R (fig. 196), à une résistance égale x, sans self,
à laquelle se trouve ajoutée, en série, une petite résistance r avec un condensateur C. On prend pour faire
cette mesure $a = b$, de façon à avoir directement

$$C_R R^2 = C_r r^2,$$

et on opère comme dans la méthode de Pirani.

La résistance de comparaison x doit avoir une self et
une capacité négligeables, ce que l'on obtient assez bien,
étant donnée la grandeur relative de $C_R R^2$, en consti-
tuant cette résistance avec un fil de maillechort très fin,
placé sur une surface plane, une feuille de carton, par
exemple, sur laquelle on l'enroule; de cette façon la self-
induction est presque celle du fil droit, c'est-à-dire
minimum, et la capacité tout à fait négligeable (§ 33).

L'incertitude qui règne sur la valeur exacte du facteur
CR^2 de chaque bobine employée, fait que l'on ne peut
appliquer le terme de correction avec sécurité, qu'autant
que celui-ci est relativement faible.

§ 98. — Méthodes basées sur les courants alternatifs.

Les courants alternatifs fournissent de nombreux
moyens de mesurer les coefficients de self-induction,
mais il faut faire cette réserve que la *forme* du courant a
une grande importance sur les résultats et que, par
suite, ceux-ci n'ont de valeur réelle que pour le courant
qui a servi à les déterminer.

La *méthode de M. Joubert* consiste à mettre la bobine
à étudier en série avec une bobine sans self-induction et
à comparer les déviations que donne un électromètre

idiostatique, quand on le met successivement aux bornes de la résistance et de la bobine.

Si on appelle R_1 la résistance de la bobine sans self-induction ; R_2 et L, la résistance et la self-induction de la bobine étudiée ; d_1 la déviation indiquée par l'électromètre sur R_1 ; d_2, la déviation sur R_2 ; et, enfin, $\omega = 2\pi$ fois la fréquence du courant, supposé sinusoïdal, on a :

$$L = \frac{1}{\omega} \sqrt{\frac{d_2}{d_1} R_1{}^2 - R_2{}^2} \; .$$

Un voltmètre alternatif quelconque, pourvu qu'il donne les volts *efficaces* et qu'il ait une résistance très grande, par rapport à R_1 et R_2, peut être substitué à l'électromètre, mais il faut alors remplacer d_2 et d_1 par les *carrés* des voltages efficaces mesurés.

Pour les self-inductions élevées, on peut, en mesurant les *volts efficaces* aux bornes et les *ampères efficaces* qui traversent la bobine, obtenir la valeur de la *réactance* de la bobine ; on a, toujours dans l'hypothèse du courant sinusoïdal :

$$\frac{E_{\mathit{eff}}}{I_{\mathit{eff}}} = \sqrt{R^2 + \omega^2 L^2}.$$

Quand on dispose d'un *phasemètre* (§ 117), la différence de phase mesurée, φ, donne la *constante de temps* de la bobine :

$$\mathrm{tg}\,\varphi = \omega \frac{L}{R} \; .$$

Il faut bien se rappeler que toutes ces méthodes donnent simplement la valeur de la réactance opposée par la bobine au courant employé pour faire la mesure ; on n'a pas le droit de conclure que le résultat serait le même avec un autre courant, pas plus, d'ailleurs, que de prendre comme exacte, pour un courant quelconque, la valeur de la réactance calculée en partant du coefficient de self-induction.

§ 99. — Mesure des coefficients d'induction mutuelle.

La méthode la plus simple est celle des élongations.

Le circuit secondaire de la bobine à mesurer est relié à un galvanomètre balistique, avec ou sans interposition d'une résistance. Le circuit primaire est relié, au moyen d'un inverseur, à la pile qui doit fournir le courant; une résistance Rh, pour faire varier l'intensité, et un ampère-mètre Am, pour la mesurer, peuvent être, au besoin, intercalés dans le circuit (fig. 199).

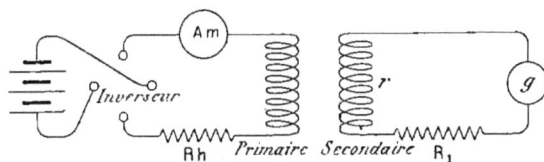

Fig. 199. — Mesure de l'induction mutuelle.

Soient : r la résistance du secondaire R$_1$, la résistance de réglage et g celle du galvanomètre, L$_m$ le coefficient d'induction mutuelle cherché, I l'intensité du courant. Si, au moyen du commutateur, nous *renversons* le sens du courant dans le primaire, la quantité d'électricité induite dans le secondaire a pour valeur

$$q = \frac{2L_m I}{r + R_1 + g} \, ,$$

mais, d'autre part :

$$q = K\varepsilon,$$

donc :

$$L_m = \frac{K\varepsilon(r + R_1 + g)}{2I} \, .$$

Pour obtenir une élongation de grandeur convenable, on agit sur R$_1$; cependant, si la bobine ne contient pas de fer, on peut aussi faire varier I ; dans le cas contraire, la perméabilité change avec l'intensité et il faut indiquer, pour chaque valeur de L_m, l'intensité correspondante, comme on le fait pour la self-induction.

Quand on fait usage d'un galvanomètre à aimant mobile, on détermine K, soit en mesurant T, λ et $\frac{i}{\alpha}$, soit, ce qui est plus simple, en déchargeant dans le galvanomètre une quantité $q_1 = CE$, fournie par un condensateur étalon. La *méthode de Carey Foster* réalise cet étalonnage en éliminant I et E. C'est une méthode de zéro, mais, comme elle exige des réglages délicats, on peut la modifier comme il suit, en lisant deux élongations ε et ε_1, *du même ordre de grandeur*.

L'ampèremètre est remplacé par une résistance con-

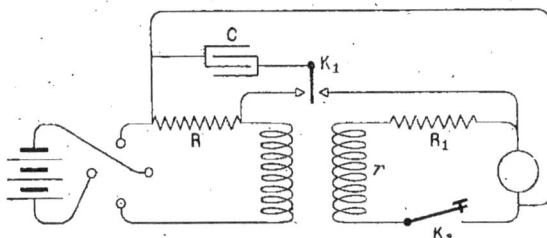

Fig. 200. — Méthode de Carey Foster.

nue R (fig. 200), et le condensateur, chargé aux bornes de cette résistance, donne :

$$q_1 = CRI = K\varepsilon_1.$$

En procédant encore par *renversement* de courant, on obtient :

$$L_m = \frac{CR}{2}(r + R_1 + g)\,\frac{\varepsilon}{\varepsilon_1}\,.$$

L'opération consiste à régler d'abord la résistance R pour obtenir une élongation ε_1 de grandeur convenable, par la décharge du condensateur ; puis on règle ensuite

R_1 de façon à obtenir, par l'inversion du courant I, une seconde élongation ε, de grandeur comparable à ε_1. Pour obtenir ε_1, on se sert de la clef de décharge K_1, en laissant K_2 ouvert ; mais, quand on emploie un galvanomètre à cadre mobile, il faut, pour ne pas modifier l'amortissement, laisser K_2 fermé et remplacer r par une résistance égale, mais sans self-induction ; on remplace alors ε_1, dans l'équation précédente, par :

$$\varepsilon_1 \frac{g + R_1 + r}{R_1 + r},$$

$$L_m = \frac{CR}{2}(R_1 + r)\frac{\varepsilon}{\varepsilon_1}.$$

Lorsque les mesures de ce genre se reproduisent fréquemment et quand on emploie un galvanomètre à cadre mobile, il est plus simple de dresser, une fois pour toutes, une table ou une courbe des valeurs de K qui correspondent à chaque valeur de la somme $(r + R_1 + g)$. Si le galvanomètre est installé à poste fixe, on gagne ainsi beaucoup de temps et les mesures sont plus concordantes entre elles.

Il arrive quelquefois que l'on a à mesurer des coefficients très élevés, qui nécessitent l'emploi de résistances R_1 également élevées ; si l'on ne dispose pas des valeurs convenables, il vaut mieux shunter le galvanomètre, en ayant soin, si celui-ci est à cadre mobile, de tenir compte du shunt pour l'amortissement.

Quand la grande valeur de L_m est due à la présence d'une très grande masse de fer, il faut prendre un galvanomètre à *très longue* durée d'oscillation.

Au lieu de procéder par *renversement* complet du courant, on peut procéder par variation régulière, par *échelons*, en sautant brusquement d'une valeur à une autre de l'intensité ; ce moyen permet, comme nous le verrons plus loin, de tracer des courbes d'hystérésis, sur des appareils entièrement construits.

La précision de ces mesures est du même ordre de grandeur que celle des coefficients de self-induction ; la présence du fer amène les mêmes complications et la même indécision.

CHAPITRE VII

MESURE DES CHAMPS MAGNÉTIQUES ET ÉTUDE DES PROPRIÉTÉS DU FER

§ 100. — Champ magnétique. Méthode d'induction.

Lorsqu'une bobine de surface moyenne S, contenant N tours de fil, est placée dans un champ magnétique, uniforme et d'intensité $\mathcal{H}$, elle est traversée par un flux total :

$$NS\mathcal{H}.$$

Cette bobine étant reliée à un galvanomètre balistique, la résistance du circuit, qui renferme au besoin une résistance additionnelle R, a pour valeur :

$$g + R + r,$$

en appelant r la résistance de la bobine elle-même.

Dans ces conditions, si nous retournons la bobine de 180°, autour d'un axe parallèle au plan des spires, le flux total passe d'une valeur positive à une valeur négative et la variation engendre, par induction dans le circuit, une quantité d'électricité :

$$q = \frac{2\,NS\mathcal{H}}{g + R + r}\,10^{-2}.$$

Cette quantité est exprimée en microcoulombs quand les résistances sont en ohms, S en centimètres carrés et $\mathcal{H}$ en unités C.G.S., c'est-à-dire en Gauss. La mesure de q permet de connaître $\mathcal{H}$.

On peut aussi procéder en retirant la bobine du champ à mesurer, pour l'amener dans un champ nul ou négligeable ; dans ce cas, il faut supprimer le coefficient 2 de l'équation ci-dessus.

La quantité q se mesure au galvanomètre balistique, comme une décharge de condensateur, avec toutes les précautions nécessitées par l'amortissement. Si K est la constante balistique, déterminée comme pour les coefficients d'induction (§ 93), l'élongation observée étant ε, on a :

$$\mathcal{H} = \frac{K(g + R + r)}{2\,NS}\, 10^2\, \varepsilon,$$

si le coefficient K est rapporté au microcoulomb.

Ici encore, on peut se servir d'un galvanomètre quelconque, pourvu qu'il soit assez sensible et que sa durée d'oscillation soit *longue par rapport à la durée du renversement de la bobine*. Quelle que soit d'ailleurs la durée d'oscillation, on a intérêt à faire le renversement de la bobine, ou sa sortie du champ, aussi rapide que possible.

Avec des champs uniformes, de dimensions assez grandes, on obtient des résultats plus exacts par le retournement, qui double l'élongation obtenue, toutes choses égales d'ailleurs ; d'autre part, quand la bobine est bien orientée et quand l'angle de renversement est exactement de 180°, on a bien une variation égale à $2\mathcal{H}$. Au contraire dans les entrefers étroits, comme ceux des dynamos, par exemple, il est à peu près impossible de donner à la bobine d'exploration une surface, exactement mesurable, assez petite pour pouvoir la retourner ; il est plus simple d'*arracher* brusquement la bobine du champ, en l'éloignant suffisamment pour l'amener dans une région où le champ peut être considéré comme nul, vis-à-vis de celui qu'on mesure. On est certain que cette dernière condi-

tion est remplie quand, en éloignant la bobine de sa nouvelle position, on n'observe qu'une élongation négligeable.

La bobine d'exploration doit être faite pour le champ
à mesurer et selon la sensibilité du galvanomètre employé.

Pour donner la plus grande précision à la détermination de S, il faut donner une grande surface à la bobine ;
mais, d'autre part, si l'on craint un défaut d'uniformité
dans le champ, il est bon, pour connaître la valeur en
chaque point, de réduire cette même surface ; l'expérience
fera connaître, dans chaque cas, la grandeur la plus convenable.

Pour les essais dans les entrefers étroits, un très bon
moyen, assez simple, consiste à découper un rectangle
de carton épais de 1 à 2 mm ; on mesure exactement la
surface de ce rectangle, puis on colle, sur chaque face
une feuille de carton plus mince, débordant de chaque
côté, destinée à servir de joue à la bobine. Dans la gorge
ainsi formée, on enroule du fil de cuivre, bien isolé, de
diamètre approprié au nombre de tours nécessaire ; un
calcul préliminaire a fait connaître ce nombre d'après la
valeur présumée de $\mathcal{H}$. Le nombre de tours doit, évidemment, être soigneusement noté. L'enroulement terminé,
on mesure ses dimensions extérieures et on prend pour S,
la moyenne entre la première surface et celle-ci.

Quand l'entrefer est assez large pour permettre d'incliner la bobine d'exploration, il est indispensable de
la mettre exactement dans un plan *perpendiculaire* aux
lignes de force ; il faut aussi la mettre *toujours à la même
place*. On s'assure que la première condition est bien
remplie en faisant varier l'inclinaison ; la bonne position
est celle pour laquelle l'élongation obtenue, par renversement ou arrachement, est maximum. La seconde condition
se réalise facilement au moyen de cales.

Cette méthode peut s'appliquer à toutes les valeurs

de $\mathcal{H}$, il suffit de donner au produit NS une grandeur convenable. Quand on mesure des champs très faibles, il vaut mieux procéder par retournement.

§ 101. — Champ magnétique. Méthodes diverses.

Un conducteur, traversé par un courant et placé dans un champ magnétique, est sollicité par une force perpendiculaire au plan dans lequel sont situés le conducteur et la direction du champ.

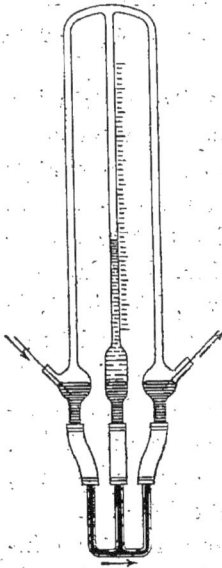

Fig. 201. — Inductomètre Miot.

Plusieurs appareils ont été basés sur cette propriété, entre autres, l'inductomètre de M. Miot, dérivé du galvanomètre à mercure de M. Lippmann. Dans cet instrument, un courant connu traverse un tube rempli de mercure, placé dans le champ magnétique à mesurer ; la force exercée se traduit par une pression qui est indiquée par un manomètre.

Le courant, amené par deux lames de cuivre (fig. 201), traverse le mercure d'une chambre très plate ; celle-ci est placée dans une des branches d'un manomètre à mercure. Le courant traverse le champ perpendiculairement aux lignes de force ; dans ces conditions, l'élévation du mercure, dans la branche centrale, est proportionnelle à $\mathcal{H}$ et à I :

$$h = A\mathcal{H}I,$$

en appelant A une constante déterminée, expérimentalement, une fois pour toutes; un ampèremètre donne I et on lit h sur le manomètre.

Pour utiliser l'appareil dans une position quelconque, de façon à ce que la direction des lignes de force soit toujours perpendiculaire au plan dans lequel passe le courant, la partie inférieure est articulée au moyen de tubes de caoutchouc; seuls les tubes du manomètre doivent rester verticaux.

Dans d'autres appareils, on mesure, au moyen de poids ou par la torsion d'un ressort, l'action du champ sur une bobine traversée par un courant connu.

L'augmentation de la résistance électrique du bismuth, placé dans un champ magnétique, a été employé par M. Leduc pour la mesure de l'intensité de celui-ci. L'appareil perfectionné de MM. Lenard et Howard consiste en un fil de bismuth, roulé en spirale double et logé dans un support protecteur en verre ou en mica (fig. 201).

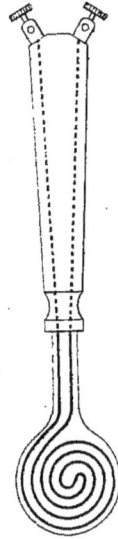

Fig. 202. — Spirale de bismuth.

Cette spirale, mesurée dans le champ magnétique terrestre, avec le pont de Wheatstone ou par tout autre moyen, a une résistance R_0. Placée ensuite dans le champ intense à mesurer, sa résistance devient R. Si les deux mesures sont faites dans un temps assez court pour que la température n'ait pas changé, pratiquement, on trouve que l'accroissement relatif :

$$\frac{R - R_0}{R_0},$$

est une fonction de $\mathcal{K}$, *constante pour la même spirale.* Il suffit de déterminer, expérimentalement, cette fonction

pour la spirale employée, pour faire ensuite la mesure
d'un champ quelconque.

La fonction qui relie $\dfrac{R - R_0}{R_0}$ à $\mathcal{H}$ est hyperbolique ; la
variation relative est moindre pour les champs faibles que
pour les champs intenses. La pureté du bismuth influe
beaucoup sur la grandeur de cette variation ; ainsi, pour
$\mathcal{H} = 10\,000$, on trouve des variations de résistance entre
25 et 45 p. 100. De même, le coefficient de variation avec
la température oscille entre 0,21 et 0,52 p. 100.

Comme dans les méthodes précédentes, le plan de la
spirale doit être perpendiculaire aux lignes de force.

§ 102. — Induction magnétique et hystérésis.

Les grandeurs magnétiques que l'on a à mesurer, dans
l'emploi industriel du fer, sont la perméabilité μ, ou,
plutôt, la fonction qui relie l'induction magnétique $\mathcal{B}$ au
champ magnétisant $\mathcal{H}$, et l'hystérésis.

Ces grandeurs varient, *pour un même échantillon*,
selon *l'état physique* dans lequel il se trouve : écroui ou
recuit ; elles varient aussi selon les *états magnétiques
antérieurs* ; enfin, les actions mécaniques ont aussi une
influence *temporaire* sur ces grandeurs.

Pour bien définir l'état magnétique *d'un échantillon
donné,* il faut donc toujours se placer dans des conditions
bien déterminées d'état physique ; il faut suivre un *cycle
magnétique défini* et éviter les *chocs* et tous les effets
mécaniques.

Lorsqu'on veut déterminer les grandeurs magnétiques
moyennes d'un échantillon de grande dimension ou d'un
lot entier de fer, il faut se rappeler que les propriétés
magnétiques varient beaucoup avec la composition chimique et que les plus petits défauts d'homogénéité amènent des variations considérables entre *deux points*

voisins d'une même masse. Par exemple, par suite de ces défauts, et aussi grâce au laminage, l'hystérésis mesuré au milieu ou sur les bords d'une feuille de tôle, présente des différences de 20 et 30 p. 100. La *perméabilité* et l'*hystérésis* n'ont pas la même valeur dans toutes les *directions*, pour un même point !

Ces considérations montrent qu'il ne faut pas chercher une précision très grande dans les mesures magnétiques et que, même dans les cas où la régularité des résultats donne des illusions à ce sujet, l'exactitude est loin d'atteindre celle des mesures électriques. Quand on répète les mêmes mesures, sur un seul échantillon, mais dans des conditions un peu différentes, il n'est pas rare de voir des différences de 10 p. 100 et plus !

Néanmoins, comme les propriétés magnétiques peuvent varier dans le rapport de 1 à 3 ou 4, pour des fers dont les propriétés mécaniques diffèrent peu, on comprend qu'il est nécessaire de faire ces mesures.

La mesure de l'induction magnétique $\mathfrak{B}$ est une opération *très facile*, pour laquelle on n'a que l'embarras du choix.

Il n'en est pas de même du champ magnétisant $\mathcal{H}$ et comme ces deux valeurs n'ont aucun intérêt séparément, il en résulte que la mesure de la perméabilité et de l'hystérésis sont assez difficiles.

Pour faire ces mesures, il faut placer l'échantillon à essayer dans un *champ uniforme* assez étendu pour qu'il prenne une *induction uniforme*.

Cette double condition n'est rigoureusement remplie qu'en formant avec le fer un anneau fermé, sur lequel on enroule, bien uniformément, la bobine magnétisante. En opérant sur un anneau dont le diamètre moyen est grand relativement au rayon de sa section génératrice, on obtient une induction $\mathfrak{B}$ suffisamment uniforme et le champ est facile à calculer ; il a pour valeur, pour un anneau de section circulaire :

$$\mathcal{H} = \frac{2NI}{r^2} \left(R^2 - \sqrt{R^2 - r^2} \right), \qquad (1)$$

en appelant N le nombre de tours *total*, enroulé sur l'anneau ; R le rayon moyen de l'anneau et r le rayon du cercle générateur.

Dans les mêmes conditions, un anneau de section rectangulaire donne :

$$\mathcal{H} = \frac{NI}{a} \log_n \frac{R + a}{R - a}, \qquad (2)$$

en appelant $2a$ le côté du rectangle perpendiculaire à l'axe de l'anneau.

A défaut d'anneau, il faut prendre une barre droite, de longueur très grande par rapport à sa section — 300 à 500 fois le diamètre — et placer cette barre dans un solénoïde de même longueur et de diamètre aussi petit que possible ; on peut alors négliger l'action démagnétisante des extrémités et admettre que l'induction et l'hystérésis ont, au centre, la même valeur que dans une barre infiniment longue. Le champ créé par le solénoïde a pour valeur, au centre :

$$\mathcal{H} = \frac{4\pi NI}{l}, \qquad (3)$$

l étant la longueur du solénoïde et N le nombre total.

Quand ces deux solutions ne peuvent pas être employées, on a recours à des dispositions empiriques. La plus répandue consiste à placer le barreau étudié dans l'évidement d'un gros bloc de fer, qui agit, vis-à-vis du barreau, comme un court-circuit sur une pile électrique (fig. 203). Cette notion de court-circuit magnétique n'est malheureusement qu'une approximation grossière, car il faut tenir compte de la perméabilité magnétique qui est une fonction de l'induction, et qui est, en particulier, très faible pour les basses valeurs de $\mathfrak{B}$. *Un court-circuit magnétique* ayant une section 50 fois plus grande que celle du

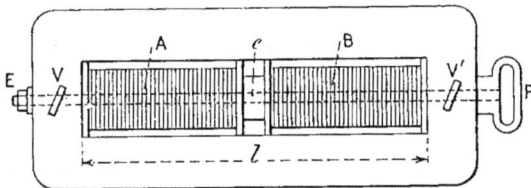

Fig. 207. — Appareil d'Hopkinson.

barreau, est toujours soumis à une induction très faible et, par suite, a une reluctance qui est loin d'être négligeable comme on l'a cru longtemps. Dans l'appareil d'Hopkinson on peut ainsi commettre des erreurs de 30 p. 100 et plus.

L'effet de la reluctance du bloc de fer est de *diminuer* le champ magnétisant, calculé en fonction des ampères-tours; on a, en effet :

$$4\pi \text{N}1 = \Phi \left(\frac{l}{\mu \text{S}} + \frac{l'}{\mu' \text{S}'} \right), \qquad (4)$$

en appelant Φ le flux magnétique total; l, S et μ, la longueur, la section et la perméabilité du barreau; l', S' et μ', les mêmes grandeurs pour le bloc de fer.

On a, d'autre part, en négligeant les dérivations magnétiques :

$$\Phi = \mathfrak{B}\text{S} = \mathfrak{B}'\text{S}', \quad \mathcal{H} = \frac{\mathfrak{B}}{\mu}, \quad \mathcal{H}' = \frac{\mathfrak{B}'}{\mu'};$$

donc (4) peut s'écrire :

$$4\pi \text{N}1 = \mathcal{H}l + \mathcal{H}'l'.$$

$$\mathcal{H} = \frac{4\pi \text{N}1}{l} - \mathcal{H}' \frac{l'}{l} \qquad (5)$$

Donc le champ magnétisant peut être déterminé si on connaît le facteur $\mathcal{K}' \frac{l'}{l}$; or, ce facteur est *toujours le même pour une même valeur de* $\mathcal{B}$. Il suffit donc de le déterminer, *une fois pour toutes*, pour chaque valeur de $\mathcal{B}$, ou, mieux encore, de tracer une courbe de $\mathcal{K}' \frac{l'}{l}$ en fonction de $\mathcal{B}$. C'est le procédé employé dans les appareils étalonnés que nous verrons plus loin.

L'emploi du court-circuit magnétique permet de mesurer exactement la valeur *moyenne* de $\mathcal{B}$ en fonction de $\mathcal{K}$, c'est-à-dire la *perméabilité*, mais *la présence du bloc de fer fausse tous les résultats relatifs à l'hystérésis*.

On peut éliminer le terme de correction de l'équation (5) en employant la *méthode du joug* d'Ewing

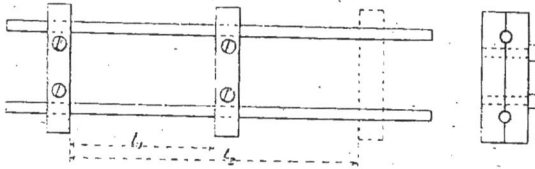

Fig. 204. — Schéma de la méthode du joug.

(fig. 204). La barre de fer est coupée en deux parties égales et serrée entre les mâchoires ou jougs A et B. Des bobines magnétisantes ont été, préalablement, placées sur les barres. Soit l la longueur entre les *jougs*, $\mathfrak{R}$ la réluctance *inconnue* des jougs et N_1 le nombre de tours total de bobines. Une mesure faite pour une certaine induction $\mathcal{B}$, donne :

$$4\pi N_1 I_1 = \mathcal{B}S\left(\frac{2l_1}{\mu S} + \mathfrak{R}\right).$$

Ensuite, écartant les jougs à une distance l_2 et plaçant de nouvelles bobines, de façon à avoir N_2 tours, nous obtiendrons la même induction $\mathcal{B}$ pour une intensité I_2 ;

donc :

$$4\pi N_2 I_2 = \mathfrak{B}S\left(\frac{2\,l_2}{\mu S} + \mathfrak{R}\right),$$

$$\mu = \frac{\mathfrak{B}\,(l_2 - l_1)}{2\pi(N_2 I_2 - N_1 I_1)}\ . \tag{6}$$

Une barre, étudiée par cette méthode, étant placée dans un appareil à bloc de fer, permet, en mesurant l'intensité I nécessaire pour obtenir une induction $\mathfrak{B}$, de calculer le terme de correction relatif à ce bloc :

$$\mathcal{H}'\,\frac{l'}{l} = \frac{4\pi N I}{l} - \frac{\mathfrak{B}}{\mu}\ . \tag{7}$$

Le terme de correction est susceptible d'être mesuré ainsi très exactement, lorsqu'il est relatif au bloc de fer ou à un entrefer de longueur bien déterminée, mais il ne faut pas oublier que les *joints*, entre la barre et le bloc, introduisent un facteur inconnu, qui varie selon la perfection plus ou moins grande avec laquelle les surfaces des joints sont ajustées. Cette cause d'erreur est souvent capitale et, malheureusement, on ne peut l'éviter qu'en employant l'anneau ou le barreau droit très long.

Pour déterminer l'hystérésis sur des barreaux *droits* et *courts*, M. Fleming a constaté qu'une bobine d'exploration, placée à une distance du bout égale à 22 centièmes de la longueur, est traversée par un flux égal à celui qui, étant uniforme sur toute la longueur, donnerait la même perte totale par hystérésis. Les conditions à réaliser sont que le barreau soit contenu tout entier dans la portion du solénoïde où le champ est uniforme et que le solénoïde lui-même ait une longueur égale à 10 fois, au moins, son diamètre.

Dans toutes les méthodes qui vont suivre, nous n'aurons qu'à examiner la mesure de $\mathfrak{B}$; la détermination de $\mathcal{H}$, exigeant seulement la connaissance des dimensions géométriques, du nombre N et de l'intensité I, sera faite,

selon les circonstances, par le moyen des équations (1),
(2), (3) et (5).

Parmi les méthodes employées pour la mesure de $\mathfrak{B}$,
nous laissons de côté celle du *magnétomètre*, difficilement
applicable dans l'industrie, et la *méthode de comparaison*
dont l'origine remonte au *pont magnétique d'Edison*.

§ 103. — Méthode balistique.

Dans la méthode balistique on mesure la variation du
flux, causée par une variation du courant, au moyen de la
quantité d'électricité q induite dans une bobine d'exploration enroulée à cet effet sur l'échantillon de fer étudié.
La méthode employée est la même que pour les coefficients d'induction mutuelle (§ 99), et l'étalonnage du galvanomètre doit être fait de la même façon.

Lorsqu'une bobine de n tours est enroulée sur une
barre de fer dans laquelle l'induction est $\mathfrak{B}$, le passage à
une nouvelle valeur $\mathfrak{B}'$ produit une variation du flux total :

$$nS(\mathfrak{B} - \mathfrak{B}').$$

en appelant S la section de la barre. Si la bobine est
reliée à un galvanomètre balistique, la résistance totale
du circuit étant R_t, la quantité d'électricité, induite dans
le circuit par la variation du flux, sera :

$$q = \frac{nS(\mathfrak{B} - \mathfrak{B}')}{R_t} = K\varepsilon. \qquad (8)$$

L'élongation ε du galvanomètre est toujours proportionnelle à $\mathfrak{B} - \mathfrak{B}'$, pourvu que cette variation s'effectue
pendant un temps très court par rapport à l'oscillation du
galvanomètre. Quand l'induction $\mathfrak{B}$ n'est pas uniforme
dans toute l'étendue de la section S, $\mathfrak{B}$ et $\mathfrak{B}'$ représentent les valeurs *moyennes*.

Il est nécessaire que les spires de la bobine de n tours

soient enroulées contre le fer, de manière que la surface moyenne de la bobine diffère peu de S.

On peut employer la méthode balistique avec des barreaux droits et très longs, ou avec des anneaux. On emploie aussi le court-circuit magnétique, mais il faut avoir soin de déterminer le terme de correction.

Dans l'appareil classique d'Hopkinson (fig. 203), l'échantillon à essayer, amené à la forme d'une barre cylindrique d'un centimètre carré de section et de 50 cm de longueur, est introduit dans un bloc de fer rectangulaire ayant, au centre, un évidement également rectangulaire. Les deux trous par lesquels la barre pénètre dans le bloc sont exactement alésés au diamètre de celle-ci, de façon à n'introduire qu'une reluctance négligeable. Les deux bobines magnétisantes, A et B, recouvrent la barre dans l'évidement; un espace réservé entre elles permet d'introduire la petite bobine *e*.

Dans la *méthode d'Hopkinson*, proprement dite, la barre est coupée en deux parties, la section passant entre A et *e*. La partie du côté A est fortement maintenue en place par le serrage d'une vis V et par l'écrou E, qui taraude sur la barre elle-même. La partie opposée, également taraudée à son bout extérieur, est vissée dans une poignée P, qui permet de l'arracher brusquement du bloc. La bobine d'exploration *e*, qui n'est maintenue en place que par la barre à essayer, est sollicitée par un ressort, de telle sorte que, au moment où l'on arrache la poignée P et la barre correspondante, elle est projetée en dehors de l'appareil; le flux passe donc de *n* S·𝔅 à o, il est facile de calculer 𝔅.

Cette disposition a l'inconvénient d'introduire dans le calcul de 𝔍𝔠 une grosse indécision; en effet, malgré tout le soin apporté au rodage des faces en regard des deux barres, le contact peut n'être pas parfait; il en résulte une erreur sur la valeur du terme de correction; cette erreur peut fausser le résultat final de plus de 10 p. 100.

Une solution préférable consiste à employer une barre d'un seul morceau et à procéder par renversement du courant.

Quand on cherche simplement à connaître la valeur moyenne de $\mathfrak{B}$, en fonction de $\mathcal{H}$, on emploie les moyens précédents : arrachement ou inversion du courant; on tire de (8), suivant le cas :

$$\mathfrak{B} = \frac{KR_t}{nS} \varepsilon, \qquad (9)$$

$$\mathfrak{B} = \frac{KR_t}{2nS} \varepsilon. \qquad (10)$$

Un ampèremètre, intercalé dans le circuit d'excitation, permet de mesurer I et, par suite, de calculer $\mathcal{H}$ au moyen de l'équation (5).

Avec un barreau droit, très long, on peut aussi employer l'équation (9), il suffit de chasser brusquement la bobine d'exploration et de la faire sortir de la longueur du fer; cette solution est assez peu pratique et il vaut mieux procéder par renversement (10), comme on est obligé de le faire avec les anneaux.

L'hystérésis empêche le fer de prendre immédiatement l'état qui correspond à la force magnétique à laquelle il est soumis; pour éviter que les états antérieurs troublent la mesure, il est nécessaire, *pour chaque intensité* I, de *renverser plusieurs fois le sens du courant*, avant de faire la mesure de ε.

Lorsqu'on fait varier $\mathcal{H}$ graduellement, de $+\mathcal{H}$ à $-\mathcal{H}$ et ensuite à $+\mathcal{H}$, c'est-à-dire quand on a fait parcourir à l'échantillon un *cycle magnétique* complet, on remarque que $\mathfrak{B}$ ne repasse pas par les mêmes valeurs quand $\mathcal{H}$ croît ou décroît; la surface enveloppée par la courbe de $\mathfrak{B} = f(\mathcal{H})$, permet de connaître la perte d'énergie due à l'hystérésis.

Pour déterminer $\mathfrak{B}$ en fonction de $\mathcal{K}$, dans un cycle complet de $+ \mathcal{K}$ à $- \mathcal{K}$, ainsi que pour mesurer l'hystérésis dans le même cycle, la méthode indiquée par Ewing est une des plus exactes, *mais elle ne peut être employée que pour les barreaux droits et très longs, ou pour les anneaux, jamais avec les blocs de fer*. Le courant, réglé à l'intensité convenable, est envoyé dans les bobines magné-

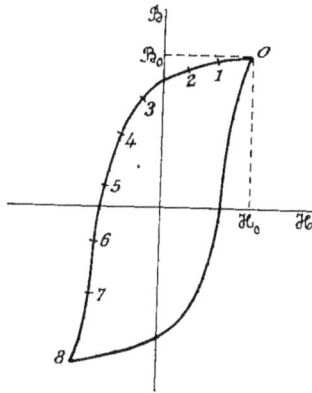

Fig. 205. — Cycle magnétique.

tisantes et *inversé plusieurs fois* pour faire parcourir le cycle complet à l'échantillon; cela fait, la barre à essayer se trouve soumise à une induction $\mathfrak{B}_0$ dans un champ $\mathcal{K}_0$ (fig. 205); l'introduction, brusque, de résistances dans le circuit, amène le champ à une valeur $\mathcal{K}_1$, en même temps l'induction passe de $\mathfrak{B}_0$ à $\mathfrak{B}_1$, une quantité q_1, envoyée par cette variation dans le galvanomètre balistique, donne la valeur de $\mathfrak{B}_0$-$\mathfrak{B}_1$. On ramène de nouveau le champ à $\mathcal{K}_0$ et on fait parcourir encore plusieurs cycles complets à l'échantillon, pour le ramener dans un état magnétique identique à celui de la première expérience. Par l'introduction de résistances convenables, on obtient successivement les points 1, 2; en ajoutant à cette cause le renversement du courant, on obtient : 3, 4, 5, 6, et 7;

le point 8 est donné par l'inversion pure et simple du courant. Les résultats obtenus, $\mathcal{B}_0$—$\mathcal{B}_1$, $\mathcal{B}_0$—$\mathcal{B}_2$, etc., sont en fonction d'un zéro arbitraire $\mathcal{B}_0$; mais, par raison de symétrie, on trace l'axe des $\mathcal{H}$ au milieu des valeurs extrêmes de $\mathcal{B}$. Par raison de symétrie également, la branche ascendante de la courbe se trace en inversant les résultats de l'expérience.

Les valeurs successives de $\mathcal{B}_0$—$\mathcal{B}_n$ sont données par l'équation (9) où elles remplacent $\mathcal{B}$.

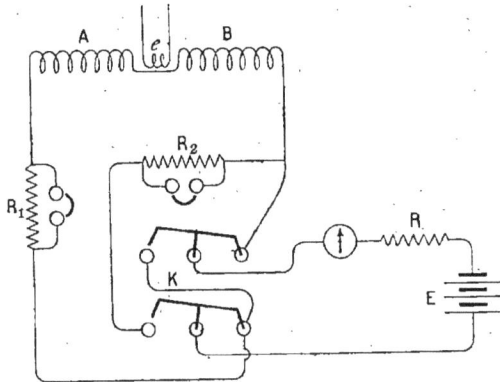

Fig. 206. — Schéma de la méthode d'Ewing.

La méthode d'Ewing exige un montage d'apparence compliquée (fig. 206). Le courant, fourni par une batterie E, traverse une résistance R et un ampèremètre; on peut, au besoin, supprimer le rhéostat R en faisant varier le nombre d'éléments de la batterie. Deux rhéostats réglables R_1 et R_2, un commutateur à mercure K et enfin les bobines magnétisantes A et B, complètent le circuit. Des godets à mercure, reliés aux extrémités des rhéostats R_1 et R_2, permettent de mettre ces résistances en court-circuit, au moyen de cavaliers en cuivre rouge.

Tout étant établi suivant le schéma ci-dessus, les résistances R_1 et R_2 en court-circuit, l'intensité du courant est réglée à la valeur cherchée au moyen de E, ou de R. Plusieurs renversements alternatifs du cavalier K font parcourir au fer le cycle $+ \mathfrak{B}$ à $- \mathfrak{B}$. Le cavalier étant renversé à droite, suivant la figure, on introduit dans le rhéostat R_1, une résistance convenable pour abaisser l'intensité ; rompant brusquement le court-circuit, on observe une élongation ε_1 du galvanomètre et l'intensité devient I_1. Rétablissant alors le court-circuit sur R_1, on renverse de nouveau, plusieurs fois, le cavalier K, puis avec une nouvelle résistance en R_1 on recommence la même opération.

Pour les points qui correspondent à une intensité négative, on laisse toujours R_1 en court-circuit et on introduit les résistances en R_2 ; c'est alors le renversement du cavalier K qui fait passer l'intensité de $+ I_0$ à $- I_n$. Bien entendu, on remet ensuite R_2 en court-circuit, pour faire parcourir plusieurs fois le cycle complet, entre chaque mesure.

Les deux rhéostats R_1 et R_2 doivent seulement être réglables, ils n'ont pas besoin d'avoir des résistances connues ; à la rigueur, un seul rhéostat, placé successivement en R_1 ou R_2 peut suffire.

On sait que l'énergie dépensée par l'hystérésis, pour chaque cycle parcouru, et par centimètre cube de fer, est :

$$W_h = \frac{1}{4\pi} \int \mathcal{H} d\mathfrak{B}$$

Si l'on trace la courbe complète de $\mathfrak{B} = f(\mathcal{H})$, en prenant :

$$r = \frac{\mathfrak{B}}{B} \text{ et } x = \frac{\mathcal{H}}{A} ,$$

l'aire S_1 de la courbe fermée obtenue, donne :

$$W_h = \frac{AB}{4\pi \times 10^7} S_1 ; \tag{11}$$

$\mathfrak{B}$ et $\mathcal{H}$ étant en gauss, W_h est exprimé en watts.

On peut, quelquefois, avoir besoin de connaître la perte
d'énergie causée par l'hystérésis dans une machine quelconque, dont on n'a pas pu étudier le fer au préalable ;
la mesure peut se faire directement lorsque la masse de
fer est disposée de telle sorte que les variations magnétiques ne soient pas trop lentes. Nous avons vu que, dans
la mesure des coefficients de self-induction, on observe
des élongations proportionnelles à $L_s I$. Si nous traçons
une courbe de $L_s I$ en fonction de I, les valeurs de $L_s I$
étant mesurées par variations graduelles, comme dans
le cycle d'Ewing ci-dessus, les points obtenus pendant
les variations de $+ I$ à $- I$ ne coïncideront pas avec ceux
de $- I$ à $+ I$; la surface comprise entre ces deux courbes
sera, à un coefficient près :

$$S_2 = \int I d(L_s I),$$

Or, cette expression est exactement celle du travail
dépensé par l'hystérésis, pour un cycle complet ; il suffit
donc de connaître l'échelle de la courbe pour en déduire
le coefficient et pour calculer W_h. L'intensité étant exprimée en ampères, le coefficient d'induction en henrys, la
perte sera donnée en watts, pour la *masse totale* du fer
soumis à l'induction.

La mesure du coefficient d'induction mutuelle, faite
dans les mêmes conditions, donnerait le même résultat.

Cette méthode, prenant le phénomène dans son
ensemble, tient compte des inductions inégales auxquelles
sont soumis les différents points de la masse de fer ; mais
elle ne s'applique rigoureusement que dans le cas où la
masse de fer est assez faible et en circuit magnétique
ouvert.

§ 104. — Méthode de la force portante.

La force nécessaire pour séparer, dans la direction des
lignes de force, deux parties d'un circuit magnétique, est
proportionnelle au carré de l'induction $\mathfrak{B}$ et à la surface
S. Lorsque deux barres de fer, de même section, dont
les bouts ont été rodés l'un contre l'autre, de façon à
bien se joindre, sont amenées au contact et aimantées
uniformément, la force f, nécessaire pour produire l'arrachement, a pour valeur, en grammes :

$$f = 4,06\ S\mathfrak{B}^2 \times 10^{-5}. \tag{12}$$

Dans le *perméamètre de S. Thompson*, un gros bloc de fer
évidé (fig. 207), analogue à celui de l'appareil d'Hopkin-

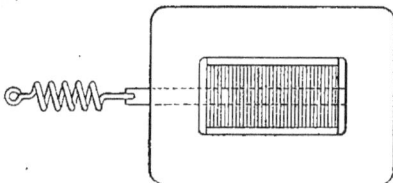

Fig. 207. — Perméamètre à arrachement.

son, renferme une bobine magnétisante dans le centre de
laquelle vient se placer la barre de fer à essayer ; celle-ci
traverse un des côtés du bloc dans un trou dans lequel
elle est ajustée à frottement doux ; son extrémité repose
sur la paroi interne du bloc ; les deux surfaces de contact
sont soigneusement dressées.

Le courant qui traverse la bobine aimante le fer, en
tirant graduellement sur la barre, on produit l'arrachement ; un peson, intercalé entre la barre et la force
entraînante, permet de connaître celle-ci à chaque instant. On doit faire croître la force appliquée très régu-

lièrement, sans secousses, et il faut noter exactement l'indication du peson au moment de l'arrachement.

La méthode de la force portante est assez employée parce qu'elle dispense de l'emploi du galvanomètre balistique, elle peut donner de bons résultats relatifs, mais elle exige de grandes précautions. Par suite du dressage imparfait des surfaces en contact, la distribution de $\mathfrak{B}$ n'est pas uniforme ; or, la force en chaque point est proportionnelle à $\mathfrak{B}^2$, de telle sorte qu'en réalité on a :

$$f = 4{,}06 \times 10^{-5} \int \mathfrak{B}^2 dS ;$$

pour un flux *total* déterminé, cette force est *minimum* quand la distribution est uniforme.

En pratique, on obtient des différences assez grandes, sur f, suivant qu'on assure plus ou moins bien le contact entre les deux pièces, par une pression exercée en outre de l'attraction magnétique.

§ 105. — Méthodes diverses.

Puisque toutes les méthodes dans lesquelles on fait usage d'un bloc de fer, étranger à l'échantillon, exigent l'emploi d'une courbe de correction, il n'y a pas à craindre de couper le circuit magnétique par un entrefer, celui-ci ayant simplement pour effet de changer la grandeur de la correction. Or, si on coupe le circuit magnétique, le flux qui traverse l'entrefer peut être mesuré assez facilement et on arrive à des dispositions pratiques qui dispensent de l'usage, toujours délicat, du galvanomètre balistique.

Tous les appareils industriels sont basés sur ce principe ; ils ne peuvent être étalonnés que par comparaison et ils nécessitent toujours une correction pour la valeur de $\mathcal{H}$ (§ 106).

Le traceur de courbes magnétiques d'Ewing repose aussi sur le même principe. Le fer à essayer est introduit dans deux solénoïdes, A et B (fig. 208) ; deux pièces

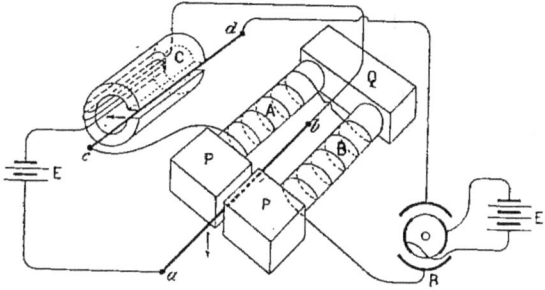

Fig. 208. — Schéma du traceur de courbes d'Ewing.

polaires P et une culasse Q complètent un électro. Dans l'entrefer, entre P, P, est tendu un fil *ab*, parcouru par un courant constant fourni par une pile E ; sous l'influence de ce courant et du champ, le fil est soumis à une force dirigée suivant la flèche, force qui est proportionnelle à l'induction. Un second électro, construit une fois pour toutes, est excité par un courant constant, fourni également par E ; un fil *cd*, parcouru par le même courant qui sert à exciter A B, est tendu dans l'entrefer de l'électro C, il est soumis, dans la direction de la flèche, à une force proportionnelle au courant d'excitation, c'est-à-dire au champ magnétisant.

Les plans de déviation des deux fils sont perpendiculaires ; si, au moyen de liaisons convenables, on les fait agir sur un miroir mobile, la position de celui-ci sera, à chaque instant, fonction de $\mathcal{H}$ et de $\mathcal{B}$; il suffira alors de faire parcourir au courant fourni par E', un cycle complet, pour que le spot décrive sur l'écran le cycle d'aimantation correspondant.

Pour obtenir ces variations périodiques de l'intensité,

on fait usage d'un rhéostat à liquide R. Dans un récipient cylindrique sont plongées deux plaques de zinc ; deux autres plaques sont portées sur un tambour isolant et peuvent tourner autour d'un axe, de façon à venir successivement en face de chacune des plaques fixes ; le courant de la pile E' est amené aux plaques mobiles par des balais frottant sur des bagues. Quand le vase est rempli de sulfate de zinc, il suffit de faire tourner le tambour pour envoyer dans le circuit des courants alternatifs dont la période est réglée par la vitesse de rotation du tambour.

A l'aide de cet appareil, on peut étudier l'effet relatif de la fréquence sur la perte due à l'hystérésis, mais il faut toujours faire des réserves sur la valeur absolue des indications données.

§ 106. — Appareils industriels. Perméamètres.

En présence des difficultés que l'on rencontre pour obtenir des résultats exacts, dans les mesures magnétiques, et vu l'intérêt qu'ont, aujourd'hui, ces mesures dans l'industrie, on comprend facilement l'utilité d'appareils moins précis, mais plus faciles à manier et susceptibles de fournir des résultats à peu près constants.

Les appareils industriels qui existent aujourd'hui sont suffisamment exacts pour les besoins de la pratique, étant donnés les défauts d'homogénéité du fer, et ils donnent, dans les mains de personnes relativement peu exercées, des résultats infiniment plus réguliers que les méthodes indiquées plus haut ; celles-ci doivent être réservées pour l'étalonnage et la vérification des appareils industriels.

Néanmoins, comme la concordance des différents appareils, entre eux, peut n'être pas absolue, *on fera bien d'indiquer, dans chaque cas, la nature de l'instrument employé.*

Il existe deux sortes d'appareils industriels, les uns permettent de tracer la courbe moyenne de $\mathfrak{B}$ en fonction de $\mathcal{K}$: ce sont les *perméamètres*, les autres indiquent un coefficient proportionnel à l'hystérésis, ce sont les *hystérésimètres*. Les perméamètres renferment tous des masses de fer étrangères à l'échantillon et, par suite, ils fournissent des résultats *faux* relativement à l'hystérésis.

Les moyens mis en action, pour la mesure de $\mathfrak{B}$, sont, dans les appareils industriels : la comparaison (pont magnétique d'Ewing); l'attraction (balance de Du Bois) ; la mesure du champ dans l'entrefer, au moyen d'une spirale de bismuth (Bruger), par la déviation d'un cadre mobile (Köpsel), ou par l'action sur une aiguille aimantée (Carpentier).

Dans l'appareil de Bruger, construit par Hartmann et Braun, le fer à essayer est mis sous forme d'une barre cylindrique et introduit dans un solénoïde de même lon-

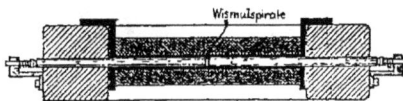

Fig. 209. — Perméamètre de Bruger.

gueur; une masse de fer (fig. 209) réunit les deux bouts de la barre, ne laissant, au milieu, qu'un étroit entrefer, de longueur constante, dans lequel une spirale de bismuth permet de mesurer le champ.

L'appareil est complété par deux fils tendus qui forment, avec des résistances, les parties d'un pont de Wheatstone destiné à mesurer la résistance de la spirale. La graduation du fil du pont est faite directement en valeurs de $\mathfrak{B}$, afin d'éviter les calculs.

Dans la balance magnétique de Du Bois (fig. 210), la bobine magnétisante est placée horizontalement et terminée par deux blocs d'acier ; elle reçoit le fer à essayer, qui est de section, circulaire ou carrée, égale à 0,5 cm². Au-dessus se trouve un fléau formé d'une masse d'acier fondu, de grande section, qui porte, à sa partie inférieure, deux projections cylindriques très courtes, lesquelles viennent en regard des faces horizontales des blocs fixes.

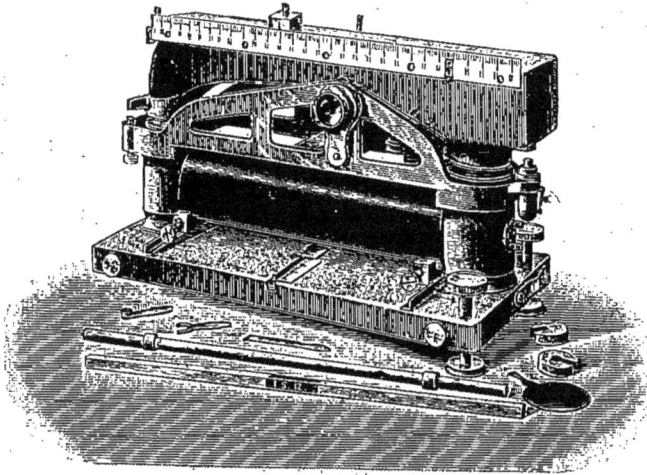

Fig. 210. — Balance magnétique de Du Bois.

Le fléau et les blocs ne viennent jamais au contact, il y a toujours, entre eux, un entrefer d'environ 1 mm. Le fléau est porté par un couteau excentré et un contrepoids règle l'équilibre.

Quand la bobine magnétisante est excitée, les attractions sont égales de chaque côté, puisque les sections sont égales et traversées par le même flux; elles déterminent deux *moments* inégaux et le fléau s'incline du côté du plus grand bras de levier. On rétablit l'équilibre au moyen de curseurs qui glissent sur des règles graduées. La valeur de $\mathfrak{B}$, dans l'échantillon, est proportionnelle à la racine carrée du déplacement du curseur.

Cet appareil est très précis, il se manœuvre comme une balance et n'exige en plus que la source de courant (10 volts pour $\mathcal{H} = 150$ gauss) et l'ampèremètre pour la mesure de ce courant.

L'appareil de Köpsel (fig. 211) est à lecture directe; il constitue une sorte de galvanomètre à cadre mobile, dans lequel le champ magnétique est variable. Un cou-

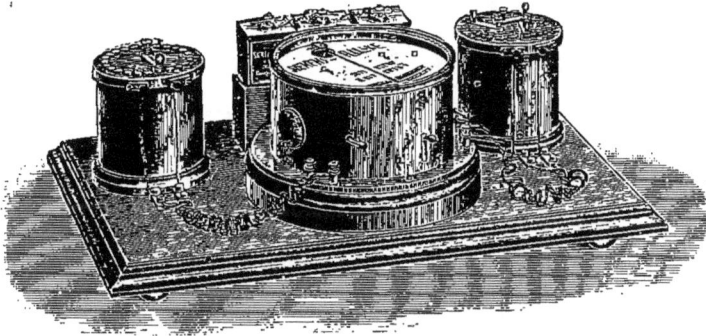

Fig. 211. — Perméamètre de Köpsel.

rant constant, envoyé dans le cadre, le fait dévier d'un angle proportionnel au flux de force, c'est-à-dire à $\mathcal{B}$.

Dans le perméamètre Carpentier, le barreau de fer à essayer est placé dans une bobine magnétisante et a ses extrémités serrées entre deux cylindres de fer qui s'engagent, à frottement, dans des trous percés dans un bloc de fer doux annulaire (fig. 212). L'anneau est coupé, diamétralement, suivant un plan perpendiculaire au barreau, par deux entrefers semblables, dans l'un desquels est suspendue une aiguille aimantée munie d'un index. La suspension de cette aiguille est faite à l'aide de fils d'argent, de sorte qu'on peut, en tordant ces fils, ramener l'aiguille à être constamment perpendiculaire aux lignes de force qui traversent l'entrefer.

Quand le courant est envoyé dans la bobine magnéti-

sante, le flux de force créé passe dans l'anneau et traverse l'entrefer où il tend à faire dévier l'aiguille aimantée; en ramenant celle-ci à sa position normale, la torsion
du fil donne une valeur proportionnelle au flux.

L'aiguille aimantée est placée dans un tube plein d'huile,
pour amortir ses oscillations, et elle porte un index qui
se déplace devant un petit cadran muni d'un repère, afin

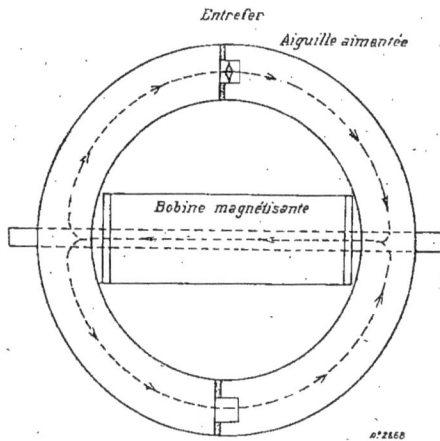

Fig. 212. — Schéma de perméamètre Carpentier.

de fixer sa position. Le bouton de torsion, placé à la partie supérieure du fil de suspension, porte deux index
opposés, au-dessous desquels est un cadran circulaire,
divisé empiriquement et portant deux graduations, l'une
pour l'induction $\mathfrak{B}$, l'autre pour la correction C. Le cercle
gradué est mobile, à frottement doux.

Une boîte accessoire renferme un rhéostat, destiné à
régler le courant magnétisant, un commutateur inverseur et un galvanomètre dont la graduation indique
directement, au lieu des ampères, la valeur, en Gauss,
de la force magnétisante $\mathfrak{IC}$.

Pour éliminer l'effet de l'hystérésis, on procède par

renversement et la mesure est donnée par la *somme* des torsions. La manœuvre de l'instrument est la suivante : le courant est envoyé dans la bobine magnétisante et renversé plusieurs fois à l'aide du commutateur ; ensuite, à l'aide du bouton de torsion, on amène l'aiguille au zéro et on fait coïncider les zéros du cadran mobile avec les index de la torsion. Un nouveau renversement du courant fait dévier l'aiguille, que l'on ramène encore au zéro, et il suffit de lire à ce moment les chiffres indiqués par les index, sur le cadran mobile, pour connaître la valeur de l'induction $\mathfrak{B}$, en gauss, ainsi que la correction C qu'il faut faire subir à la valeur de $\mathfrak{K}$, lue sur l'ampèremètre, pour avoir la valeur réelle, $\mathfrak{K}'$, du champ magnétisant :

$$\mathfrak{K}' = \mathfrak{K} - C.$$

§ 107. — Hystérésis. Méthode de wattmètre.

La dépense d'énergie, causée par l'hystérésis, dans une masse de fer, est, toutes choses égales d'ailleurs, *fonction* de l'induction *maximum* $\mathfrak{B}_0$ du cycle parcouru et *proportionnelle* : 1° au *volume* V de fer ; 2° à un certain *coefficient* η, variable avec chaque échantillon, et 3° au *nombre de cycles* parcourus.

Si on admet, avec M. Steinmetz, que la fonction qui relie $\mathfrak{B}$ à la perte d'énergie est la puissance 1,6 de $\mathfrak{B}$, on a :

$$W_h = V \eta_i \mathfrak{B}^{1,6},$$

W_h représentant la perte en *ergs par cycle*.

Le coefficient η est souvent appelé *coefficient de Steinmetz* ; il suffit, pratiquement, à déterminer la *qualité* du fer essayé, au point de vue de l'hystérésis.

Souvent on emploie, au lieu de η, un coefficient représentant la *puissance en watts* pour un certain nombre de cycles par seconde et pour un *volume*, ou un *poids*,

déterminé de fer. Connaissant les unités employées, il
est facile de ramener cette valeur à celle de η.

La loi de Steinmetz n'est pas rigoureusement exacte,
mais elle suffit pour les besoins ordinaires de la pratique.

Quand le fer est suffisamment divisé pour éviter les
courants de Foucault, l'hystérésis est bien *indépendante
de la vitesse avec laquelle le cycle est parcouru*.

L'hystérésis se présente dans deux cas différents : le
cycle est produit par la variation de $\mathfrak{B}$, en *grandeur
seulement*, la direction des lignes de force changeant
seulement de *signe*; on a alors *l'hystérésis alternative*,
celle que l'on observe dans les transformateurs pour courants alternatifs.

Si, au contraire, $\mathfrak{B}$ reste constant, mais si le fer
tourne dans le champ magnétisant, il y a simplement un
changement d'orientation des lignes de force dans le fer;
on a *l'hystérésis tournante*, comme on l'observe dans les
induits des machines à courant continu.

Il semble qu'il y a un *rapport constant* entre ces deux
formes; *l'hystérésis tournante* étant toujours *supérieure*,
d'environ 20 à 25 p. 100, à *l'hystérésis alternative*.

La méthode balistique donne *l'hystérésis alternative*,
la méthode du wattmètre également.

La méthode du wattmètre consiste à placer le fer à
essayer dans un solénoïde et à mesurer l'énergie électrique dépensée dans ce solénoïde, pour une intensité
constante, avec ou sans le fer; la différence des deux
mesures donne la part due à l'hystérésis.

On peut aussi mettre le fer sous forme d'anneau et
enrouler dessus une bobine magnétisante; la perte dans
le cuivre de cette bobine se calcule aisément à l'aide de
sa résistance et de l'intensité efficace du courant.

La valeur maximum de $\mathfrak{B}$ se calcule soit en partant de
l'intensité efficace du courant magnétisant, soit en mesu-

rant la force électromotrice efficace induite dans une
bobine auxiliaire, enroulée aussi sur le fer. Cette dernière solution est employée par Fleming qui place la
bobine d'exploration sur un barreau droit à la distance
où l'induction est celle qui correspond à la perte moyenne
du fer. La force électromotrice doit être mesurée avec un
électromètre.

Quel que soit le moyen employé, on est toujours obligé
de faire des hypothèses sur le rapport de la valeur *maximum* de $\mathfrak{B}$ à la valeur *moyenne* ou *efficace* que l'on
mesure. C'est là que réside l'infériorité de cette méthode;
néanmoins, pour des essais qualitatifs, cette difficulté n'a
pas d'importance, l'erreur affectant tous les échantillons,
à peu près de la même manière.

Cette méthode exige un wattmètre sensible, ayant peu
de self-induction et de capacité. Il faut mettre peu de
tours sur la bobine magnétisante, de façon à réduire la
différence de phase entre la force électromotrice et l'intensité.

§ 108. — Hystérésimètres.

Si on soumet un échantillon de fer à une série de
cycles magnétiques produits en faisant tourner le champ
magnétisant autour du fer à étudier, la perte d'énergie
W_h a pour valeur, pour m tours par seconde :

$$W_h = mV\eta\mathfrak{B}^{1,6},$$

Si l'échantillon de fer est porté sur un arbre et dirigé
par la pesanteur ou par un ressort ayant un couple W,
il tend à suivre le mouvement du champ, jusqu'à ce que
le travail W_r produit par le couple W soit égal au travail
dépensé par hystérésis. Dans le cas d'un ressort, on a :

$$W_r = mW\theta,$$

et, comme on doit avoir : $W_h = W_r$,

$$\eta = \frac{W}{V \mathfrak{B}^{1,6}} \, \theta ; \qquad (13)$$

c'est-à-dire que le système *dévie* d'un angle θ, *proportionnel* à V, à $\mathfrak{B}^{1,6}$ et à η, mais *indépendant de la vitesse de rotation* du champ magnétisant.

Les *hystérésimètres* sont basés sur cette propriété ; ils permettent de calculer η directement, quand l'induction $\mathfrak{B}$ est assez uniforme et peut être mesurée, mais, plus généralement, on se place dans des conditions telles que W, V̇ et $\mathfrak{B}$ restent constants et on *compare* simplement les *déviations* θ, données par le fer essayé *x* et un échantillon ε, étalonné par d'autres méthodes. On a, très simplement :

$$\eta_x = \eta_\varepsilon \, \frac{\theta_x}{\theta_\varepsilon} .$$

Dans l'hystérésimètre d'Ewing (fig. 213), le faisceau

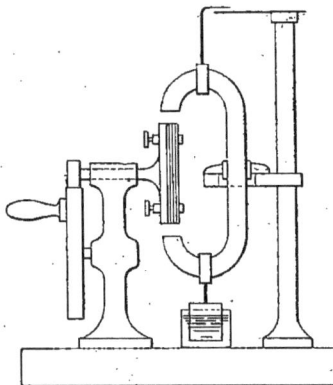

Fig. 213. — Hystérésimètre d'Ewing.

de tôle à essayer est coupé en forme de rectangle, suivant un calibre donné, puis il est monté sur un arbre auquel une manivelle permet de donner un mouvement de rotation convenable. En tournant, le faisceau passe entre les pôles d'un aimant permanent, en forme de C, dont les dimensions sont déterminées pour soumettre le fer à une induction moyenne de 4 000 gauss. L'entrefer est assez grand pour que la reluctance des différents échantillons ne modifie pas sensiblement l'induction moyenne. L'aimant n'est pas fixe, il peut osciller sur des couteaux placés dans le prolongement de l'axe de rotation du faisceau.

Quand on fait tourner la manivelle lentement, l'aimant est attiré, alternativement dans un sens et dans l'autre, par l'attraction des tôles; mais, à cause de l'hystérésis, ces deux actions ne sont pas égales. Pour une vitesse de rotation plus grande, les oscillations s'atténuent, et l'aimant, sollicité par un couple proportionnel à W_h, dévie de sa position d'équilibre et s'incline dans le sens du mouvement.

Un contrepoids permet de régler la sensibilité de l'appareil et une palette, plongeant dans un liquide, sert à amortir les oscillations.

La vitesse de rotation doit être assez rapide pour que l'aimant n'oscille pas et prenne une position de régime : elle doit être assez lente pour que les courants de Foucault ne troublent pas la mesure ; dans ces limites, le couple déviant et, par suite, l'indication de l'index, sont indépendants de la vitesse de rotation.

Les déviations indiquées par l'appareil d'Ewing ne sont *pas proportionnelles* ; il faut graduer l'appareil à l'aide de deux étalons ayant, l'un très peu d'hystérésis, $\eta = 0,001$, l'autre en ayant beaucoup, $\eta = 0,003$ à $0,004$. Entre ces deux échantillons, on admet la proportionnalité.

·Bien que la rotation du champ soit continue, la forme rectangulaire de l'échantillon fait qu'il est soumis à l'*hystérésis alternative*.

Dans l'hystérésimètre Blondel-Carpentier (fig. 214) un aimant en U tourne autour d'un axe vertical, il repose sur un pivot et sa partie supérieure est munie d'un large disque qui est guidé, latéralement, par trois galets. Le mouvement est donné à l'aimant par une manivelle, avec

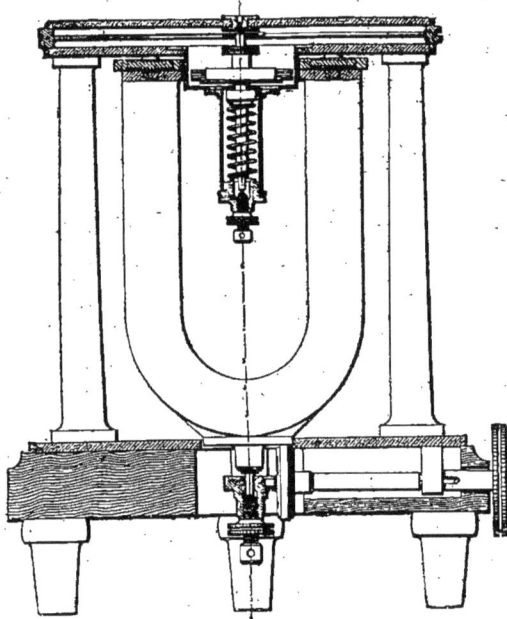

Fig. 214. — Hystérésimètre Blondel et Carpentier.

transmission par disque et galet. Entre les pôles de l'aimant on place l'échantillon sur un arbre vertical, dirigé par un ressort à boudin ; cet arbre est porté par deux pivots, celui du bas repose dans une crapaudine fixe, celui du haut dans une seconde crapaudine, placée au milieu de la glace de fermeture de l'appareil ; un index est fixé, à frottement, sur l'arbre, pour indiquer la déviation, sur un cadran divisé solidaire de la glace. Un tube enveloppe l'arbre et le ressort ; il est rempli d'huile pour amortir les oscillations. Les échantillons sont découpés en forme d'anneaux de 38 et 55 mm de diamètre, empilés de façon à former une épaisseur de 4 mm.

La manœuvre est très simple : l'échantillon, placé sur un support spécial, est fixé sur l'arbre, puis l'index est mis en place et l'appareil fermé en remettant la glace supérieure ; on fait alors tourner l'aimant et, en tournant la glace de l'autre main, on amène le zéro du cadran divisé en face de l'index. Puis, faisant tourner l'aimant en sens inverse, on obtient une nouvelle déviation qui se lit sur le cadran. Le rapport de la déviation obtenue, à celle donnée par un échantillon d'hystérésis connue, donne la valeur cherchée. On peut aussi déterminer l'hystérésis en partant des constantes de l'appareil : couple de torsion du ressort, volume du fer, induction maximum. Cet instrument donne l'hytérésis *tournante*.

On peut employer une méthode *statique*, en mesurant la déviation maximum obtenue en tournant *lentement* l'aimant; cette méthode, imaginée par M. Blondel, peut être utile dans quelques cas, malheureusement le manque d'homogénéité des fers du commerce en rend l'emploi assez pénible.

Il ne faut guère compter sur une précision supérieure à 5 p. 100, même dans les mesures faites avec le même hystérésimètre. En outre, les deux appareils ci-dessus donnent des différences *systématiques* de 20 à 25 p. 100, le premier étant étalonné par la *méthode balistique* et le second en partant de l'équation (13); or, dans cet appareil, comme nous venons de le voir, on mesure l'*hystérésis tournante*.

§ 109. — Mesure des aimants.

On a quelquefois besoin de connaître les qualités d'un aimant permanent. Si c'est un barreau droit, la méthode

du magnétomètre permet de mesurer son moment magné-
tique $\mathfrak{M}$ et d'en déduire l'intensité d'aimantation $\mathfrak{I}$, qui
est caractéristique de la qualité de l'aimant.

On peut aussi employer la méthode balistique qui
donne des résultats assez comparables et indépendants
de la forme de l'aimant. Au milieu d'un barreau droit,
on place une bobine d'exploration de n tours, susceptible de glisser facilement sur ce barreau; cette bobine
étant reliée à un galvanomètre balistique donne, si on
vient à l'arracher brusquement du barreau, une quantité
d'électricité induite q :

$$q = \frac{n\Phi}{R_l} = K\varepsilon;$$

or, on sait que, dans un aimant droit :

$$\Phi = 4\pi\mathfrak{M},$$

on en déduit immédiatement l'intensité d'aimantation :

$$\mathfrak{I} = \frac{\mathfrak{M}}{V} = \frac{\Phi}{4\pi V} = \frac{KR_l}{4\pi Vn}\ \varepsilon.$$

Si au lieu d'amener la bobine d'exploration de la section neutre de l'aimant en dehors de celui-ci, on se contente de lui imprimer de petits déplacements *égaux*, on
peut construire, à l'aide des élongations élémentaires
observées, la courbe de distribution du magnétisme le
long du barreau et reconnaître si l'aimantation est uniforme, ou s'il y a des *pôles conséquents*. Tous les points
où la déviation est nulle sont des *points neutres;* là où
on obtient des déviations maxima se trouvent des *pôles.*

Pour les aimants de forme quelconque, le flux magnétique fourni en chaque point dépend de la forme de l'aimant et des pièces de fer voisines. Pour les étudier il faut
se placer dans les conditions de l'emploi et mesurer soit
le champ dans l'entrefer, soit l'induction produite dans
les pièces de fer.

Ce qui est souvent intéressant, c'est de connaître l'*induction maximum* que peut fournir un *acier* donné; pour cela il faut se placer dans des conditions telles que l'aimant donne le flux maximum.

Deux moyens peuvent être employés. On peut prendre deux aimants semblables et les mettre en contact bout à bout, pôle nord contre pôle sud, et réciproquement. Dans ces conditions, les aimants sont réellement en *court-circuit magnétique*. Une bobine d'exploration étant placée au point de jonction des deux pôles, si on arrache les deux aimants, en les éloignant tous deux, on obtient une élongation proportionnelle à $\Phi = \mathfrak{B}S$.

On peut aussi, et le moyen est souvent suffisant, placer les pôles de l'aimant sur un bloc de fer doux, sur lequel est enroulé la bobine d'exploration. On obtient ainsi un *court-circuit* moins parfait, mais le procédé est plus simple. On opère encore par arrachement. Il faut assurer un bon contact entre les pôles et la masse de fer.

De l'élongation obtenue on déduit $\mathfrak{B}$ et on peut aussi déduire l'intensité d'aimantation $\mathfrak{J}$, puisque l'on peut écrire, à très peu près :

$$\mathfrak{B} = 4\pi\mathfrak{J}.$$

CHAPITRE VIII

MESURE DE LA PUISSANCE ET DE L'ÉNERGIE ÉLECTRIQUES

§ 110. — Courant continu et courant alternatif sur circuit sans réactance.

La mesure des puissances à l'aide des wattmètres a été indiquée paragraphes 55 et 62, nous n'avons à examiner ici que les méthodes qui emploient d'autres appareils, ou des combinaisons de wattmètres.

La mesure de la puissance dépensée dans un circuit à courant continu se réduit à l'observation simultanée de la différence de potentiel aux bornes et de l'intensité. Comme nous l'avons vu à propos des wattmètres (§ 55), il y a lieu de chercher si, selon le montage adopté, la valeur de E, ou celle de I, est faussée par la résistance relative de l'ampèremètre, du voltmètre ou du circuit.

Le résultat étant le produit des deux facteurs, EI, il faut faire chaque mesure, prise seule, avec plus de précision qu'on ne le ferait dans le cas d'une mesure isolée de E ou de I, puisque les erreurs s'ajoutent.

Pour la mesure de l'énergie, il faut, si la puissance est constante, noter la durée exacte de l'expérience ; sinon, on relève, à des intervalles convenables suivant la rapidité des variations, les valeurs simultanées de E, I et t, et on fait, graphiquement ou par des moyennes, l'intégration des résultats.

Dans les circuits alternatifs sans réactance, c'est-à-dire

dans lesquels la différence de potentiel et l'intensité sont des fonctions identiques du temps et sont de même phase, le procédé de mesure de P est le même que pour les courants continus. Cette condition suppose que le circuit sur lequel on fait la mesure ne renferme ni self-induction, ni capacité, ni moteurs, qu'il ne traverse pas d'électrolytes ou d'arcs, toutes ces causes étant susceptibles d'amener soit une différence de phase entre E et I, soit de déformer la loi de l'intensité qui n'est plus alors semblable à la loi de E.

En pratique, cette méthode simple ne s'applique qu'aux circuits entièrement métalliques, composés de résistances ayant une self-induction négligeable, aux lampes à incandescence, par exemple.

Toutefois, pour les courants alternatifs, une restriction s'impose : *il faut n'employer que des instruments, volt-mètres et ampèremètres, donnant la valeur efficace.* Quand les mesures sont faites avec un électromètre ou un thermique, d'une part, et un électrodynamomètre, d'autre part, les résultats sont aussi exacts que pour les courants continus.

§ 111. — Méthode de M. Potier.

La plus ancienne de toutes les méthodes applicables à tous les circuits, avec ou sans réactance, est celle due à

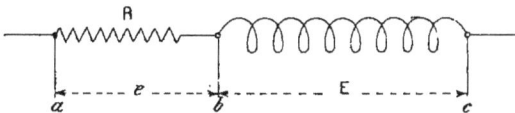

Fig. 215. — Mesure de la puissance, méthode de M. Potier.

M. Potier ; elle repose sur l'emploi des électromètres symétriques.

Une résistance sans induction, R (fig. 215), est placée

en série avec le circuit dans lequel on veut mesurer l'énergie dépensée; à chaque instant la chute de potentiel le long de cette résistance est :

$$e = RI.$$

Si on relie les points a et b aux quadrants d'un électromètre et le point c à l'aiguille du même, le couple qui tend à faire dévier l'aiguille a pour valeur (§ 24) :

$$\frac{N(y^2 - x^2)}{1 + M(x - y)^2}.$$

Dans le cas actuel :

$$y = e + E = RI + E,$$
$$x = E,$$

donc la déviation d_1 doit être :

$$d_1 = \frac{N}{T} \int_0^T \frac{e^2 + 2eE}{1 + Me^2}\, dt.$$

Si, dans une seconde mesure, on relie les points a et b aux quadrants, le point b à l'aiguille, on obtient une seconde déviation :

$$d_2 = \frac{N}{T} \int_0^T \frac{e^2}{1 + Me^2}\, dt.$$

La différence de ces deux déviations donne :

$$d_1 - d_2 = \frac{N}{T} \int_0^T \frac{2Ee}{1 + Me^2}\, dt = \frac{2NR}{T} \int_0^T \frac{EI}{1 + MR^2 I^2}\, dt.$$

Cette différence $d_1 - d_2$ n'est proportionnelle à la puissance mesurée :

$$P = \frac{1}{T} \int_0^T EI\, dt,$$

que si le couple directeur électrique, représenté ici par le dénominateur de la fraction, est négligeable. La mesure est alors exacte, quelles que soient les formes de

E et I, et leur différence de phase ; on a :

$$P = \frac{d_1 - d_2}{2NR} .$$ (1)

Dans la mesure elle-même, le couple directeur électrique n'est pas souvent important ; il est d'ailleurs facile de se rendre compte, *approximativement*, de sa grandeur, en calculant le facteur $1 + MR^2 I^2$, en mettant pour I la valeur efficace du courant ; si ce terme ne diffère pas sensiblement de 1, on peut le négliger.

Il est bon d'ajouter que la sensibilité des électromètres à miroir (§ 26) est assez grande pour que l'on puisse prendre $e < 1$ volt ; par suite, le couple directeur électrique a peu d'influence dans cette mesure.

Cette méthode est une des plus exactes pour la mesure de P dans les circuits avec réactance, elle devrait être plus employée qu'elle ne l'est.

La valeur de R à employer dépend de la puissance à mesurer et de la sensibilité de l'électromètre employé ; on peut la calculer au moyen de l'équation (1), en donnant à $d_1 - d_2$, la valeur que l'on veut atteindre pour obtenir une erreur de lecture assez faible.

Si, à chaque lecture de l'électromètre, l'erreur commise est Δ, l'erreur relative sur la mesure finale sera :

$$\frac{2\Delta}{d_1 - d_2} ;$$

on a évidemment intérêt à faire $d_1 - d_2$ assez grand.

Avec l'électromètre de MM. Blondlot et Curie, une seule lecture est nécessaire. Les points a et b sont reliés aux deux parties de l'aiguille, les points b et c, aux deux quadrants fixes, et la déviation est alors proportionnelle à la puissance mesurée :

$$d = \frac{N_2 R}{T} \int_0^T EI dt = N_2 RP .$$

§ 112. — Méthode de MM. Ayrton et Sumpner.

La méthode précédente a contre elle l'emploi de l'électromètre à miroir; dans la suivante, toutes les mesures
peuvent être faites au moyen de voltmètres quelconques,
pourvu que ceux-ci donnent les forces électromotrices
efficaces, mais elle exige une perte d'énergie considérable.

Comme ci-dessus, une résistance R est mise en série
avec le circuit à mesurer. Trois voltmètres, E, E_1, E_2

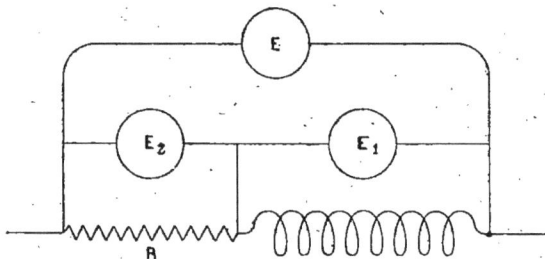

Fig. 216. — Méthode de MM. Ayrton et Sumpner.

(fig. 216), donnent simultanément trois différences de
potentiel : totale, aux bornes de la résistance R et aux
bornes du circuit ; on désigne souvent cette méthode sous
le nom de : *méthode des trois voltmètres*.

En appelant e, e_1, e_2, i et p, les valeurs *instantanées*
des différences de potentiel, de l'intensité et de la puissance, on a évidemment :

$$e = e_1 + e_2,$$
$$i = \frac{e_2}{R},$$
$$p = e_1 i = \frac{e_1 e_2}{R} = \frac{1}{2R}(e^2 - e_1^2 - e_2^2).$$

La puissance moyenne :

$$P = \frac{1}{2RT}\left(\int_0^T e^2 dt - \int_0^T e_1^2 dt - \int_0^T e_2^2 dt\right) = \frac{1}{2R}(E^2 - E_1^2 - E_2^2),$$

puisque chacune des intégrales

$$\frac{1}{T} \int_0^T e^2\, dt\,.$$

n'est autre chose que la différence de potentiel efficace indiquée par le voltmètre correspondant; là encore, il n'y a pas lieu de tenir compte de la réactance du circuit.

Si on se place dans les meilleures conditions possibles, c'est-à-dire si les trois voltmètres sont employés dans la partie de la graduation où l'erreur relative est minimum, il faut, pour obtenir la plus grande exactitude sur P, choisir la résistance telle que l'on ait $E_1 = E_2$. En effet, soit ε l'erreur relative commise sur chaque lecture, l'erreur absolue sur P, est :

$$dP = \frac{1}{2R}\, \varepsilon (E^2 + E_1^2 + E_2^2),$$

et l'erreur relative :

$$\frac{dP}{P} = \varepsilon\, \frac{E^2 + E_1^2 + E_2^2}{E^2 - E_1^2 - E_2^2}\,,$$

est bien minimum pour $E_1 = E_2$.

Cette condition exige l'emploi d'une résistance d'autant plus grande que la différence de phase entre E_1 et I est plus grande :

$$R = \frac{P}{I^2 \cos\varphi}\,.$$

L'énergie dépensée dans la résistance R est au moins égale à P :

$$RI^2 = \frac{P}{\cos\varphi}\,,$$

et, enfin, dans ces conditions, qui sont les plus favorables, l'erreur relative est encore

$$\frac{dP}{P} = \frac{2 + \cos\varphi}{\cos\varphi}\,\varepsilon.$$

Il faut donc, pour obtenir de bons résultats, *faire usage de voltmètres très bien étalonnés*. On peut, si le courant mesuré est très constant, employer un seul ou deux voltmètres, en faisant des lectures successives.

Les voltmètres employés ne doivent pas avoir une résistance trop faible, autrement il faudrait en tenir compte. Dans le cas de l'emploi simultané de trois appareils, il faut diminuer P de la puissance dépensée dans le voltmètre E_1 et il faut tenir compte de la diminution de R causée par la mise en dérivation de E_2; il n'y a pas lieu de tenir compte de l'action de E quand le régime, dans le circuit à mesurer, a été établi toutes connexions faites.

Dans certains cas, il est difficile de prendre une force électromotrice double de celle qui est nécessaire pour l'appareil essayé, tandis qu'il est facile d'employer une intensité double; c'est dans ce sens que M. Fleming a modifié la méthode.

La résistance R est placée *en dérivation* sur le circuit et les trois voltmètres sont remplacés par trois électro-

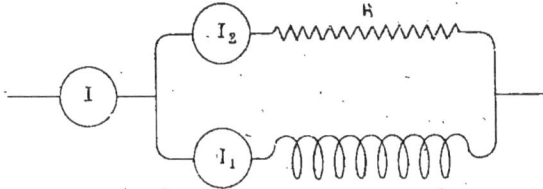

Fig. 217. — Méthode de M. Fleming.

dynamomètres (fig. 217). On a, pour les mêmes raisons que précédemment,

$$p = ei_1 = Ri_1i_2,$$
$$i = i_1 + i_2,$$

et, finalement :

$$P = \frac{R}{2}(I^2 - I_1^2 - I_2^2).$$

L'erreur relative est minimum pour $l_1 = l_2$.

Cette méthode présente les mêmes causes d'erreurs que celle de M. Ayrton ; on doit choisir entre les deux selon la source de courant dont on dispose.

§ 113. — Emploi du calorimètre.

Dans les circuits présentant une forte réactance il est très difficile d'obtenir, par les méthodes précédentes, des résultats très exacts. Quand on veut déterminer la perte de puissance dans un organe quelconque, un transformateur, par exemple, le résultat, qui est donné par la *différence* de deux quantités déjà inexactes, est encore plus incertain. La méthode calorimétrique, employée pour ce cas particulier par M. Roiti est, bien que longue et peu précise, assez intéressante ; ce n'est évidemment pas une méthode d'usage courant, mais il est bon de la connaître pour l'utiliser au besoin.

La disposition employée, qui n'est applicable qu'aux appareils n'effectuant aucun travail mécanique extérieur, comme les transformateurs à courant alternatif, consiste à enfermer l'appareil à étudier dans une boîte en laiton mince, enveloppée elle-même dans une seconde boîte en laiton. Un courant d'eau, jaugé au moyen de réservoirs de capacité connue, circule entre les deux enveloppes de laiton et des thermomètres, très précis et sensibles au $\frac{1}{10}$ de degré, au moins, indiquent la température de l'eau à l'entrée et à la sortie. Des enveloppes calorifuges doivent être disposées autour du récipient de laiton pour éviter les pertes ou les échauffements par les causes extérieures. Les conducteurs reliant l'appareil aux circuits, sont disposés dans des tubes parfaitement isolés.

Lorsque le régime est bien établi, c'est-à-dire lorsque toutes les masses fixes de l'appareil et du calorimètre ont pris une température constante, toute l'énergie dépensée dans l'appareil doit se retrouver dans l'eau de circulation ; cette condition n'est généralement réalisée qu'au bout de plusieurs heures, quand les températures indiquées par les deux thermomètres restent bien fixes.

Si t et t' sont les températures de l'eau à l'entrée et à la sortie, Q le poids d'eau écoulé *par seconde*, exprimé en grammes, la puissance dépensée a pour valeur, en watts

$$P = 4,17 Q(t'-t).$$

L'écart des températures t et t' est assez petit ; on règle d'ailleurs le débit de l'eau pour qu'il en soit ainsi, car si la température était trop élevée, on éviterait difficilement les pertes par rayonnement ; cette condition réduit beaucoup l'exactitude du facteur $t' - t$. On peut, pour des recherches délicates, faire cette mesure au moyen de couples thermo-électriques ou d'un dispositif bolométrique.

Les perfectionnements apportés aux wattmètres rendent cette méthode moins utile qu'autrefois.

§ 114. — Courants polyphasés.

La puissance dépensée dans un circuit de courants diphasés se mesure par les méthodes précédentes, il suffit de faire deux mesures, simultanées ou successives, selon que le régime varie ou est constant.

Dans les courants triphasés, la puissance dépensée à chaque instant a pour valeur, dans le montage en étoile (fig. 218 *a*),

$$p = I_1(V_1 - V_0) + I_2(V_2 - V_0) + I_3(V_3 - V_0), \qquad (1)$$

et, dans le montage en triangle (fig. 216 *b*),

$$p = i_a(V_1 - V_2) + i_b(V_2 - V_3) + i_c(V_3 - V_1). \qquad (2)$$

La puissance moyenne dépensée, dans les deux cas :

$$P = \frac{1}{T}\left[\int_0^T I_1(V_1 - V_0)dt + \int_0^T I_2(V_2 - V_0)dt \right.$$

$$\left. + \int_0^T I_3(V_3 - V_0)dt \right], \tag{3}$$

$$P = \frac{1}{T}\left[\int_0^T i_a(V_1 - V_2)\,dt + \int_0^T i_b(V_2 - V_3)dt \right.$$

$$\left. + \int_0^T i_c(V_3 - V_1)\,dt \right], \tag{4}$$

n'est autre chose que la somme des puissances moyennes dépensées dans chacune des branches ; il en résulte que, si le point neutre V_0 est accessible, ou si les intensités i_a, i_b, i_c, peuvent être mesurées directement, le problème se

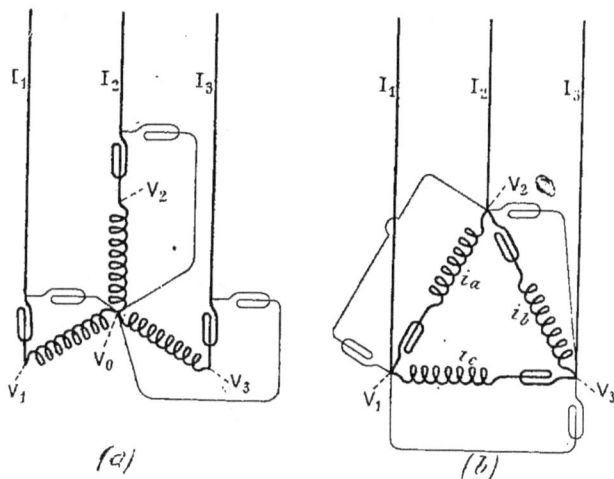

Fig. 218. — Courants triphasés, méthode de trois voltmètres.

réduit à trois mesures de puissances, qui peuvent être effectuées par une méthode quelconque.

Quand on fait usage de wattmètres, les connexions doivent être effectuées comme l'indique la figure 218 ; les trois wattmètres peuvent au besoin être réunis en un

seul, en superposant les bobines à gros fil et en montant
les bobines de dérivation sur un axe unique, de façon
que leurs actions s'ajoutent; c'est la disposition la plus
favorable pour les compteurs.

Méthode des deux wattmètres. — Remarquons que,
dans les courants polyphasés, on doit avoir :

$$I_1 + I_2 + I_3 = 0,$$

ceci nous permet d'éliminer V_0 et I_3, l'équation (1) devient
alors :

$$p = I_1(V_1 - V_3) + I_2(V_2 - V_3), \qquad (5)$$

et

$$P = \frac{1}{T}\left[\int_0^T I_1(V_1 - V_3)dt + \int_0^T I_2(V_2 - V_3)\,dt\right]. \qquad (6)$$

On a de même, pour le montage en triangle :

$$i_a + i_b + i_c = 0,$$
$$i_a - i_c = I_1,$$
$$i_b - i_a = I_2,$$

les équations (2) et (4) deviennent alors identiques à (5)
et (6); le montage des wattmètres est le même dans les
deux cas (fig. 219 *a* et *b*).

Cette solution est à la fois plus simple et plus générale, car elle réduit le nombre d'appareils nécessaires
et, en même temps, elle permet de les monter sur des
parties toujours accessibles des circuits; dans le montage en étoile, on dispose rarement du point neutre, et,
dans le montage en triangle, il n'est pas toujours facile
de mesurer le courant dans les côtés du triangle.

Dans l'équation (6), la puissance P est la somme *algébrique* des indications des deux wattmètres; dès que la
réactance des circuits atteint une valeur capable de
donner une différence de phase φ supérieure à 60°, il faut

prendre la *différence* des indications au lieu de la *somme*; pour $\varphi = 60°$, l'un des deux wattmètres indique une puissance nulle.

Comme la valeur de φ n'est jamais connue, il faut installer les instruments de façon que le sens de leur déviation indique lui-même, si la valeur est positive ou néga-

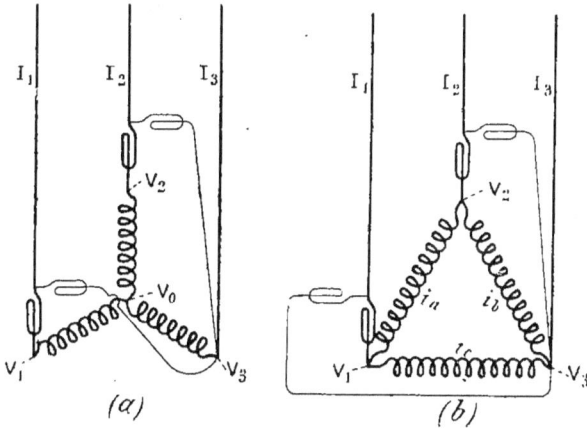

Fig. 219. — Courants triphasés, méthode des deux wattmètres.

tive. Le moyen le plus simple pour obtenir ce résultat consiste à essayer successivement les deux wattmètres sur le même circuit, sur I_1, par exemple; les connexions étant établies comme le montre la figure 219, on note le sens de la déviation de l'index du premier wattmètre, puis on essaye le second et on relie le fil fin au gros fil de façon à obtenir le même sens de déviation. Dans ces conditions, les deux instruments peuvent être placés indifféremment sur l'un ou l'autre des circuits, il suffit que le point commun des deux bobines, fixe et mobile, reste invariable; tant que les déviations restent de même sens, il faut additionner les valeurs obtenues, il faut soustraire quand elles sont opposées.

ARMAGNAT. Inst. de mesures.   37

Cette disposition peut évidemment être appliquée en réunissant les deux wattmètres dans un seul appareil, comme précédemment; c'est ce que l'on fait pour les compteurs pour courants triphasés; dans ce cas, le système fait lui-même la somme algébrique des puissances mesurées.

Dans cette disposition le wattmètre qui indique la plus grande puissance, mesure toujours sur une différence de phase $< 60°$, tandis que le second indique une valeur d'autant moins élevée qu'il s'approche plus de la quadrature; donc, ce dernier peut donner une *erreur relative* très grande, mais une *erreur absolue* très faible. On n'a donc pas à craindre que les erreurs des wattmètres deviennent très élevées.

CHAPITRE IX

MESURES SPÉCIALES AUX COURANTS ALTERNATIFS

§ 115. — Forme du courant. Méthode de M. Joubert.

A côté des grandeurs mesurées couramment, force électromotrice et intensité, il y a, pour les courants alternatifs, une autre question d'un intérêt capital, que personne ne peut plus méconnaître aujourd'hui : c'est la *forme* des courants étudiés.

Dans la plupart des théories relatives aux courants alternatifs, on se base sur l'hypothèse, rarement vérifiée, que le courant a une forme sinusoïdale, dont la période est réglée par la vitesse de l'alternateur et le nombre de ses pôles. En réalité, on sait bien que, même avec une force électromotrice sinusoïdale, l'introduction dans le circuit des appareils d'utilisation ou de réglage, amène une déformation de la courbe ; il en résulte que l'intensité ne suit pas la même loi que la force électromotrice.

La connaissance exacte de la loi des courants en fonction du temps présente, autant pour la construction des alternateurs et des transformateurs que pour les applications des courants alternatifs, un intérêt considérable.

Quelques méthodes, dites analytiques (Pupin, Blondel), donnent cette relation sous forme mathématique ; leur application est assez délicate et les équations obtenues sont trop compliquées pour l'usage courant.

Les procédés qui donnent, directement, la loi sous forme d'une *courbe*, en fonction du temps, sont d'un

emploi plus général. On peut les grouper en deux catégories : les méthodes *par points*, qui permettent d'obtenir, isolément, chaque point de la courbe, et les
méthodes *oscillographiques*, dans lesquelles l'appareil de
mesure trace directement la courbe, à la manière de
l'indicateur de Watt, par exemple.

Le principe de la première méthode consiste à mesurer
la différence de potentiel entre deux points du circuit, à
une phase connue de la période ; une série de mesures
semblables, faites pour des phases différentes, donne la
courbe cherchée. Si les deux points du circuit sont reliés
par une résistance sans induction, on obtient la loi de
l'intensité.

Cette méthode exige l'emploi d'un contact, tournant
synchroniquement avec le courant, capable d'établir, au
moment précis, la communication entre le circuit et l'appareil de mesure. Ce contact doit pouvoir se déplacer par
rapport à l'origine de la période, pour relever les différents points de la courbe. La différence de potentiel *instantanée*, existant au moment du contact, peut être
mesurée, soit avec un électromètre ou un galvanomètre,
soit par la décharge d'un condensateur, ou, enfin, opposée à une force électromotrice connue, prise sur un circuit à courant continu. L'origine de toutes ces dispositions
se retrouve dans le travail de M. Joubert (1881).

L'emploi de l'électromètre est, comme toujours, assez
délicat ; il est facile d'y suppléer au moyen d'un condensateur et d'un galvanomètre balistique. Le galvanomètre,
employé seul, donne des résultats incertains ; il faut
une durée de contact *rigoureusement constante*, et très
courte, pour obtenir de la régularité.

Le contact tournant (fig. 220) se compose d'un tambour d'ébonite D, relié mécaniquement à l'arbre de l'alternateur, ou, à défaut, porté par un moteur synchrone,
de façon à ce que son mouvement suive bien la période

du courant à mesurer. Cette condition est essentielle,
car le moindre glissement amène des erreurs considérables et des déformations importantes dans la courbe
obtenue ; c'est pourquoi les moteurs
synchrones ne doivent être employés
que quand on ne dispose pas de
l'alternateur lui-même, car, s'ils donnent le synchronisme *moyen*, ils peuvent subir, dans la durée de la
période, des oscillations gênantes.

Sur la circonférence du tambour,
un cercle continu, de laiton ou de
bronze, occupe la moitié de la largeur et un doigt *f*, encastré dans
l'ébonite, se projette sur la surface
isolante. Deux ressorts, portés par
un bloc isolant B, frottent sur le

Fig. 220. — Méthode
de M. Joubert.

tambour, l'un sur la bague continue, l'autre sur la partie
isolante ; celui-ci vient donc, une fois par tour, en contact
avec le doigt *f* ; à ce moment les deux balais sont en communication. Le bloc B est porté par un bras articulé
autour de l'arbre du tambour et sa position angulaire
peut être exactement relevée sur un cercle divisé.

Soient *a* et *b*, les deux points entre lesquels on veut
relever la différence de potentiel (fig. 220). Un condensateur C a une de ses armatures reliée au point *a* et au
galvanomètre *g* ; l'autre armature est connectée à la clef
de décharge K. Le ressort 1 est relié au point *b*, tandis
que le ressort 2 vient à la clef de décharge.

Quand le contact tourne, la clef K étant abaissée sur 3,
le condensateur prend, à chaque tour, une charge proportionnelle à la différence de potentiel entre *a* et *b* ;
celle-ci étant constante et le condensateur ayant un isolement assez grand pour que la perte de charge soit
nulle pendant la durée d'un tour, il suffit, à un moment

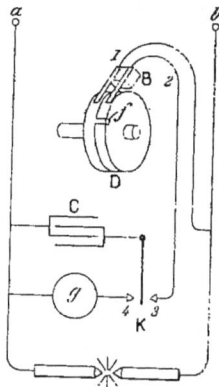

quelconque, de décharger le condensateur dans le galvanomètre, pour que l'élongation donne une valeur proportionnelle à la différence de potentiel cherchée. En
déplaçant successivement le bloc B d'angles connus,
plus ou moins rapprochés suivant la variation observée,
on obtient les points nécessaires à la construction de la
courbe. L'étalonnage se fait, très simplement, en mettant en a b une force électromotrice constante et
connue.

Le plus grand soin doit être apporté dans la construction du contact tournant, qui doit toujours s'établir et
se rompre au même moment, pour une position donnée
du porte-balais. La disposition de la figure 220 est
bonne à ce point de vue, car le doigt étant encastré dans
l'ébonite, le ressort 2 frotte toujours et ne vibre pas; il
faut veiller à ce que les bords du doigt soient nets et au
niveau de l'ébonite, jamais en dessous. La position du
bras porte-balais doit pouvoir être relevée très exactement, une petite erreur de ce côté amenant des déformations sensibles dans la courbe.

Cette méthode et ses dérivées
ne peuvent donner qu'une courbe
moyenne, quelles que soient les
précautions prises, car les variations, inévitables, de la vitesse de
l'alternateur, amènent des variations correspondantes de la force
électromotrice; en outre, les variations *non périodiques* amènent
des perturbations qui se traduisent
par un *flou* dans la courbe obtenue.

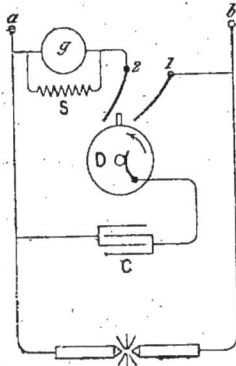

Fig. 221. — Disposition de
M. Blondel.

Dans le but d'obtenir l'enregistrement automatique de la courbe,
M. Blondel emploie un dispositif un peu différent
(fig. 221). Le disque tournant porte un doigt f, saillant

sur le tambour, lequel vient toucher, successivement, les ressorts 1 et 2. Le condensateur étant relié au disque D, au moyen d'un balai à frottement continu, le ressort 1 sert à la charge du condensateur et le ressort 2 à la décharge. Il y a donc, à chaque tour, une décharge du condensateur et, comme l'intervalle entre deux impulsions est toujours beaucoup plus petit que l'oscillation du galvanomètre, celui-ci prend une déviation *permanente*, proportionnelle à la différence de potentiel à mesurer.

Un mouvement d'horlogerie fait avancer lentement le bras qui porte les deux ressorts et une feuille de papier sensible sur lequel vient tomber le spot; le papier se déplace donc proportionnellement à l'angle de calage des ressorts. Comme, d'autre part, la déviation du spot est proportionnelle au courant au même moment, quand le porte-balai a fait un tour complet, le papier sensible a reçu une image complète de la période, il suffit de développer et de fixer l'épreuve.

Dans cette disposition, M. Blondel emploie un galvanomètre à cadre mobile, shunté convenablement. Il faut que le condensateur ait une capacité assez petite pour se charger et se décharger complètement pendant la durée des contacts, et ceux-ci doivent être très courts; il est bon de vérifier si cette condition est remplie : en faisant varier la capacité du condensateur, les déviations doivent toujours être *proportionnelles aux capacités*.

L'emploi, simultané, de plusieurs tambours semblables, permet de relever en même temps divers facteurs intéressants et, quand la rupture des contacts se fait bien au même moment, on obtient la *différence de phase* exacte entre ces facteurs, si les courbes sont semblables.

Dans l'*ondographe* de M. Hospitalier le tracé de la courbe est fait par un galvanomètre enregistreur ordinaire, à cadre mobile, dont l'index est muni d'une plume qui inscrit sur un tambour. Le schéma est à peu près celui de la figure 219, mais le contact tournant est entraîné par un moteur synchrone auquel il est relié par un train d'engrenages calculé de telle sorte que le contact *retarde* lentement sur le moteur ; au bout de quelques centaines de tours le contact se trouve revenu à la même position, relativement au moteur. Grâce à cette disposition, quand le déplacement relatif est de un tour, le galvanomètre enregistreur a tracé une période complète de la courbe.

Le tambour est également commandé par le moteur synchrone, ce qui fait que les courbes se superposent exactement et permet de se servir du même appareil pour tracer *successivement* les différentes courbes dont on a besoin : elles se dessinent avec leur différence de phase réelle.

En employant un wattmètre enregistreur, avec le même dispositif, on peut tracer la courbe de la *puissance* en fonction de temps.

§ 116. — Oscillographes et Rhéographes.

Lorsqu'un galvanomètre quelconque est parcouru par un courant alternatif, il tend à prendre un mouvement en synchronisme avec la période de ce courant ; il suffit, comme l'a démontré M. Cornu, que le galvanomètre employé soit amorti. Si la période du courant est petite, par rapport à l'oscillation du galvanomètre, l'amplitude maximum de la déviation est tellement réduite, relativement à la déviation que donnerait un courant permanent de même intensité, qu'on peut la considérer comme nulle ; si, au contraire, l'oscillation du galvanomètre n'est qu'une fraction très petite de la période du courant, le galvanomètre suit parfaitement toutes les variations de celui-ci.

Si nous considérons l'équation d'équilibre d'un galvanomètre parcouru par un courant périodique d'intensité $i = f(t)$,

$$ \mathrm{K} \frac{d^2\alpha}{dt^2} + \mathrm{A} \frac{d\alpha}{dt} + \mathrm{W} \alpha = \mathrm{G} i, \qquad (1) $$

nous voyons que la déviation α ne peut suivre la même loi que le courant, à moins que les termes en $\frac{d^2\alpha}{dt^2}$ et $\frac{d\alpha}{dt}$ soient nuls. Pratiquement, il suffit de faire K et A assez petits pour que les termes correspondants soient négligeables, devant $\mathrm{W}\alpha$, quand on observe des courants industriels où les variations ne sont pas extrêmement rapides.

Les *oscillographes* reposent sur le principe ci-dessus, qui a été nettement indiqué, pour la première fois, par M. Blondel. Ce sont des galvanomètres à période extrêmement courte — comprise entre $\frac{1}{5\,000}$ et $\frac{1}{50\,000}$ de seconde — et dont *l'amortissement est réglé à la valeur critique*, ou, au moins, aussi près que possible.

On peut également donner la prédominance à un des deux autres termes et créer ainsi deux autres types d'oscillographes ; en augmentant le terme $\mathrm{A} \frac{d\alpha}{dt}$, on aurait un appareil à amortissement, mais il paraît difficile de donner à A une valeur suffisante pour réaliser cet instrument.

Dans le *rhéographe*, M. Abraham a voulu négliger les termes en $\frac{d\alpha}{dt}$ et α, pour ne faire agir, sur l'équipage mobile, que les accélérations imprimées par un courant i qui est lui-même la dérivée seconde, obtenue par une double induction, du courant I. Comme il est impossible de rendre complètement négligeables les deux termes éliminés, M. Abraham a eu l'idée de demander au courant I la *compensation* de ces termes.

On est frappé de suite par la différence qui existe

entre le *rhéographe* et les *oscillographes*. Comparée à la
période du courant alternatif, la durée d'oscillation est
beaucoup plus courte dans les oscillographes; elle est
plus longue et peut même être *infinie* dans le *rhéographe*.

Les oscillographes, construits actuellement, dérivent
tous de ceux qui ont été indiqués par M. Blondel. En
principe, toute disposition galvanométrique, dans laquelle
on peut obtenir une *grande force directrice* et un *très petit
moment d'inertie*, est susceptible d'être employée comme
oscillographe.

Les appareils réalisés actuellement sont basés : 1° sur
l'action directrice exercée par un champ permanent sur
une légère palette de fer doux (Blondel, Hotchkiss);
2° sur l'emploi d'un galvanomètre à cadre mobile réduit
à deux fils tendus très près l'un de l'autre (Blondel,
Duddell). Nous ne décrirons, comme type des oscillographes, que le modèle à palette de fer de M. Blondel.

Dans le premier modèle, une petite palette de fer doux,
très étroite et très légère, était portée par des pivots entre
les pôles, très rapprochés, d'un aimant permanent. Une
bobine, dont l'axe était perpendiculaire aux lignes de
force de l'aimant, recevait le courant et faisait dévier la
palette.

Cette disposition, ne permettant pas d'obtenir des oscillations assez rapides, a été remplacée par la suivante :
une bande d'acier, extrêmement mince et très étroite, est
tendue sur un petit chevalet (fig. 222); le tout est enfermé
dans un tube rempli d'une huile de viscosité convenable.
Des petites pièces de fer, placées latéralement, concen-
trent sur la lame le champ produit par un aimant permanent; la bobine est perpendiculaire aux lignes de force.
Un très léger miroir (0,5 × 1 mm.) est collé sur la lame.

Sous cette forme la *rigidité* de la lame s'ajoute à la force
directrice du champ et on obtient très facilement des
oscillations de 0,0001 seconde environ.

L'appareil recevant le courant alternatif oscille dans un plan horizontal, de sorte que l'image donnée par le miroir trace une ligne droite ; mais si, à l'aide d'un dispositif approprié, on donne, au point lumineux, un mouvement perpendiculaire à celui que lui imprime le courant, le spot trace sur l'écran la courbe du courant en fonction du temps.

Le dispositif employé par M. Blondel est représenté figure 223. Une lampe à arc éclaire une fente verticale, au sortir de laquelle les rayons sont recueillis par une lentille cylindrique *l*, à génératrice horizontale, qui les concentre sur le miroir de l'oscillographe. Le rayon réfléchi revient en arrière, traverse une nouvelle lentille cylindrique L et tombe sur un large miroir plan M, qui le renvoie sur un écran horizontal. La combinaison de la fente verticale, d'une lentille sphérique placée devant le petit miroir et de la lentille cylindrique L, fait que le spot formé sur l'écran est un *point*.

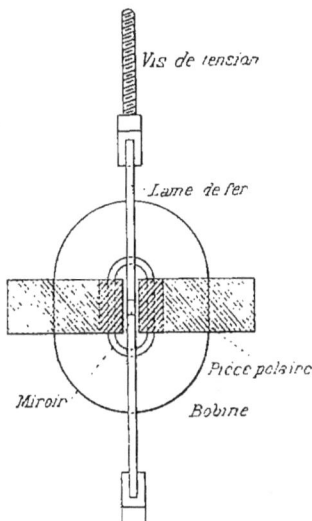

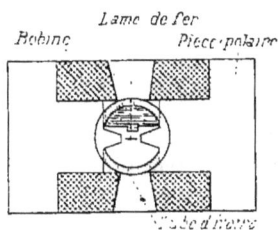

Vis de tension

Lame de fer

Pièce polaire

Miroir *Bobine*

Lame de fer

Bobine *Pièce polaire*

Fig. 222. — Schéma de l'oscillographe Blondel.

Le miroir M est mobile ; il est commandé par une came actionnée par un moteur synchrone. La came est tracée de façon à donner au miroir M un mouvement d'oscillation tel que le spot se déplace proportionnellement au temps.

Vers la fin du tour de la came le miroir est ramené à sa position initiale et, pour éviter la complication des images, qui naîtrait de ce mouvement de retour, un écran intercepte le rayon incident pendant cette fraction du temps. L'emploi du moteur synchrone fait que les images se superposent les unes aux autres, ce qui les rend plus visibles, et elles restent fixes dans l'espace.

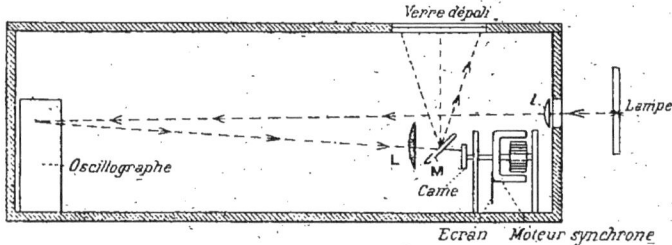

Fig. 223. — Disposition de l'oscillographe Blondel.

On peut observer directement l'image obtenue, ou la photographier en substituant une plaque sensible au verre dépoli.

On peut réunir ensemble plusieurs oscillographes avec un seul système de miroir, moteur et lampe, ce qui permet d'observer simultanément plusieurs courbes : force électromotrice, intensité, courants primaire et secondaire, etc.

Le voltmètre est naturellement obtenu en enroulant la bobine avec du fil fin; la self-induction est assez faible pour ne pas troubler les mesures courantes.

Le rhéographe est un galvanomètre dont le cadre mobile, de dimensions extrêmement réduites, se meut dans le champ formé par un électro-aimant; ce champ atteint facilement 4 000 gauss. Le cadre mobile a une très faible inertie, mais le couple directeur W est aussi très petit, de sorte que la durée d'oscillation du système est de quelques dixièmes de seconde.

La *compensation* est obtenue au moyen d'un système

formé de deux transformateurs sans fer et d'une résistance sur laquelle on prend une dérivation (fig. 224).

Le premier transformateur est une bobine plate, de 25 cm environ de diamètre. Il est traversé, en A, par le courant à mesurer et son circuit secondaire B est relié

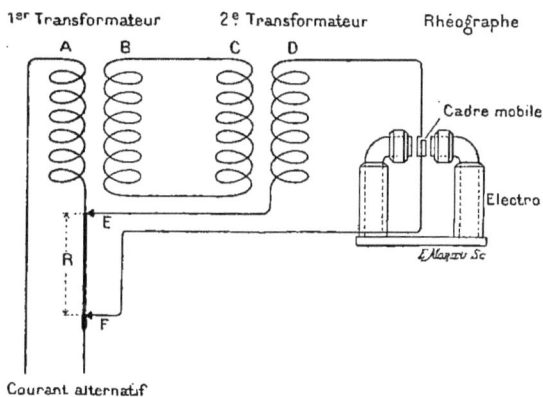

Fig. 224. — Schéma des circuits du rhéographe Abraham.

au primaire C du deuxième transformateur. Celui-ci est formé également d'une bobine plate, environ quatre fois plus petite; il est placé au centre du premier et peut tourner autour d'un axe situé dans son plan. De cette façon l'angle des deux bobines peut être quelconque; dès qu'il est plus petit que 90°, la bobine A a une action inductrice directe sur le secondaire D du deuxième transformateur.

Les connexions étant établies comme l'indique le schéma, on voit que le courant I envoie, par une *double induction*, un courant dans le cadre mobile du rhéographe; ce courant est de la forme :

$$K' \frac{d^2I}{dt^2} .$$

L'action *directe* de A sur D ajoute un autre courant.

$$A' \frac{dI}{dt} ;$$

et, enfin, la dérivation, prise sur R, donne un courant proportionnel à I :

$$W'I.$$

Le courant qui traverse le cadre mobile a donc pour valeur :

$$K' \frac{d^2 I}{dt^2} + A' \frac{dI}{dt} + W'I = Gi',$$

Si on fait :

$$\frac{K}{K'} = \frac{A}{A'} = \frac{W}{W'} ,$$

et si, d'autre part, les courants i et i' sont nuls, on a, à chaque instant, α proportionnel à I. Par suite de la self-induction des bobines A, B et C, il ne peut en être ainsi, de telle sorte que l'appareil n'est pas rigoureusemen exact, il l'est d'autant moins que la fréquence est plus grande ; on peut, néanmoins, obtenir par ce moyen l'inscription de décharges oscillantes de l'ordre du dix-millième de seconde.

Le réglage se fait, expérimentalement, d'une façon très simple. La dérivation du courant principal est prise sur un fil R, les points E et F sont variables, des curseurs permettent de les déplacer le long du fil, ce qui permet de régler W'.

La bobine CD, inclinée plus ou moins sur AB, permet de régler le coefficient A'. Seul, le coefficient K' est réglé par construction ; on doit remarquer que K représentant l'inertie du cadre mobile est aussi un coefficient invariable. A varie avec l'excitation de l'électro ; W change seulement quand on modifie la suspension et, enfin, G dépend des dimensions et de l'enroulement du cadre mobile ; il résulte de tout ceci que le réglage le plus fréquent est celui de A', puisque l'intensité d'excitation est variable.

Le réglage se fait en observant la rupture d'un courant continu. Pour faciliter l'observation, l'interrupteur peut être commandé par le moteur synchrone qui donne au spot le déplacement proportionnel au temps. Le circuit de l'appareil de compensation étant fermé sur un ou deux accumulateurs, au temps 1 (fig. 225), on observe la courbe d'établissement du courant bien connue, puis le courant prend son régime et la rupture survenant en 2,

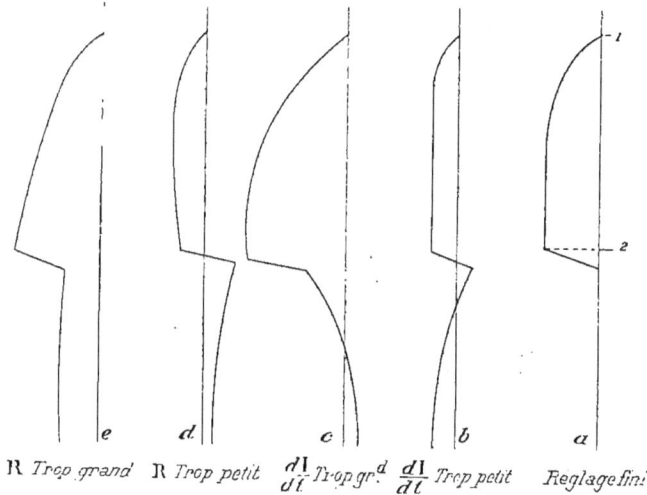

R *Trop grand*   R *Trop petit* $\frac{dI}{dt}$ *Trop gr.* $\frac{dI}{dt}$ *Trop petit*   *Reglage fin.*

Fig. 225. — Courbes de réglage du rhéographe.

le spot doit retomber brusquement sur l'axe des temps et se confondre avec lui, si tout est bien réglé. En réalité la chute est toujours un peu oblique à cause de *l'étincelle de rupture*. Si la compensation n'est pas parfaite on obtient les figures 225, *b, c, d, e*.

Pour régler, on agit d'abord sur la bobine mobile du compensateur, afin de faire varier le terme en $\frac{di}{dt}$; on voit la courbe se déformer selon *b* ou *c*; on s'arrête à la forme la plus voisine de *a* et on agit ensuite sur la dérivation. En s'aidant des figures, et après quelques tâtonnements, on arrive à la forme correcte ; l'appareil est réglé. Les courbes de la figure 225 sont obtenues en partant de l'appareil préalablement réglé et en agissant successivement sur chaque terme.

On peut faire varier la sensibilité de l'instrument, soit en enroulant le circuit primaire de la bobine A avec plusieurs fils séparés, que l'on réunit ensuite en nombre variable, en série, selon l'intensité à mesurer ; on peut aussi faire varier le champ dans le rhéographe, en agissant sur le courant d'excitation de l'électro, mais ce moyen augmente l'importance relative des deux facteurs de correction.

En donnant à la bobine A un nombre de tours suffisant, et en ajoutant, en série avec elle, des résistances sans induction, on peut réaliser un système ayant une constante de temps assez faible pour servir comme voltmètre ; l'exactitude est forcément moins rigoureuse que dans le cas de l'ampèremètre.

La figure 226 montre le dispositif employé pour un appareil double : volts et ampères. Pour obtenir le déplacement du point lumineux les rayons incidents traversent une fente verticale, placée contre la lentille d'éclairement et derrière cette fente tourne un disque, percé lui-même de trois fentes en développante de cercle. La fente fixe est tangente au cercle générateur de la développante, de sorte que le point de croisement des deux fentes se déplace verticalement et proportionnellement au temps, quand la vitesse du disque est uniforme. Un moteur synchrone commande le disque ; ce moteur porte, sur son arbre, un commutateur, pour pouvoir fonctionner sur courant continu ou sur courant alternatif, et un interrupteur destiné au réglage.

Deux prismes b et c *dédoublent* l'image de la lampe et envoient les rayons sur un prisme A, après leur passage à travers les fentes ; celui-ci les réfléchit à son tour sur les deux prismes d et e, d'où ils tombent sur les miroirs mobiles ; ils reviennent ensuite sur les prismes *d* et *e* et vont se projeter sur le verre dépoli de la chambre noire.

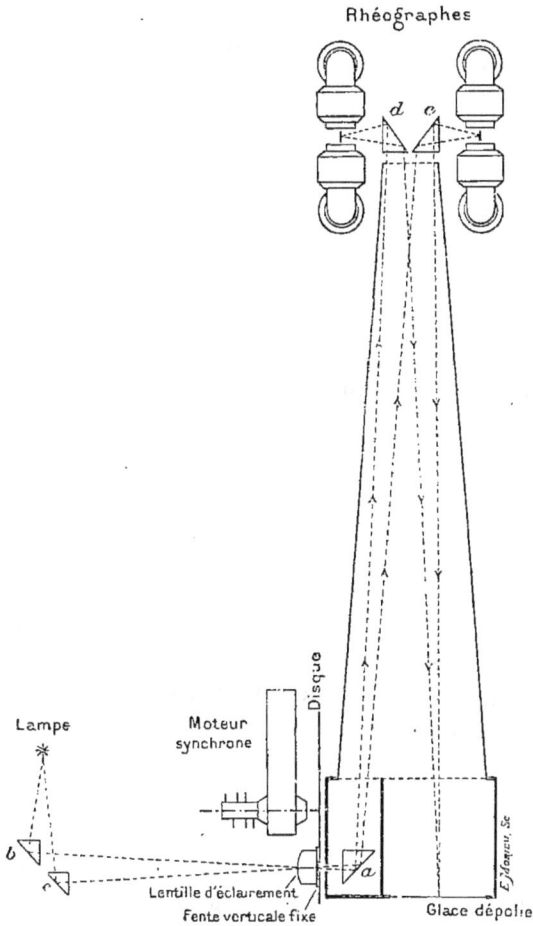

Fig. 226. — Disposition du rhéographe double.

Des vis de réglage permettent d'agir sur les prismes, afin d'amener la coïncidence des images.

§ 117. — Phasemètres.

La différence de phase entre la force électromotrice et l'intensité d'un courant alternatif a été définie comme l'angle φ qui existe entre le passage au zéro de ces deux valeurs ; la variation étant de même signe à ce moment. Cette définition, exacte et simple dans le cas de courants parfaitement sinusoïdaux, n'a plus de sens quand la loi du courant est complexe, et, surtout, quand la courbe de force électromotrice diffère de la courbe d'intensité, ce qui arrive fréquemment.

On donne souvent ce nom d'*angle de phase* au terme φ dont le cosinus représente le *facteur de puissance*, c'est-à-dire le coefficient par lequel il faut multiplier les valeurs efficaces de E et I, pour obtenir la puissance réelle :

$$ \mathrm{P} = \mathrm{E}_{eff}\, \mathrm{I}_{eff} \cos \varphi. $$

On a souvent besoin de connaître la différence de phase entre deux courants *distincts* : courants primaire et secondaire d'un transformateur, courants fournis par deux machines séparées. Quand la forme de ces courants est la même, l'angle de phase a une signification précise ; dans le cas contraire il est assez difficile de donner une définition exacte.

Le meilleur moyen de connaître la différence de phase de courants non sinusoïdaux consiste à relever, simultanément, les courbes des deux courants, par l'une quelconque des méthodes précédentes ; un réglage préalable, facile à faire, ayant amené les origines des courbes à correspondre exactement au même instant et non à la même phase.

Pour les courants sinusoïdaux, ou très voisins, on emploie souvent la *méthode de Blakesley*. Chacun des courants traverse un électrodynamomètre, de sensibilité appropriée, puis, ensuite, une seule des bobines d'un troisième électrodynamomètre. Les deux premiers instruments donnent, chacun, la valeur efficace du courant qui les traverse; le troisième donne :

$$I_{eff} I'_{eff} \cos \varphi,$$

il est facile d'en déduire cos φ et, par conséquent, φ.

On a plus fréquemment besoin de connaître le *facteur de puissance* dans un circuit quelconque. La méthode de Blakesley peut être appliquée très aisément, *même dans le cas où le courant n'est pas sinusoïdal*. En effet, le premier électrodynamomètre, qui doit être enroulé à fil fin, mesure la force électromotrice efficace, le second l'intensité efficace, et le troisième la puissance réelle, car ce n'est pas autre chose qu'un wattmètre. On peut généraliser et employer un voltmètre et un ampèremètre *quelconques*, pourvu qu'ils donnent bien les *valeurs efficaces*. Cette méthode est, en réalité, *la seule* qui donne le *facteur de puissance*, indépendamment de toute hypothèse sur la forme du courant.

Des appareils industriels ont été construits pour donner directement l'indication de l'angle de phase ou du facteur de puissance : ce sont les *phasemètres*.

Le phasemètre de Hartmann (fig. 227) est basé sur les champs tournants. Dans l'intérieur d'un solénoïde plat se trouve un équipage formé de deux cadres mobiles, liés invariablement l'un à l'autre et faisant entre eux un angle de 90°; le système repose sur des pivots, il peut tourner autour d'un axe vertical, perpendiculaire à l'axe du solénoïde, et passant par les points de croisement des deux cadres; le courant est amené aux cadres au moyen de légères lames d'argent, qui ne produisent aucune force directrice appréciable.

Les deux cadres mobiles sont en dérivation l'un sur

l'autre et l'ensemble est en série avec une grande résistance. Au moyen de bobines de résistance et de self-induction, on obtient dans les deux cadres des courants égaux et décalés d'un quart de période l'un sur l'autre ; un champ tournant prend naissance dans l'intérieur des cadres.

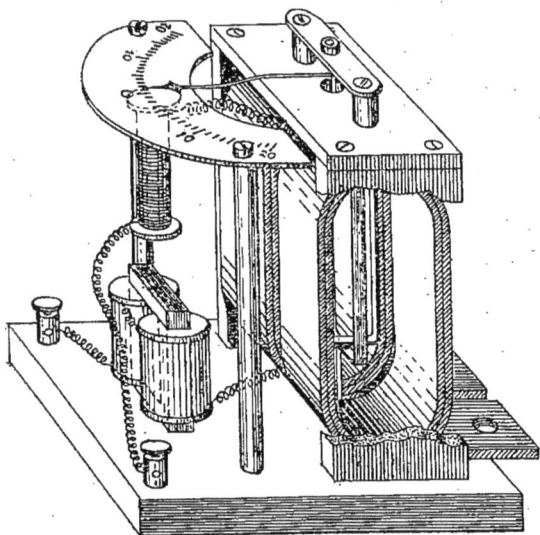

Fig. 227. — Phasemètre Hartmann.

Quand la bobine est parcourue par le courant total à mesurer, les bobines mobiles par le courant dérivé, l'équipage, qui est astatique, tend à s'orienter de manière à ce que la direction du champ tournant soit parallèle au champ fixe, créé par le solénoïde, quand le courant I passe par son maximum. Or, la direction du champ tournant, à ce moment, fait, avec les cadres, un angle qui dépend de la différence de phase ; la position des cadres mobiles peut donc servir à mesurer φ. Un index solidaire de l'équipage permet de lire directement l'angle de phase φ, sur un cadran divisé empiriquement. L'appareil est indifférent à la grandeur relative de E et de I, mais il doit être réglé pour chaque fréquence.

Une autre solution est employée : si, dans un wattmètre quelconque, on décale, d'un quart de période, le champ produit par la bobine des volts, l'appareil indique :

$$EI \sin \varphi$$

au lieu de :

$$EI \cos \varphi.$$

On sait que l'on peut décomposer l'intensité I en deux composantes, l'une, $I \cos \varphi$, en phase avec E, est celle qui donne la puissance. L'autre, $I \sin \varphi$, étant toujours en quadrature avec E, ne donne pas de puissance, c'est la composante *déwattée*. Dans une distribution à potentiel constant, un wattmètre, modifié comme ci-dessus, indique le *courant déwatté*. Cette solution est quelquefois employée pour les appareils de tableau; ces phasemètres sont gradués en *ampères*, au lieu de l'être en *degrés*.

Dans les wattmètres électrodynamiques on *retarde* le courant dérivé au moyen de bobines de self-induction.

Dans les wattmètres à induction, il faut ramener le courant, dans la bobine des volts, à être *en phase* avec le courant total, au lieu d'être en quadrature, comme dans le wattmètre ordinaire (§ 60). Le phasemètre de Dobrowolski repose sur ce principe.

§ 118. — Mesure de la fréquence.

On a assez rarement à mesurer la fréquence d'un courant alternatif. Dans les distributions cette fréquence est réglée à une valeur déterminée, dont elle s'écarte peu. Lorsqu'on dispose de la génératrice elle-même, la mesure de la vitesse est une opération simple, à laquelle on a généralement recours. Il est cependant des cas où l'on a besoin de connaître la fréquence : par exemple,

pour savoir le nombre d'interruptions données par une
bobine d'induction.

Il n'existe pas, à l'heure actuelle, d'appareils indiquant
directement la fréquence et variant avec elle. Tous les
fréquencemètres exigent un réglage préalable et ne sont

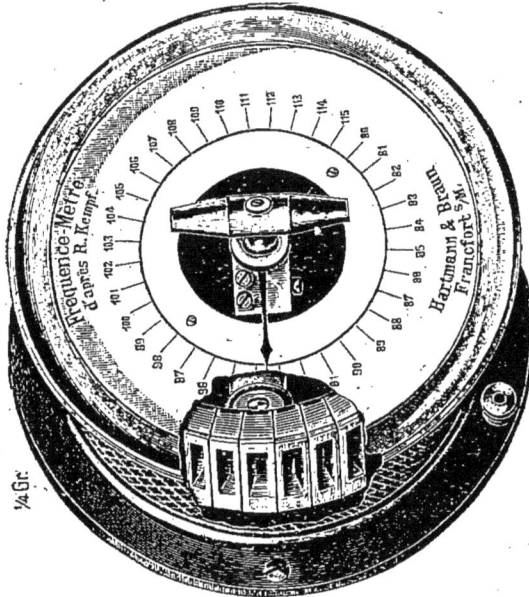

Fig. 228. — Fréquencemètre Kempf-Hartmann.

guère applicables dans les phénomènes qui n'ont pas de
régularité.

Le moyen le plus facile à employer consiste à faire agir
un électro, traversé par le courant à étudier, sur un
morceau de fer ou un aimant fixé sur un diapason ou
une corde vibrante. En déplaçant des masses sur les
branches du diapason, ou en faisant varier la longueur ou
la tension de la corde, on arrive à la *résonance*; à ce
moment la vibration prend une amplitude très grande.
Une graduation préalable, ou la connaissance de la lon-

gueur et de la tension, permet de connaître la fréquence
correspondante. Selon que l'électro agit sur une masse de
fer ou sur un aimant, la fréquence indiquée est égale ou
double de la fréquence réelle.

Une solution un peu différente a été donnée par
M. Kempf-Hartmann. Elle consiste à placer l'électro au
centre d'un tambour, autour duquel sont rangées des
lames vibrantes, de période régulièrement décroissante
(fig. 228). Il suffit de tourner l'électro, à l'aide de la poignée, pour l'amener successivement devant chaque lame.
Dès que l'on arrive devant la lame dont la fréquence est
celle du courant, ou à peu près, cette lame émet un son
intense; on lit alors le chiffre indiqué par l'index solidaire de la poignée, il donne la fréquence du courant
excitateur.

TABLE ANALYTIQUE

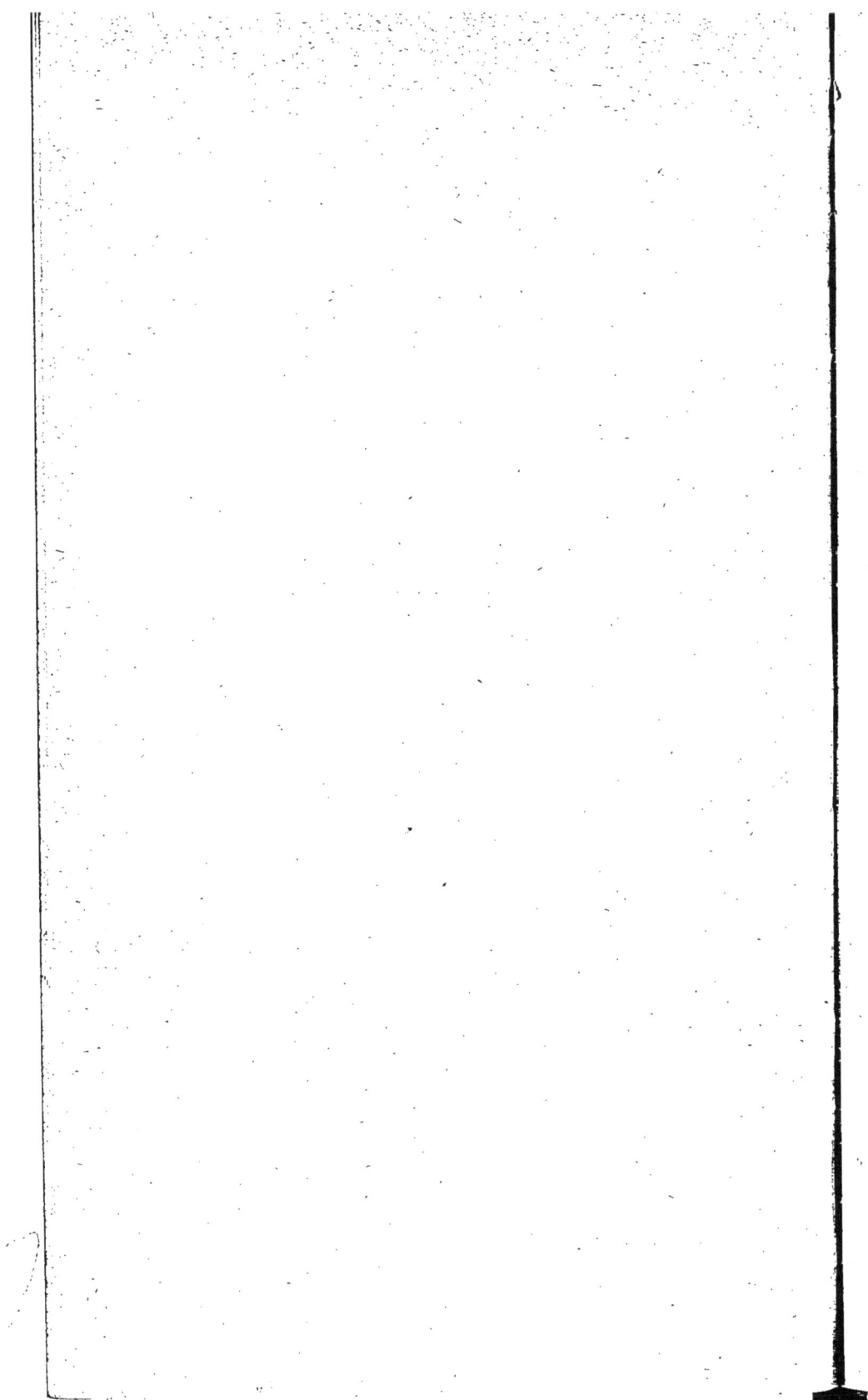

TABLE DES MATIÈRES

PREMIÈRE PARTIE

INSTRUMENTS DE MESURES

CHAPITRE PREMIER

NOTIONS ÉLÉMENTAIRES SUR LES SYSTÈMES OSCILLANTS

CHAPITRE II

OBSERVATION DES APPAREILS DE MESURES ÉLECTRIQUES

CHAPITRE III

GALVANOMÈTRES

CHAPITRE IV

GALVANOMÈTRES POUR COURANTS ALTERNATIFS

CHAPITRE V

ÉLECTROMÈTRES

CHAPITRE VI

RÉSISTANCES

CHAPITRE VII

ÉTALONS D'INTENSITÉ

CHAPITRE VIII

ÉTALONS DE FORCE ÉLECTROMOTRICE

CHAPITRE IX

CONDENSATEURS

CHAPITRE X

INSTALLATION DES INSTRUMENTS. ACCESSOIRES

DEUXIÈME PARTIE

APPAREILS INDUSTRIELS

CHAPITRE PREMIER

APPAREILS POUR COURANT CONTINU

CHAPITRE II

APPAREILS POUR COURANTS ALTERNATIFS

CHAPITRE III

ENREGISTREURS ET COMPTEURS

TROISIÈME PARTIE

MÉTHODES DE MESURES

CHAPITRE PREMIER

MÉTHODES DE MESURES

CHAPITRE II

MESURE DES RÉSISTANCES

CHAPITRE III

MESURE DES FORCES ÉLECTROMOTRICES

CHAPITRE IV

MESURE DES INTENSITÉS

CHAPITRE V

MESURE DES CAPACITÉS

CHAPITRE VI

COEFFICIENTS D'INDUCTION

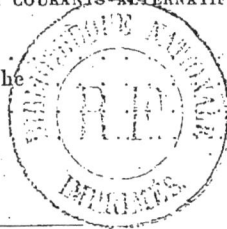

ÉVREUX, IMPRIMERIE DE CHARLES HÉRISSEY

www.ingramcontent.com/pod-product-compliance
Lightning Source LLC
Chambersburg PA
CBHW060843220326
41599CB00017B/2374